U0178022

宽禁带半导体前沿丛书

宽禁带半导体微结构与光电器件光学表征

Optical Characterization of Microstructures and Optoelectronic Devices Based on Wide Bandgap Semiconductors

徐士杰　等编著

西安电子科技大学出版社

内 容 简 介

本书以宽禁带半导体微结构与光电器件光学表征为主线，按照“面向宽禁带半导体前沿课题，注重先进光电器件与材料微结构的基础性质和过程进行光学表征，以提升宽禁带半导体光电子器件性能为目的”的原则安排全书内容，从应用基础研究和研发先进光电子器件的角度出发，组织全国在该领域前沿进行一线科研工作的学者进行编写，力争用通俗易懂的语言，由浅入深，系统、详细地介绍宽禁带半导体光电器件的微纳结构生长、掺杂、受激辐射特性、量子效率测量，以及宽禁带半导体在紫外探测、微尺寸LED、高效太阳能电池等领域的应用，突出前沿和瓶颈问题。

本书可作为高等学校半导体光电子类相关专业高年级本科生和研究生的教材或教学参考书，也可作为相关科研工作者的学习参考书。

图书在版编目(CIP)数据

宽禁带半导体微结构与光电器件光学表征/徐士杰等著. —西安：西安电子科技大学出版社，2022.8

ISBN 978-7-5606-6429-3

Ⅰ. ①宽…　Ⅱ. ①徐…　Ⅲ. ①禁带—半导体—结构　②禁带—半导体光电器件　Ⅳ. ①TN303　②TN36

中国版本图书馆CIP数据核字(2022)第095649号

策　　划　马乐惠
责任编辑　雷鸿俊　宁晓蓉
出版发行　西安电子科技大学出版社(西安市太白南路2号)
电　　话　(029)88202421　88201467　　**邮　　编**　710071
网　　址　www.xduph.com　　**电子邮箱**　xdupfxb001@163.com
经　　销　新华书店
印刷单位　陕西精工印务有限公司
版　　次　2022年8月第1版　2022年8月第1次印刷
开　　本　787毫米×960毫米　1/16　印张24.5　彩插2
字　　数　408千字
定　　价　128.00元

ISBN 978-7-5606-6429-3/TN

XDUP 6731001-1

“宽禁带半导体前沿丛书”编委会

“宽禁带半导体前沿丛书”出版说明

当今世界，半导体产业已成为主要发达国家和地区最为重视的支柱产业之一，也是世界各国竞相角逐的一个战略制高点。我国整个社会就半导体和集成电路产业的重要性已经达成共识，正以举国之力发展之。工信部出台的《国家集成电路产业发展推进纲要》等政策，鼓励半导体行业健康、快速地发展，力争实现“换道超车”。

在摩尔定律已接近物理极限的情况下，基于新材料、新结构、新器件的超越摩尔定律的研究成果为半导体产业提供了新的发展方向。以氮化镓、碳化硅等为代表的宽禁带半导体材料是继以硅、锗为代表的第一代和以砷化镓、磷化铟为代表的第二代半导体材料以后发展起来的第三代半导体材料，是制造固态光源、电力电子器件、微波射频器件等的首选材料，具备高频、高效、耐高压、耐高温、抗辐射能力强等优越性能，切合节能减排、智能制造、信息安全等国家重大战略需求，已成为全球半导体技术研究前沿和新的产业焦点，对产业发展影响巨大。

“宽禁带半导体前沿丛书”是针对我国半导体行业芯片研发生产仍滞后于发达国家而不断被“卡脖子”的情况规划编写的系列丛书。丛书致力于梳理宽禁带半导体基础前沿与核心科学技术问题，从材料的表征、机制、应用和器件的制备等多个方面，介绍宽禁带半导体领域的前沿理论知识、核心技术及最新研究进展。其中多个研究方向，如氮化物半导体紫外探测器、氮化物半导体太赫兹器件等均为国际研究热点；以碳化硅和Ⅲ族氮化物为代表的宽禁带半导体，是近年来国内外重点研究和发展的第三代半导体。

“宽禁带半导体前沿丛书”凝聚了国内20多位中青年微电子专家的智慧和汗水，是其探索性和应用性研究成果的结晶。丛书力求每一册尽量讲清一个专题，且做到通俗易懂、图文并茂、文献丰富。丛书的出版也会吸引更多的年轻人投入并献身于半导体研究和产业化事业，使他们能尽快进入这一领域进行创新性学习和研究，为加快我国半导体事业的发展作出自己的贡献。

“宽禁带半导体前沿丛书”的出版，既为半导体领域的学者提供了一个展示他们最新研究成果的机会，也为从事宽禁带半导体材料和器件研发的科技工作者在相关方向的研究提供了新思路、新方法，对提升“中国芯”的质量和加快半导体产业高质量发展将起到推动作用。

编委会

2020年12月

前　言

相对于传统半导体如硅(Si)、砷化镓(GaAs)而言，宽禁带半导体如氮化镓(GaN)、氧化锌(ZnO)、碳化硅(SiC)等，具有禁带宽度大、击穿电压高、饱和电子迁移率大、热导率高等优点，其中氮化镓、氧化锌等还是直接带隙半导体，可用于制造短波长高效率的发光二极管(LED)以及激光二极管(LD)等高性能光电子器件。目前，氮化镓基LED已向全光谱、深紫外、微型化阵列等方向迅速拓展。与此同时，其他的宽禁带半导体如掺镓氧化锌、氧化镓等，在世界范围内也正掀起研究热潮。因此，我们及时邀请国内外的一线顶尖研究学者，就他们课题组在宽禁带半导体相关方向上的最新研究成果进行汇总，一方面为我国相关高等院校半导体光电子类专业高年级本科生及研究生提供一部前沿知识教材，另一方面为我国在宽禁带半导体及其功能器件这一领域的科研工作者提供学习参考和研究基础。

在宽禁带半导体光电子器件中，激光二极管因其对材料质量、器件设计以及制造工艺要求高而处于顶端地位。本书第1、2章对氮化镓基激光二极管的器件结构设计、生长、制造工艺和性能表征进行了总结和讨论，使读者有机会深入了解氮化镓基紫光及硅基氮化物蓝绿光LD器件的研究现状、工作机制、最近进展以及目前所存在的问题和困难，为今后从事这方面科研奠定一个好的基础。特别值得一提的是，在氮化镓基LD的发光层的InGaN三元合金中，往往存在In组分偏析形成的局部In富集纳米结构，形成局域化的电子态。针对局域化电子态的集体荧光，徐士杰教授课题组在过去20余年中发展出了一个定量化的模型——LSE模型。该模型已在世界范围获得有关课题组的广泛应用，本书第1、10、11章应用了LSE模型，不但可以定量解释有关实验结果，更可对其中的物理机制获得前所未有的深刻理解，如获得决定有关主要光电子过程的关键参数值。

另一种氮化镓基先进光电子器件是微尺寸LED阵列。其工艺制备、光电特性、制约其外量子效率关键因素以及可能的解决方案等问题，在本书的第4、5章中进行了详细讨论。此外，氮化镓基LED的效率表征是个重要的课题。实验发现，氮化镓基 LED 的发光效率随着注入电流增加到一定程度之后而下降，这便是所谓“效率下降(Efficiency Droop)”问题。对氮化镓基 LED 的量子效率进行准确表征和深入研究将有助于此问题的解决，本书第 3 章中对此问题进行了有益的研究和探索。由于六方纤锌矿晶格氮化镓的自发极化和压电极化特性，氮化镓基 LED 中的多量子阱结构中往往存在相当大的内建电场。如此大的内建电场可导致相当明显的量子受限斯塔克效应，即造成电子和空穴波函数的空间分离，使得发光效率偏低。当前抑制或解决此问题的一个方法就是将 LED 多量子阱结构生长在非极性或半极性晶面上。本书第 6 章专门讨论了非极性和半极性氮化镓 LED 的生长与光学表征。除二维量子阱结构之外，氮化镓基更低维的纳米线及量子点的光学性质也是当前一个引人注目的课题。本书第 11 章描述了氮化镓基纳米线中量子点的光学表征工作，尤其是着重局域化载流子的集体发光机制以及表面态钝化、温度效应等问题。该章作者应用 LSE 模型定量阐释他们的实验结果，获得了清晰深刻的物理机制理解。对于另外的重要宽禁带半导体，如氧化锌、掺镓氧化锌、氧化镓的光电性质及光电子器件应用，包括激光器、日盲深紫外探测器等，第 7、8、10、12 章就它们的若干专题进行了专门和深入的探讨，在一定程度上代表了当前若干前沿课题的最新研究进展。

本书由香港大学和复旦大学的徐士杰教授进行邀稿、组稿及统编工作。本书的其他作者来自中国科学院半导体研究所、中国科学院苏州纳米技术与纳米仿生研究所、清华大学、复旦大学、香港大学、东南大学、大连理工大学、河北工业大学、英国谢菲尔德大学、昆山杜克大学、南京邮电大学、江苏大学、合肥工业大学、南京航空航天大学、江苏科技大学等大学及研究单位。在本书的早期构思阶段，西安电子科技大学的郝跃院士和张金风教授给予了大力指导和帮助。西安电子科技大学出版社的马乐惠、雷鸿俊、宁晓蓉编辑对本书内容安排及编辑方面提出了许多宝贵的意见和建议。在此作者向为本书的编写和出版提供帮助的人员一并表示衷心的感谢！

囿于作者的水平，书中可能还存在一些不当和疏漏之处，恳请广大读者批评指正。

注：由于本书为黑白印刷，原稿有部分彩图无法呈现实际效果，可扫二维码查看彩图原图。二维码中的彩图仅作为参照。

徐士杰　谨识

2022 年 4 月

本书各章作者

第 1 章

赵德刚/中国科学院半导体研究所

第 2 章

冯美鑫　刘建勋　孙钱　杨辉/中国科学院苏州纳米技术与纳米仿生研究所

第 3 章

汪莱　路博洋　罗毅/清华大学电子工程系

第 4 章

田朋飞　李琰哲　严林涛　陆馨怡　袁泽兴/复旦大学信息科学与工程学院电光源研究所

第 5 章

杭升　楚春双　田康凯　张勇辉　张紫辉/河北工业大学电子信息工程学院/电工装备可靠性与智能化国家重点实验室

第 6 章

张韵/江苏大学机械工程学院光电信息科学与工程系

邢琨/合肥工业大学微电子学院电子科学系

王涛/英国谢菲尔德大学电子电气工程系

第 7 章

卢俊峰/南京航空航天大学理学院应用物理系

戴俊/江苏科技大学理学院应用物理系

刘威 王潇璇 王茹 石增良 徐春祥/东南大学生物电子学国家重点实验室

秦飞飞 朱刚毅/南京邮电大学通信与信息工程学院彼得·格林贝格尔研究中心

第 8 章

唐为华 刘增/南京邮电大学集成电路科学与工程学院

第 9 章

王荣新/中国科学院苏州纳米技术与纳米仿生研究所

徐士杰/香港大学物理系/复旦大学信息科学与工程学院光科学与工程系

第 10 章

苏志成/香港大学物理系

徐士杰/香港大学物理系/复旦大学信息科学与工程学院光科学与工程系

第 11 章

王子兰/大连理工大学光电工程与仪器科学学院

郝智彪/清华大学电子工程系

第 12 章

郑昌成/昆山杜克大学自然与应用科学学部

徐士杰/香港大学物理系/复旦大学信息科学与工程学院光科学与工程系

目　录

第 1 章

宽禁带半导体激光器技术与表征

1.1 引言

氮化镓(Gallium Nitride，GaN)基材料(包括 InN、GaN、AlN 及其合金等)被称为第三代半导体，是一种重要的宽禁带半导体材料，其禁带宽度为 0.7～6.2 eV，其光谱范围覆盖了从近红外到深紫外全波段，在光电子学领域有重要的应用价值。其中，GaN 基蓝光发光二极管(Light-Emitting Diode，LED)的发明引起了照明的革命，三位先驱——日本科学家赤崎勇(I. Akasaki)、天野浩(H. Amano)、中村修二(S. Nakamura)因发明蓝光 LED 获得了 2014 年诺贝尔物理学奖。与 LED 相比，GaN 基激光器是制作难度更大的光电子器件，在激光显示、激光照明、激光加工等领域也有非常重要的应用。其中：GaN 基蓝绿光激光器是激光显示的核心光源，可以实现双高清(颜色、几何)、大色域的真彩色显示；GaN 基蓝光激光器体积小、亮度高，可以实现更高亮度的激光照明；GaN 基紫外激光器波长短、光子能量大，可以实现高精度的冷加工。GaN 基激光器将在显示、照明、加工等领域引发重大的技术变革。

1996 年，日本日亚公司的 S. Nakamura 报道了世界上第一支 GaN 基激光器[1]，波长为 417 nm；随后，世界上又研制出 GaN 基紫外、绿光等多个波长的激光器，并实现了应用。激光器制作难度大，高质量的材料是基础，而 MOCVD 是材料外延的核心。GaN 基激光器基本结构大致为 p－GaN 层/量子阱层/n－GaN 层，本章围绕这种基本器件的结构，首先介绍 MOCVD 技术，然后按照 GaN 层外延、p 型掺杂、InGaN 量子阱生长、器件工艺的顺序展开讨论，讨论中包含了物理性质的表征。这里还要强调的是，尽管宽禁带半导体材料包含了 GaN、SiC、ZnO 等，但目前在激光器领域只有 GaN 材料取得了成功，所以本章主要介绍 GaN 基激光器的制备技术与特性表征。

1.2 MOCVD 技术简介

GaN 材料比较常见的外延生长技术包括：分子束外延(Molecular Beam Epitaxy，MBE)、氢化物气相外延(Hydride Vapor Phase Epitaxy，HVPE)以及金属有机物化学气相沉积(Metal-Organic Chemical Vapor Deposition，

MOCVD)等。MOCVD 也称金属有机物气相外延(Metal-Organic Vapor Phase Epitaxy，MOVPE)，最早由 H. M. Manasevit 等人于 1968 年提出，是利用有机金属材料沉积一些常见化合物的半导体生长技术[2]。MOCVD 是利用氢气或者氮气携带金属有机化合物和氢化物分子连续地输运至反应室内加热的衬底上，在衬底表面进行一系列化学反应生长外延层的一种气相外延技术，也是当今外延生长的主流技术。该技术具有很多优点，包括：容易控制外延层的组分、生长速率、界面和掺杂浓度；可实现界面陡峭的异质结或者不同组分多元合金化合物半导体材料的生长；外延生长的半导体材料纯度很高；生长速度快，可重复性好，且易于实现多片、大片生长，产能高、成本相对较低等。

MOCVD 生长是利用金属有机化合物进行金属输运的一种非平衡态下的气相外延过程。虽然 MOCVD 生长室为单一温区，其生长机制却相当复杂，生长过程涉及输运和多组分、多相的化学反应，如图 1-1 所示[3]。氢气作为运载气体携带 MO 源和氢化物等反应前驱体进入反应室，随着气体流向加热的衬底，其温度逐渐升高。在气相中可能会发生的反应包括：① MO 源与氢化物或有机化合物反应形成加合物；② 随温度进一步升高，MO 源和氢化物及加合物会热分解，形成气相形核为外延生长做准备；③ 气相中的反应品种(气相形核)扩散至加热的衬底表面经过表面吸附、表面迁移及表面反应，最终进入晶格形成外延层；④ 部分反应品种经历衬底表面解吸附、扩散后，再回到主气流，被载气带出反应室。此外，也有部分气相反应产物被气流直接带出反应室。可见，MOCVD 的生长反应过程极其复杂，虽然在很多文献报道中尝

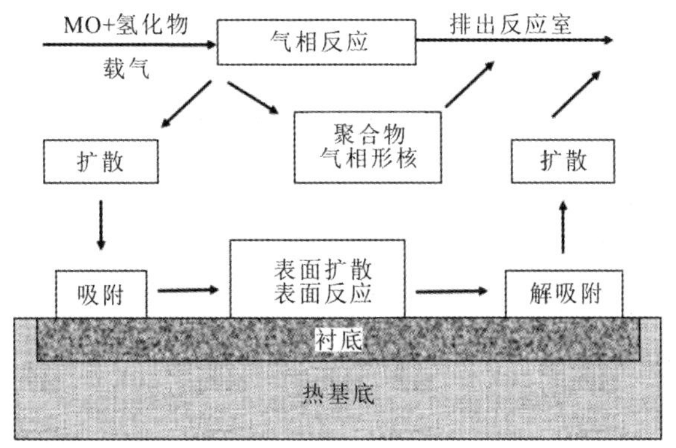

图 1-1　MOCVD 生长过程示意图

试建立各种反应模型，但还都不能精确预言 MOCVD 生长系统的特性。因此，仍需要晶体生长工作者根据长期以来积累的经验，通过不断调整各种生长参数，进行大量实验来得到高质量的外延层。

MOCVD 生长系统一般包括气体输运分系统、反应室分系统、尾气处理分系统、控制分系统以及原位监测分系统[4]。图 1-2 为低压 MOCVD 生长系统示意图。在各个分系统中，原位监测系统(也称为在位监测系统)对于研究材料外延机理非常重要，主要用于实时监测材料生长速率、生长形貌及生长模式等，也用来监控生长过程，提高外延生长的成品率。在 MOCVD 中，一般采用光学系统作为原位监测系统，其中包括反射率计(用于分析外延层厚度)、发射率校正高温计(可以得到衬底的真实温度)等。

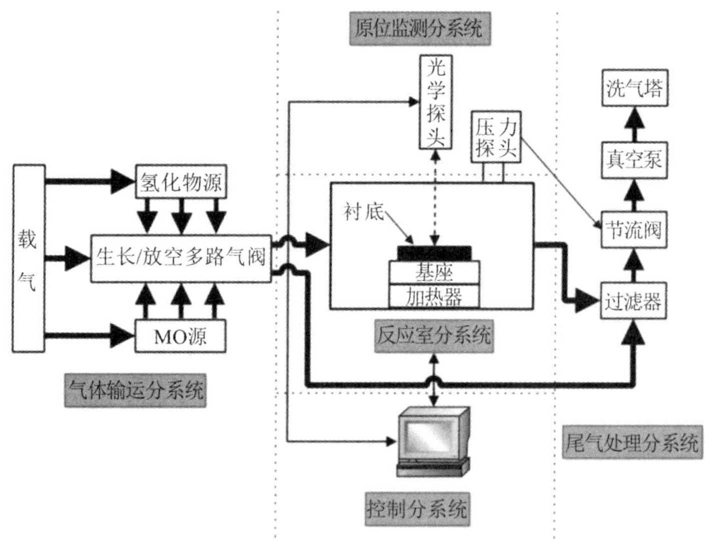

图 1-2　低压 MOCVD 生长系统示意图

GaN 材料 MOCVD 生长过程一般包括蓝宝石衬底的高温处理、衬底氮化、低温缓冲层的生长以及随后 GaN 外延层的生长，是一个非常复杂的动力学过程。实时监测材料生长过程，对于研究材料生长机理、提高材料质量非常必要。S. Nakamura 首次在 GaN 的 MOCVD 生长过程中引入了在位监测这一有用的工具[5]，对 GaN 材料外延技术的发展起到了重要作用。中国科学院半导体研究所在低压 MOCVD 设备上自行搭建了一套近垂直入射光反射在位监测系统，其示意图如图 1-3 所示。在位监测的光源采用功率小于 1 mW，波长为

650 nm 的激光器。激光器的光以 1°左右的入射角通过高频加热线圈的缝隙后穿过内管的一个窗口照射到样品表面。样品表面反射的光线由一个 Si 探测器接收并传送至锁相放大器，最后由程序采集收到的反射信号，从而得到样品表面反射强度的相对变化值。

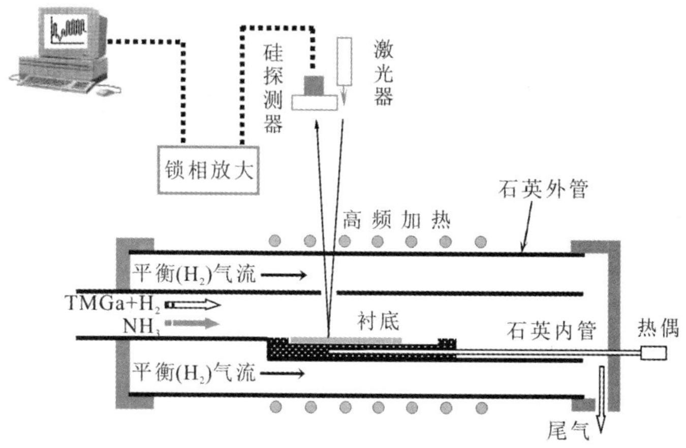

图 1-3　GaN 材料的 MOCVD 生长反射率在位监测系统示意图

图 1-4 是一条典型的 GaN 材料 MOCVD 生长时的表面反射率在位监测曲线[6]。根据该曲线，可以研究 GaN 材料的外延生长过程。一般来说，GaN 材料生长过程是由三维生长到二维生长的转换，在生长初期，表面比较粗糙，是三维的岛状生长，然后随着外延过程的继续，这些岛开始合并，同时位错实现转向，这样生长出来的 GaN 材料质量比较高。图 1-4 的在位监测曲线就清晰地表明了这样的生长过程：生长初期，反射强度非常低，也没有任何干涉条纹，

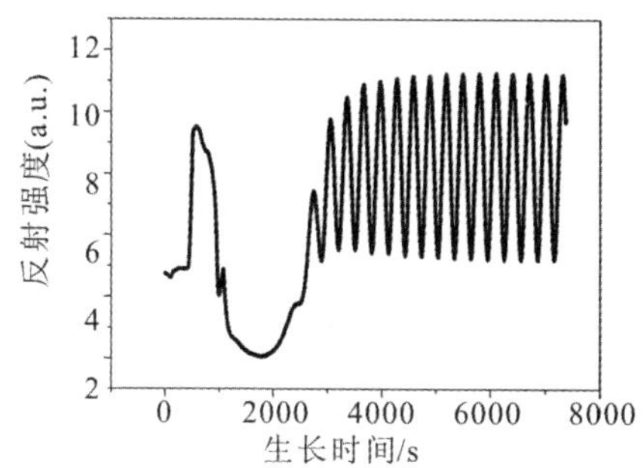

图 1-4　典型的 GaN 材料 MOCVD 生长过程反射强度在位监测曲线

表面很粗糙；然后逐渐形成了振荡干涉条纹，说明岛之间开始实现合并，生长过程由三维生长转到了二维生长。在位监测工具的开发，也促进了MOCVD外延技术的发展。需要注意的是，对于无法直接测量的效率通常使用相对值，所以后文中的反射强度、衍射强度、发光强度等均可使用任意单位（Arbitrary Unit，a. u.），该单位并不代表光度学的光强度。

1.3 GaN材料的MOCVD生长与表征

由于GaN体单晶制备困难以及缺少合适的衬底材料，GaN外延膜的生长一般都是在大失配的衬底上进行的，而大失配的异质外延非常困难。早期的GaN生长工艺不仅难以得到表面光滑、无裂隙的薄膜，而且薄膜通常具有很高的本底浓度。1986年，H. Amano等人利用先低温生长AlN缓冲层(Buffer Layer)，然后再高温生长GaN的两步生长技术，大幅度改进了薄膜的质量[7]。进一步的研究发现：当GaN直接生长在蓝宝石的(0001)面时，GaN的生长是典型的三维生长机制，会经历孤立成岛、岛长大、三维生长和形成不平整面的过程；而对于有低温缓冲层时，则出现孤立成岛、横向生长、岛间的合并和准二维生长等过程。随后，S. Nakamura报道了先在低温下生长GaN缓冲层，然后在高温下生长GaN的两步生长技术[8]，还发现最优的低温GaN缓冲层厚度大约为20～25 nm。

在两步法的生长过程中，低温缓冲层技术非常关键，对随后GaN高温外延膜的晶体质量至关重要，低温缓冲层生长条件的优化可以有效地降低外延层中的位错密度。缓冲层引入可能起到三个作用：① 缓冲层提供了与衬底有相同取向的成核中心；② 缓冲层释放了GaN和衬底之间的晶格失配产生的应力以及热膨胀系数失配所产生的热应力；③ 缓冲层为进一步的生长提供了平整的成核表面，减少了其成核生长的接触角，使岛状生长的GaN晶粒在较小的厚度内能连成面，转变为二维外延生长。正是由于这些作用，低温GaN缓冲层使得GaN材料质量有大幅度的提高。

由于缓冲层和两步法技术的发明和应用，GaN外延层的技术也随之取得突破，蓝光发光二极管、激光器、紫外探测器、高迁移率晶体管等GaN器件均被实现，很多器件已经商业化。两步法现在已经成为GaN材料外延的标准工艺。下面着重介绍在低温AlN缓冲层上生长GaN材料[9]。其生长过程为：首先在540℃低温生长AlN缓冲层，然后升高温度至1040℃生长GaN外延层。

衬底为(0001)面蓝宝石，氨气(NH_3)、三甲基铝(TMAl)、三甲基镓(TMGa)分别为N源、Al源、Ga源，氢气(H_2)是载气。这里主要研究低温AlN升温退火时间、低温AlN层厚度对GaN材料外延生长的影响。

图1-5(a)、(b)分别为样品A、B的MOCVD生长的反射率在位监测曲线，两个样品的AlN缓冲层厚度均为20 nm，但是AlN缓冲层的升温退火时间不同，其中样品A的缓冲层升温退火时间为1000 s，而样品B的升温退火时间为300 s。在位监测曲线可以分成三部分：① 低温AlN缓冲层的生长；② AlN缓冲层的升温退火；③ 高温下GaN外延层的生长。在位监测曲线对表面粗糙度的变化非常敏感，从而可以研究其生长过程和生长机理。从两个样品生长曲线上看，不同的升温退火时间对于样品的生长过程造成很大的差别。样品A的AlN缓冲层升温退火过程中，曲线并没有什么明显的变化，而在GaN的外延生长初期，反射率非常低，然后，曲线的反射率逐步提高，并开始出现一些微弱的振荡干涉条纹，最后反射率达到一个稳定值，能看到明显的干涉条纹。样品B的生长过程却截然不同。虽然在升温退火过程中，曲线和样品A没有什么明显区别，但是在GaN外延生长过程中却完全不一样，此时GaN外延生长开始就有比较高的反射率，并出现明显的干涉条纹，随后的生长过程中，反射率很快就达到一个稳定值，而且干涉条纹非常明显。在GaN外延层的生长一般为三个过程：三维生长、小岛合并、准二维生长。在生长初期，纵向生长速率大于横向生长速率，呈现三维生长，在此阶段外延层呈岛状结构，表面非常粗糙；然后，随着生长的进行，横向生长速率开始占优，小岛开始逐渐合并，表面开始逐渐变平整；最后，小岛基本上完全合并，外延层开始出现准二维生长，此时表面非常平整。样品A的外延层生长过程中，初始阶段反射率很低，意味着此时表面非常粗糙，呈现三维岛状生长；然后，随着生长过程的进行，反射率不断增加，并出现微弱的干涉条纹，意味着此时表面逐渐变平整，横向生长开始占优，小岛开始合并；最后，曲线的反射率达到一个稳定值，出现显著的干涉条纹，此时小岛合并过程基本完成，开始出现准二维生长，表面变得非常平整。而样品B的外延生长过程中，初始阶段的曲线反射率并不是很低，而且还有明显的干涉条纹，说明此时三维岛状生长过程时间非常短，横向生长很快占优，小岛合并很快就完成，出现了准二维生长。从实验结果来看，长时间的AlN缓冲层升温退火能够提升GaN外延层的横向外延生长过程。两者样品的生长过程差别很大，样品的晶体质量也有很大差别。如表1-1所示，样品A的XRD (002)面对称衍射和(102)面斜对称衍射的半高宽(Full-Width at Half Maxium，FWHM)均比样品 B 的窄，一般来说，GaN 材料的 XRD 衍射(002)面对称衍射和(102)面斜对称衍射的半高宽分别反映了螺位错和刃位错的密度，半高宽越大，位错密度越高[10-11]，XRD 结果说明了样品 A 的质量高于样品 B 的质量。另一方面，样品 A 的载流子迁移率也高于样品 B 的载流子迁移率，再次说明样品 A 的质量要好于样品 B。

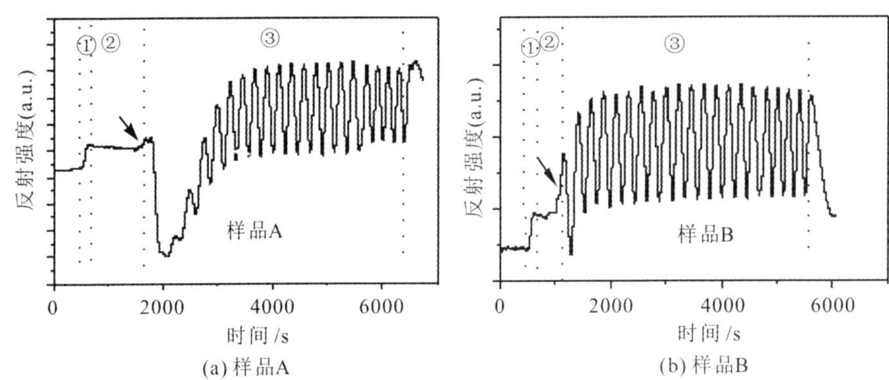

图 1-5 样品 A、B 的 MOCVD 生长在位监测曲线

表 1-1 几个在 AlN 缓冲层上生长的 GaN 缓冲层的生长条件和测试结果

样品号	AlN 缓冲层条件		XRD FWHM/arcmin		迁移率/(cm^2/V・s)
	退火时间/s	厚度/nm	(002)	(102)	
A，E	1000	20	6.9	11.2	360
B	300	20	8.1	19.1	142
C	1000	45	10.2	28.6	73
D	1000	30	7.2	13.9	217
F	1000	16	…	…	…

除了 AlN 缓冲层的升温退火时间，低温 AlN 缓冲层的厚度对 GaN 外延层的生长也有很大的影响。实验中研究了 AlN 缓冲层厚度分别为 45、30、20、16 nm 时对 GaN 外延层的影响机制，样品号分别为 C、D、E(与 A 同一个样品，不同编号)、F。图 1-6 展示了样品 C、D、E、F 生长的在位监测曲线，这几个样品的 AlN 缓冲层升温退火时间均为 1000 s。从曲线上看，四个样品的生长过程有很大差别。在样品 C 的生长过程中，表面反射率很快就达到一个稳定值，而且出现显著的干涉条纹，意味着此时生长过程中小岛很快就会合并完成，出现二维生长。在样品 D 的生长过程中，表面反射率在生长初期较小，随着生长过程进行，表面

反射率很快就达到一个稳定值，而且出现了明显的干涉条纹，意味着刚开始生长时出现了三维岛状生长，接着小岛合并，然后很快就出现了准二维生长。而在样品 E 的生长过程中，表面反射率很低，只是出现了很微弱的干涉条纹，然后反射率随着时间的延长而逐步增加，而且出现了明显的干涉条纹，说明此时样品 E 出现了从三维生长到二维生长的过渡。在样品 F 的生长过程中，表面反射率越来越低，表面越来越粗糙，没有出现平整的迹象，遂中断生长，也就是说样品 E 的生长中一直是三维岛状生长。既然生长过程差别如此之大，那么样品的质量也会出现较大差别。如表 1－1 所示，样品 C、D、E、F 中，样品 E 的质量最好，不仅有最低的位错密度，而且还具有最高的载流子迁移率。上述实验结果表明，AlN 缓冲层厚度太厚、太薄都会造成 GaN 外延层质量下降，合适的缓冲层厚度才有利于高质量的 GaN 外延层生长。

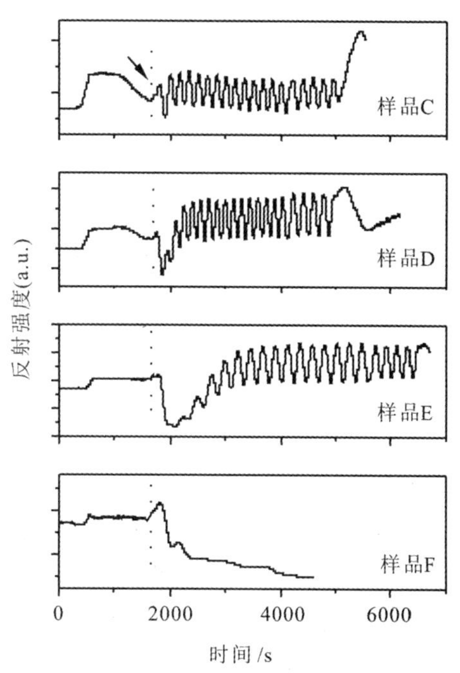

图 1－6　样品 C、D、E、F 生长的在位监测曲线

为了更深入地理解 AlN 缓冲层对 GaN 外延层的影响机制，实验中还研究了 AlN 缓冲层升温退火后的表面形貌。图 1－7 分别表示样品 A、B、C 的低温 AlN 缓冲层退火后的表面形貌（仅在外延层生长之前，如图 1－5 和图 1－6 中的箭头所示），样品号分别用 A（1000 s 退火，20 nm 厚）、B（300 s 退火，20 nm 厚）、C（1000 s 退火，45 nm 厚）表示。从图 1－7 中可以看出，样品 A 具有最大

的晶粒尺寸和最小的成核密度，样品 C 具有最小的晶粒尺寸和最大的成核密度。样品 A 在 AlN 缓冲层上生长时，会出现三维生长、小岛合并、准二维生长的过程，在小岛合并的过程中，大量的位错线会转向、湮灭，这样随后的外延层的位错密度会降低，质量得到提高。而样品 C 在 AlN 缓冲层上生长时，由于成核密度很小，外延层生长初期的小岛很快就会合并完成而过渡到准二维生长，这样大量的位错将穿透整个外延层。当然，如果成核密度太小，GaN 外延层生长初期的小岛不能实现合并，会一直保持三维生长过程，样品质量也会很差。由此可见，低温 AlN 缓冲层中较大的晶粒尺寸和较小的成核密度对于高温 GaN 外延层生长非常重要。而合适厚度的低温 AlN 缓冲层经过长时间的升温退火能够实现这一点。

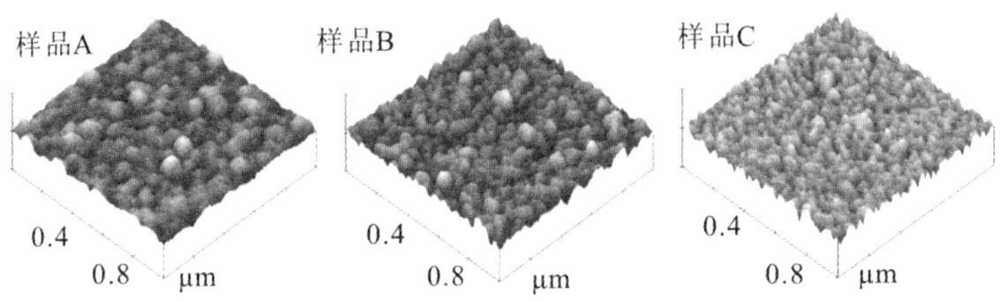

图 1-7 样品 A、B、C 的低温 AlN 缓冲层退火后的表面形貌

在低温 GaN 缓冲层上生长高温 GaN 外延层时，GaN 缓冲层的表面粗糙度非常重要，只有粗糙的 GaN 缓冲层上才能生长出较高质量的 GaN 外延层[12]。而从图 1-7 的结果来看，样品 C 的低温 AlN 缓冲层经过升温退火后，反射率降低，表面比较粗糙，而样品 E 的低温 AlN 缓冲层经过升温退火后，反射率并没有太大变化，表面形貌也并没有变得很粗糙。但是外延层的质量却差别很大。由此可见，并非粗糙的低温 AlN 缓冲层才能生长出高质量的 GaN 外延层，这可能也是低温 AlN 缓冲层和低温 GaN 缓冲层对外延层的影响机制很大的不同之处。当然，更多的机理还需要做多方面的工作来进一步研究。

实验发现，不仅缓冲层的生长厚度、退火时间对 GaN 外延层质量有重要影响，衬底的氮化过程、外延层的Ⅴ/Ⅲ控制等参数对材料的质量也有重要影响[13-14]。在大量外延机理和特性表征研究的基础上，我们深入研究了 GaN 材料的 MOCVD 生长机制，采取独特的外延技术，最终在普通平面蓝宝石衬底上生长出了高质量的 GaN 外延材料。图 1-8(a)为高质量 GaN 样品的变温霍耳测试曲线，图中的测试结果表明，该样品的室温载流子迁移率大约为 1005 cm^2/Vs[15]，本底载流子浓度约为 $1.1\times10^{16}\ cm^{-3}$，这也是目前世界上报道 MOCVD 外延

GaN 材料的最好结果[16]。图 1-8(b)为 X 光衍射(002)、(102)面测试曲线，可以看出，GaN 样品的(002)面和(102)面的 XRD 衍射半高宽非常窄，均仅为 180 弧秒(arcsec)。高质量的材料对于器件研制起着重要作用。

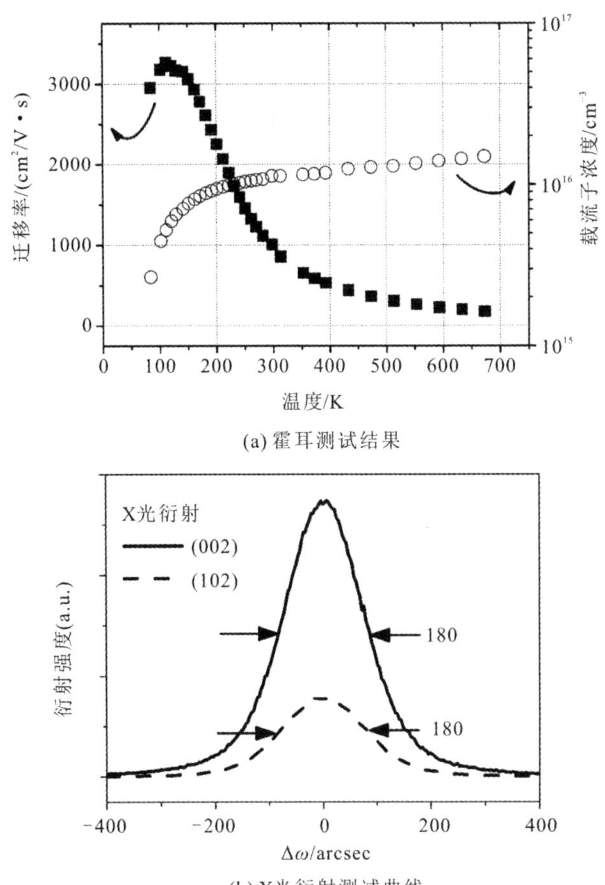

(a) 霍耳测试结果

(b) X光衍射测试曲线

图 1-8　高质量 GaN 样品的变温霍耳测试结果和 X 光衍射测试曲线

1.4　GaN 材料的 p 型掺杂与表征

影响 GaN 基器件发展的一大难题是 p 型掺杂问题。到目前为止，GaN 的 p 型掺杂技术依然是阻碍 GaN 基激光器发展的重要因素。Mg 是 p-GaN 中最

普遍的受主，但 Mg 受主较高的离化能(约 200 meV)决定了室温附近只有 1% 左右的 Mg 电离[17]，并且在 MOCVD 生长过程中 Mg 易与 H 形成 Mg－H 络合物[18-19]，进一步限制了 Mg 受主的电离。因此，在 GaN 发展的早期始终未能实现 p 型掺杂。直到 20 世纪 80 年代末，日本名古屋大学 H. Amano 等人[20]利用低能电子束辐照(Low-Energy Electron Beam Irradiation，LEEBI)方法，首次实现 p－GaN：空穴浓度为 2×10^{16} cm^{-3}，迁移率为 8 $cm^2/V\cdot s$，电阻率为 35 $\Omega\cdot cm$。1991 年，日本日亚公司 S. Nakamura 等人结合 GaN 缓冲层及低能电子束辐照技术[21]，成功将 p－GaN 材料的电阻率从 320 $\Omega\cdot cm$ 降至 0.2 $\Omega\cdot cm$，其中空穴浓度为 $3\times10^{18}cm^{-3}$，迁移率为 9 $cm^2/V\cdot s$。1992 年，日亚公司 S. Nakamura 等人发现了难以实现 p－GaN 的原因：氢杂质与镁受主容易形成 Mg_{Ga}－H 络合物，从而钝化镁受主、降低镁受主电离率；接着，他们首次采用快速热退火方式破坏 MgGa－H 络合物、释放氢杂质，降低氢杂质对镁受主的钝化，提高镁受主电离率，从而获得空穴浓度为 3×10^{17} cm^{-3}、迁移率为 10 $cm^2/V\cdot s$、电阻率为 2 $\Omega\cdot cm$的 p－GaN 材料[22-23]。除了 Mg－H 的络合物的影响，限制 p 型 GaN 中 Mg 掺杂水平的因素还有缺陷和杂质补偿作用。当 Mg 掺杂浓度提高到一定程度时，氮空位还会与部分 Mg 受主形成络合物，并表现出施主特性，引起自补偿[24-25]。抑制补偿对于 p 型掺杂也很关键。

GaN 基蓝绿光激光器对 InGaN 量子阱的发光特性要求很高，这样也要求 p－GaN 在比较低的温度下(一般情况下要求低于 1000℃)生长以保护量子阱。但是低温生长 p－GaN 会造成材料质量下降，电学性能变差。我们发现，碳等杂质在其中扮演了关键的角色，碳杂质能够在 GaN 中形成深能级施主，并与 Mg 进行补偿作用，而低温生长 p－GaN 时碳浓度往往比较高，从而降低 p－GaN 载流子浓度[26]，破坏了 p 型掺杂。下面简单介绍碳杂质对 p 型的补偿机理及表征方法[27]。

为了研究碳杂质在低温生长的 p－GaN 中的作用，我们用 MOCVD 生长了一系列样品，包括一个高温(T=1050℃)生长的样品 H1 和三个低温(T=950℃)生长的样品 L1、L2 和 L3。它们的生长参数、表面形貌及通过霍耳测试的电学性能参数都列在表 1－2 中，其中各样品的 Mg 掺杂浓度都是 1×10^{19} cm^{-3}。可以看到虽然各样品 Mg 的掺杂浓度相同，但是低温生长的 p－GaN 样品(L1、L2 和 L3)的电阻率却明显高于高温生长样品(H1)的电阻率。观察三个低温生长的 p－GaN 样品，可以看到随着生长速率的降低，其电阻率呈下降的趋势。但与样品 H1 相比，L1、L2 和 L3 的生长速率都是较低的，说明低温生长的 p－GaN 样品的电阻率较高不是由于生长速率快而导致的。并且发现样品 L3 的表面方均根粗糙度与 H1 的基本相同，其电阻率却明显高于 H1 样品，说明表面粗糙度

过大也不是导致低温生长 p-GaN 电阻率高的主要原因。

表 1-2　样品 H1、L1、L2、L3 的生长参数、表面粗糙度及电学性参数

样品	生长温度 (GT)/℃	生长速率 (GR)/(μm/h)	表面粗糙度 (RMS)/nm	碳杂质浓度 /cm^{-3}	电阻率 /Ω·cm
H1	1050	1.6	1.25	5.3×10^{16}	1.3
L1	950	1.4	5.68	5.1×10^{17}	1650
L2	950	0.8	1.36	2.6×10^{17}	528
L3	950	0.65	1.29	2.2×10^{17}	515

下面分析导致低温生长 p-GaN 薄膜电阻率高的原因。高温和低温生长样品的 PL(Photoluminescence，光致发光)谱如图 1-9 所示。低电阻率样品(高温生长)和高电阻率样品(低温生长)的 PL 谱型存在明显的区别。在高电阻率的样品中(低温生长)，只存在一个中心波长为 2.27 eV 的黄光峰，而在低电阻率的样品中(高温生长)，黄光峰消失，出现了比较强的带边发光峰。因为在 GaN 材料中，黄光峰一直被认为与深能级杂质有关，所以黄光峰强度的不同可能是与被研究的样品中的深能级杂质浓度和补偿机制相关。

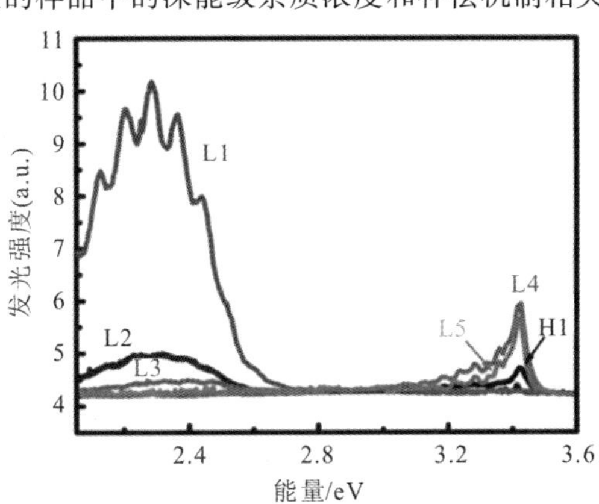

图 1-9　样品 H1、L1～L5 的室温 PL 谱

为了查找可能的补偿杂质，使用二次离子质谱仪(Secondary Ion Mass Spectroscopy，SIMS)分别测试了样品 H1、L1～L5 中碳和氧杂质的深度分布，如图1-10所示。可以看到，除了表面很薄的一层外，高温生长样品(H1)的氧杂质浓度与低温生长样品(L1、L2 和 L3)的基本相同。然而值得注意的是，高温样品(H1)中碳杂质的浓度远低于低温生长的样品(L1、L2 和 L3)的碳杂质的浓度。因

为 MOCVD 采用含碳的有机源作为前驱体，所以碳杂质在 GaN 中是一种非常重要的非故意掺杂杂质。在 GaN 中碳杂质可以有不同的形式[28-29]，如替位式(C_N，C_{Ga})、间隙式(C_i)或络合物。它可以充当施主或受主，它们的形成要依赖费米能级的位置及材料生长过程的化学计量条件。因此，与非故意掺杂的碳杂质相关的缺陷可能是低温生长的 Mg 掺杂 GaN 薄膜中补偿杂质的来源。

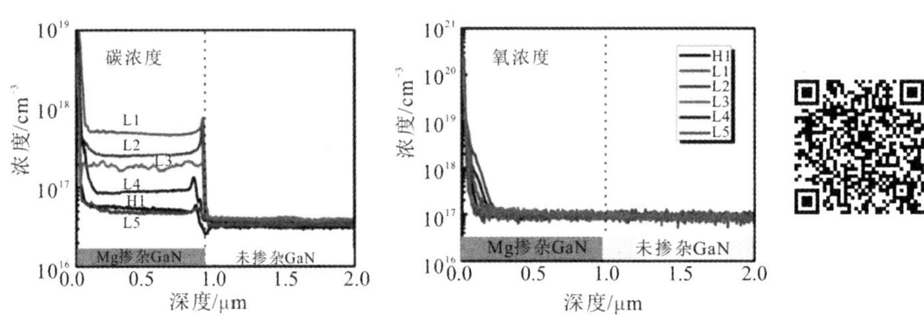

图 1-10 样品 H1、L1～L5 的碳杂质和氧杂质的 SIMS 深度分析图

非故意掺杂的碳杂质浓度对生长条件非常敏感，它随生长温度、压力、NH_3/TMGa 流量比的增加而减小[30]。因此，为了验证碳杂质对电阻率的影响，同时获得低电阻率的低温生长 p-GaN 层，两个具有低碳杂质浓度的、低温生长 Mg 掺杂 GaN 薄膜，即 L4(生长时用比较高的Ⅴ/Ⅲ比，NH_3 流量增加到 6000 sccm)和 L5(生长时用比较高的生长压力，200 torr)经由 MOCVD 制备。样品 L2、L4 和 L5 的生长参数及电学性能参数被列在表 1-3 中。从表中可以看到，与样品 L2 相比，样品 4 的碳杂质浓度减小到 9×10^{16} cm^{-3}，同时电阻率减小到 2.2 Ω·cm。对于样品 L5，碳杂质浓度和电阻率也同时减小。图 1-11 所示为 p-GaN 电阻率与碳杂质浓度的关系。这些结果表明，要实现低电阻率的 p-GaN，必须要降低 p-GaN 薄膜中碳杂质的掺杂浓度。另一方面，从图 1-9 中也可以看到，具有低碳杂质浓度和低的电阻率的样品 L4 和 L5 也没有黄光发射峰。这表明减小的黄光发射与低的碳杂质浓度和低的电阻率相关。

表 1-3 低温生长样品(L2、L4 和 L5)的生长参数及电学性能参数

样品	生长压力 (GP)/torr	NH_3 流量 /sccm	生长速率 (GR)/(μm/h)	碳杂质浓度 /cm^{-3}	电阻率 /Ω·cm	空穴浓度 /cm^{-3}
L2	100	3000	0.8	2.6×10^{17}	528	—
L4	100	6000	0.8	9×10^{16}	2.2	2.1×10^{17}
L5	200	3000	0.8	4.7×10^{16}	3.0	2×10^{17}

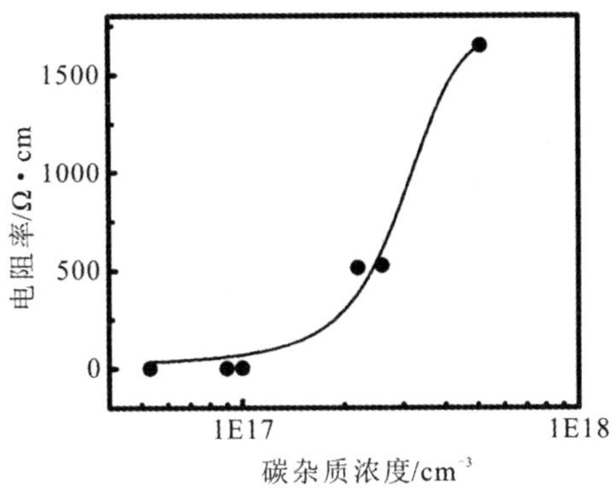

图 1-11　p-GaN 电阻率与碳杂质浓度关系

研究表明，碳杂质与黄光峰密切相关，碳杂质会引入深能级[31-32]。理论计算表明[33]，碳杂质和氧杂质形成深施主络合物(C_N-O_N)也会产生黄光发射。而深能级施主 C_N-O_N络合物可能是导致 Mg 掺杂水平低、电阻率高的主要原因，其可以对浅受主 Mg_{Ga}形成补偿，导致 Mg 的空穴难以电离成为自由载流子。其次，C_N-O_N络合物有相对较低的形成能，相比于其他 C 的形式，在 p-GaN 中有更高的浓度。而且在测得的高电阻率的样品中，PL 谱黄光峰的峰值位置(2.27 eV)和零声子转化能量(2.7 eV)与文献中报道的 C_N-O_N络合物引起的黄光峰的基本一致。因此，碳杂质在低温 Mg 掺杂 GaN 中可能优先形成 C_N-O_N络合物，在 p-GaN 中起着施主作用，从而破坏了 p 型掺杂。通过改变生长条件来降低碳杂质浓度的方法，如增加Ⅴ/Ⅲ比、增加生长压力、增加生长温度以及降低生长速率等都可以降低 p-GaN 的电阻率。另外，我们发现 H 原子在 p-GaN 中的角色很复杂，一方面，H 原子会钝化 Mg 杂质、破坏 p 型，另一方面，在 p-GaN 中还可以钝化碳杂质[34]，抑制碳杂质的补偿作用，改善 p 型。GaN 材料的 p 型掺杂还需要进一步深入研究。

1.5　InGaN 量子阱的生长与表征

InGaN 量子阱是 GaN 基发光器件的核心发光区，最初的高亮度 GaN 基 LED 采用双异质结[35]，随后改用量子阱[36]，进一步提高了器件性能。目前 InGaN量子阱已经是 GaN 基蓝绿光 LED 和激光器的基本组成部分[37]。研究 InGaN 量子阱的 MOCVD 生长技术对于 GaN 基激光器的发展至关重要。关于

InGaN 量子阱的生长，许多参数需要研究，包括阱层厚度[38-39]、垒层掺 In 效果等[40]，这里主要介绍生长 InGaN 阱层结束后的低温 GaN 盖层对量子阱生长和发光性能的影响[41-42]，这对高质量 InGaN 量子阱的生长有参考作用。

利用 MOCVD 在 c 面蓝宝石衬底上生长了四个具有不同盖层(Cap Layer)厚度的 InGaN/GaN 量子阱结构。生长时分别以三甲基镓(TMGa)、三甲基铟(TMIn)、氨气(NH_3)作为 Ga 源、In 源和 N 源，硅烷(SiH_4)和二茂镁(Cp_2Mg)分别作为 n 型 GaN 和 p 型 GaN 的掺杂剂，并分别用氢气和氮气作为 GaN 和InGaN生长时的载气。我们所生长的 InGaN/GaN 量子阱结构具有两个量子阱周期，在阱层的生长过程中，In 流量保持不变，并在相同温度 710℃下生长 GaN 盖层，随后将生长温度升高到 830℃并保持几秒，之后开始生长 GaN 垒层，在升温退火过程中，TMGa 停止通入反应室即 GaN 生长停止。两个样品生长过程的唯一不同之处在于盖层生长时间的差异，样品 A、B 的盖层生长时间分别为 30 s、200 s。In GaN/GaN 多量子阱结构示意图如图 1-12 所示。

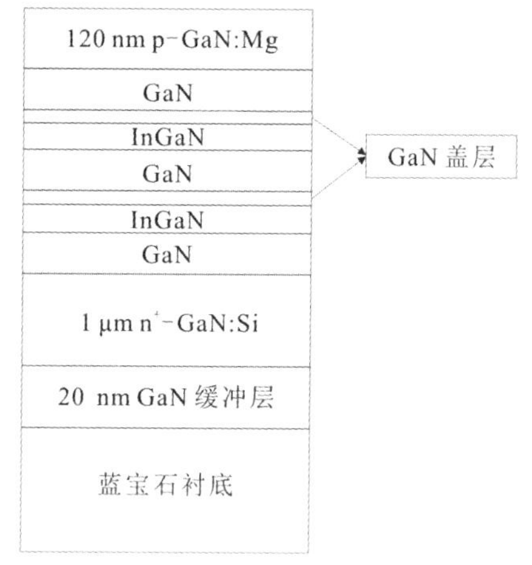

图 1-12 InGaN/GaN 多量子阱结构示意图

为了测定 InGaN/GaN 多量子阱的平均 In 组分、周期厚度以及材料质量，我们测试了两个样品的高分辨 X 射线扫描曲线。图 1-13(a)为样品(0002)面的 X 光衍射 $\omega-2\theta$ 扫描曲线。两个样品-4 级卫星峰可以被清晰地看出，这说明量子阱结构有比较好的周期性。另外，样品的平均 In 组分和周期厚度可由拟合获得，如表 1-4 所示。从结果可以看出，随着盖层厚度增加，InGaN/GaN 量子阱周期性厚度与平均 In 组分稍有增加。事实上，由于 GaN 盖层的生长速率非常低(约为 0.006 nm/s)，垒层厚度的变化相对较小。然而，我们注意到 GaN 盖层的生长条件不仅影响垒层厚度，而且也会影响 InGaN 阱层生长过程中 In 原子的扩散、蒸发等重新分布过程。另外，为了表征 InGaN/GaN 多量子阱结构的应力状态，我们测试了 GaN($10\bar{1}5$)面的倒空间映像(Mapping)图。样品 A 的测试结果如图 1-13(b)所示，量子阱的卫星峰与 GaN 峰均分布在同一垂直线上，表明两个样品均未发生弛豫[43]。

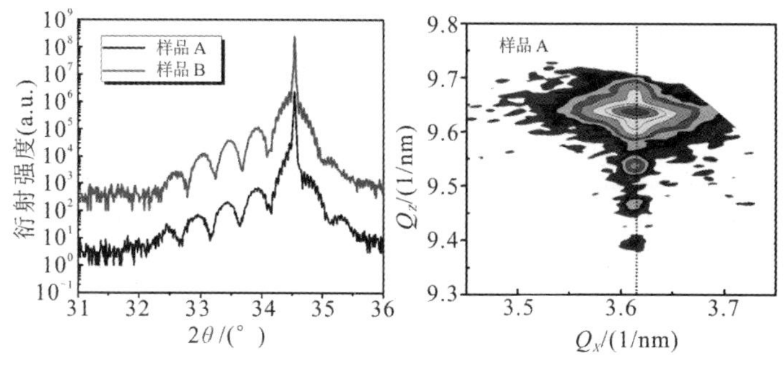

图 1-13　样品 A 和 B 的 X 光衍射测试结果

表 1-4　两个样品 XRD 测试 $\omega-2\theta$ 扫描曲线拟合结果

样品	盖层生长时间/s	周期厚度/nm	垒厚度/nm	阱厚度/nm	InGaN 中的铟组分/%
A	30	19.10	14.85	4.25	10.0
B	200	19.95	15.50	4.45	10.3

我们还研究了光学性质。图 1-14 为温度为 10 K 下两个样品的变功率光致发光光谱，激发光波长为 405 nm，两个样品有着截然不同的发光行为。对样品 A，在主峰 A_2 的低能端有另外一个发光峰 A_1，发光峰 A_1 与主峰 A_2 的能量差为 92 meV，因此可以确定发光峰 A_1 为声子伴线。样品 B 发光光谱中也伴随声子伴线，被定义为峰 B_1。从图中还可以看出，当激发光功率低于 5 mW 时，样品 B 仅有一个主发光峰 B_2；但当激发光功率大于 10 mW 时，在主峰 B_2 高能端又出现另外一个发光峰 B_3，且随着激发光功率的增加，峰 B_3 逐渐增强且取代峰 B_2 成为主峰。我们一般认为低温下大部分光激发载流子分布在与 In 团簇下相关的局域态第一电子激发态上，并发生辐射复合，产生发光峰 A_2 和 B_2[44]。

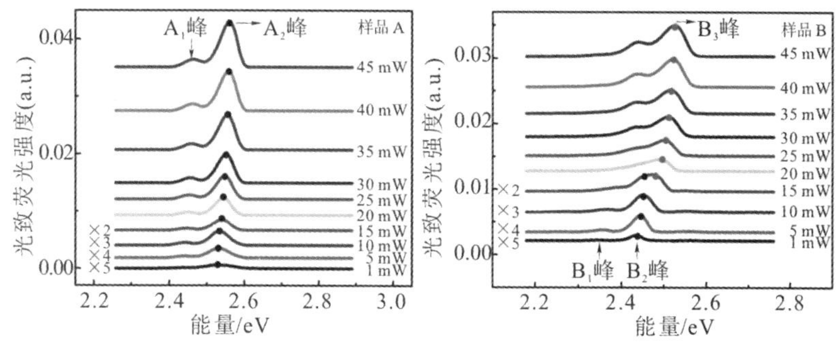

图 1-14　10 K 下样品 A 和样品 B 的变功率光致发光光谱

为了研究样品 B 中特殊的发光峰 B_3，我们测试了样品 B 的变温变功率光致发光谱，结果如图 1－15 所示。图 1－15(a)、(b)分别为激发光功率为 5 mW 和 40 mW 条件下的变温光致发光谱。注意到 40 mW 激发光功率下的变温 PL 图中双峰现象在 200 K 以下非常明显，但当温度继续升高时就会变得逐渐模糊。总的来看，在很窄的激发光功率范围内，样品 B 的主发光峰由低能端发光峰逐渐转为高能端发光峰。在低功率条件下，发光峰 B_2 占主导；高功率条件下，发光峰 B_3 占主导。

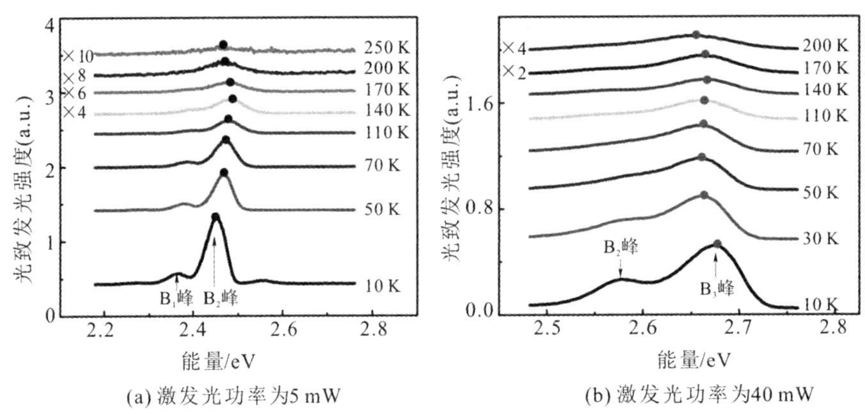

图 1－15　激发光功率分别为 5 mW 和 40 mW 条件下的变温光致发光谱

此外，仔细研究两个样品的主要发光峰能量随温度的变化图，可以发现一些特殊的现象。如图 1－16(a)所示，当样品 A 的激发光功率从 5 mW 增加到 40 mW 时，PL 峰值能量随温度升高的变化曲线(以下称为 E－T 曲线)为倒“V”形曲线，这与常规“S”形曲线不同。随着激发功率的增加，除了峰值能量的整体蓝移之外，倒“V”形 ET 曲线几乎没有发生变化。一般而言，倒“ V”形温度依赖曲线可以被解释为发光中心的载流子填充效应和高温下带隙收缩效应的共同作用[45-46]。另一方面，如图 1－16(b)所示，当激发光功率低于 5 mW 时，样品 B 的 E－T 曲线显示出倒“V”形。这种情况类似于样品 A。但是，当激发光功率逐渐增加到 40 mW 时，在较低的温度范围内会首先出现红移段，此时 E－T 曲线呈规则的“S”形。显然，这种现象与传统的观点矛盾，即当激发光功率足够大时，局域效应将完全消失，而发光峰能量与温度的依赖关系将严格遵守 Varshni 定则[47]。

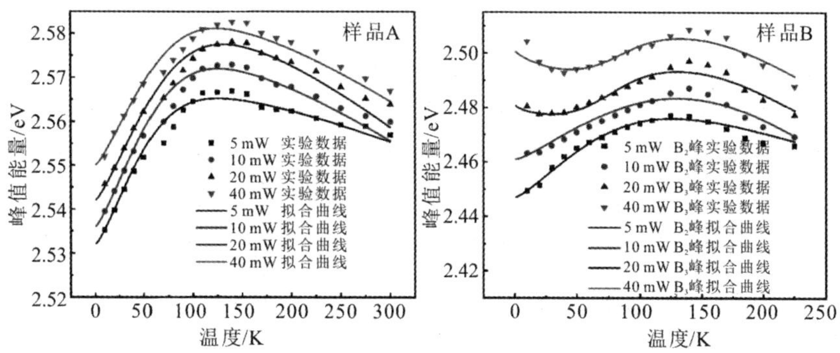

图 1-16　样品 A 和样品 B 光致发光峰值能量随温度变化曲线

因此，为了定量解释观察到的 E-T 曲线对激发光功率的反常依赖行为，我们采用徐士杰教授等人提出的 LSE 理论模型来拟合 E-T 曲线[48]。该模型具有普适性，在所有温度范围内使用，不仅可以拟合“S”形的 E-T 曲线，还可以拟合“V”形或倒“V”形 E-T 曲线。此外，还可以证明在高温下 LSE 模型可以简化为 Eliseev 等人的带尾模型。在此模型中，峰值能量与温度的关系可以描述为

$$E(T)=E_0-\frac{\alpha T^2}{\theta+T}-xk_B T$$

式中，θ 为材料的德拜温度，α 为 Varshni 参数，k_B为玻尔兹曼常数，x 可以通过对以下超越方程进行数值求解获得：

$$xe^x=\left[\left(\frac{\sigma}{k_B T}\right)^2-x\right]\left(\frac{\tau_r}{\tau_{tr}}\right)e^{(E_0-E_a/k_B T)}$$

式中：σ 为局域态分布的标准差，即高斯形态密度分布的宽度；τ_r 和 τ_{tr}分别代表局域载流子的辐射复合寿命和逃逸寿命，τ_r/τ_{tr}表示载流子发生非辐射复合的比例；E_0为局域中心的中间能级，0 K 下局域态中 E_a以下的能级均被占据，由此来看，E_a类似于费米狄拉克分布中的费米能级。很明显，E_0和 E_a共同决定局域态的起源[49]。

通过大量的数值计算，两个样品的拟合参数结果如表 1-5 所示。对于样品 A 而言，当激发光功率由 5 mW 增加到 40 mW 时，E_0和 E_a分别增加了 19 meV、18 meV，而 E_0-E_a和 σ 几乎不变。这说明，随着激发光功率增加，越来越多的载流子被激发。首先，一部分光生载流子将用来屏蔽 InGaN 层较强的极化电场，因而导致中心能级 E_0的增大。另外，由于载流子填充效应，越来越多的载流子占据较高能级，因此导致局域化载流子分布的准费米能级 E_a的增大。总体

来说，E_0-E_a代表载流子极化电场屏蔽效应和载流子填充效应的共同作用，因此样品 A 的发光峰随着激发光功率增加，整体发生了蓝移。与样品 A 不同的是，对于样品 B，当激发光功率由 5 mW 增加到 40 mW 时，E_0和E_a均有大幅度增加，分别增加了 73 meV 和 57 meV。E_0-E_a增加了 16meV，τ_r/τ_{tr}也发生了几个数量级的改变，σ稍有减小。这些较样品 A 很大不同的变化，我们认为是由于样品 B 在 5 mW 和 40 mW 激发光功率下发光中心的来源不同而引起的。

表 1-5　样品 A 和 B 的 E-T 曲线的 LSE 模型拟合结果

样品	激发功率/mW	E_0/eV	E_a/eV	E_0-E_a/meV	$\frac{\tau_r}{\tau_{tr}}$	σ/meV
A	5	2.57	2.532	38	0.004	14
	10	2.579	2.538	41	0.004	14
	20	2.585	2.545	40	0.004	15
	40	2.589	2.55	39	0.003	15
B	5	2.486	2.447	39	0.003	24
	10	2.516	2.461	55	0.009	30
	20	2.541	2.481	60	1.99	19
	40	2.559	2.504	55	15.01	20

因此，对于样品 B 而言，我们认为存在两种不同的局域态，并由于 InGaN 层不均匀的 In 原子分布而表现出具有不同的势能高度，即较高 In 组分区域成为深局域中心，而较低 In 组分区域成为浅局域中心。为了解释样品 B 的反常发光行为，我们分析了两种局域态中载流子随激发光功率以及温度变化的重新分布行为，如图 1-17 所示。10 K 下，在较低激发光功率(5 mW)条件下[见图 1-17(a)]，大量光生载流子分布于深局域态中，此时低能端发光峰占主导。但在较高激发光功率(40 mW)条件下[见图 1-17(b)]，越来越多的光生载流子填充更高能级，此时前局域态中的较高能级也被填充，因此随着激发光功率的增加，在高能端出现发光峰并逐渐占主导。结合拟合结果，E_0和E_a大大增加，代表局域载流子逃脱能力的数值τ_r/τ_{tr}增加了几个数量级。随着温度增加到 30 K，激发光功率为 5 mW 时[见图 1-17(c)]，光生载流子获得一定量的热能进而被浅局域中心捕获，导致 E-T 曲线首先发生蓝移。但是，当激发光功率增加到 40 mW 时[见图 1-17(d)]，分布于浅局域中心的较多光生载流子获得热能更容易被具有强束缚能力的深局域态所捕获。因此，较大激发光功率条件下，

E-T 曲线首先发生了红移。换句话说，E-T 曲线随激发光功率的反常变化，是与样品 B 的 InGaN 阱层中 In 组分分布不均匀而产生的深浅局域态有关的，而不均匀的 In 组分分布主要归因于生长过程中原子尺度上合金原子的波动[50]。

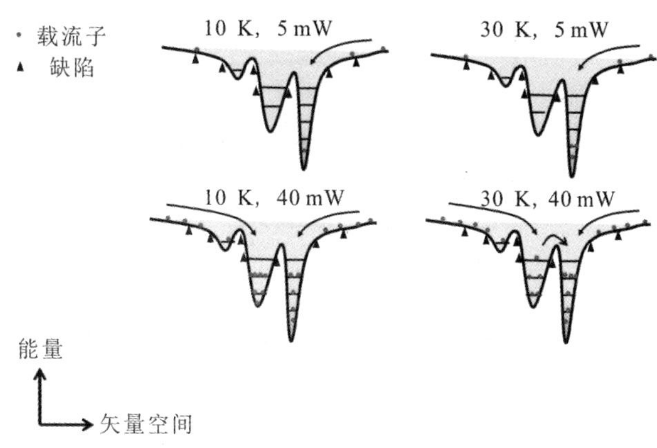

图 1-17　样品 B 在 10 K 和 30 K 时，激发光功率分为 5 mW 和 40 mW 时局域态中载流子分布示意图

进一步分析，样品 B 在高激发光功率下出现的反常发光峰也导致光致发光归一化强度随温度的异常变化。图 1-18 展示了样品 A 和 B 分别在激发光功率为 5 mW 和 20 mW 时归一化强度随温度的变化曲线。首先，我们注意到样品 B 归一化发光强度随温度的衰减明显快于样品 A。一般来说，InGaN 多量子阱结构的发光强度的热衰减由非辐射复合中心控制，可以用 Arrhenius 公式描述。因此，较快的热衰退行为意味着样品 B 具有比较差的热稳定性。进一步而言，当激发光功率足够高时，相对较低温度下少量非辐射复合中心被激活，且很容易被大量过剩载流子填满，因而大激发光功率下，非辐射复合中心对发光的热衰减效应不甚明显。这可以成功解释低温段样品 A 高激发光功率下的发光强度几乎不随温度变化，且衰减温度低于低功率的情况。然而，样品 B 的情况却很反常。当温度低于 125 K 时，激发光功率为 5 mW 下的归一化发光强度居然高于激发光功率为 20 mW 的情况。当温度大于 125 K 时，现象却相反。在 5 mW 下样品 B 仅在低能端出现一个发光峰，我们认为这个发光峰来源于量子阱内的深局域态发光，而在 20 mW 下，样品 B 高能端又出现另一个发光峰且在发光谱中占主导地位，我们认为这来源于量子阱内的浅局域态发光。因此，我们可以得出结论，深局域发光中心比浅局域发光中心有更高的发光效率[50]。我们认为在激发光功率为 20 mW 时，样品 B 有两种局域态参与发光。

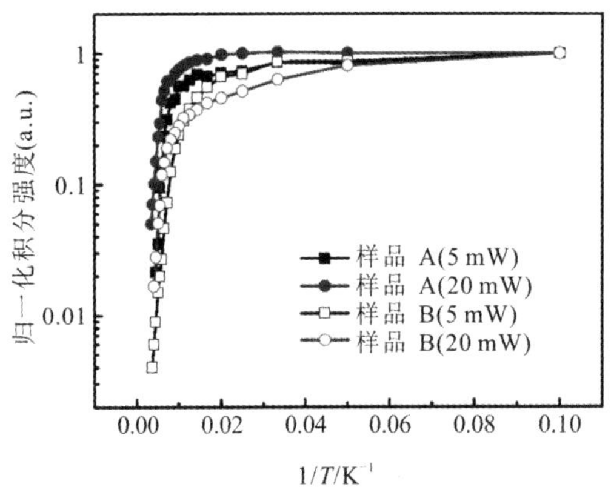

图 1-18　样品 A 和 B 分别在 5 mW 和 20 mW 时的光致发光归一化强度随温度变化曲线

基于以上分析，我们证实了样品 B 发光峰 B_3 是来源于由量子阱中铟组分不均匀分布引起的深局域态。事实上，铟原子易于积聚在 InGaN 量子阱层的上表面并形成富 In 层[51]。低温下生长较厚的 GaN 盖层不利于富 In 层的中 In 原子的蒸发，In 原子可并入 GaN 盖层和势垒层中[52]，将导致阱层厚度的增加，从而增强了量子限制斯塔克效应（Quantum Confinement Stack Effect，QCSE）。量子阱有源区中较强的极化电场将引起更多的局部弛豫，从而形成不同的局域态和较高的势垒。同时，更多的位错和缺陷被引入到随后 GaN 垒层的生长中，In 原子倾向于聚集在位错附近，进而形成不均匀分布[53-54]。这意味着随着 GaN 盖层厚度增加，In 原子分布起伏更加明显。由此可见，较厚盖层样品 B 中 In 组分分布非常不均匀，而适当减薄盖层厚度有利于改善均匀性，高均匀性的量子阱有利于激光器制备。

1.6　器件工艺与表征

GaN 基激光器的整个制作过程非常复杂，包括材料生长、结构设计和工艺制作。激光器需要同时考虑电场、光场分布特性[55-56]，结构设计也很重要[57]。例如，激光器属于大电流注入工作器件，其载流子泄漏变得非常严重。在传统的 GaN 基蓝紫光激光器中，由于量子阱较浅，对电子的限制作用较弱，往往会造成严重的电子泄漏电流，我们发现使用 InGaN 插入层可有效减小蓝紫光激光器电子泄漏电流[58-59]，很多文献研究发现电子注入和泄漏对器件影响确实很大[60-62]。

我们提出了极化翻转的四元合金 AlInGaN 作为电子阻挡层、GaN/InGaN 复合垒层结构等方法都能显著减小电子泄漏[60-61]，还发现空穴阻挡层结构能提高紫外激光器的性能[62]，进行结构设计时还必须把实际材料的损耗考虑进去[63]，才能更有效地指导器件研制。在材料生长和结构设计的基础上，我们进一步研究了工艺技术，下面主要介绍 GaN 基激光器的工艺和制备流程[42]。

GaN 基激光器的基本结构沿生长方向依次包括：n 电极、衬底、n 型光学限制层、下波导、有源区、上波导、电子阻挡层、p 型光学限制层、接触层和 p 电极。激光器的三维结构如图 1-19 所示。

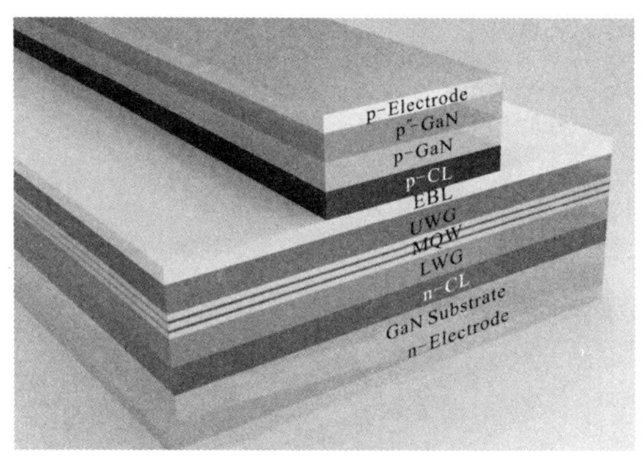

图 1-19　激光器的三维结构示意图

图 1-19 中，沿外延方向依次为：① N 面电极：Ti/Al/Ti/Au；② 衬底：GaN；③ 光学限制层(n-CL)：n-AlGaN；④ 下波导(LWG)：GaN 或者 InGaN；⑤ 有源区：InGaN/GaN 量子阱；⑥ 上波导(UWG)：GaN 或者 InGaN；⑦ 电子阻挡层(EBL)：p-AlGaN；⑧ 光学限制层(p-CL)：p-AlGaN；⑨ 接触层：p-GaN；⑩ p 电极。

GaN 激光器的制备工艺流程如图 1-20 所示，具体流程如下：

(1) 溅射：对激光器外延片进行清洗，以去除表面的玷污和氧化层，随后溅射 p 型欧姆接触金属 Pd/Pt/Au，并进行退火，以形成良好的欧姆接触。

(2) 光刻：涂胶，曝光光刻激光器的脊形。

(3) 刻蚀：采用离子束刻蚀机 IBE 或感应耦合等离子体刻蚀机 ICP 刻蚀，形成激光器的脊形。

(4) 沉积：在刻蚀后的激光器外延片上沉积 SiO_2 绝缘膜。

(5) 剥离：浸泡在丙酮中，剥离脊形上方的光刻胶和 SiO_2，露出 p 型电极。

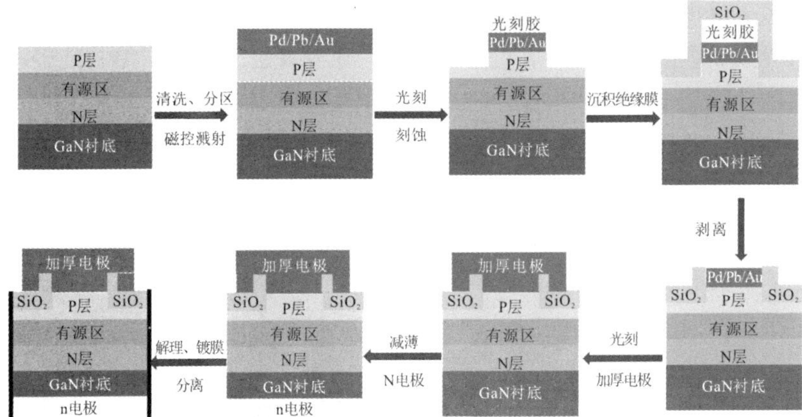

图 1-20　GaN 激光器的制备工艺流程图

(6) 二次光刻：光刻激光器的加厚电极。

(7) 溅射：溅射激光器的加厚电极。

(8) 剥离：剥离激光器外延片上方的光刻胶，此时激光器的 p 面工艺已经完成。

(9) 减薄、研磨：对激光器的衬底进行减薄，减薄至 120 μm 左右后，进行研磨，以减小粗糙度。

(10) 刻蚀：对研磨后的激光器衬底进行刻蚀，为了更好地与 n 型金属电极形成欧姆接触。

(11) 溅射：在激光器的背面溅射 n 电极 Ti/Pt/Au。

(12) 解理：用激光划片机将激光器解理成巴条。

(13) 镀膜：在激光器的腔面镀膜。前后两个腔面镀不同反射率的膜 SiO_2/TiO_2 多层介质膜。

(14) 分离：将激光器巴条分割成激光器单芯片。

(15) 封装：形成完整的器件。

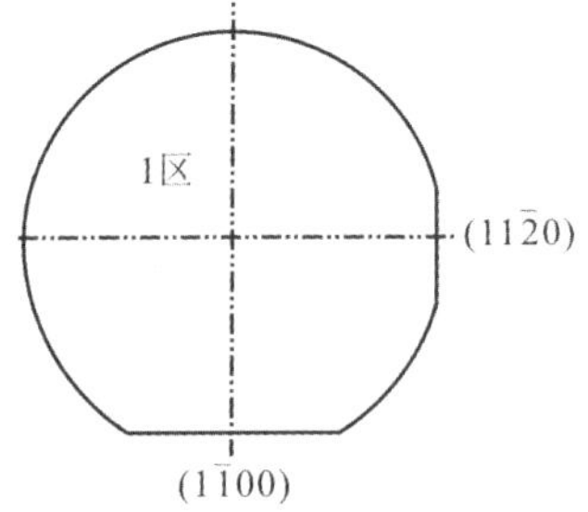

图 1-21　GaN 基激光器外延片示意图

GaN 基激光器的工艺细节技术很多，包括划片、清洗、刻蚀、镀膜等，这些技术对器件性能会造成影响。这里简要介绍划片对于工艺的影响。获得外延片之后，首先用激光划片机对外延片进行切割，并分割成图 1-21 所示的四个区域。由于$(11\bar{2}0)$方向是 GaN 材

料的解理边，因此垂直于短边方向的分片不必使用激光划片机，解理即可，而 $(1\bar{1}00)$ 方向的切割需使用激光划片机。

实验中使用激光划片机进行划片，这是因为经过光学透镜聚焦之后获得的激光光斑直径小、能量密度高、速度快、精度高，利用激光划片机划片对外延片损伤相对较小，且为无接触形式，对外延片本身没有施加任何外加作用力。一般来说，可以通过控制激光功率、划片速度、划片次数等参数来控制划痕的深度，避免划片过深，损害外延片。

在整个工艺流程的最后，将巴条分离成单个管芯，此时我们还是选择用激光划片在巴条背面划片加裂片机裂片的方式进行，如图 1－22(a)所示，激光划痕(黑点)在管芯正面的前后腔面处非常明显，说明激光在黑点位置已经由背面穿透过整个外延片，对正面电极造成损伤，在器件测试过程中，非常容易造成器件的短路。同时，我们提取了黑点处的剖面图[如图 1－22(b)所示]，发现在前后腔面附近，也就是激光划片时，激光接触外延片的起点和终点位置分别穿透整个外延层，而中间其余位置的激光划痕并未穿透，只有外延片厚度的三分之一左右。在我们换了其他激光划片机后，并未出现类似现象，所以证明这种现象是激光划片机设备的原因。因此，需要谨慎调整划片机的划片速度、激光功率、划片次数等参数。

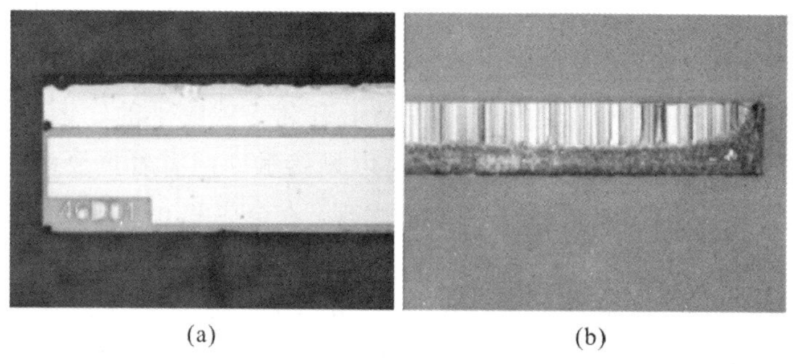

(a)　　　　(b)

图 1－22　从正面看激光器表面的激光划痕和激光划片剖面图

如图 1－23 所示，在保证其他条件不变的情况下，图 1－29 显示了当划片速度分别为 25 mm/s 和 30 mm/s 时的划痕剖面图。很明显可以看出，当划片速度为 30 mm/s 时，划痕深度为 34 μm，剖面相对平整；而当划片速度增加至

25 mm/s 时，划痕深度可达 68 μm，且剖面裂纹明显增多。可见，划片速度对划痕深度和剖面结构有很大的影响。因此，我们必须保证在可以将外延片分离的情况下，尽可能地减少激光对外延片的损伤。在后续用激光划片机和裂片机分离管芯的工艺步骤中，这一观点显得尤为重要，直接影响到分离出管芯的剖面的平整度以及管芯中裂纹的产生，从而影响到激光器性能。

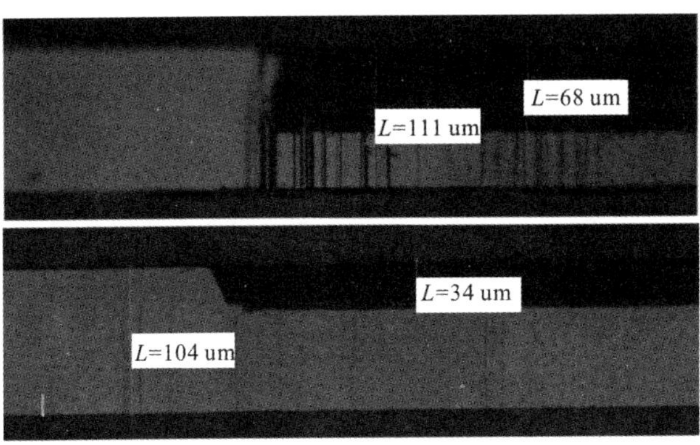

图 1-23 当划片速度分别为 25 mm/s(上)和 30 mm/s(下)时的划痕剖面图

除了工艺技术以外，对于工艺物理也需要深入研究。p 型欧姆接触就是其中的重要技术，它对激光器工作电压有重要影响。我们研究了 Ni/Au 金属体系与 p-GaN 形成欧姆接触时的载流子输运机理，研究发现 NiO 的存在对 p-GaN欧姆接触的形成有重要作用[64]。经过快速退火处理后，p-NiO 直接与 p-GaN 接触降低了金半接触的势垒高度，有利于载流子的输运过程。此外，实验结果表明金属 Ni 的厚度对 p-GaN 欧姆接触性能有着重要的影响，最优金属 Ni 的厚度为 15 nm。另外，我们还发现，在金属和 p-GaN 接触界面，适当地引入碳杂质[65-66]，有利于空穴传输，实现良好的欧姆接触特性。

在解决了外延、结构、工艺的基础上，中国科学院半导体研究所成功制备了 GaN 基蓝光、绿光、紫光、紫外激光器。图 1-24 为 GaN 基大功率蓝光激光器的功率-电流-电压($P-I-U$)曲线和激射光谱，激光器的条宽为 30 μm，腔长为 1200 μm，阈值电流为 400 mA，对应的阈值电流密度为 1.1 kA/cm^2，激射波长为 442 nm，室温连续输出功率 6.0 W[67]。GaN 基紫外激光器的实现也受到了国际关注[68-69]。

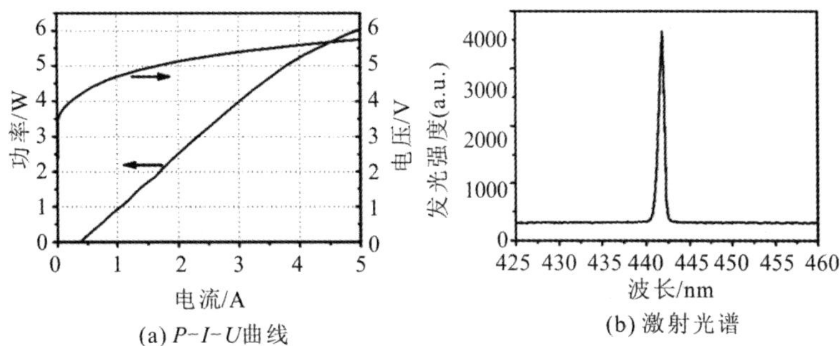

图 1-24　GaN 基大功率蓝光激光器的 *P*-*I*-*U* 曲线和激射光谱

1.7　本章小结

GaN 基激光器自问世以来，先后研制出蓝光、紫外、绿光等多个波长激光器，从发展趋势来看，GaN 基激光器会朝着多波长、大功率方向进行。在长波方面，GaN 基激光器会实现红光甚至红外激射；在短波方面，GaN 基激光器会朝着深紫外方向发展。2019 年，诺贝尔奖获得者 H. Amano 等人研制出 GaN 基深紫外激光器[70]，激射波长为 271.8 nm，实现了半导体激光器领域里程碑式的突破。另外，垂直腔面发射激光器也是 GaN 基激光器的重要研究方向。GaN 基激光器是高难度的器件，需要材料、结构和工艺的完美结合，而且封装技术对于 GaN 基激光器的可靠性也有重要影响[71]。GaN 基激光器最终会改变人类生活。

参考文献

[1]　NAKAMURA S, SENOH M, NAGAHAMA S, et al. InGaN-based multi-quantum-well-structure laser diodes. Japanese Journal of Applied Physics, 1996, 35(1B): L74-76.

[2]　MANASEVIT H M. Single-crystal gallium arsenide on insulating substrates. Applied Physics Letters, 1968, 12(4): 156-159.

[3]　陆大成，段树坤. 金属有机化合物气相外延基础及应用. 北京：科学出版社，2009.

[4]　刘炜. 绿光 InGaN/GaN 多量子阱发光特性研究[博士学位论文]. 中国科学院半导体研究所，2016.

[5]　NAKAMURA S, MUKAI S, SENOH M. In situ monitoring and hall measurements of GaN grown with GaN buffer layers. Journal of Applied Physics, 1992, 71(11): 5543-5549.

[6]　ZHAOD G, LIU Z S, ZHU J J, et al. Effect of Al incorporation on the AlGaN growth

by metalorganic chemical vapor deposition. Applied Surface Science, 2006, 253(5): 2452 - 2455.

[7] AMANO H, SAWAKI N, AKASAKI I, et al. Metalorganic vapor phase epitaxial growth of a high quality GaN film using an AlN buffer layer. Applied Physics Letters, 1986, 48(5): 353 - 355.

[8] NAKAMURA S. GaN growth using GaN buffer layer. Japanese Journal of Applied Physics, 1991, 30(10A): L1705 - L1707.

[9] ZHAO D G, ZHU J J, LIU Z S, et al. Surface morphology of AlN buffer layer and its effect on GaN growth by metalorganic chemical vapor deposition. Applied Physics Letters, 2004, 85(9): 1499 - 1501.

[10] HEINKE H, KIRCHNER V, EINFELDT S, et al. X-ray diffraction analysis of the defect structure in epitaxial GaN, Applied Physics Letters, 2000, 77(14): 2145 - 2147.

[11] CHIERCHIA R, BOTTCHER T, HEINKE H, et al. Microstructure of heteroepitaxial GaN revealed by X-ray diffraction. Journal of Applied Physics, 2003, 93(11): 8918 - 8925.

[12] ZHAO D G, JIANG D S, ZHU J J, et al. Defect evolution and accompanied change of electrical properties during the GaN growth by metalorganic chemical vapor deposition. Journal of Alloys and Compounds, 2009, 487(1-2): 400 - 403.

[13] LE L C, ZHAO D G, WU L L, et al. Effects of sapphire nitridation on GaN growth by metalorganic chemical vapour deposition. Chinese Physics B, 2011, 20(12): 127306.

[14] ZHAO D G, JIANG D S, ZHU J J, et al. Influence of Ⅴ/Ⅲ ratio in the initial growth stage on the properties of GaN epilayer deposited on low temperature AlN buffer layer. Journal of Crystal Growth, 2007, 303 (2): 414 - 418.

[15] ZHAO D G, YANG H, ZHU J J, et al. Effects of edge dislocations and intentional Si doping on the electron mobility of n-type GaN films. Applied Physics Letters, 2006, 89(11): 112106.

[16] KYLE E C H, KAUN S W, BURKE P G, et al. High-electron-mobility GaN grown on free-standing GaN templates by ammonia-based molecular beam epitaxy. Journal of Applied Physics, 2014, 115(19): 193702.

[17] GÖTZ W, JOHNSON N M, WALKER J, et al. Activation of acceptors in Mg-doped GaN grown by metalorganic chemical vapor deposition [J]. Applied Physics Letters, 1996, 68(5): 667 - 9.

[18] GÖTZ W, JOHNSON N M, BOUR D P, et al. Local vibrational modes of the Mg - H acceptor complex in GaN [J]. Applied Physics Letters, 1996, 69(24): 3725 - 7.

[19] REBOREDO F A, PANTELIDES S T. Novel defect complexes and their role in the p-type doping of GaN [J]. Physical review letters, 1999, 82(9): 1887.

[20] AMANO H, KITO M, HIRAMATSU K, et al. P-type conduction in Mg-doped gan treated with low-energy electron-beam irradiation (Leebi) [J]. Jpn J Appl Phys 2, 1989, 28(12): L2112 - L4.

[21] NAKAMURA S, SENOH M, MUKAI T. Highly p-typed Mg-doped GaN films grown with GaN buffer layers [J]. Jpn J Appl Phys, 1991, 30(10A): L1708.

[22] NAKAMURA S, IWASA N, SENOH M, et al. Hole compensation mechanism of p-type gan films [J]. Jpn J Appl Phys 1, 1992, 31(5a): 1258 - 66.

[23] NAKAMURA S, MUKAI T, SENOH M, et al. Thermal annealing effects on p-type Mg-doped gan films [J]. Japanese Journal of Applied Physics Part 2-Letters, 1992, 31(2b): L139 - L42.

[24] HAUTAKANGAS S, OILA J, ALATALO M, et al. Vacancy defects as compensating centers in Mg-doped GaN [J]. Physical review letters, 2003, 90(13): 137402.

[25] OBLOH H, BACHEM K H, KAUFMANN U, et al. Self-compensation in Mg-doped p-type GaN grown by MOCVD [J]. Journal of Crystal Growth, 1998, 195(1-4): 270 - 3.

[26] YANG J, ZHAO D G, JIANG D S, et al. Investigation on the compensation effect of residual carbon impurities in low temperature grown Mg doped GaN films [J]. Journal of Applied Physics, 2014, 115(16): 163704.

[27] 杨静. InGaN多量子阱材料生长及太阳能电池器件研究[博士学位论文]. 中国科学院半导体研究所, 2015.

[28] WRIGHT A F. Substitutional and interstitial carbon in wurtzite GaN [J]. Journal of Applied Physics, 2002, 92(5): 2575 - 85.

[29] LYONS J L, JANOTTI A, VAN DE WALLE C G. Carbon impurities and the yellow luminescence in GaN [J]. Applied Physics Letters, 2010, 97(15): 152108.

[30] KOLESKE D D, WICKENDEN A E, HENRY R L, et al. Influence of MOVPE growth conditions on carbon and silicon concentrations in GaN [J]. Journal of crystal growth, 2002, 242(1-2): 55 - 69.

[31] LIANG F, ZHAO D, JIANG D, et al. Carbon-related defects as a source for the enhancement of yellow luminescence of unintentionally doped GaN [J]. Nanomaterials (Basel), 2018, 8(9): 744.

[32] LIANG F, ZHAO D G, JIANG D S, et al. Role of Si and C impurities in yellow and blue luminescence of unintentionally and Si-doped GaN [J]. Nanomaterials, 2018, 8(12): 1026.

[33] DEMCHENKO D O, DIALLO I C, RESHCHIKOV M A. Yellow luminescence of gallium nitride generated by carbon defect complexes [J]. Physical review letters, 2013, 110(8): 087404.

[34] ZHANG Y H, LIANG F, ZHAO D G, et al. Hydrogen can passivate carbon impurities in Mg-doped GaN [J]. Nanoscale Res Lett, 2020, 15(1): 38.

[35] NAKAMURA S, SENOH M and MUKAI T. High-power InGaN/GaN double-heterostructure violet light-emitting diodes. Applied Physics Letters, 1993, 62 (19): 2390 - 2392.

[36] NAKAMURA S, SENOH M, IWASA N, et al. High-brightness InGaN blue, green and yellow light-emitting-diodes with quantum-well structures. Japanese Journal of Applied Physics, 1995, 34(7A): 797 - 799.

[37] NAKAMURA S. The roles of structural imperfections in InGaN-Based blue light-emitting diodes and laser diodes. Science, 1998, 281(5379): 956-961.

[38] PENG L Y, ZHAO D G, JIANG D S, et al. Anomalous electroluminescent blue-shift behavior induced by well widths variance and localization effect in InGaN/GaN multi-quantum wells. Optics Express, 2018, 26(17): 21736 - 21744.

[39] LIU W, ZHAO D G, JIANG D S, et al. Localization effect in green light-emitting InGaN/GaN multiple quantum wells with varying well thickness. Journal of Alloys and Compounds, 2015, 625: 266 - 270.

[40] WANG X W, YANG J, ZHAO D G, et al. Influence of in doping in GaN barriers on luminescence properties of InGaN / GaN multiple quantum well LEDs. Superlattices and Microstructures, 2018, 114: 32.

[41] XING Y, ZHAO D G, JIANG D S, et al. Carrier redistribution between two kinds of localized states in the InGaN/GaN quantum wells studied by photoluminescence. Nanoscale Research Letters, 2019, 14: 88.

[42] 邢瑶. GaN 基激光器的关键技术研究[博士学位论文]. 中国科学院半导体研究所, 2020.

[43] RHODE S L, FU W Y, MORAM M A, et al. Structure and strain relaxation effects of defects in InxGa1-xN epilayers. Journal of Applied Physics, 2014, 116(10): 103513.

[44] POZINA G, BERGMAN J P, MONEMAR B, et al. Origin of multiple peak photoluminescence in InGaN/GaN multiple quantum wells. Journal of Applied Physics, 2000, 88(5): 2677 - 2681.

[45] CHO Y H, GAINER G H, FISCHER A J, et al. S-shaped temperature-dependent emission shift and carrier dynamics in InGaN/GaN multiple quantum wells. Applied Physics Letters, 1998, 73(10): 1370 - 1372.

[46] ELISEEV P G, PERLIN P, LEE J Y, et al. Blue temperature-induced shift and band-tail emission in InGaN-based light sources. Applied Physics Letters, 1997, 71(5): 569 - 571.

[47] WANG N H, JI Z W, QU S, et al. Influence of excitation power and temperature on

photoluminescence in InGaN/GaN multiple quantum wells. Optics Express, 2012, 20(4): 3392 - 3940.

[48] LI Q, XU S J, XIE M H, et al. A model for steady-state luminescence of localized-state ensemble. Europhysics Letters, 2005, 71(6): 994 - 1000.

[49] WANG Z L, WANG L, XING Y C, et al. Consistency on two kinds of localized centers examined from temperature-dependent and time-resolved photoluminescence in InGaN/GaN multiple quantum wells. ACS Photonics, 2017, 4(8): 2078 - 2084.

[50] WATSON -PARIS D, GODFREY M J, DAWSON P, et al. Carrier localization mechanisms in InxGa1-xN/GaN quantum wells. Physical Review B, 2011, 83(11):115321.

[51] VAN DAELE B, VAN TENDELOO G, JACOBS K, et al. Formation of metallic in in InGaN/GaN multi-quantum wells. Applied Physics Letters, 2004, 85(19): 4379 - 4381.

[52] HOFFMANN L, BREMERS H, JONEN H, et al. Atomic scale investigations of ultra-thin GaInN/GaN quantum wells with high indium content. Applied Physics Letters, 2013, 102(10): 102110.

[53] LIU J P, WANG Y T, YANG H, et al. Investigations on V-defects in quaternary AlInGaN epilayers. Applied Physics Letters, 2004, 84(26): 5449 - 5451.

[54] HAN D, MA S F, JIA Z G, et al. Photoluminescence close to V-shaped pits in the quantum wells and enhanced output power for InGaN light-emitting diode. Journal of Physics D: Applied Physics, 2017, 50(47): 475103.

[55] LIANG F, ZHAO D G, JIANG D S, et al. New design of upper waveguide with unintentionally doped InGaN layer for InGaN-based laser diode. Optics and Laser Technology, 2017, 97: 284 - 289.

[56] YANG J, ZHAO D G, LIU Z S, et al. Suppression the leakage of optical field and carriers in GaN-based laser diodes by using InGaN barrier layers. IEEE Photonics Journal, 2018, 10(4): 1503107.

[57] YANG J, ZHAO D G, ZHU J J, et al. Enhancing the performance of GaN-based LDs by using low In content InGaN instead of GaN as lower waveguide layer. Optics and Laser Technology, 2019, 111: 810 - 813.

[58] LE L C, ZHAO D G, JIANG D S, et al. Suppression of electron leakage by inserting a thin undoped InGaN layer prior to electron blocking layer in InGaN-based blue-violet laser diodes. Optics Express, 2014, 22(10): 11392 - 11398.

[59] 乐伶聪. GaN 基材料生长与发光器件基础问题研究[博士学位论文]. 中国科学院半导体研究所, 2015.

[60] LE L C, ZHAO D G, JIANG D S, et al. Utilization of polarization-inverted AlInGaN or relatively thinner AlGaN electron blocking layer in InGaN-based blue-violet laser

diodes. Journal of Vacuum Science & Technology B, 2015, 33(1): 011209.

[61] CHEN P, ZHAO D G, JIANG D S, et al. The effect of composite GaN/InGaN last barrier layer on electron leakage current and modal gain of InGaN-based multiple quantum well laser diodes. Physica Status Solidi A, 2015, 212(12): 2936-2943.

[62] XING Y, ZHAO D G, JIANG D S, et al. Suppression of hole leakage by adding a hole blocking layer prior to the first quantum barrier in GaN-based near-ultraviolet laser diodes. Physica Status Solidi A, 2017, 214(10): 1700320.

[63] YANG J, ZHAO D G, ZHU J J, et al. Effect of Mg doping concentration of electron blocking layer on the performance of GaN-based laser diodes. Applied Physics B: Lasers and Optics, 2019, 125(12): 235.

[64] LI X J, ZHAO D G, JIANG D S, et al. The significant effect of the thickness of Ni film on the performance of the Ni/Au Ohmic contact to p-GaN. Journal of Applied Physics, 2014, 116(16): 163708.

[65] LIANG F, ZHAO D G, JIANG D S, et al. Influence of residual carbon impurities in a heavily Mg-doped GaN contact layer on an Ohmic contact. Applied Optics, 2017, 56(14):4197-4200.

[66] LIANG F, ZHAO D G, JIANG D S, et al. Improvement of Ohmic contact to p-GaN by controlling the residual carbon concentration in p++-GaN layer. Journal of Crystal Growth, 2017, 467: 1-5.

[67] LIANG F, ZHAO D G, LIU Z S, et al. GaN-based blue laser diode with 6.0 W of output power under continuous-wave operation at room temperature. Journal of Semiconductors, 2021, 42(11): 112801.

[68] ZHAO D G, YANG Y, LIU Z S, et al. Fabrication of room temperature continuous-wave operation GaN-based ultraviolet laser diodes. Journal of Semiconductors, 2017, 38(5): 051001.

[69] YASUE S, SATO K, KAWASE Y, et al. The dependence of AlN molar fraction of AlGaN in wet etching by using tetramethylammonium hydroxide aqueous solution. Japanese Journal of Applied Physics, 2019, 58: SCCC30.

[70] ZHANG Z, KUSHIMOTO M, SAKAI T, et al. A 271.8 nm deep-ultraviolet laser diode for room temperature operation. Applied Physics Express, 2019, 12(12): 124003.

[71] WANG X W, LIU Z S, ZHAO D G, et al. New mechanisms of cavity facet degradation for GaN-based laser diodes. Journal of Applied Physics, 2021, 129(22): 223106.

第 2 章

Si 衬底 GaN 基激光器生长制备与测试表征

2.1 引言

Ⅲ族氮化物半导体材料发光波长覆盖深紫外到近红外波段，被广泛用于制备发光二极管(LED)和激光器等。与LED相比，激光器工作电流密度高2个数量级以上，研制难度很大。经过国内外科学家的共同努力，GaN基激光器取得了巨大的进展，阈值电流密度低至0.6 kA/cm^2，电光转换效率超过了50%，被运用于激光显示、激光照明和激光存储等领域，还在单片集成、可见光通信、原子钟、材料处理、原子雷达和医用仪器等领域展示出了巨大的应用前景。基于此，GaN基激光器被写入了国家中长期发展规划，并成为国家“战略性先进电子材料”重点专项的重要研究内容。

现有大多数GaN基激光器都生长在昂贵的2英寸自支撑GaN衬底(单价超过1.5万元)上，导致器件成本较高，比GaN基LED高2～3个数量级。另外，自支撑GaN衬底还存在斜切角、位错和残余应力分布不一致等问题，严重影响了生产良率，使得器件成本进一步增加。与自支撑GaN衬底相比，Si衬底具有以下优点：① Si衬底质量高、尺寸大、成本低且具有自动化工艺线，可以大幅降低器件成本；② Si衬底GaN基激光器作为片上光源还有望用于Si基光子学等领域；③ Si衬底GaN技术具有我国自主知识产权，可突破国外的技术封锁，因此Si衬底GaN基激光器成为国际上的一个研究热点，得到了广泛关注。

本章首先介绍Si衬底GaN基激光器材料生长与测试表征，然后介绍Si衬底GaN基激光器的器件制备及表征。

2.2 Si衬底GaN基激光器材料生长与测试表征

与自支撑GaN衬底同质外延生长激光器不同，在Si衬底上生长GaN基激光器为异质外延，Si与GaN之间存在17%的晶格失配和54%的热膨胀系数失配，导致Si衬底GaN基激光器材料中穿透位错密度较高、张应力较大、外延片翘曲严重。Si衬底GaN基激光器结构如图2-1所示。其结构复杂，包括Si衬底、AlN/AlGaN缓冲层、n-GaN接触层、n-AlGaN光场限制层、n-GaN波导层、InGaN/GaN多量子阱有源区、GaN波导层、p-AlGaN电子阻挡层、

p - AlGaN 光场限制层和 p - GaN 接触层等，外延层总厚度约 5～6 μm，导致激光器材料中的张应力进一步增加，容易产生裂纹，激光器无法工作。因此，要研制高性能的 Si 衬底 GaN 基激光器，需解决激光器材料中应力大、缺陷密度高等关键科学问题。本节将详细介绍 Si 衬底 GaN 基激光器的材料外延生长与测试表征。

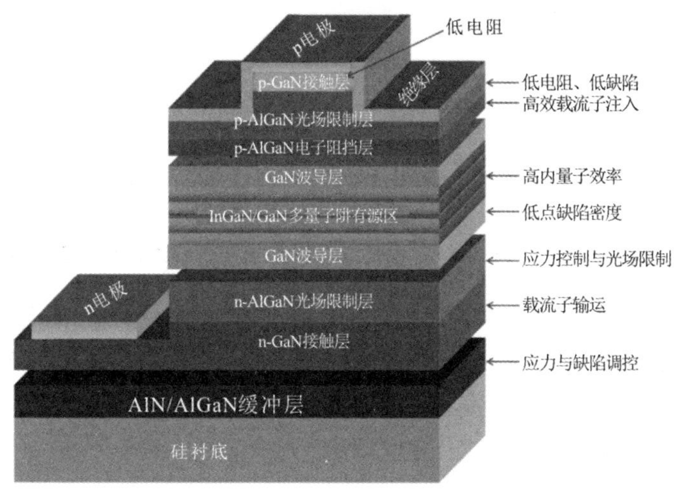

图 2 - 1　Si 衬底 GaN 基激光器的结构示意图[1]

2.2.1　Si 衬底 GaN 基激光器材料外延生长中的关键挑战

1. 应力调控

在 Si 衬底上生长 GaN 基激光器所面临的首要问题是张应力大，这使得其比在蓝宝石衬底上外延更具挑战性。如图 2 - 2 所示，当温度升高至 GaN 生长温度(如 1050℃)时，外延衬底因为垂直方向上温度梯度的存在，呈现轻微凹形翘曲。对蓝宝石衬底而言，由于蓝宝石衬底的热膨胀系数远大于 GaN，外延生长结束后的降温过程中，蓝宝石衬底晶格收缩更快，GaN 薄膜将受到来自衬底的压应力，最终外延片表现出凸形翘曲。对 Si 衬底而言，如果未采用应力控制层，生长完后的降温过程中，由于 Si 与 GaN 之间 54% 的热膨胀系数失配，GaN 晶格的收缩速率是 Si 衬底的两倍以上，将导致 GaN 受到极大的张应力，外延片凹形翘曲加剧，GaN 薄膜极易产生裂纹。因此，通常需要在 Si 衬底上首先生长 Al(Ga)N 应力控制层来建立压应力，以抵消降温过程中的热失配张应力，从而避免裂纹产生。

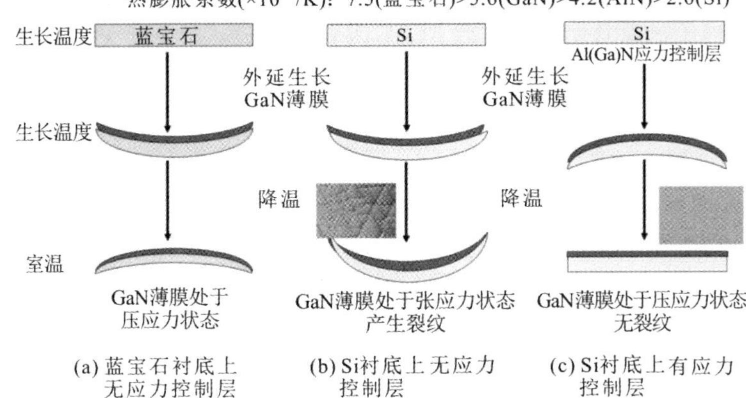

图 2-2　蓝宝石和 Si 衬底上外延生长 GaN 前后薄膜的应力及翘曲变化示意图[2]

除热失配张应力之外，Si 衬底 GaN 基激光器材料外延的应力调控难度更大，原因是：由于 GaN 和 AlGaN 之间的折射率差有限，通常需要外延生长约 2 μm 厚的 AlGaN 光场限制层(晶格常数小于 GaN)来限制光场，这将在生长过程中引入额外的张应力，进一步增加应力控制的难度。综合考虑材料质量和谐振腔光学设计，在 Si 衬底上生长的 GaN 基激光器外延层总厚度通常较厚，达到 6 μm 左右。厚度的增加使得外延层与 Si 衬底之间积累的热失配张应力进一步增大。因此，优异的应力调控对于 Si 衬底 GaN 基激光器材料的外延生长至关重要。

为了抑制 Si 衬底 GaN 材料中的裂纹产生，常用的方法是采用基于预应力思想的“握手缓冲层”，即在 Si 衬底上首先生长晶格常数较小的 AlN 成核层，然后通过 Al 组分渐变的 AlGaN 等应力控制层，逐步过渡到晶格常数较大的 GaN，利用 AlN 与(Al)GaN 之间的正晶格失配，在高温生长过程中建立适量的压应力，以抵消降温时因热膨胀系数差异而引起的张应力。常见的 Si 衬底 GaN 应力控制层有以下三种：

(1) Al 组分渐变的 AlN/AlGaN 缓冲层[3-4]。通过降低缓冲层中的 Al 组分，AlGaN 材料晶格常数增加，从而在生长过程中逐步建立压应力来抵消降温过程中热失配产生的张应力。该缓冲层不仅可以有效积累压应力，还可以大幅促进位错拐弯和湮灭进而有效降低穿透位错密度。然而，这种缓冲层容易由于积累压应力过大而导致 Si 衬底塑性形变、晶圆翘曲大。

(2) AlN/AlGaN 超晶格[5]。该缓冲层的优点是有望在维持良好的晶圆翘曲下生长较厚的 GaN 薄膜。但是，由于压应力建立较为缓慢，其对穿透位错的

倾斜拐弯作用一般，导致薄膜位错密度通常较高。实际上，由于超晶格结构具有良好的抑制垂直漏电和抗击穿性能，该缓冲层经常被用于制备高压大功率的 Si 衬底 GaN 电力电子器件。

(3) AlN 插入层[6]。在 GaN 外延层中周期性地插入一定厚度的 AlN，使 AlN/GaN 多异质结界面积累的压应力大于降温引起的张应力。该缓冲层的优点是可通过调控 AlN 插入层的厚度和周期数来调节 Si 衬底 GaN 外延层的残余应力和翘曲。然而，高阻的 AlN 插入层会阻止电流的垂直输运，不利于制备垂直结构器件。

2. 穿透位错缺陷抑制

Si(111)与 GaN(0002)晶面之间存在 17%的巨大晶格失配，导致 Si 衬底 GaN 外延材料中的穿透位错缺陷密度通常高达 $10^9 \sim 10^{10}\ \mathrm{cm}^{-2}$，严重影响激光器的性能与可靠性。其具体表现在以下几方面：

(1) 穿透位错缺陷是非辐射复合中心，影响多量子阱的内量子效率。

Ⅲ族氮化物半导体材料存在很强的激子效应，因此其内量子效率对穿透位错的敏感程度远弱于传统Ⅲ-Ⅴ族半导体材料。尽管如此，Si 衬底 GaN 材料中如此高密度的穿透位错缺陷将使激子的热稳定性退化，从而引起严重的非辐射复合，导致激光器有源区的光学增益下降、阈值电流密度增加。

(2) 穿透位错诱导量子阱有源区产生 V 形坑缺陷，增加光子散射和光吸收损耗。

对 InGaN 量子阱而言，在位错局部应力场的作用下，金属 In 原子很容易向位错核心处迁移而产生柯氏气团(Cottrell Atmospheres)，导致富 In 的位错核心上方生长速率显著下降，形成 V 形坑缺陷。V 形坑将造成量子阱界面的平整度下降，从而导致界面处光子散射和内部吸收加剧，激光器增益显著下降。

(3) 穿透位错的局部应力场诱导杂质和空位点缺陷并入，恶化器件光学和电学性能。

一方面，波导和量子阱内的杂质和空位等点缺陷将诱导光子的深能级吸收，增大激光器的内部损耗。另一方面，p 型 AlGaN 光场限制层中的碳、氧施主杂质将导致材料空穴浓度下降、电阻率增加，进而器件工作电压升高、焦耳热增加，器件的可靠性大幅下降。

(4) 穿透位错核心处的悬挂键(缺陷态)为载流子提供了天然的低势垒泄漏通道，使得 Si 衬底 GaN 基激光器有源区的载流子注入效率下降、漏电增大，导致激光器的阈值电流密度和结温显著升高。结温的升高，反过来促进点缺陷沿穿透位错核心向有源区内部扩散，导致激光器工作时的量子效率迅速下降，可靠性面临严重挑战。

由此可见，降低 Si 衬底 GaN 材料中的穿透位错缺陷密度、提升材料质量，对实现高性能 Si 衬底 GaN 基激光器至关重要。

2.2.2 Si 衬底高质量 GaN 薄膜材料的测试表征

在 Si(111)衬底上依次外延生长 300 nm 厚的 AlN 成核层、300 nm 厚的 $Al_{0.35}Ga_{0.65}N$ 应力控制层、450 nm 厚的 $Al_{0.17}Ga_{0.83}N$ 应力控制层、3.6 μm 厚的 GaN 模板。生长结束后，肉眼观察外延片表面无明显裂纹。下面进行进一步的表征分析。

1. 金相显微镜观察

如图 2-3(a)、(b)所示，外延片表面光滑平整、无裂纹。在外延片边缘附近，可以观察到长度约 0.5 mm 左右的边缘裂纹，裂纹呈现 60°夹角，并沿 GaN 的 *a* 轴[11$\bar{2}$0]晶向分布。纤锌矿 GaN 材料的 *a* 轴方向是最容易解理的方向，沿该方向解理是制备 GaN 脊形波导激光器谐振腔腔面的重要环节。

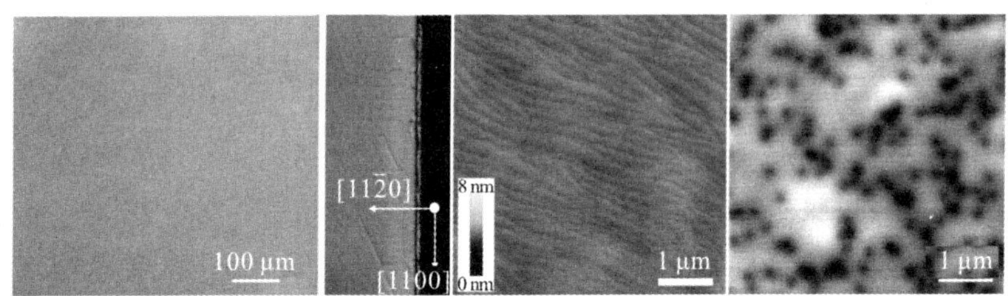

(a) 外延片中心　(b) 外延片边缘　(c) 表面AFM图　(d) 表面CL成像

图 2-3　Si 衬底 GaN 外延片的光学显微镜图、表面 AFM 图和 CL 图[7]

2. 原子力显微镜和阴极荧光成像测试

利用原子力显微镜(Atomic Force Microscope，AFM)在轻敲模式下，观察 Si 衬底 GaN 薄膜表面的微观形貌。如图 2-3(c)所示，GaN 样品表面表现出单、双原子台阶交替的台阶流形貌，均方根粗糙度仅 0.2 nm。

在 GaN 材料中，穿透位错是常见的非辐射复合中心。在阴极电子射线的作用下，由于该区域不发光而往往表现出暗斑形态，与没有位错的区域形成鲜明对比。因此，阴极荧光(Cathodoluminescence，CL)测试常被用来估算 GaN 材料中的位错密度。如图 2-3(d)所示，对 Si 衬底 GaN 薄膜进行全光谱 CL 成

像测试，暗斑对应于穿透位错等形成的非辐射复合中心，从图中暗斑的密度，可以估算出 Si 衬底 GaN 材料的位错密度约为 $6\times10^{8}\ \mathrm{cm}^{-2}$。

3. FWHM-χ测试表征 Si 衬底 GaN 材料晶体质量

根据镶嵌结构理论，由于 GaN 外延层中存在大量的穿透位错，使外延层呈镶嵌结构(马赛克结构)[8]，晶粒为平行于生长方向的柱体，其高度约等于膜厚。通常螺位错的 Burgers 矢量沿〈0001〉方向，具有纯剪应变场，因此会造成基面(0001)倾斜旋转，倾转角定义为 β_t。刃错位的 Burgers 矢量在(0001)基面内，具有平面应变场，会造成柱面$(10\bar{1}0)$绕 c 轴扭转，扭转角定义为 β_e。

纤锌矿 GaN 材料中，镶嵌结构的倾转角 β_t 和扭转角 β_e 可通过高分辨 X 射线衍射(XRD)的双晶或三晶衍射摇摆曲线半高宽(FWHM)来测量。对倾转角 β_t，常用 GaN (0002)晶面的对称衍射半高宽表征；对扭转角 β_e，由于 GaN 外延层通常很薄，对$(10\bar{1}0)$晶面的摇摆曲线测试几乎难以实现。因此，实验中常对一系列同一晶带轴但不同χ角的晶面进行斜对称扫描，然后根据衍射结果作 FWHM-χ关系曲线(FWHM-χ plot)，最后根据式(2-1)对数据拟合，外推出χ角为 90°时 GaN$(10\bar{1}0)$面的 XRD 摇摆曲线半高宽。

$$\beta^2=(\beta_t\cdot\cos\chi)^2+(\beta_e\cdot\sin\chi)^2 \tag{2-1}$$

式中，β 为对应χ角的 XRD 摇摆曲线半高宽。

通过上述方法得到倾转角 β_t 和扭转角 β_e 之后，将其代入式(2-2)便可以分别计算出螺型和刃型穿透位错密度。

$$D=\frac{\beta^2}{4.35\ |\boldsymbol{b}|^2} \tag{2-2}$$

式中：$\boldsymbol{b}$ 为位错的 Burgers 矢量；β 为位错的倾转角或扭转角；D 为穿透位错密度。

在纤锌矿 GaN 材料中，螺型穿透位错的 Burgers 矢量长度 $|\boldsymbol{b}|=0.5185$ nm，刃型穿透位错的 Burgers 矢量长度 $|\boldsymbol{b}|=0.3189$ nm。

对上述 3.6 μm 厚的 Si 衬底 GaN 外延层(0002)、$(10\bar{1}1)$、$(10\bar{1}2)$、$(10\bar{1}3)$、$(20\bar{2}1)$等晶面进行 XRD 双晶摇摆曲线测试，其中(0002)和$(10\bar{1}2)$晶面的摇摆曲线半高宽均为 260 arcsec 左右。各个晶面的摇摆曲线半高宽均在 300 arcsec 以下。根据式(2-1)和式(2-2)可以估算出薄膜中的螺型位错密度约 $1.2\times10^{8}\ \mathrm{cm}^{-2}$，刃型位错密度约 $4.7\times10^{8}\ \mathrm{cm}^{-2}$，总位错密度约 $5.9\times10^{8}\ \mathrm{cm}^{-2}$，这与图 2-3(c)中根据全光谱 CL 成像估算的结果非常接近。

2.2.3 Si 衬底 GaN 基激光器的应力状态及结构缺陷表征

1. XRD 倒易空间测试

XRD 倒易空间(Reciprocal Space Mapping，RSM)测试时，对应 ω 值的每一个步长，都要进行一次 $\omega/2\theta$ 扫描，得到 $\omega/2\theta$ 的衍射角度和衍射强度信息。$\omega/2\theta$ 扫描对应晶面间距大小，而 ω 扫描对应晶面在倒空间的方向。这样，由 ω 角、2θ 角和衍射强度三个变量，便可以获得给定的扫描范围内的晶面间距与衍射方向的空间分布，从而更加直观地反映出各个外延层的组分、应变弛豫度以及缺陷等信息[9]。

对 Si 衬底 GaN 基激光器外延材料开展($10\bar{1}5$)非对称晶面的 RSM 测试，结果如图 2-4(b)所示。外延结构中的 GaN 层(包括 GaN 厚层以及上、下 GaN 波导层)、AlGaN 限制层以及 InGaN 多量子结构都有明显的衍射峰，说明这些外延层材料的晶体质量较好。此外，这些信号峰在 RSM 图中具有相同的横坐标 Q_x，表明这些外延层具有相同的面内晶格常数 a，即处于共格状态。RSM 图中每一个坐标(Q_x，Q_z)都分别对应一组晶格常数 a 和 c。根据式(2-3)和式(2-4)计算对应峰值处的晶格常数，并与理论值进行比较，就可以得出外延层所处的应力状态。

$$Q_x = \frac{2}{3} \cdot \frac{2\pi}{a^2} \tag{2-3}$$

$$Q_z = \frac{5}{c} \cdot 2\pi \tag{2-4}$$

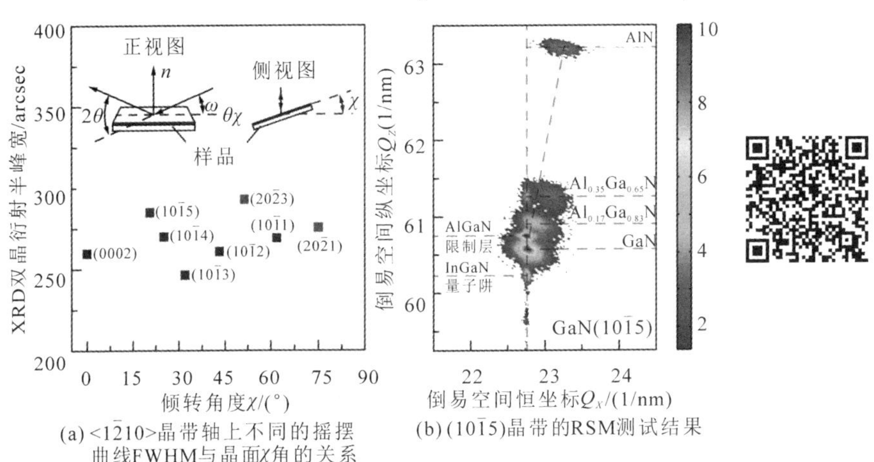

(a) <1$\bar{2}$10>晶带轴上不同的摇摆曲线FWHM与晶面χ角的关系

(b) (10$\bar{1}$5)晶带的RSM测试结果

图 2-4 Si 衬底 GaN 外延层的 XRD 双晶衍射结果与(10$\bar{1}$5)晶面的 RSM 测试结果[7]

在外延生长中，应变过大将导致失配位错产生，从而外延层之间将处于半共格的状态，即外延薄膜发生了晶格弛豫。根据式(2-5)可以得到弛豫度 f_r：

$$f_r=\frac{a-a_s}{a_0-a_s} \tag{2-5}$$

式中：a 为受到应力状态下的面内晶格常数；a_0 为完全弛豫状态下的面内晶格常数；a_s 为衬底的晶格常数。

根据图 2-4(b)倒易空间的坐标数据，利用公式(2-3)～(2-5)可以得到 Si 衬底 GaN 薄膜的晶格常数和应变弛豫度，如表 2-1 所示。可以看到 AlN 成核层基本上处于完全弛豫的状态，这也是因为 Si(111)衬底和 AlN 材料之间巨大的晶格失配(-19%)所导致的。而 GaN 模板厚层、$Al_{0.35}Ga_{0.65}N$ 和 $Al_{0.17}Ga_{0.83}N$ 应力控制层的实际晶格常数 a 均小于它们完全弛豫状态的面内晶格常数 a_0。表明它们均受到面内压应力。$Al_{0.35}Ga_{0.65}N$ 层受到的面内压应力最大，其弛豫度为 0.67，$Al_{0.17}Ga_{0.83}N$ 和 GaN 的弛豫度均为 0.86。

表 2-1　Si 衬底 GaN 基激光器材料 RSM 结果中各层材料的峰值坐标、晶格常数及弛豫度

外延层	Q_x/nm^{-1}	Q_z/nm^{-1}	a/nm	c/nm	a_0/nm	f_r
GaN	22.768	60.573	0.31866	0.51865	0.3189	0.86
$Al_{0.17}Ga_{0.83}N$	22.871	60.905	0.31722	0.51582	0.3176	0.86
$Al_{0.35}Ga_{0.65}N$	23.044	61.291	0.31484	0.51257	0.3162	0.67
AlN	23.252	63.203	0.31203	0.49706	0.3112	0.99

值得注意的是，图 2-4(b)反映出 AlGaN 限制层(Cladding Layer)、InGaN 多量子阱、(In)GaN 波导层在 RSM 中的衍射峰都与 GaN 厚层具有相同的横坐标 Q_x，即完全共格生长，这为实现 Si 衬底 GaN 基激光器的室温电注入激射奠定了关键材料基础。

2. 截面透射电子显微镜测试

为进一步分析外延层中的位错类型及其演变机制，需要对 Si 衬底 GaN 基激光器外延片进行截面透射电子显微镜(Transmission Electron Microscope, TEM)测试。通常，在 GaN 的 m 面进行 TEM 双束衍射成像，该晶面为密排面，位错衍射衬度较好。图 2-5(a)和(b)分别为样品同一区域在不同衍射矢量条件下的 TEM 图像。TEM 双束衍射中的位错不可见判据为[10]

$$\boldsymbol{g}\cdot\boldsymbol{b}=0 \tag{2-6}$$

式中：$\boldsymbol{g}$ 为 TEM 双束条件下的衍射矢量；$\boldsymbol{b}$ 为位错的 Burgers 矢量。

由式(2-6)可知，对螺位错($\boldsymbol{b}=\langle 0001\rangle$)，$\boldsymbol{g}$ 取[$h\ k\ i\ 0$]即可使螺位错不可见；对刃位错($\boldsymbol{b}=1/3\langle 11\bar{2}0\rangle$)，$\boldsymbol{g}$ 取[$0\ 0\ 0\ l$]即可使刃位错不可见；混合位错由于同时包含螺位错和刃位错矢量，因此在两种情况下都会出现。根据以上判据，从图 2-5 中可以看出，该区域中混合位错数量最多，纯刃位错数量其次，纯螺位错数量最少，这与通过高分辨 XRD 摇摆曲线估算的不同类型的位错密度分布基本一致。

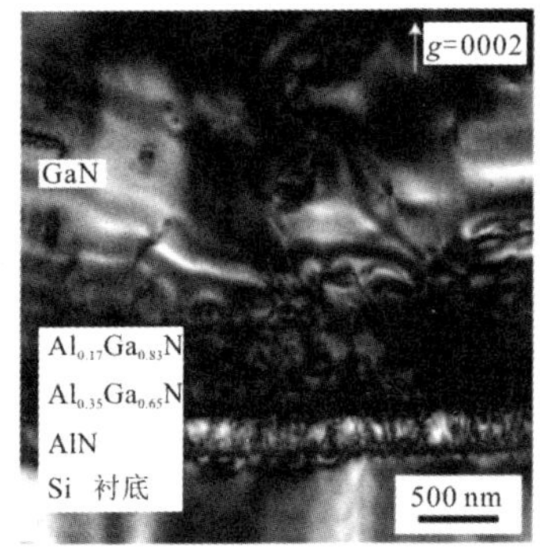

(a) 衍射矢量$\boldsymbol{g}$=0002

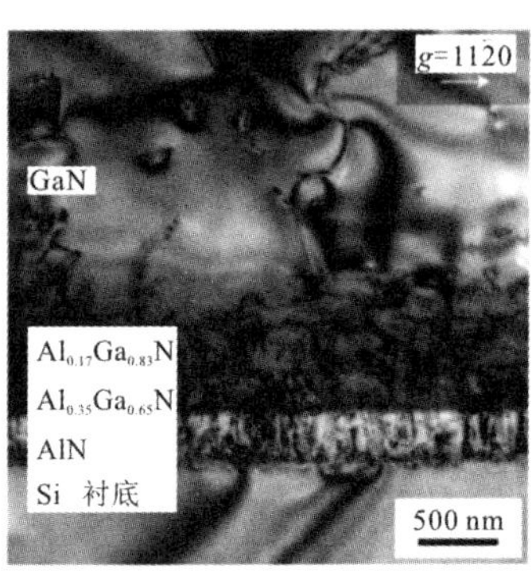

(b) 衍射矢量$\boldsymbol{g}$=$11\bar{2}0$

图 2-5　Si 衬底 GaN 基激光器材料的双束 TEM 成像[7]

2.2.4　Si 衬底高质量 GaN 材料中的应力与穿透位错演变规律

以无裂纹 10 μm 厚的 Si 衬底 GaN 薄膜为例，通过聚焦离子束快速制备 TEM 样品，并利用 FEI Tecnai F20 S-Twin 扫描透射电镜研究穿透位错的演变规律[11]。如图 2-6(a)所示，AlN 中产生的大量穿透位错在 AlGaN 应力控制层中逐渐被“过滤”。在 GaN 最初的 4 μm 厚度范围内，部分穿透位错甚至发生大角度倾斜。随着薄膜厚度的增加、位错密度逐渐下降、倾斜角度逐渐减小。图 2-6(b)表面全光谱 CL 成像表明，10 μm 厚的 Si 衬底 GaN 薄膜中穿透位错密度约 $5.8\times10^7\ \mathrm{cm}^{-2}$；光学显微镜[图 2-6(c)]及原子力显微镜结果[图 2-6(d)]表明，Si 衬底 GaN 薄膜表面光滑平整、无裂纹，且表现出典型的台阶流形貌，均方根粗糙度仅 0.2 nm。

Gatan MonoCL3+高分辨阴极荧光光谱仪为研究 Si 衬底 GaN 厚层材料的光学质量演变提供了有利帮助。如图 2-6(e)所示，随着 GaN 薄膜厚度的增加、穿透位错密度的下降，带边发光积分强度将提高近两个数量级。高质量的

Si 衬底 GaN 厚层材料将为构建高性能的 Si 衬底 GaN 器件，如激光器、探测器、电力电子和微波射频器件奠定了良好的材料基础。

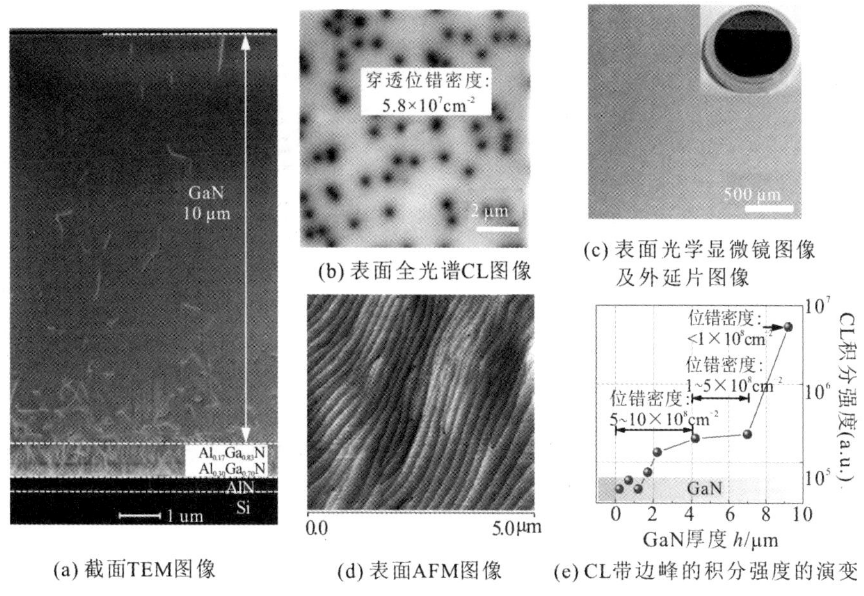

(a) 截面TEM图像　　(d) 表面AFM图像　　(e) CL带边峰的积分强度的演变

图 2-6　Si 衬底 GaN 材料质量的截面和表面测试表征[11]

利用 Horriba-JY LABRAM 高分辨显微共聚焦 Raman 光谱仪，在背散射模式下测试 GaN 材料 E_2(high)声子峰的频移可以表征 GaN 材料中的残余应力情况。对样品进行截面微区 Raman 测试，结果如图 2-7(a)所示。随着 Si 衬底 GaN 薄膜厚度的增加，截面 Raman 光谱的峰位逐渐蓝移。对 GaN 材料而言，无应力状态下 E_2(high)声子峰位于 567.5 cm^{-1}。薄膜拉曼峰位相对无应力状态峰位的频移为

$$\Delta\omega = K\sigma \tag{2-7}$$

式中：K 为拉曼系数，对 Si 衬底 GaN 材料而言，拉曼系数 $K=4.3\ cm^{-1}\cdot GP^{-1}$；$\sigma$ 为薄膜残余应力。

根据式(2-7)可计算出不同厚度位置的 GaN 薄膜残余应力，并做应力随厚度的变化曲线，如图 2-7(b)所示。显然，10 μm 厚的 Si 衬底 GaN 中残余应力的变化可分为三个阶段：① 4 μm 厚度范围内，应力以 −0.019 GPa/μm 的速率快速减小；② 4～7 μm 厚度范围内，应力弛豫逐渐变缓，速率为 −0.01 GPa/μm；③ 7～10 μm 厚度内，GaN 薄膜中的应力仅发生微弱变化。

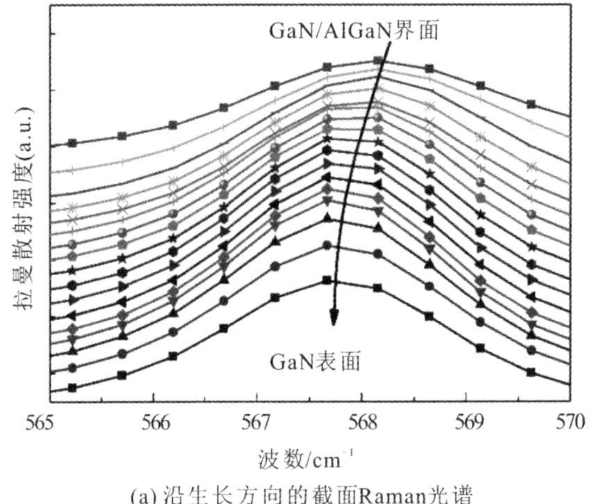

(a) 沿生长方向的截面Raman光谱

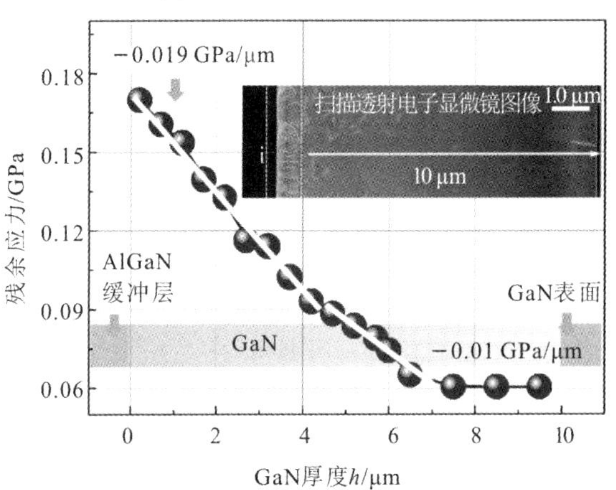

(b) 沿生长方向上的应力演变规律

图 2-7　Si 衬底 GaN 材料的截面 Raman 测试分析[11]

2.2.5　应力与穿透位错之间的相互作用机制

基于 TEM 和 Raman 测试分析可以发现，穿透位错与应力之间存在紧密的相互作用关系[11]。如图 2-8(a)所示，在压应力作用下，位错沿 m 轴$\langle 10\bar{1}0\rangle$倾斜，产生刃型失配位错分量，其 Burgers 矢量($\boldsymbol{b}$)沿 a 轴$\langle 11\bar{2}0\rangle$方向。图 2-8(b)给出了 GaN 样品典型的平面 TEM 成像结果，裂纹状黑线即为穿透位错在 c 面内产生的投影。可见，投影位错的 Burgers 矢量沿 a 轴$\langle 11\bar{2}0\rangle$方向，表现出刃型位错特征，进一步佐证了图 2-8(a)给出的位错演变模型。

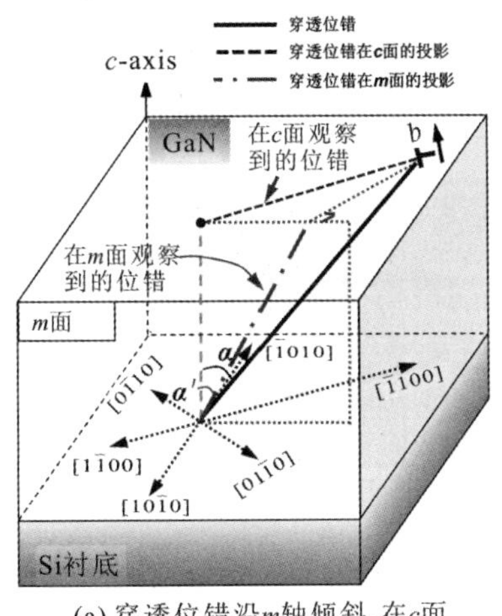

(a) 穿透位错沿m轴倾斜，在c面投影产生刃型失配位错分量

(b) 平面TEM成像观察失配位错

图 2－8　穿透位错弛豫压应力的物理模型[11, 12]

然而，由于刃型位错可以弛豫压应力，因此位错的倾斜拐弯将导致薄膜中积累的压应力快速下降，且位错的倾斜角度 α 越大、延伸的厚度 h 越厚、在 c 面内的投影($L=h\times\tan\alpha$)越长，从而压应力消耗越大。在 Si 衬底 GaN 异质外延生长过程中，若通过缓冲层建立起的压应力被过多消耗，则薄膜在降温过程中很容易由于张应力过大而开裂。因此，需要仔细调控应力控制层的生长条件，尽可能使穿透位错在较薄的厚度范围内发生大角度倾斜、相互作用，从而在保证足够压应力积累的同时，提高 Si 衬底 GaN 的薄膜厚度与晶体质量。

2.2.6　Si 衬底 GaN 基激光器有源区的外延生长与测试表征

1. 量子阱有源区的界面缺陷抑制

1) 富 In 团簇缺陷

在一定的生长条件下，穿透位错顶部很容易形成倒金字塔形的 V 形坑。V 形坑中有时会有富 In 团簇缺陷填充形成闭环结构[见图 2－9(a)]，常被称作“沟槽(Trench)缺陷”[13]。沟槽缺陷会在后续的 p 型材料高温生长过程分解产生孔洞和金属 In 沉淀[见图 2－9(b)]。孔洞和 In 沉淀通常作为载流子非辐射复合的有效通道，在微区荧光成像(Micro-photoluminescence，μ-PL)中表现为暗斑[见图 2－9(c)]，导致量子阱的内量子效率极低[14]。

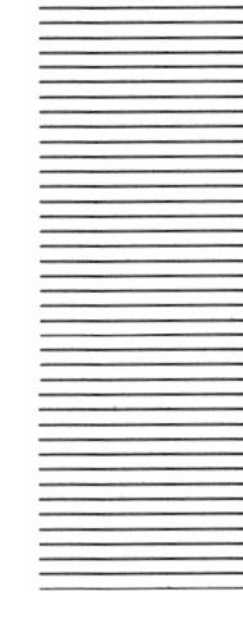

这种沟槽缺陷的问题在 In 组分更高的 GaN 基蓝绿光激光器量子阱中更加显著。通过量子阱界面的原位 H_2蚀刻和热处理，可有效抑制沟槽缺陷，大幅改善量子阱界面质量和光学质量[见图 2－9(d)～(f)]。

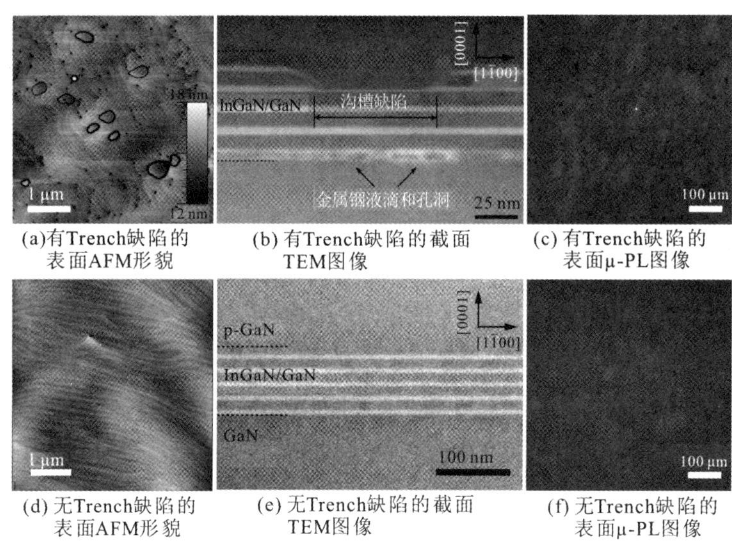

(a)有Trench缺陷的表面AFM形貌　(b) 有Trench缺陷的截面TEM图像　(c) 有Trench缺陷的表面μ-PL图像

(d) 无Trench缺陷的表面AFM形貌　(e) 无Trench缺陷的截面TEM图像　(f) 无Trench缺陷的表面μ-PL图像

图 2－9　InGaN 量子阱有源区的形貌、结构及发光性质表征[13, 15-16]

2) V 形坑缺陷

如 2.2.1 节所述，金属 In 原子在位错局部应力场的作用下向位错核心处迁移而产生柯氏气团，导致位错核心处的生长速率显著下降，从而产生 V 形坑缺陷。V 形坑的存在会扭曲量子阱界面，显著增大界面的光子散射和内部吸收损耗。通常，(In)GaN 材料在低温、低压、高生长速率下容易产生 V 形坑缺陷。中科院半导体所赵德刚研究员团队的实验结果表明[17]，InGaN/GaN 量子阱的 V 形坑来自低温 GaN 垒层，通过在 GaN 量子垒生长过程中通入极少量铟的方法可以有效抑制 V 形坑缺陷，将 GaN 基激光器的阈值电流密度降低一半以上。

2. 量子阱有源区的点缺陷控制

与发光二极管 LED 不同的是，Si 衬底 GaN 基激光器具有波导、限制层和量子阱组成的光学谐振腔。自发辐射光在谐振腔内振荡反馈形成光放大，这对谐振腔材料质量提出了很高要求。除了穿透位错之外，抑制点缺陷造成的吸收损耗对于降低 Si 衬底 GaN 基激光器的阈值电流密度尤为重要。GaN 波导层由于折射率较大、厚度较厚，承载着谐振腔中很大一部分的光场输运。然而，

MOCVD 生长 GaN 材料是一种非热平衡的生长过程，GaN 波导材料中存在高浓度的点缺陷(10^{16} cm^{-3}量级)，包括空位缺陷、碳、氧杂质等。其中空位缺陷是一种重要的点缺陷，它会捕获载流子，使载流子发生非辐射复合，严重影响材料的发光特性。研究发现，对 GaN 材料进行 In 等电子掺杂后，(In)GaN 材料的非辐射复合系数可下降近 3 个数量级，而通过升高生长温度，GaN 材料的非辐射复合系数下降还不到 1 个数量级。此外，瑞士洛桑联邦理工学院的 C. Haller等人发现[18]，高温生长的 GaN 表面存在大量的空位点缺陷，在随后的量子阱生长过程中，空位点缺陷扩散进入量子阱导致非辐射复合增加，严重影响内量子效率。利用微量 In 原子对 GaN 波导层进行等电子掺杂可有效消除 GaN 表面的空位缺陷，大幅提升激光器有源区的光增益。

3. p 型 AlGaN 光场限制层中的点缺陷抑制

在 Si 衬底 GaN 基激光器结构外延生长过程中，为了避免 InGaN 量子阱发生热退化，量子阱之上的 p－AlGaN 限制层需要在较低温度生长，这将导致材料质量下降，作为补偿施主的碳杂质并入增多，从而使得 p－AlGaN 的空穴浓度下降、电阻率增加，器件的工作电压显著增大。降低生长速率可以抑制碳杂质并入。因此，为了兼顾量子阱质量和 p－AlGaN 电阻率，采用“降温”+“降速”相结合的方法，将 p－AlGaN 的生长温度由 950℃降至 920℃的同时，将 p－AlGaN生长速率由 17.4 nm/min 降至 8.7 nm/min。二次离子质谱(Secondary Ion Mass Spectrometry，SIMS)结果表明，通过降低生长速率，p－AlGaN限制层中的碳杂质浓度由 1.4×10^{18} cm^{-3}降低 1 个数量级至 1.3×10^{17} cm^{-3}，如图 2－10 所示。

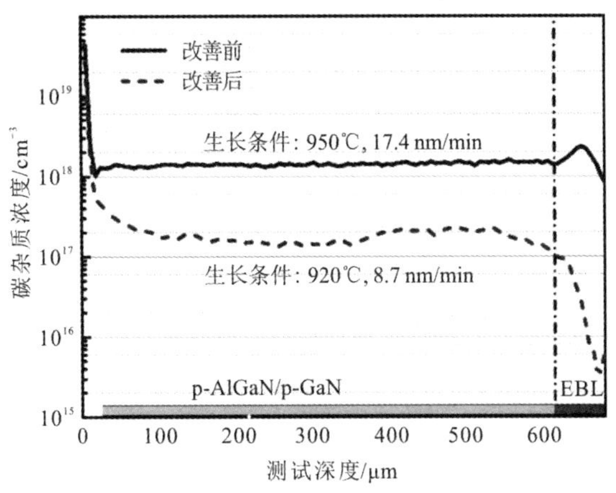

图 2－10　Si 衬底 GaN 基激光器 p－AlGaN 光场限制层优化前后的碳杂质浓度分布图[19]

实验结果证明，碳杂质浓度的降低大幅改善了 Si 衬底 GaN 基激光器的阈值电流和阈值电压，详见 2.3.1 节。

2.3 Si 衬底 GaN 基激光器器件测试表征

本节将主要介绍 Si 衬底 GaN 基激光器的器件测试表征。基于 2.2 中的研究，实验中外延生长了高质量的 Si 衬底 GaN 基激光器材料，包括 Si 衬底、AlN/AlGaN 缓冲层，3 μm n-GaN 接触层、1.2 μm n-$Al_{0.05}Ga_{0.95}N$ 光场限制层、80 nm n-GaN 波导层、3 对 2.5 nm 非掺 $In_{0.1}Ga_{0.9}N$ 量子阱和 4 对 7.5 nm 非掺 $In_{0.02}Ga_{0.98}N$ 垒层、60 nm 非掺 u-GaN 波导层、20 nm p-$Al_{0.2}Ga_{0.8}N$ 电子阻挡层、500 nm p-$Al_{0.11}Ga_{0.89}N$/GaN 超晶格光场限制层和 30 nm p-GaN 接触层，外延层总厚度 5.8 μm，如图 2-11(a)所示。随后通过光刻、刻蚀、沉积等微纳加工技术，并结合解理等工艺制备了 Si 衬底 GaN 基激光器器件，器件腔长为 800 μm，脊形宽度为 4 μm，如图 2-11(b)、(c)所示。之后对器件进行了光电特性测试表征。

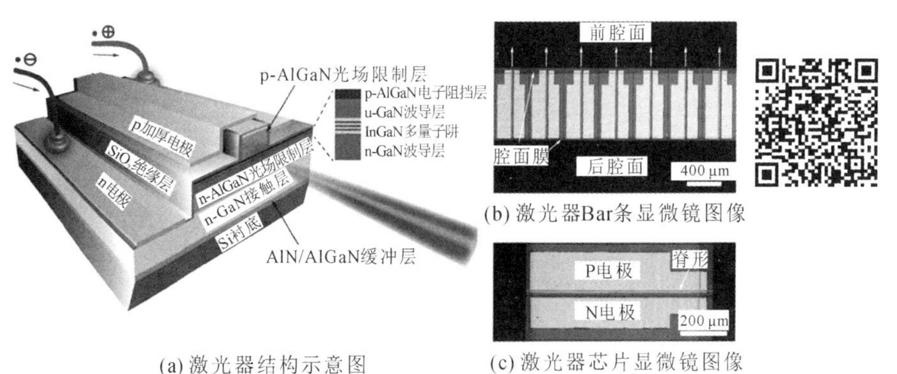

(a) 激光器结构示意图 (b) 激光器Bar条显微镜图像 (c) 激光器芯片显微镜图像

图 2-11 Si 衬底 GaN 基激光器结构示意图和光学显微镜图像[7]

2.3.1 Si 衬底 GaN 基激光器测试表征简介

1. 电致发光光谱测试

实验中测量了 Si 衬底 GaN 基激光器室温电注入下的输出光谱，如图 2-12(a)所示。当注入电流从 50 mA 缓慢增加到 160 mA 时，由于注入载流子的屏蔽效应，多量子阱的量子限制 Stark 效应减弱，激光器电致发光光谱峰值

波长从 415.9 nm 蓝移到 413.4 nm，如图 2-12(b)所示。同时，电致发光光谱半高宽快速变窄。当注入电流增加到 150 mA 时，电致发光光谱半高宽迅速减小到 0.64 nm。继续增加注入电流，光谱半高宽几乎不变，均小于 1 nm。

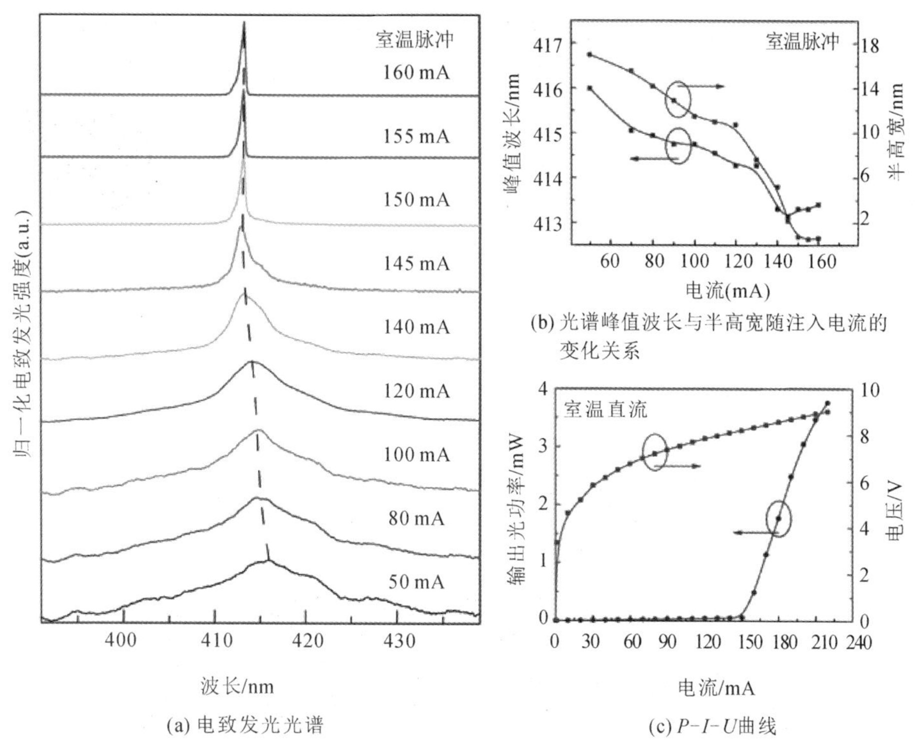

(a) 电致发光光谱

(b) 光谱峰值波长与半高宽随注入电流的变化关系

(c) $P-I-U$曲线

图 2-12　Si 衬底 GaN 基激光器的光电特性[7]

2. 光功率-电流-电压曲线测试

图 2-12(c)所示为 Si 衬底 GaN 基激光器的光功率-电流-电压($L-I-U$)曲线，图中注入电流 150 mA 处存在明显的拐点，当注入电流小于 150 mA 时，激光器光输出功率随注入电流增加而缓慢增加；而当注入电流大于 150 mA 时，激光器的输出功率快速增加，与注入电流成线性关系，呈现了明显的激射特征。图中同时展示了激光器的 $I-U$ 曲线，激光器的开启电压约为 3 V，当电压大于 3 V 后，由于激光器内部存在较多的异质结界面，这些异质结界面形成了肖特基势垒，导致器件串联电阻较大，因此注入电流随工作电压缓慢增加；当注入电流大于 30 mA 后，激光器内部的肖特基势垒被拉平，串联电阻大幅度减小，激光器注入电流随工作电压快速增大。

3. 远场测试和近场测试

实验中还对激光器的远场和近场进行了测试表征。图 2-13(a)、(b)所示为 Si 衬底 GaN 基激光器0.8和 1.07 倍阈值电流下的远场图。0.8 倍阈值电流下激光器为放大自发辐射阶段，没有远场光斑；而当注入电流为 1.07 倍阈值电流后，激光器输出了椭圆形的远场光斑，横向发散角和纵向发散角分别为 6°和 21°，如图 2-13(c)所示。横向发散角远小于纵向发散角主要是由于横向光场主要通过 4 μm 宽的脊形波导来限制，光场限制较弱，发散角较小；而纵向光场主要通过光场限制层来限制，光场限制较强，衍射效应明显，导致激光器纵向发散角较大。

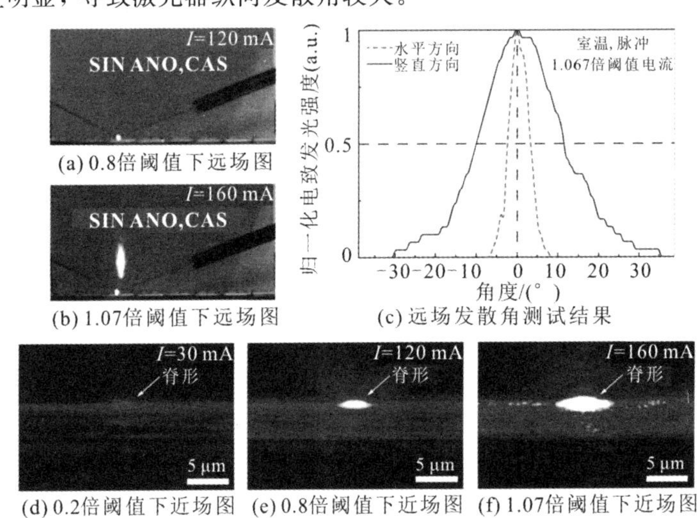

(a) 0.8倍阈值下远场图
(b) 1.07倍阈值下远场图
(c) 远场发散角测试结果
(d) 0.2倍阈值下近场图 (e) 0.8倍阈值下近场图 (f) 1.07倍阈值下近场图

图 2-13 Si 衬底 GaN 基激光器的远场测试结果和近场测试结果[7]

图 2-13(d)～(f)分别为 Si 衬底 GaN 基激光器 0.2、0.8 和 1.07 倍阈值电流下的近场图。0.2 倍阈值电流下激光器为自发辐射，没有模式特征；当注入电流为 0.8 倍阈值电流时，激光器为放大自发辐射，呈现了波导效应；当注入电流进一步增加到 1.07 倍阈值电流时，激光器近场图展示出了明显的模式特征，激光器单横模工作。上述特征均表明 Si 衬底 GaN 基激光器实现了室温电注入连续激射。

4. 结温和热阻测量

实验中还通过正向电压法对 Si 衬底 GaN 基激光器的结温和热阻进行了测量表征。如图 2-14(a)所示，小电流注入下激光器的工作电压与结温

呈线性关系，通过开关可以将激光器注入电流从工作电流快速切换到小电流，然后利用示波器测量得到结温下降导致的器件小电流下工作电压变化值，并结合工作电压与结温之间的线性关系，可以计算出激光器的工作结温(假设激光器小电流下结温约等于室温)，进而得到热阻。实验测试中，激光器的工作电流为170 mA，对应的工作电压为 6.1 V，此时激光器的输出功率约为 1 mW，因此器件的热功率等于 1036 mW。利用电路中的开关将注入电流从 170 mA 快速(300 ns)切换到 0.3 mA，之后示波器测量得到的激光器工作电压随时间的变化关系如图 2-14(b)所示。随着结温的快速下降，在恒定电流 0.3 mA 下，激光器工作电压缓慢上升，最终达到平衡，电压变化约为 85 mV，再结合0.3 mA注入电流下工作电压与结温(约等于环境温度)之间的线性系数 3.1 mV/K，可以得出激光器 170 mA 工作电流下温升为 27.4℃，对应的热阻为26.5 K/W。

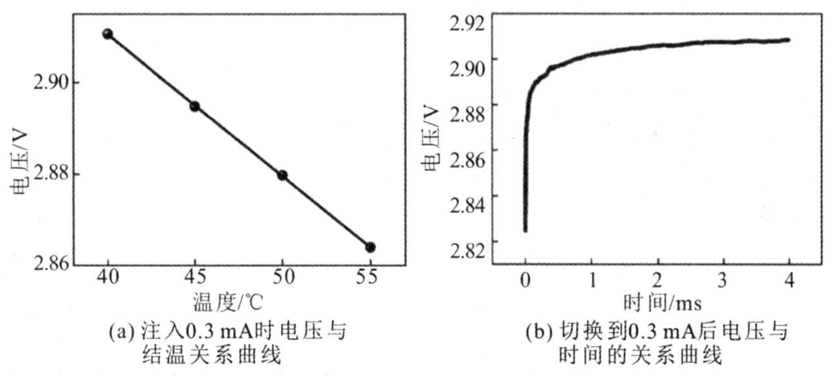

(a) 注入0.3 mA时电压与结温关系曲线　(b) 切换到0.3 mA后电压与时间的关系曲线

图 2-14　Si 衬底 GaN 基激光器的结温和热阻测量

2.3.2　Si 衬底 GaN 基激光器性能提升及表征

1. Si 衬底 GaN 基激光器材料质量提升

如 2.2.6 节所述，p-AlGaN 材料中容易并入碳杂质，不仅会降低材料电导率，还会增加材料光吸收，严重影响器件性能。实验中采用"降温"+"降速"相结合的方法，将 p-AlGaN 限制层中的碳杂质降低了一个数量级，随后对优化前后的 Si 衬底 GaN 基激光器进行了测试表征。图 2-15(a)、(b)所示为优化前后 Si 衬底 GaN 基激光器有源区的微区光荧光图，优化后激光器有源区的

发光均匀性得到了显著改善。图 2-15(c)所示为低激发强度下 Si 衬底 GaN 基激光器峰值波长处的时间分辨光致荧光曲线，优化后，激光器中载流子非辐射复合寿命 τ 大幅延长，内量子效率得到了大幅提升。

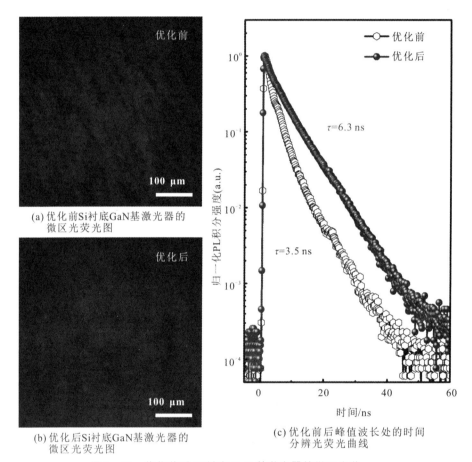

(a) 优化前Si衬底GaN基激光器的微区光荧光图

(b) 优化后Si衬底GaN基激光器的微区光荧光图

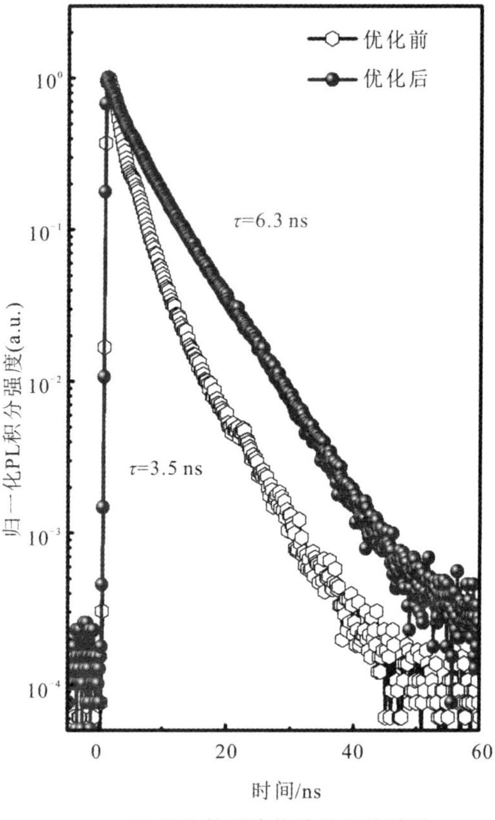

(c) 优化前后峰值波长处的时间分辨光荧光曲线

图 2-15　优化前后 Si 衬底 GaN 基激光器的微区光荧光图和时间分辨光荧光曲线[19]

图 2-16 所示为优化前后 Si 衬底 GaN 基激光器的 $L-I-U$ 曲线，优化后激光器的阈值电流密度和阈值电压分别降低到 2.25 kA/cm^2 和 4.7 V，4‰占空比脉冲电流工作下激光器寿命从几分钟延长到约 2.5 h[20]。

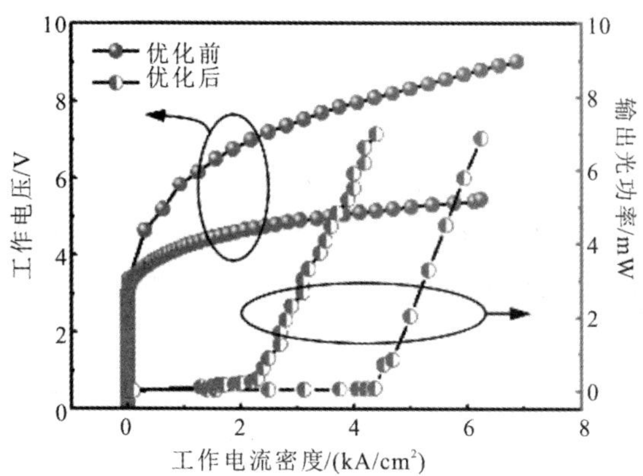

图 2-16　Si 衬底 GaN 基紫光激光器优化前后的 *L*-*I*-*U* 曲线[7, 19]

2. 翻转脊形波导激光器

Ⅲ族氮化物半导体材料空穴浓度比电子浓度低，且空穴迁移率远小于电子迁移率，导致 p 型层电阻率远大于 n 型层。而常规 GaN 基激光器的脊形在 p 侧，空穴只能通过较窄的脊形注入有源区，注入面积很小，造成 p 型层串联电阻和接触电阻较大，激光器工作电压很高，热功率较大。激光器倒装封装时由于有源区离 p 型接触的距离较小而容易产生腔面污染、短路等问题使得器件失效，因此常规 GaN 基激光器通常采用正装封装模式，热源离高热导率的热沉距离较远，器件热阻较大。较大的热功率和热阻使得器件工作结温很高，严重影响了器件性能和可靠性。

实验中提出并制备了 GaN 基翻转脊形波导激光器[21]，即将激光器脊形从 p 侧转移到 n 侧，如图 2-17(a)、(b)所示，可以大幅增加空穴的注入面积，显著降低 p 侧串联电阻和欧姆接触电阻。由于 n 型材料电阻率和欧姆接触电阻率均较小，n 侧脊形对 n 侧串联电阻和接触电阻影响很小，因此器件的总串联电阻和接触电阻得到了大幅降低。我们对 GaN 基翻转脊形波导激光器进行了测试表征，测试结果表明与常规 p 侧脊形波导激光器相比，n 侧脊形波导激光器的微分电阻和工作电压分别降低了 48%和 1.4 V，如图 2-17(c)所示；热阻和工作结温分别降低了 8 K/W 和 25℃，如图 2-17(d)所示。需要特别指出的是，n 侧脊形波导激光器可以直接制备在没有斜切角的 Si(100)平片上，与硅基微电子和光电子平台完全兼容，为 GaN 激光器等光电子与 Si(100)微电子的晶圆级异质集成提供了一条可行的技术路线。

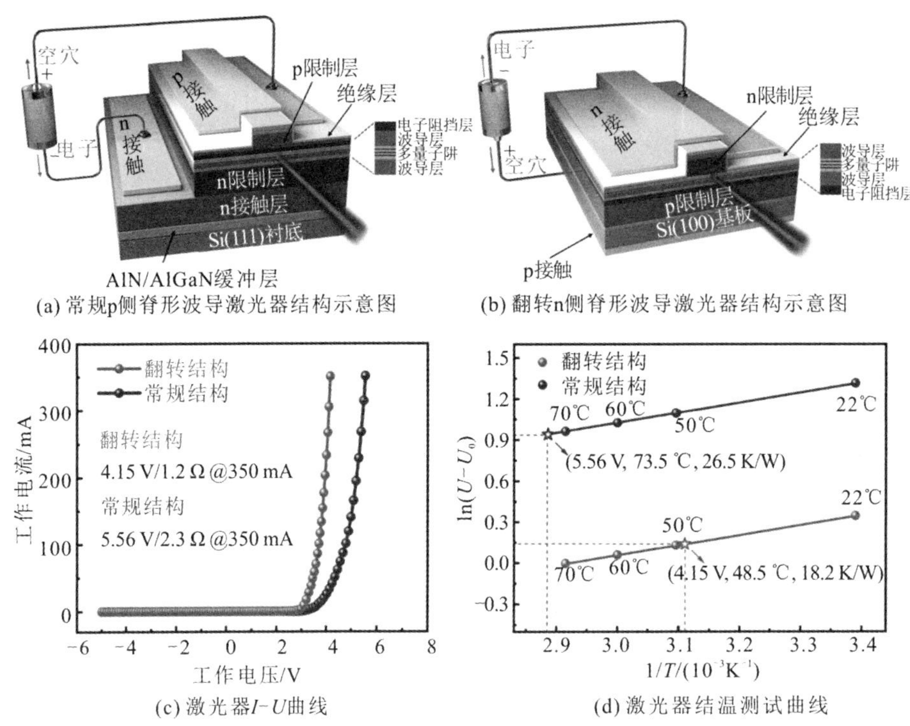

图 2-17　Si 衬底 GaN 基激光器的结构示意图、I-U 曲线和热阻测量曲线[21]

3. 新型光场限制层

生长在 n-GaN 接触层上的 AlGaN 光场限制层受张应力作用，容易产生裂纹。为了避免产生裂纹，现有大多数 GaN 基激光器均采用低 Al 组分的 AlGaN 光场限制层，由于低 Al 组分 AlGaN 光场限制层与 GaN 波导层的折射率差较小，导致激光器光场限制较弱，限制因子较小(<3%)，器件阈值电流密度较高。采用低折射率的新型光场限制层，如纳米多孔 GaN[22]、氧化铟锡(ITO)[23]、氧化锌(ZnO)[24]、银(Ag)等，可以在没有引入额外张应力的前提下，大幅增加光场限制层与波导层的折射率差，显著增强激光器的光场限制，从而大幅降低阈值电流，提升电光转换效率。另外，由于新型光场限制层，如 ITO、ZnO 等，沉积温度较低(<300℃)，采用新型光场限制层代替常规高温生长的 p-AlGaN 光场限制层，可以大幅缩短 InGaN/GaN 多量子阱经历的高温时间，有效减少多量子阱的热退化，提升有源区的材料质量和内量子效率。此外，新型光场限制层的电阻很

小，采用新型光场限制层代替 p－AlGaN 光场限制层还可以降低器件串联电阻和工作电压。

2.3.3 Si 衬底 GaN 基激光器工作波长拓展

Ⅲ族氮化物蓝光激光器、紫外激光器分别在激光显示、紫外固化和杀菌消毒等领域具有重要的应用前景，因此下面将对 Si 衬底 GaN 基蓝光、紫外光激光器进行测试表征。

1. Si 衬底 GaN 基蓝光激光器

与自支撑 GaN 衬底激光器不同，Si 衬底 GaN 基激光器材料中应力较大、缺陷密度较高，生长 InGaN 多量子阱，尤其是 In 组分更高的蓝光量子阱，容易出现富 In 团簇缺陷。富 In 团簇缺陷在随后高温生长 p－AlGaN 光场限制层时会发生热退化，产生黑斑，严重影响多量子阱的内量子效率，器件无法激射。研究发现通过在生长 GaN 垒层时通入少量的氢气结合降低 p－AlGaN 层生长温度的方法，可以有效消除多量子阱中的富 In 团簇缺陷，抑制蓝光多量子阱的热退化，进而实现了 Si 衬底 GaN 基蓝光激光器的室温电注入连续激射[15]，激射光谱如图 2－18(a)所示，激射波长 450 nm。图 2－18(b)为蓝光激光器的 $L-I-U$ 曲线，阈值电流密度 7.8 kA/cm^2。通过优化多量子阱 Si 掺杂以及抑制 p－AlGaN 光场限制层中的碳杂质并入等，将蓝光激光器的阈值电流密度和阈值电压分别降低到 4.9 kA/cm^2 和 4.9 V。

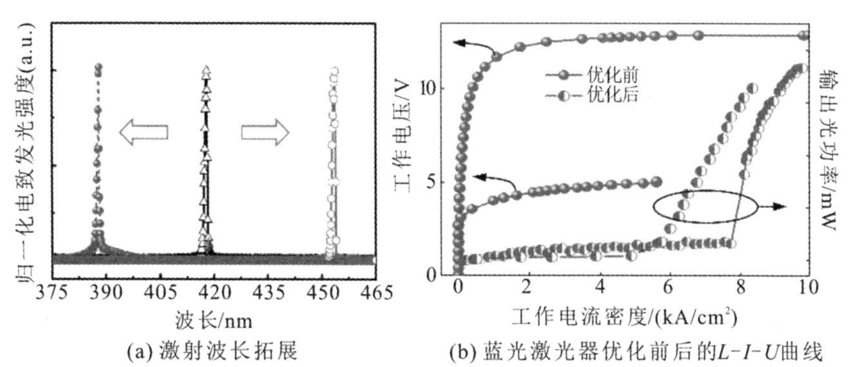

(a) 激射波长拓展　　(b) 蓝光激光器优化前后的$L-I-U$曲线

图 2－18　Si 衬底 GaN 基激光器激射波长拓展与器件性能提升[15, 25]

2. Si 衬底 AlGaN 基近紫外光激光器

与 InGaN 蓝光多量子阱 In 组分较高不同，近紫外光多量子阱中 In 组分很低，没有 In 组分涨落引起的局域态效应，因此无法利用局域态效应来屏蔽位错缺陷等引起的非辐射复合，使得近紫外多量子阱对位错缺陷非常敏感。另一方面，为了降低阈值电流，近紫外光激光器通常使用 Al 组分较高的 AlGaN 光场限制层来增强光场限制。在 GaN 模板上生长 Al 组分较高的 AlGaN 层，AlGaN 会受到下方 GaN 材料的张应力作用，非常容易产生裂纹。实验中采用 AlGaN 模板代替 GaN 模板用以生长 AlGaN 基近紫外光激光器，显著减少了激光器材料中的张应力，有效避免产生裂纹。根据相关文献报道，相比于螺位错和混合位错，刃位错作为非辐射复合中心对内量子效率的影响更大。为此，实验中优化了 AlN/AlGaN 缓冲层结构，从而有效降低了 Si 衬底 AlGaN 模板中的刃位错密度，还改进了近紫外光多量子阱的生长条件，大幅降低了点缺陷浓度，显著提升了内量子效率，最终实现了 Si 衬底 AlGaN 基近紫外光激光器的室温电注入激射[25]，激射波长 389 nm，如图 2－18(a)所示。

3. Si 衬底 AlGaN 基深紫外光激光器

2019 年，日本名古屋大学 H. Amano 团队实现了国际首支 AlGaN 基深紫外激光器的室温电注入激射，激射波长 271.8 nm，阈值电流 400 mA，阈值电压为 13.8 V[26]。高阈值电压主要是 p－AlGaN 光场限制层的串联电阻较大和激光器共面电极结构存在的电流拥挤效应导致的。采用 Si 衬底很容易制备成垂直结构激光器，同时结合 n 侧脊形波导结构，可以大幅降低器件串联电阻和工作电压，进而降低阈值电流。然而由于 Si 与 AlGaN 之间存在巨大的晶格失配和热失配，在 Si 衬底上生长面向深紫外光电器件的高 Al 组分 AlGaN 材料极易产生裂纹及高密度的位错缺陷，因此生长高质量的 Si 衬底高 Al 组分 AlGaN 材料非常具有挑战性。实验中采用 AlN/AlGaN 超晶格缓冲层，在平面 Si 衬底上生长了无裂纹 2 μm $Al_{0.5}Ga_{0.5}N$ 薄膜，(0002)和$(10\bar{1}2)$面 XRD 双晶摇摆曲线半高宽分别为 499 arcsec 和 648 arcsec，对应的位错密度约为 $3.8\times10^{9}\ cm^{-2}$。[27]通过优化 AlN 成核层和 AlN/AlGaN 超晶格缓冲层，可将 Si 衬底 $Al_{0.5}Ga_{0.5}N$ 薄膜中位错密度进一步降低到 $1\times10^{9}\ cm^{-2}$。然而，对于深紫外光激光器，上述 Si 衬底 AlGaN 材料中的位错密度仍然较高，还需要进一步降低。

2.3.4 Si(100)衬底 GaN 基激光器

如 2.2.1 所述，Si(111)衬底通常用于生长 GaN 基材料。然而，它与互补

金属氧化物半导体(CMOS)用的 Si(100)晶圆不太兼容。因此，在 Si(100)衬底上制备 GaN 基激光器也成为一个发展趋势。美国加州大学圣芭芭拉分校 J. E. Bowers 团队通过芯片键合实现了 InGaN 基激光器与 Si(100)晶圆的异质集成，然而芯片键合的效率较低且无法与大规模的硅 CMOS 平台兼容[28]。日本名古屋大学 H. Amano 教授在图形化 Si(100)衬底上生长了半极性面 GaN 基激光器全结构，然而只实现了光泵浦激射[29]。2019 年，北京大学沈波团队采用单晶石墨烯作为缓冲层在 Si(100)衬底上外延生长了单晶 GaN 薄膜，展示了在 Si(100)衬底上生长Ⅲ族氮化物的巨大前景[30]。然而目前所有报道的 Si(100)衬底 GaN 材料位错密度仍然很高，不适合实际器件应用，还需要进一步提高材料质量。另外一条技术路线采用 SOI 衬底 Si(111)-on-SiO_2-on-Si(100)来外延生长 GaN 基激光器，有望实现 GaN 基激光器等光电子器件与 Si(100) CMOS 的单片集成。

2.4　本章小结

Si 衬底 GaN 基激光器在激光显示、激光照明和 Si 基光子学等领域具有重要的应用前景，因此广受关注。与自支撑 GaN 衬底上同质外延生长激光器不同，在 Si 衬底上生长 GaN 基激光器为异质外延，Si 与 GaN 之间存在巨大的晶格失配和热失配，导致激光器材料中存在较高的位错密度及较大的残余应力，严重影响了器件性能和可靠性。近年来，Si 衬底 GaN 基半导体激光器取得了很大的进展，然而器件的输出功率和可靠性有待进一步提高。本章重点介绍了 Si 衬底 GaN 基激光器材料外延生长、器件工艺制备及测试表征，具体如下：

(1) 介绍了 Si 衬底 GaN 材料中应力与缺陷的测试表征方法及其应用，并阐述了应力与穿透位错缺陷的相互作用机制。

(2) 采用兼备应力调控与位错过滤的 AlN/AlGaN 应力控制层技术，已实现穿透位错密度低至 5.8×10^{7} cm^{-2}的高质量 Si 衬底 GaN 薄膜。

(3) 介绍了 Si 衬底 GaN 基激光器量子阱有源区的富 In 团簇缺陷、V 形坑缺陷以及杂质点缺陷等的测试表征手段，讨论了其对激光器性能的影响机制，并提出了相应的解决方案。

(4) 对 Si 衬底 GaN 基激光器器件进行了测试表征，包括电致发光光谱、$L-I-U$曲线、近场图、远场图、工作结温测试等等，证实了激光器的激射。

(5) 介绍了 Si 衬底 GaN 基激光器的研究进展与发展趋势，器件阈值电流和工作电压已低至 2.25 kA/cm^2 和 4.7 V，接近 GaN 衬底激光器水平，但 Si 衬底 GaN 基激光器器件可靠性还需进一步提升。新技术包括翻转脊形波导激光器结构、新型光场限制层等，有望大幅提升 Si 衬底 GaN 基激光器器件性能。

(6) 进一步通过开展 Si 衬底高质量 GaN 材料异质外延生长、点缺陷工程、量子点有源区技术、新型光场限制层和激光器结构创新等，有望大幅提升 Si 衬底 GaN 基激光器性能和可靠性，在不久的将来实现高效率、长寿命的 Si 衬底 GaN 基激光器及其片上集成应用。

参考文献

[1] FENG M, LIU J, SUN Q, et al. Ⅲ-nitride semiconductor lasers grown on Si. Progress in quantum electronics, 2021, 77: 100323.

[2] SUN Q, YAN W, FENG M, et al. GaN-on-Si blue/white LEDs: epitaxy, chip, and package. Journal of semiconductors, 2016, 37(4): 044006.

[3] CHENG K, LEYS M, DEGROOTE S, et al. Flat GaN epitaxial layers grown on Si (111) by metalorganic vapor phase epitaxy using step-graded AlGaN intermediate layers. Journal of electronic materials, 2006, 35(4): 592 - 598.

[4] LEUNG B, HAN J, SUN Q. Strain relaxation and dislocation reduction in AlGaN step-graded buffer for crack-free GaN on Si (111). Physica status solidi C, 2014, 11(3): 437 - 441.

[5] WANG H, LIANG H, WANG Y, et al. Effects of AlGaN/AlN Stacked Interlayers on GaN Growth on Si (111). Chinese physics letters, 2010, 27(3): 038103.

[6] DADGAR A, HEMPEL T, BLÄSING J, et al. Improving GaN-on-silicon properties for GaN device epitaxy. Physica status solidi C, 2011, 8(5): 1503 - 1508.

[7] SUN Y, ZHOU K, SUN Q, et al. Room-temperature continuous-wave electrically injected InGaN-based laser directly grown on Si. Nature photonics, 2016, 10(9): 595 - 599.

[8] 许振嘉. 半导体的检测与分析. 2 版. 北京：科学出版社，2007.

[9] 麦振洪. 薄膜结构 X 射线表征. 2 版. 北京：科学出版社，2015.

[10] LU L, SHEN B, XU F J, et al. Morphology of threading dislocations in high-resistivity GaN films observed by transmission electron microscopy. Journal of applied physics, 2007, 102(3): 033510.

[11] LIU J, HUANG Y, SUN X, et al. Wafer-scale crack-free 10 μm-thick GaN with a dislocation density of 5.8 × 10^7 cm^{-2} grown on Si. Journal of physics D: applied

physics, 2019, 52(42): 425102.

[12] CANTU P, WU F, WALTEREIT P, et al. Role of inclined threading dislocations in stress relaxation in mismatched layers. Journal of applied physics, 2005, 97(10): 103534.

[13] MASSABUAU F C P, DAVIES M J, OEHLER F, et al. The impact of trench defects in InGaN/GaN light emitting diodes and implications for the "green gap" problem. Applied physics letters, 2014, 105(11): 112110.

[14] LI Z, LIU J, FENG M, et al. Suppression of thermal degradation of InGaN/GaN quantum wells in green laser diode structures during the epitaxial growth. Applied physics letters, 2013, 103(15): 152109.

[15] SUN Y, ZHOU K, FENG M, et al. Room-temperature continuous-wave electrically pumped InGaN/GaN quantum well blue laser diode directly grown on Si. Light: science & applications, 2018, 7: 13.

[16] JIA C, YU T, LU H, et al. Performance improvement of GaN-based LEDs with step stage InGaN/GaN strain relief layers in GaN-based blue LEDs. Optics express, 2013, 21(7): 8444-8449.

[17] YANG J, ZHAO D G, JIANG D S, et al. Suppression the formation of V-pits in InGaN/ GaN multi-quantum well growth and its effect on the performance of GaN based laser diodes. Journal of alloys and compounds, 2020, 822: 153571.

[18] HALLER C, CARLIN J F, JACOPIN G, et al. GaN surface as the source of non-radiative defects in InGaN/GaN quantum wells. Applied physics letters, 2018, 113 (11): 111106.

[19] LIU J, WANG J, SUN X, et al. Performance improvement of InGaN-based laser grown on Si by suppressing point defects. Optics express, 2019, 27(18): 25943-25952.

[20] TANG Y, FENG M, WEN P, et al. Degradation study of InGaN-based laser diodes grown on Si. Journal of physiscs D: applied physics, 2020, 53(39): 395103.

[21] ZHOU R, FENG M, WANG J, et al. InGaN-based lasers with an inverted ridge waveguide heterogeneously integrated on Si(100). ACS photonics, 2020, 7(10): 2636-2642.

[22] YUAN G, XIONG K, ZHANG C, et al. Optical engineering of modal gain in a Ⅲ-nitride laser with nanoporous GaN. ACS photonics, 2016, 3(9): 1604-1610.

[23] HARDY M T, HOLDER C O, FEEZELL D F, et al. Indium-tin-oxide clad blue and true green semipolar InGaN/GaN laser diodes. Applied physics letters, 2013, 103 (8): 081103.

[24] MYZAFERI A, MUGHAL A J, COHEN D A, et al. Zinc oxide clad limited area epitaxy semipolar Ⅲ-nitride laser diodes. Optics express, 2018, 26(10): 12490-12498.

[25] FENG M, LI Z, WANG J, et al. Room-temperature electrically injected AlGaN-based

near-ultraviolet laser grown on Si. ACS photonics, 2018, 5(3): 699 - 704.

[26] ZHANG Z, KUSHIMOTO M, SAKAI T, et al. A 271. 8 nm deep-ultraviolet laser diode for room temperature operation. Applied physics express, 2019, 12(12): 124003.

[27] HUANG Y, LIU J, SUN X, et al. Crack-free high quality 2 μm-thick $Al_{0.5}Ga_{0.5}N$ grown on a Si substrate with a superlattice transition layer. Crystengcomm, 2020, 22(7): 1160-1165.

[28] KAMEI T, KAMIKAWA T, ARAKI M, et al. Research toward a heterogeneously integrated InGaN laser on silicon. Physica status solidi A, 2020, 217(7): 1900770.

[29] MURASET, TANIKAWA T, HONDA Y, et al. Optical properties of (1-101) InGaN/GaN MQW stripe laser structure on Si substrate. Physica status solidi C, 2011, 8, 2160 - 2162.

[30] FENG Y, YANG X, ZHANG Z, et al. Epitaxy of single-crystalline GaN film on CMOS-compatible Si (100) substrate buffered by graphene. Advanced functional materials, 2019, 29(42): 1905056.

第3章

GaN基LED的效率表征

3.1 引言

效率是 GaN 基 LED 的核心技术指标，直接反映器件的工作性能，为后续的制作工艺优化提供参照，所以如何准确、可靠地表征效率至关重要。本章首先对 GaN 基 LED 的效率进行概述，介绍不同效率的定义和常用的表征方法，然后结合典型的实验结果展示效率表征在分析 LED 工作性能和载流子动力学中的应用，最后讨论不同表征方法的适用范围和局限性，并对效率表征的发展方向进行展望。

得益于 GaN 基蓝光发光二极管(Light-Emitting Diode，LED)的成功研制，高效、节能的半导体固态白光光源问世，引发了照明技术的一个根本性转变，并获得了 2014 年诺贝尔物理学奖。经过多年的发展，LED 已经广泛应用于固态照明(Solid-State Lighting，SSL)，在显示和可见光通信(Visible Light Communication)等领域也存在巨大的应用前景。LED 能够得到广泛关注的原因，在于它具有体积小、亮度高、寿命长和高效节能等传统发光器件无法比拟的优势，其中高效节能是 LED 最主要的特性，使用相同亮度的 LED 灯具替代白炽灯可以节约 80%左右的电能，这在不可再生能源日益枯竭的今天显得格外重要。根据美国能源部 2017 年的统计，照明消耗的电能约占美国用电总量的 16%；而在中国这个数据同样超过 10%，所以各国纷纷出台政策大力推动 SSL 技术研发。例如，美国能源部早在 2000 年就启动了 SSL 计划；中国也在 2003 年提出发展半导体照明计划，启动国家半导体照明工程。在世界各国的共同努力下，以 LED 为核心器件的半导体照明产业已经非常成熟，GaN 基蓝光 LED 的内量子效率可达 90%以上，外量子效率也可以超过 70%。目前，中国已有近 50%的传统光源被 LED 产品所取代，每年累计实现节电约 2800 亿度，相当于三个三峡水利工程的发电量。这是否意味着对于 LED 效率的研究变得不再重要？答案是否定的，我们可以从应用和物理两个方面对这个问题进行讨论。

从应用的角度来考虑，用于 SSL 的 LED(以下简称“照明 LED”)仍然存在效率提高的空间。实验中发现，虽然 GaN 基 LED 的亮度随着注入电流密度的增大而增大，但是效率却随着注入电流密度的增大呈现先增大再减小的趋势，如图 3-1 所示，其中峰值效率对应的电流密度约为几安每平方厘米到十几安每平方厘米。照明 LED 追求使用很少的芯片数量和很小的芯片面积实现很高的亮度，所以需要工作在较大的电流密度下，典型值为 35 A/cm^2。显然，LED

在工作条件下的效率较峰值效率存在损失，这个现象被称为“效率下降（Efficiency Droop）”。为了解释这个现象产生的物理机理，近年来人们在这一方面开展了大量的工作，主要的结论包括俄歇复合、载流子泄漏和热效应等[1-3]。虽然学术界仍然没有就这个问题达成共识，但是人们已经可以基于现有的认识尝试改善效率下降现象，这些工作大致可以分为两个方向：① 基于现有的 LED 器件结构进行改进，包括使用多量子阱（Multi-Quantum Well，MQW）结构降低载流子浓度、生长电子阻挡层（Electron Blocking Layer）减弱载流子泄漏、增强芯片的散热设计等；② 寻找大尺寸 LED 芯片外延方法，直接制作大面积发光的面光源灯具，在降低工作电流密度的同时也可以避免使用额外的光学系统进行匀光，如图 3－2 所示。显然，无论是哪一种解决思路都需要更加准确的效率表征方法来指导制作工艺的进一步提升。

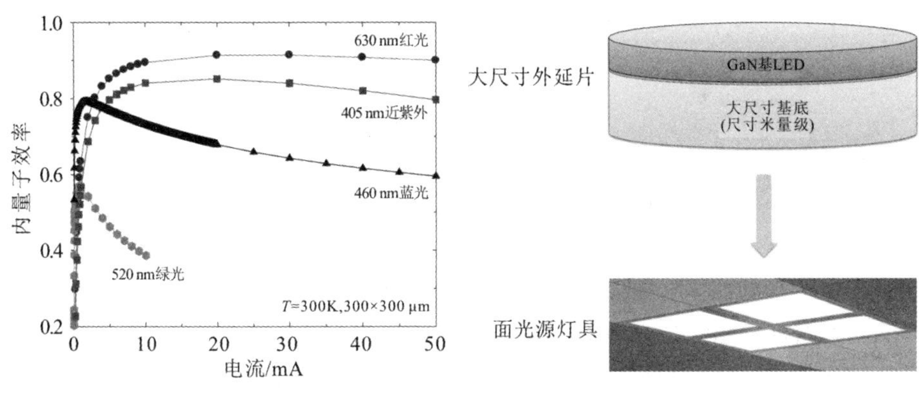

图 3－1　LED 效率下降现象[4]

图 3－2　大尺寸 LED 芯片的使用

从物理的角度来考虑，效率表征方法需要根据器件物理的发展不断进行修正。人们对于照明 LED 已经积累了相当丰富的经验，但是这些经验并不能够直接应用于其他 LED 器件。以用于显示的微发光二极管（Micro-LED）为例，Micro-LED 是指微缩化的 LED 芯片，尺寸往往小于百微米，每一个芯片在显示屏中作为独立的发光单元。目前主流的显示技术包括液晶显示（Liquid Crystal Display，LCD）技术和有机发光二极管（Organic Light-Emitting Diode，OLED）技术，其中 LCD 主要由背光源、偏光板和液晶层组成，由背光源发出的

光经过下层偏光板形成偏振光，液晶分子在外加电场的作用下改变排列方式进而调控入射光的偏振方向，上层偏光板阻挡偏振方向不一致的光实现控制光的通断；OLED 使用非晶态的有机材料制作主动发光器件，可以避免外延生长(Epitaxy)对于衬底材料晶格匹配的要求而使用旋涂、蒸镀和喷墨打印等技术在玻璃和塑料等衬底上沉积薄膜。LCD 的主要问题在于效率低下，因为需要背光源持续发光并且需要经过液晶层和偏光板等多层光学结构，但是由于其制作工艺成熟仍然普遍应用于中、低端以及需要大尺寸显示屏的消费电子产品；OLED 的主动发光特性提升了发光效率，可以实现柔性显示，但是有机材料的不稳定性导致 OLED 的寿命较短，并且制作成本较高，难以制作大尺寸，主要应用于中、高端消费电子产品中。事实上，即使使用 OLED 技术人们仍然会抱怨智能手机等电子产品的电量不够使用，很大程度上是由于显示器件耗电量过大导致(智能手机的显示屏消耗的电量往往超过 50%)。为了改善显示屏耗电和其他显示技术的缺陷，人们引入了 Micro-LED 并希望它能够继承照明 LED 高效节能的优势。然而，Micro-LED 与照明 LED 相比具有非常显著的区别：Micro-LED 的芯片尺寸非常小，芯片数量非常多，对于常规的显示应用每一颗芯片需要的亮度较低，需要工作在较小的电流密度下，通常小于 1 A/cm^2。这种注入水平上的差别会导致载流子输运和复合过程的差异，进而在分析不同物理过程对于效率的影响时需要使用不同的模型，如图 3－3 所示。例如，我们通常认为照明 LED 在电流密度不是很大时载流子注入效率可以近似为 100%，但是这个假设对于 Micro-LED 不再成立，因为它受到刻蚀损伤的影响而存在显著的侧壁漏电现象，导致 Micro-LED 的注入效率非常低，所以我们需要针对不同的器件提出更加合理的效率表征方法。

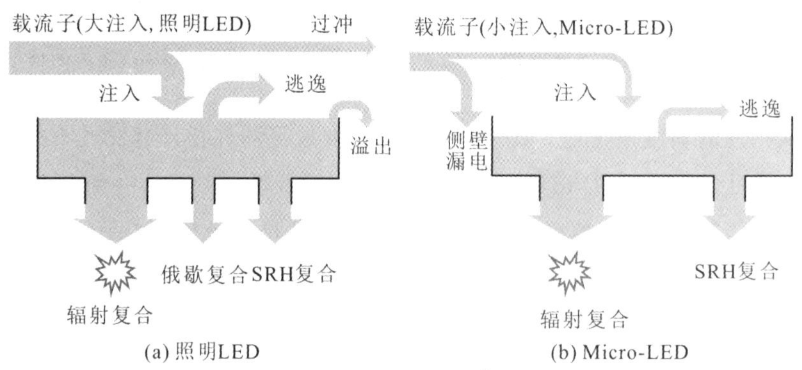

图 3－3　LED 载流子输运和复合过程示意图

综上所述，效率作为LED的核心技术指标仍然需要不断地研究和发展。下面将介绍LED效率的定义以及常用的表征方法，结合典型的实验结果展示效率表征在分析LED工作性能和载流子动力学中的应用，最后讨论不同表征方法的适用范围和局限性，并对效率表征的发展方向进行展望。

3.2 LED效率的定义

LED是一种将电能转化为光能的半导体器件，与基于硅(Silicon，Si)和锗(Germanium，Ge)等材料制作的普通二极管同为PN结(P-N Junction)结构，但是LED使用辐射跃迁概率更高的直接带隙材料制作。在正向偏置条件下，即LED的P区和N区分别与电源的正极和负极连接，PN结的势垒高度降低，电子和空穴对向扩散、相遇并复合发光，即电子由激发态返回基态并将能量以光子的形式释放出来，被称为电致发光(Electroluminescence，EL)，其中辐射光子的能量由材料的禁带宽度决定，如图3-4所示。为了增强电子与空穴相遇的概率，通常在LED的P区和N区之间插入一层由低掺杂的本征(Intrinsic)半导体材料制作的低维结构(如量子阱、量子点)对注入的载流子进行限制，这个区域也被称为“有源区”。此外，LED在受到光子能量大于禁带宽度的光的照射时，处于价带的电子吸收入射光子能量跃迁到导带并发生辐射复合返回基态，这个过程被称为光致发光(PL)。

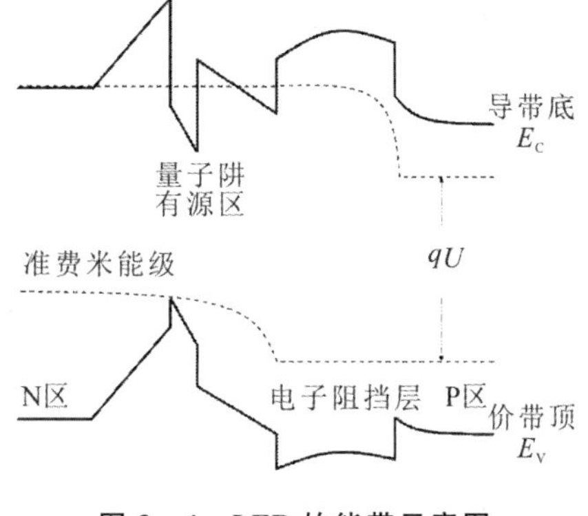

图3-4 LED的能带示意图

LED整体的效率由电光转换效率(Wall-Plug Efficiency，η_{WPE})进行表征，定义为LED辐射到外界的光功率$P_{P,OUT}$与注入LED的电功率$P_{E,IN}$的比值，即

$$\eta_{WPE}=\frac{P_{P,OUT}}{P_{E,IN}} \tag{3-1}$$

式中：下标“E”表示与电相关的物理量；下标“P”表示与光相关的物理量。η_{WPE}反映LED器件在单位时间内将激发能量转换为辐射能量的能力，其中$P_{E,IN}$可

以通过测量正向电压 U 和电流 I 得到，即 $P_{E, IN}=U\times I$；$P_{P, OUT}$通常可以使用积分球进行测量，将 LED 芯片放置在内壁涂有白色漫反射材料的空腔球体的中心，LED 辐射的光在经过内壁多次反射后形成均匀照度，测量球壁窗孔处的光功率即可计算得到 $P_{P, OUT}$，所以 η_{WPE}是可以测量的物理量。这种测量方式被称为"4π 几何结构"，对于没有后向辐射的光源也可以采用"2π 几何结构"。

对于发光器件而言，我们更加关注人眼对于 LED 辐射的响应程度。人眼的视网膜内包含视锥细胞(Cone Cell)和视杆细胞(Rod Cell)两种感光细胞，其中视锥细胞感受强光和颜色，视杆细胞对光线的强弱反应非常敏感，但是对颜色不敏感。在白天或者明亮的环境中，主要由视锥细胞起作用，所以看到的景象既有明亮感又有彩色感，这种视觉被称为"明视觉"；在夜晚或者黑暗的环境中，主要由视杆细胞起作用，所以看到的景象全是灰黑色而没有彩色感，这种视觉被称为"暗视觉"。人眼对于不同波长辐射引起的不同视觉反应程度被称为"视觉响应函数(Luminosity Function)"，如图 3-5 所示。在明视觉条件下人眼对于黄绿光(波长约为 555 nm)最为敏感，在暗视觉条件下人眼对波长为 507 nm的光最为敏感；随着波长继续增大或者减小响应逐渐减弱；当波长超出可见光范围(380～780 nm)时没有响应。假设 LED 辐射的不同波长处的光功率为 $P_{P, OUT}(\lambda)$，可以得到 LED 辐射的光通量为

$$\Phi = 683\ \mathrm{lm/W} \times \int_{380\ \mathrm{nm}}^{780\ \mathrm{nm}} [P_{P, OUT}(\lambda)\times \bar{y}(\lambda)]\mathrm{d}\lambda \tag{3-2}$$

式中：683 lm/W 为单位光功率可以产生的最大的光通量；$\bar{y}(\lambda)$为视觉响应函数。定义 LED 的流明效率(Luminous Efficacy，η_Φ)为 LED 辐射到外界的光通量 Φ 与注入 LED 的电功率 $P_{E, IN}$的比值，即

$$\eta_\Phi=\frac{\Phi}{P_{E, IN}} \tag{3-3}$$

η_Φ是可以测量的物理量，使用与 η_{WPE}相同的测量方法进行测量。事实上，η_Φ与 η_{WPE}具有非常密切的联系，区别在于 η_Φ使用人眼作为探测器，而 η_{WPE}使用光谱响应平坦的探测器测量光功率，即光度学(Photometry)和辐射度学(Radiometry)的区别。具体来说，光度学量，例如光通量(单位 lm)、光强度(单位 cd)、光亮度(单位 cd/m^2)，反映使人眼产生总的目视刺激的计量，只适用于可见光波段；辐射度学量，例如辐射通量(单位 W)、辐射强度(单位 W/sr)、辐射亮度(单位 $W/sr/m^2$)，反映客观的电磁辐射能测量，适用于整个电磁波波段。

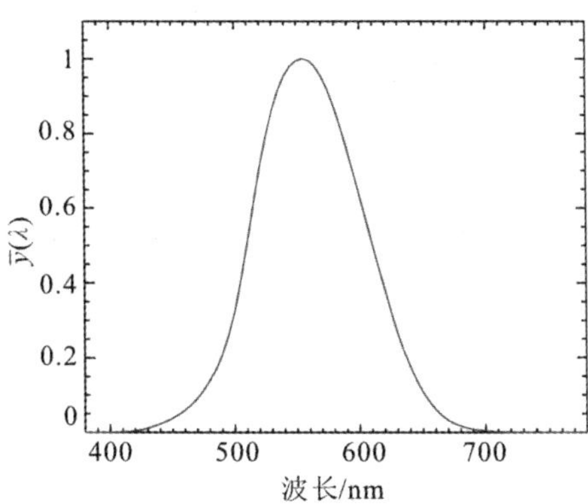

图 3－5　明视觉条件下的视觉响应函数

η_{WPE}和 η_{Φ}表征宏观的能量转换效率，对于 LED 是非常重要的指标，但是我们无法直接针对 η_{WPE}和 η_{Φ}进行优化，因为在光电转换的过程中涉及激发、能量输运和辐射发光等多个物理过程，在每一个环节都存在使得效率降低的因素。所以我们需要遵循控制变量的原则，从载流子动力学的角度分解这些物理过程并分别进行分析。

首先，由于 LED 的串联电阻(主要由金属电极与半导体材料的欧姆接触电阻和半导体材料的电阻组成)分压和载流子注入有源区后弛豫到最低能态时存在能量损失，电源提供的载流子势能无法完全转换成光子的能量。电压效率(Voltage Efficiency，η_{VTG})定义为 LED 辐射到外界的平均光子能量 $\bar{E}_{P,OUT}$与注入 LED 的载流子势能 $E_{E,IN}$的比值，即

$$\eta_{VTG}=\frac{\bar{E}_{P,OUT}}{E_{E,IN}}=\frac{P_{P,OUT}/n_{P,OUT}}{qU} \tag{3-4}$$

式中：$q\approx1.6\times10^{-19}$ C 为基本电荷；$n_{P,OUT}$为单位时间 LED 辐射到外界的光子数，可以通过测量不同波长的输出功率 $P_{P,OUT}(\lambda)$得到，即

$$n_{P,OUT}=\int_0^{\infty}\frac{P_{P,OUT}(\lambda)}{hc/\lambda}\mathrm{d}\lambda \tag{3-5}$$

式中：$h\approx6.63\times10^{-34}$ J·s 为普朗克常数；$c\approx3\times10^{8}$ m/s 为真空中的光速；hc/λ 为光子能量。η_{VTG}是可以测量的物理量，它反映载流子能量转换成光子能量的能力。假设单位时间注入 LED 的总载流子数 $n_{E,IN}=I/q$ 与 $n_{P,OUT}$相等，即每一个注入 LED 的载流子都可以转换成光子辐射出来，那么 $\eta_{WPE}=\eta_{VTG}$。η_{VTG}通常随着正向电压 U 的增大而减小，所以需要尽可能降低 LED 的工作电压并减小串联电阻来提升 η_{VTG}。需要注意的是，LED 可以在 U 小于禁带宽度对应的

电势差时显著发光，即注入电子能量小于辐射光子能量，此时 $\eta_{VTG}>100\%$，这个现象被称为"亚阈值发光（Subthreshold Radiation）"，如图 3-6 所示。

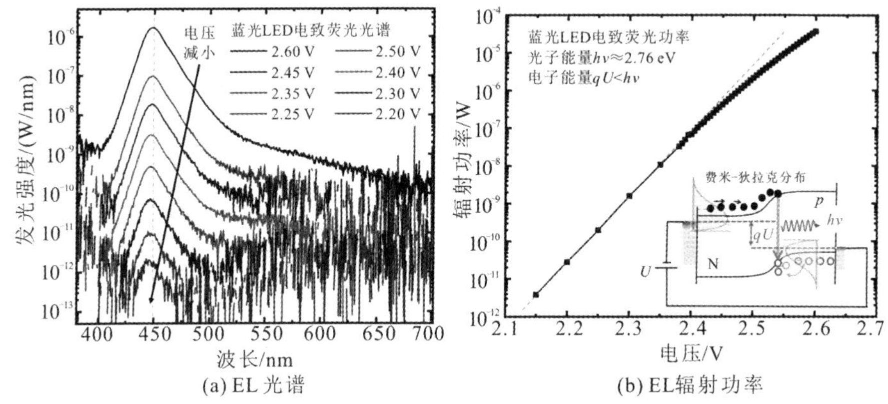

(a) EL 光谱 (b) EL辐射功率

图 3-6 蓝光 LED 的亚阈值发光现象[5]

由电源注入 LED 的载流子并不会全部注入有源区，在输运的过程中存在表面复合（Surface Recombination）、缺陷相关隧穿（Defect-Related Tunneling）和载流子溢出（Carrier Overflow）等效率降低机制。注入效率（Injection Efficiency，η_{INJ}）定义为单位时间注入有源区的载流子数 $n_{E,\ ACTIVE}$ 与单位时间注入 LED 的总载流子数 $n_{E,\ IN}$ 的比值，即

$$\eta_{INJ}=\frac{n_{E,\ ACTIVE}}{n_{E,\ IN}} \tag{3-6}$$

η_{INJ} 是无法直接测量得到的，并且使得注入效率降低的机制仍然没有被完全理解，所以针对注入效率的优化非常困难。

在载流子成功注入有源区后，有源区内载流子浓度增大，使得复合更加容易发生。一部分载流子可以发生辐射复合将能量转换为光，但是也会有载流子发生非辐射复合、载流子泄漏（Carrier Leakage）和逃逸（Carrier Escape）等物理过程。辐射效率（Radiation Efficiency，η_{RAD}）定义为单位时间从有源区辐射的光子数 $n_{P,\ ACTIVE}$ 与单位时间注入有源区的载流子数 $n_{E,\ ACTIVE}$ 的比值，即

$$\eta_{RAD}=\frac{n_{P,\ ACTIVE}}{n_{E,\ ACTIVE}} \tag{3-7}$$

η_{RAD} 是无法直接测量得到的，它反映有辐射和无辐射两个过程的相互竞争，而如何使辐射复合占据主导是 LED 外延结构设计中最为重要的问题。此外，η_{INJ}

与 η_{RAD} 并不是相互独立的，因为 η_{INJ} 会影响注入有源区的载流子浓度，而 η_{RAD} 与载流子浓度密切相关。

有源区辐射的光子需要穿过 LED 的体材料才可以辐射到外界被人们感知，这个过程被称为“光提取”，而光提取效率（Light Extraction Efficiency，η_{LEE}）定义为单位时间 LED 辐射到外界的光子数 $n_{P,OUT}$ 与单位时间从有源区辐射的光子数 $n_{P,ACTIVE}$ 的比值，即

$$\eta_{LEE}=\frac{n_{P,OUT}}{n_{P,ACTIVE}} \tag{3-8}$$

由于 $n_{P,ACTIVE}$ 不能通过测量得到，所以 η_{LEE} 仍然是无法测量的物理量。对于传统的 LED 器件而言，η_{LEE} 是制约效率的重要因素。室温下 GaN 材料在蓝光波段的折射率约为 2.4，与外界（折射率约为 1）和蓝宝石衬底（折射率约为 1.7）存在较大的折射率差，导致大多数辐射的光子受到全反射的影响被限制在 LED 内部，在不断反射的过程中通过自吸收（Self Absorption）、杂质吸收和自由载流子吸收（Free Carrier Absorption）等机制被材料吸收并转换成热能，影响 LED 器件的稳定性。因此，人们在如何增强 LED 芯片的光提取方面做了很多工作，并且发展了一些仿真计算 η_{LEE} 的方法。

综上所述，η_{WPE} 可以分解为 η_{VTG}、η_{INJ}、η_{RAD} 和 η_{LEE} 四个部分，即

$$\eta_{WPE}=\eta_{VTG}\times\eta_{INJ}\times\eta_{RAD}\times\eta_{LEE} \tag{3-9}$$

我们更加习惯使用内量子效率（Internal Quantum Efficiency，IQE）和外量子效率（External Quantum Efficiency，EQE）的概念，其中量子效率是指辐射的光子与激发产生的载流子的数量比，即从量子的角度比较输入和输出的程度。IQE 定义为单位时间从有源区辐射的光子数 $n_{P,ACTIVE}$ 与单位时间注入 LED 的总载流子数 $n_{E,IN}$ 的比值，即

$$\text{IQE}=\frac{n_{P,ACTIVE}}{n_{E,IN}}=\eta_{INJ}\times\eta_{RAD} \tag{3-10}$$

而在光激发条件下，非平衡载流子由有源区材料对入射光子的吸收产生，没有涉及载流子注入过程，所以 IQE 只包含 η_{RAD} 一项，等于单位时间从有源区辐射的光子数 $n_{P,ACTIVE}$ 与单位时间入射 LED 的总光子数 $n_{P,IN}$ 的比值，记为 IQE_P。EQE 定义为单位时间 LED 辐射到外界的光子数 $n_{P,OUT}$ 与单位时间注入 LED 的总载流子数 $n_{E,IN}$ 的比值，即

$$\text{EQE}=\frac{n_{P,OUT}}{n_{E,IN}}=\eta_{INJ}\times\eta_{RAD}\times\eta_{LEE}=\text{IQE}\times\eta_{LEE} \tag{3-11}$$

在光激发条件下 EQE 等于单位时间 LED 辐射到外界的光子数 $n_{P,OUT}$ 与单位

时间入射 LED 的总光子数 $n_{P,IN}$ 的比值，记为 EQE_P。显然，IQE 是无法直接测量得到的，但是 EQE 是可以测量的物理量。对于 LED 外延结构设计而言，反映载流子复合过程的 IQE 是最为关键的指标，下面将详细讨论 IQE 的表征方法。

3.3 LED 内量子效率的表征方法

对于 IQE 的表征方法主要分为以下三类[6-7]：

(1) 电注入：通常用于分析 LED 芯片，通过电注入的方式获得能量输入，测量不同条件下的 EL 特性和 EL$L-I-U$ 特性曲线来计算 IQE。电注入测试方法更加接近 LED 的实际工作条件，但是测试得到的 IQE 同时受到载流子注入和载流子复合的影响，难以进行分析。

(2) 光激发：通常用于分析 LED 外延片，通过光激发的方式获得能量输入，测量不同条件下的 PL 特性和 PL 强度-激发功率特性曲线来计算 IQE。光激发测试方法可以直接观察载流子的复合行为，但是 IQE 的测试条件与 LED 的实际工作条件差异较大，不能够准确表征 LED 工作时的效率。

(3) 计算 η_{LEE}：考虑到 EQE 等于 IQE 和 η_{LEE} 的乘积，如果能够通过仿真计算得到 η_{LEE}，就可以联合 EQE 的测试结果计算 IQE。由于 η_{LEE} 对于 LED 的芯片结构和环境参数非常敏感，任何器件结构的改变都需要重新建立模型和计算，所以通过这种方法得到的 IQE 被认为不够准确并且缺乏普适性，这里不再讨论。

由于 IQE 是无法直接测量得到的，所以需要建立合理的物理模型并从实验数据中提取需要的参数。目前应用最为广泛的模型是 ABC 模型[8-9]，它认为有源区内存在 SRH 非辐射复合(Shockley-Read-Hall Nonradiative Recombination)、双分子辐射复合(Bimolecular Radiative Recombination)和俄歇非辐射复合(Auger Nonradiative Recombination)三种复合通道，假设电子和空穴的浓度相等并且载流子只会发生复合过程，可以得到

$$G=An+Bn^2+Cn^3 \tag{3-12}$$

式中：G 为载流子产生率；A、B 和 C 分别为 SRH 复合系数、双分子复合系数和俄歇复合系数，对于 GaN 基材料它们的量级分别为 $10^7\ s^{-1}$、$10^{-11}\ cm^3\cdot s^{-1}$ 和 $10^{-30}\ cm^6\cdot s^{-1}$ 左右，准确数值与材料晶体质量、有源区结构、温度和注入水平等因素有关。从有源区辐射的光子数 $n_{P,ACTIVE}$ 与双分子复合率成正比，所

以 IQE 可以表示为双分子复合率 Bn^2 与载流子产生率 G 的比值，即

$$\text{IQE}=\frac{Bn^2}{G}=\frac{Bn^2}{An+Bn^2+Cn^3} \tag{3-13}$$

显然，如果我们能够得到 A、B 和 C 的准确数值或者相互之间的关系，就可以计算得到 IQE。

ABC 模型最初被用来解释大注入条件下的效率下降现象并获得成功，但是 ABC 模型本身存在一定的局限性，例如 ABC 模型只考虑导带电子和价带空穴之间的带间跃迁而忽略了激子(Exciton)复合过程。区别于自由电子和空穴，激子是指束缚在一起的电子-空穴对，即电子与空穴之间存在库仑相互作用。由于自由载流子将对电子和空穴的库伦场产生屏蔽作用，所以较为稳定的激子只能在晶体质量较好的宽禁带半导体材料中或者低温下才能观测到。但是在量子限制结构中，组成激子的电子和空穴的波函数重叠程度增大，所以在室温下也可以观察到激子效应。此外，ABC 模型认为有源区内载流子只会发生复合过程，忽略了载流子溢出和逃逸等物理过程，所以载流子浓度随时间的变化可能会与模型产生偏离。需要根据样品的特性对物理模型进行合理的修正，这样才能得到较为准确的 IQE。对于结构相似、仅局部存在差异的样品，可以假设它们的物理参数基本相同，仅区分受到局部差异影响的参数，这样得到的结果更加准确并且容易进行比较。图 3-7 所示为 GaN 基 LED 电流成分示意图。

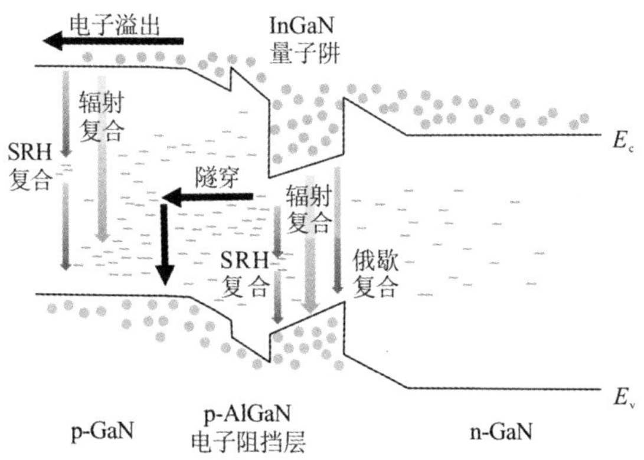

图 3-7　GaN 基 LED 电流成分示意图[3]

下面将介绍两种常用的 IQE 表征方法和相应的实验结果，展示效率表征在分析 LED 工作性能和载流子动力学中的应用。

3.3.1 基于电注入的效率表征

1. 变温电致发光

通过实验数据提取 A、B 和 C 参数的准确数值，即计算 IQE 的绝对值非常困难，但是计算 IQE 的相对值是非常容易的，变温电致发光(Temperature-Dependent Electroluminescence，TDEL)方法正是基于这个思路，建立在两个假设基础上：

(1) 光提取效率 η_{LEE} 为常数，所以在全部电流 I 和温度 T 条件下 IQE 与 EQE 的比例关系保持不变。这允许我们以某个测试条件下的 IQE 绝对值作为参考(记为 IQE_{REF}，对应的 EQE 为 EQE_{REF})，通过其他测试条件下的 EQE 与 EQE_{REF} 的比值(即 IQE 的相对值)计算全部测试条件下的 IQE 绝对值：

$$IQE(I, T)=\frac{EQE(I, T)}{EQE_{REF}}\times IQE_{REF} \tag{3-14}$$

(2) 在低温下(记为 T_{REF})辐射效率 η_{RAD} 为 100%，在 EQE 取极大值 EQE_{REF}(对应的电流记为 I_{REF})时注入效率 η_{INJ} 为 100%，所以 $IQE(I_{REF}, T_{REF})=100\%$ 并以此作为 IQE_{REF}。

在实际操作中，在相同的光路配置下测量不同电流和温度条件下的 EQE，通常取在所有测试条件下的 EQE 最大值 EQE_{MAX} 作为 IQE=100%时的 EQE_{REF}。图 3-8 展示了蓝光 LED 在不同电流和温度条件下的归一化 EQE(即使用 TDEL 方法得到的 IQE)，从实验的角度来看，随着温度降低 EQE 极大值逐渐稳定在 EQE_{REF}，并且 EQE_{REF} 在 I_{REF} 附近保持稳定，所以在 EQE_{REF} 处 $\eta_{INJ}=\eta_{RAD}=100\%$ 的假设似乎是合理的；从物理的角度来看，材料缺陷的数量 N_{DEF} 满足

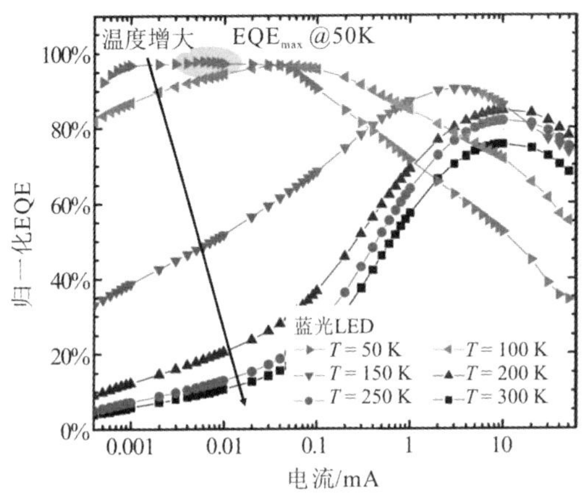

图 3-8 TDEL 方法[3]

$$N_{DEF}(T) \propto \exp\left(-\frac{E_A}{k_B T}\right) \tag{3-15}$$

式中：$k_B \approx 1.38 \times 10^{-23}$ J/K 为玻尔兹曼常数；E_A 为缺陷的激活能。在低温下缺陷处的载流子没有足够的能量成为自由载流子，这些通常扮演非辐射复合中心(Nonradiative Recombination Center，NRC)角色的能态处于被占据的状态，所以载流子不会被它们俘获，即在低温下载流子输运和复合过程中可以认为没有损失。

然而，实验中发现 EQE 有可能不随着温度降低而单调增大，即 EQE_{REF} 有可能在更高温度下取得，如图 3-9 所示。此时 TDEL 方法不再成立，出现这种现象的原因可能与 p 型掺杂不理想有关。通常选择镁(Magnesium，Mg)原子作为 GaN 的 p 型掺杂剂，但是 Mg 原子的激活能较大(大于 140 meV)，使得在低温下 Mg 原子产生的空穴无法获得足够的能量跃迁到价带，所以注入有源区的空穴浓度非常低，无法发生显著的复合；随着温度升高，受主杂质逐渐离化并向有源区注入空穴，所以在较高温度下的发光效率会比在低温下的发光效率更高。

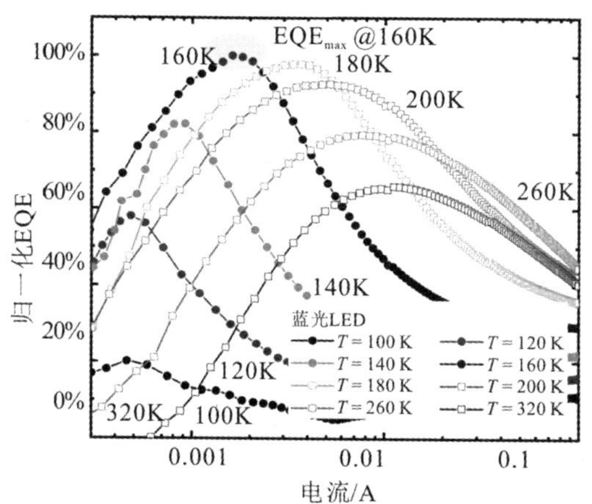

图 3-9 在更高温度下取得 EQE 最大值

此外，即使取得 EQE_{REF} 的电流和温度条件是合理的，TDEL 方法仍然有可能失效。图 3-10 展示了近紫外 LED 在不同温度下的 EL 光谱和使用 TDEL 方法得到的 IQE，为了简化测试这里只选取电流为 100 mA，可以看到 IQE 随着温度升高而减小，似乎计算结果是合理的。但是在低温下 LED 辐射可见光，这是由电子的泄漏电流造成的，即 Mg 原子的离化能较大导致在低温下有源区内电子和空穴浓度不对称，电子在有源区中积累并形成电场阻止更多的电子注入有源区；此外，近紫外 LED 的量子阱势垒高度较低，注入量子阱的电子很容易逃离势垒的束缚进入 P 区并与未离化的受主杂质发生复合，辐射波长较长的可见光，其中峰值波长约为 420 nm，并且辐射光谱的半高全宽较宽，符合杂质发光的特征(根据不确定性原理，杂质位置较为确定，则动量具有较大的不确定程度)；随着温度升高，这种电子和空穴浓度不对称减弱，更多的复合发生在有源区内，所以可见光辐射逐渐减弱，近紫外辐射逐渐增强，而发光波长红移由带隙收缩导致。在这个实验中，在低温下 $\eta_{\mathrm{INJ}}=100\%$的假设显然是不成立的，所以使用 TDEL 方法计算 IQE 没有意义。

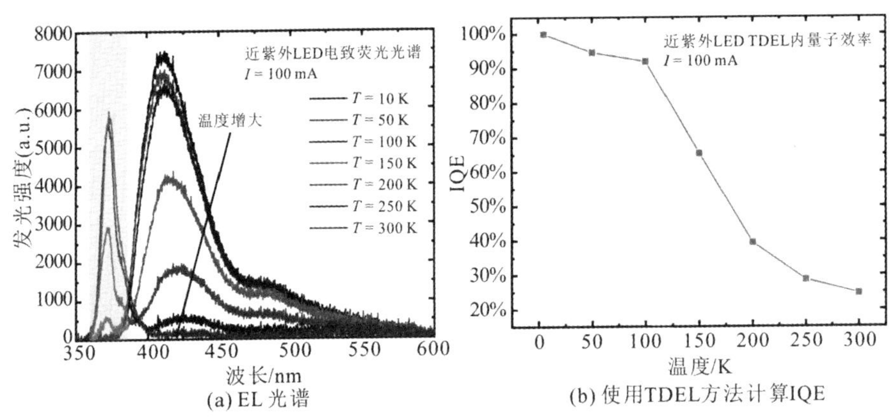

(a) EL 光谱　　(b) 使用TDEL方法计算IQE

图 3-10　近紫外 LED 的变温 EL 光谱和 IQE

TDEL 方法原理简单、容易操作，并且反映 LED 在实际工作条件下的效率，是最为常用的 IQE 表征方法之一。由于需要进行变温实验，所以需要较长时间进行温度的调整和稳定，并且需要注意 η_{INJ}随温度的变化对于实验结果的影响。

2. 理想因子分析

理想二极管的伏安特性($I-U$)曲线如图 3-11(a)所示，根据肖克莱(Shockley)二极管方程可得

$$I=I_S\left[\exp\left(\frac{qU}{n_{IDEAL}k_BT}\right)-1\right]\approx I_S\exp\left(\frac{qU}{n_{IDEAL}k_BT}\right) \qquad (3-16)$$

式中：I_S为反向饱和电流；n_{IDEAL}被称为“理想因子(Ideality Factor)”，是对原始方程的修正，反映二极管电流的成分：当扩散电流占据主导时 $n_{IDEAL}=1$，当复合电流占据主导时 $n_{IDEAL}=2$。

肖克莱在推导这个方程时基于结构相对简单的硅材料同质结二极管，但是 GaN 基 LED 通常使用异质结 MQW 结构，导致 n_{IDEAL}随电流的变化趋势更加复杂，随着电流增大呈现先减小再增大的趋势，如图 3-11(b)所示。普遍认为在小电流区间内较大的 n_{IDEAL}由隧穿电流导致；在大电流区间内较大的 n_{IDEAL}由串联电阻分压导致；而在 n_{IDEAL}取极小值的电流区间内，这两种干扰因素的作用均不明显，所以通过分析这个区间内的电流成分可以得到关于载流子复合行为的信息。

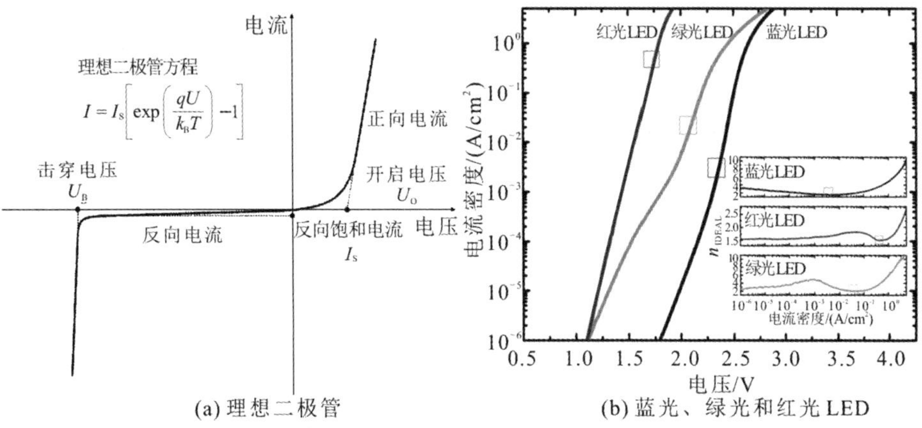

(a) 理想二极管　　(b) 蓝光、绿光和红光 LED

图 3-11　LED 的 $I-U$ 曲线和 n_{IDEAL}

具体来说，在这个电流区间内总电流 I_{TOTAL}可能存在四种电流成分：SRH 复合电流 I_{SRH}、辐射复合电流 I_{RAD}、俄歇复合电流 I_{AUG}和泄漏电流 I_{LEAK}。由于 n_{IDEAL}极小值附近对应的电压小于 LED 的开启电压，所以在这些电流成分中 I_{SRH}应当占据主导，并且可以忽略 I_{AUG}的影响，即

$$\begin{aligned}I_{TOTAL}&=I_{SRH}+I_{RAD}+I_{LEAK}\\&=I_{S1}\exp\left(\frac{qU}{2k_BT}\right)+I_{S2}\exp\left(\frac{qU}{k_BT}\right)+I_{S3}\exp\left(\frac{qU}{n_{LEAK}k_BT}\right)\end{aligned} \qquad (3-17)$$

IQE 可以表示为 I_{RAD} 与 I_{TOTAL} 的比值，即

$$IQE=\frac{I_{RAD}}{I_{TOTAL}}=\frac{I_{S2}\exp\left(\frac{qU}{k_B T}\right)}{I_{TOTAL}} \tag{3-18}$$

这个表达式中仅含有 I_{S2} 一个未知参数，可以通过对这个电流区间内的 $I-U$ 曲线进行拟合得到。假设光提取效率 η_{LEE} 为常数，并且 n_{IDEAL} 极小值处(对应的电流为 I_{nMIN})的 IQE 为 IQE(I_{nMIN})，结合全部电流范围内的 EQE 测量结果即可得到全部电流范围内的 IQE，即

$$IQE(I)=\frac{1}{\eta_{LEE}}\times EQE(I)=\frac{IQE(I_{nMIN})}{EQE(I_{nMIN})}\times EQE(I) \tag{3-19}$$

实验发现，对于蓝光和(砷化镓基)红光 LED 使用前两项就可以很好地拟合 $I-U$ 曲线，即可以忽略 I_{LEAK} 的影响；而绿光 LED 必须考虑 I_{LEAK}，这是因为绿光 LED 的铟(Indium，In)组分较高，材料质量比蓝光和红光 LED 更差[10]。在这个电流区间内可以忽略非线性效应，使用并联电导模型近似描述 I_{LEAK}，即认为 I_{LEAK} 与 U 成正比。图 3－12 展示了使用理想因子分析方法得到的蓝光和绿光 LED 在全部电流范围内的 IQE，可以发现蓝光 LED 的峰值 IQE 大于绿光 LED 的峰值 IQE，对于 η_{LEE} 的计算结果(约 60%)同样符合我们的预期。

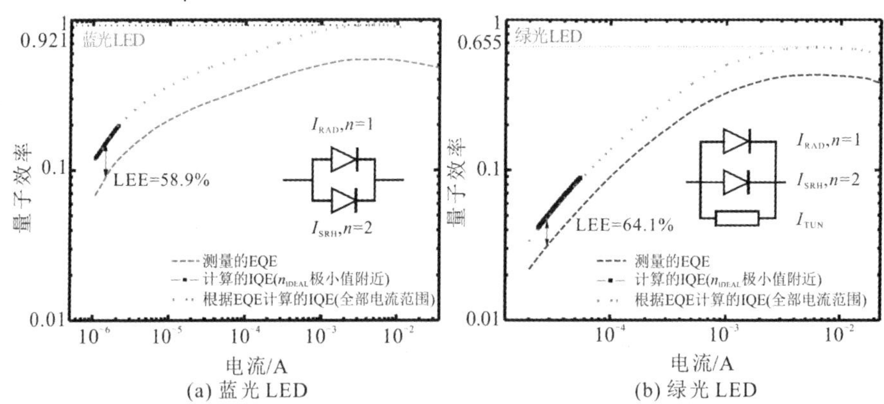

(a) 蓝光 LED　　(b) 绿光 LED

图 3－12　理想因子分析方法

对理想因子分析方法进行总结：首先测量 LED 器件的 $I-U$ 曲线，计算理想因子 n_{IDEAL} 并在 n_{IDEAL} 取极小值的电流区间内对 $I-U$ 曲线进行拟合，得到辐射复合电流 I_{RAD} 与总电流 I_{TOTAL} 的比值，即 n_{IDEAL} 极小值附近的 IQE；然后测量 LED 器件在全部电流范围的 EQE，使用 n_{IDEAL} 极小值处的 IQE 计算光提取效率 η_{LEE} 并假设在全部电流范围内为常数，即可结合 EQE 测量结果计算得到全

部电流范围内的 IQE。理想因子分析方法只需要在常温下对 LED 进行常规的电学和光学测试，但是要求较高的电流和电压的测量精度来保证拟合的准确性，并且只适用于材料质量较好的 LED(需要在 n_{IDEAL} 取极小值时可以忽略其他电流成分)，所以仍然存在一定的局限性。

3.3.2　基于光注入的效率表征

1. 变温光致发光

变温光致发光(Temperature-Dependent Photoluminescence，TDPL)方法与 TDEL 方法的思路是一致的，测量不同激发功率 P 和温度 T 条件下的外量子效率 $EQE_P(P, T)$，它正比于 PL 强度 $I_{PL}(P, T)$ 与 P 的比值，即

$$EQE_P(P, T) \propto \frac{I_{PL}(P, T)}{P} \tag{3-20}$$

按 $EQE_P(P, T)$ 的最大值 $EQE_{P, REF}$ 进行归一化得到全部测试条件下的 IQE_P，即

$$IQE_P(P, T) = \frac{EQE_P(P, T)}{EQE_{P, REF}} \tag{3-21}$$

图 3-13 展示了绿光 LED 在不同温度下的 PL 光谱和使用 TDPL 方法得到的 IQE_P，为了简化测试这里只选取激发功率为 250 mW，可以看到 IQE_P 随着温度升高呈现先增大再减小的趋势，即 IQE_P 最大值对应的温度并不是最低温度。这个现象与 TDEL 方法中提到的现象是相似的，可以说明载流子复合过程与这个现象相关，即辐射效率 η_{RAD} 在某些条件下有可能不随着温度减小而单调增大，但是具体的原因仍然是不清楚的。有一种观点认为在低温下载流子主要以激子的形式存在，随着温度升高激子逐渐转变为自由载流子，复合方式也逐渐由激子复合转变为双分子复合，在这个转变发生的过程中会出现 IQE_P 的最大值；随着温度进一步升高，非辐射复合过程开始显著增强，辐射复合系数 B 由于载流子分布的改变也会减小，所以 IQE_P 随着温度继续升高而减小，但是缺乏有说服力的实验证明。此外，温度会改变样品的折射率，根据克拉默斯-克勒尼希(Kramers-Kronig)关系可以得到在不同温度下样品对于激发光的吸收程度不同。图 3-14 展示了蓝光 LED 在激发功率为 100 mW 时吸收率与温度的变化关系，吸收率 α 表示为

$$\alpha = \frac{P_A}{P} = \frac{P - P_R - P_T}{P} \tag{3-22}$$

式中：P_A 为样品的吸收功率；P_R 为被样品表面反射的功率；P_T 为穿过样品的透射功率。显然，由吸收率与温度的依赖关系导致的 PL 强度随温度改变并不

是由载流子的复合过程导致的，所以在效率计算中应当排除它的影响，即式(3－20)中分母应当修正为 P_A。

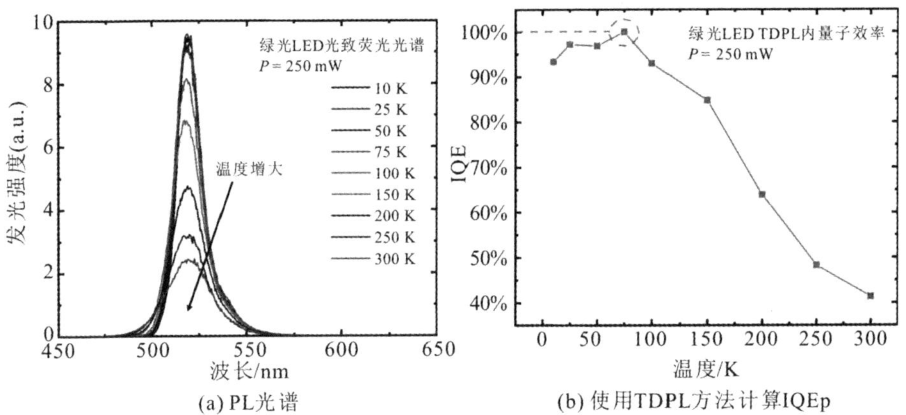

(a) PL光谱　　(b) 使用TDPL方法计算IQEp

图 3－13　TDPL 方法

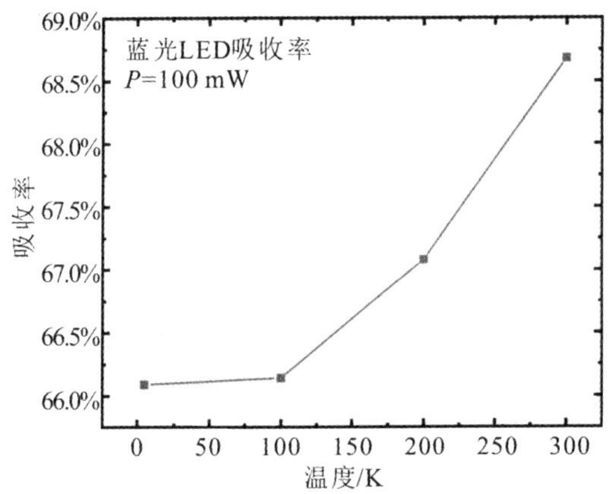

图 3－14　温度对于吸收率的影响

此外，NRC 随着温度 T 升高逐渐被激活并导致荧光强度 I_{PL} 逐渐减小，如式(3－15)所示，所以通过分析 $I_{PL}-T$ 曲线可以得到关于 NRC 的信息。如图 3－15 所示，对 $I_{PL}-T$ 曲线进行阿伦尼乌斯(Arrhenius)拟合，即

$$I_{PL}(T)=\frac{I_{PL,0}}{1+\sum\limits_{i=1}A_i\exp\left(-\frac{E_i}{k_B T}\right)} \tag{3-23}$$

式中：$I_{PL,0}$ 为常数；E_i 为第 i 种 NRC 的激活能；A_i 为指前因子，与第 i 种 NRC 的数量成正比。对于 GaN 基材料通常认为存在两种 NRC，激活能较小的 NRC 被认

为与量子阱的界面粗糙程度相关；激活能较大的 NRC(通常为 30～60 meV)被认为与位错相关。

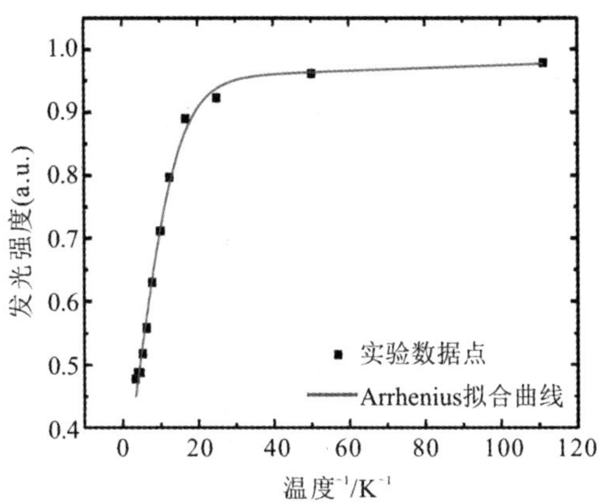

图 3－15　对 I_{PL}－T 曲线进行 Arrhenius 拟合

此外，当测试样品具有完整的 PN 结结构时，载流子逃逸产生的正向电场会对 PL 光谱产生影响。载流子逃逸是指被束缚在量子限制结构中的载流子可以通过某种机制脱离束缚成为自由载流子，在 PN 结的内建电场的作用下向 P 区和 N 区运动，在开路(Open Circuit)条件下形成开路电压，在短路(Short Circuit)条件下形成短路电流[11]。这种机制仍然是不清楚的，可能的解释包括热激发、直接隧穿和缺陷辅助隧穿等，但是载流子逃逸的实验现象是明确的。如图 3－16(a)所示，在稳态 PL 测试中，开路和短路条件对于 PL 光谱的强度和形状存在显著的影响：在短路条件下的 PL 强度小于在开路条件下的 PL 强度，表明在短路条件下载流子可以有效逃逸使得参与复合的载流子数减小；在短路条件下的 PL 光谱的峰值波长与在开路条件下的 PL 光谱相比发生蓝移，原因是载流子逃逸形成的开路电压增强了量子阱内的极化电场使得发光波长变长。此外，PL 光谱可以观察到周期性的波动，这是因为样品前、后表面形成的法布里-珀罗(Fabry-Pérot)谐振腔对光谱进行调制，可以通过对光谱信号进行低通滤波去除。如图 3－16(b)所示，在瞬态 PL 测试中，在激发后可以观察到前期短路条件下的荧光衰减比开路条件下的荧光衰减更快，表明载流子逃逸是一个快速过程；而在后期短路和开路条件下的荧光衰减趋于一致，发生相同的复合过程。在测试具有完整的 PN 结结构的样品时应将样品短路，避免在开

路条件下的载流子逃逸对于实验结果的影响。此外，载流子逃逸的存在使得我们可以使用 LED 作为探测器，有望拓展显示器件的应用场景[12]，例如不需要额外的探测器实现屏下指纹识别。

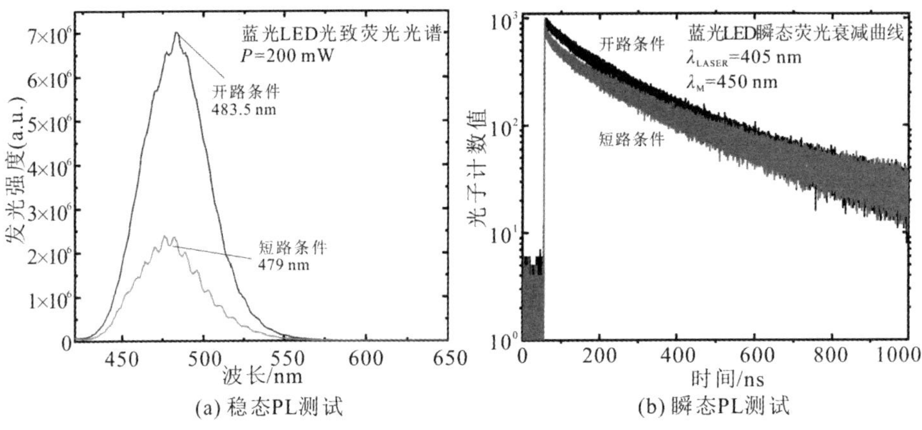

(a) 稳态PL测试　　(b) 瞬态PL测试

图 3-16　载流子逃逸的实验结果

2. 变激发光致发光

变激发光致发光(Power-Dependent Photoluminescence，PDPL)方法需要使用功率可调的连续激光器照射 LED 样品，记录不同激发功率 P_{LASER} 下的荧光强度 I_{PL}，利用激发强度与荧光强度之间的非线性关系求解复合系数。载流子产生率 G 与 P_{LASER} 之间的关系可以表示为

$$G=P_{\mathrm{LASER}}\times\frac{(1-R)\alpha}{h\nu_{\mathrm{LASER}}A_{\mathrm{SPOT}}} \tag{3-24}$$

式中：R 为样品表面对激光的反射率；α 为材料对激光的吸收率；$h\nu_{\mathrm{LASER}}$ 为激光光子能量；A_{SPOT} 为激光照射在样品上的光斑面积。根据 ABC 模型，在稳态条件下 $G=An+Bn^2+Cn^3$，而 I_{PL} 与辐射复合项 Bn^2 成正比，记为 $I_{\mathrm{PL}}=\beta Bn^2$。联立上述方程可以得到 P_{LASER} 与 I_{PL} 的关系，即

$$\begin{aligned}P_{\mathrm{LASER}}&=mG=\frac{mA}{(\beta B)^{1/2}}I_{\mathrm{PL}}^{1/2}+\frac{m}{\beta}I_{\mathrm{PL}}+\frac{mC}{(\beta B)^{3/2}}I_{\mathrm{PL}}^{3/2}\\&=Q_1I_{\mathrm{PL}}^{1/2}+Q_2I_{\mathrm{PL}}+Q_3I_{\mathrm{PL}}^{3/2}\end{aligned} \tag{3-25}$$

式中：$m=(h\nu_{\mathrm{LASER}}A_{\mathrm{SPOT}})/[(1-R)\alpha]$ 为常数；Q_1、Q_2 和 Q_3 为未知参数，可以通过对测量得到的 $P_{\mathrm{LASER}}-I_{\mathrm{PL}}$ 关系曲线进行拟合得到，如图 3-17(a)所示。这些参数反映复合系数之间的比例关系，即

$$\frac{Q_1}{Q_2^{1/2}}=\frac{mA}{(mB)^{1/2}},\ \frac{Q_3}{Q_2^{3/2}}=\frac{mC}{(mB)^{3/2}}$$

将式(3-25)改写为以$(mB)^{1/2}n$为未知数的方程的形式，即

$$P_{\text{LASER}}=\frac{Q_1}{Q_2^{1/2}}[(mB)^{1/2}n]+[(mB)^{1/2}n]^2+\frac{Q_3}{Q_2^{3/2}}[(mB)^{1/2}n]^3 \quad (3-26)$$

求解这个一元三次方程，可以得到不同激发光功率下的 IQE_P 为

$$\text{IQE}_\text{P}(P_{\text{LASER}})=\frac{Bn^2}{G}=\frac{mBn^2}{mG}=\frac{[(mB)^{1/2}n]^2}{P_{\text{LASER}}} \quad (3-27)$$

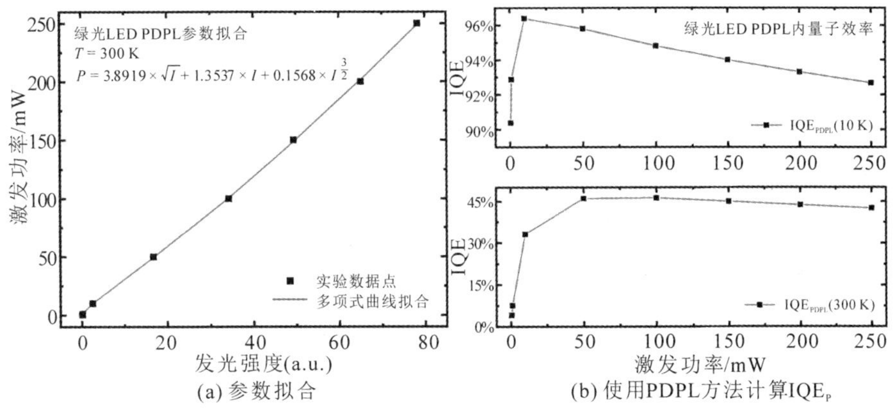

图 3-17　PDPL 方法

图 3-17(b)展示了使用 PDPL 方法得到的绿光 LED 分别在温度为 10 K 和 300 K 时的 IQE_P，可以看到在低温下 LED 的效率比在室温下更高，但是效率下降现象却更加严重，这个现象可以通过在低温下载流子寿命 τ 更长导致激发功率 P_{LASER}(即产生率 G)相同时在低温下的载流子浓度 $n=G\times\tau$ 比在高温下的载流子浓度更大进行解释。此外，通过 PDPL 方法得到的低温 IQE_P 不等于 100%，说明 TDEL 和 TDPL 方法在低温下 IQE_P 可以达到 100%的假设存在误差。事实上，每一种 IQE 测试方法都存在一定的误差，所以需要联合多种方法进行表征，其中 TDPL 方法和 PDPL 方法因为操作方法相近可以很方便地联合。具体来说，首先按照 TDPL 方法测量在低温下(记为 T_{REF})的不同激发光功率 P 下的 EQE_P 并且以最大值作为参照，对应的激发光功率记为 P_{REF}，满足 IQE_P，$\text{TDPL}(T_{\text{REF}}, P_{\text{REF}})=100\%$；测量在高温下(记为 T_M)的不同激发光功率下的 EQE_P 并且进行归一化，得到在高温下的不同激发光功率下的 $\text{IQE}_{\text{P, TDPL}}(T_\text{M}, P)$；然后按照 PDPL 方法分别计算在低温下和在高温下的 $\text{IQE}_{\text{P, PDPL}}(T_{\text{REF}}, P)$ 和 $\text{IQE}_{\text{P, PDPL}}(T_\text{M}, P)$；

使用 PDPL 方法得到的 $IQE_{P,PDPL}(T_{REF}, P_{REF})$往往不等于 100%，对 TDPL 方法得到的结果进行修正，即

$$IQE_{P,ADJ}(T_M, P)=IQE_{P,TDPL}(T_M, P)\times IQE_{P,PDPL}(T_{REF}, P_{REF}) \tag{3-28}$$

再将修正后的 TDPL 结果 $IQE_{P,ADJ}(T_M, P)$与在高温下的 PDPL 结果 $IQE_{P,PDPL}(T_M, P)$进行比较，如果两者吻合得较好，则可以认为测量得到的 IQE_P是比较准确的[13]。

PDPL 方法只需要在常温下进行测试即可，需要较大范围地改变激发光功率来得到更加准确的拟合参数，所以同样需要较长的时间进行实验。此外，PDPL 方法认为 A、B、C 和 m 与注入水平无关，这个假设并不完全符合实际的物理过程，是产生误差的可能原因。

TDPL 和 PDPL 方法均属于稳态测试，TDPL 方法反映了在某个激发光功率下不同温度对应的 IQE_P；PDPL 方法反映了在某个温度下不同激发功率对应的 IQE_P，所以在理想情况下两种方法应当可以得到相同的结果。

3. 时间分辨光致发光

时间分辨光致发光(Time-Resolved Photoluminescence，TRPL)方法是一种瞬态测试，通常使用超短脉冲激光激发 LED 样品，记录荧光强度在脉冲周期内的衰减曲线，直接反映载流子浓度随时间的变化关系，可以更加直观地分析载流子的复合机理。

图 3-18(a)为蓝光 LED 在不同波长处的荧光衰减曲线，可以发现 n 条曲线均呈现非指数衰减，表明存在多个衰减速率不同的复合通道。如果可以从荧光衰减曲线中提取辐射复合寿命 τ_r 和非辐射复合寿命 τ_{NR}，就可以计算出 IQE_P，即

$$IQE_P=\frac{\frac{1}{\tau_R}}{\frac{1}{\tau_{NR}}+\frac{1}{\tau_R}} \tag{3-29}$$

人们提出了很多模型来解释衰减曲线的非指数特性，例如拉伸指数模型(Stretched Exponential Model，SEM)和双指数模型(Double Exponential Model，DEM)，其中 SEM 在指数项引入弯曲因子 β 反映体系的无序程度[14]；DEM 认为荧光衰减由快速的非辐射复合过程和慢速的辐射复合过程组成[15-16]，但是两种模型均缺乏实验的支持。这里介绍基于 ABC 模型的双分子复合模型[17]，载流子浓度随时间的变化可以表示为

$$\frac{\partial n}{\partial t}=G-An-Bn^2-Cn^3 \tag{3-30}$$

在脉冲激发条件下可以忽略俄歇复合的影响，并且将激光脉冲照射样品后作为时间起点，初始条件为 $n(0)=n_0$，求解微分方程可以得到

$$n=\frac{A}{B\left[\mathrm{e}^{(At+k)}-1\right]} \tag{3-31}$$

其中，$k=\ln[A/(Bn_0)+1]$为常数。对于双分子辐射复合，PL 强度与辐射复合率成正比，所以

$$I=\beta n^2=\frac{\beta\left(\dfrac{A}{B}\right)^2}{\left[\mathrm{e}^{(At+k)}-1\right]^2}=\frac{M_1}{(M_2\mathrm{e}^{M_3 t}-1)^2} \tag{3-32}$$

其中，$M_1=\beta(A/B)^2=(A^2I_0)/(Bn_0)^2$、$M_2=\mathrm{e}^k=A/(Bn_0)+1$ 和 $M_3=A$ 为未知参数，可以通过对测量得到的荧光衰减曲线进行拟合得到。

单位体积内每个周期 T 产生的光子数为

$$n_{\mathrm{P,\ OUT}}=\int_0^T Bn^2\,\mathrm{d}t\approx\frac{A^2}{B}\int_0^\infty\frac{1}{\left[\mathrm{e}^{(At+k)}-1\right]^2}\mathrm{d}t=n_0+\frac{A}{B}\left[\ln\left(\frac{A}{Bn_0}\right)-\ln\left(\frac{A}{Bn_0}+1\right)\right] \tag{3-33}$$

单位体积内每个周期注入的光生载流子数为 $n_{\mathrm{P,\ IN}}=n_0$，所以 $\mathrm{IQE_P}$可以表示为

$$\begin{aligned}\mathrm{IQE_P}&=\frac{n_{\mathrm{P,\ OUT}}}{n_{\mathrm{P,\ IN}}}=1+\frac{A}{Bn_0}\left[\ln\left(\frac{A}{Bn_0}\right)-\ln\left(\frac{A}{Bn_0}+1\right)\right]\\&=1+(M_2-1)\left[\ln(M_2-1)-\ln(M_2)\right]\end{aligned} \tag{3-34}$$

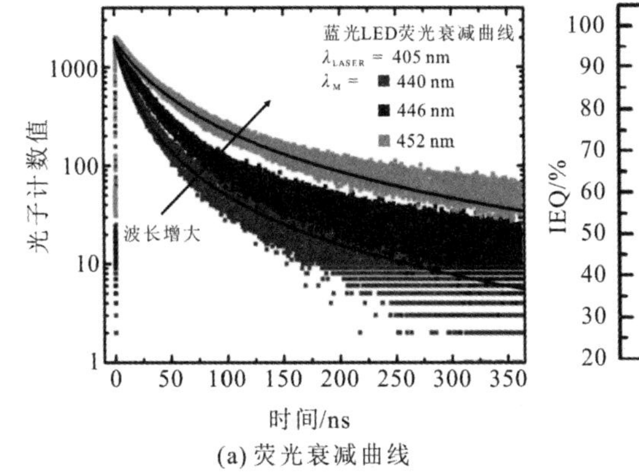

(a) 荧光衰减曲线

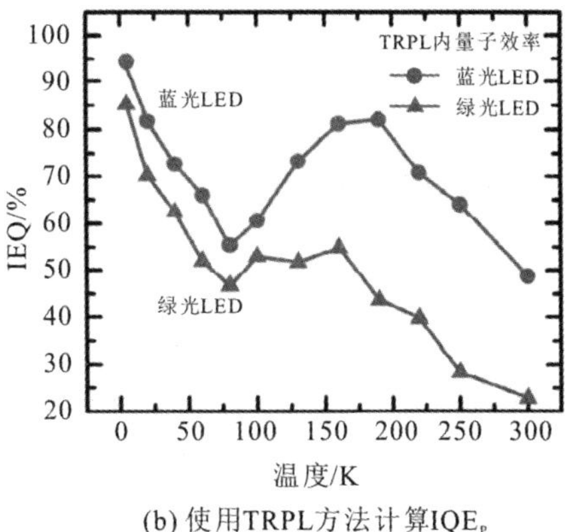

(b) 使用TRPL方法计算$\mathrm{IQE_P}$

图 3－18　TRPL 方法

图 3-18(b)展示了使用 TRPL 方法得到的蓝光和绿光 LED 的 IQE_P，可以发现 IQE_P 随着温度升高呈现先减小再增大再减小的趋势，这个现象可以通过局域化载流子的重分布进行解释。在重分布不占主导的温度区间(5～60 K 和 190～300 K)，随着温度升高非辐射复合速率不断增大、辐射复合速率不断减小，所以 IQE_P 随温度升高而减小；在重分布占据主导的温度区间(80～160 K)，局域化程度较弱的载流子具有足够的能量进入局域化程度较深的区域，这部分载流子被 NRC 俘获的概率减小，导致非辐射复合速率减小，所以 IQE_P 随温度升高而增大。

极性 GaN 基材料存在量子限制斯塔克效应(Quantum-Confined Stark Effect)使得在量子阱内电子和空穴的波函数重叠程度减小，可以适用忽略激子复合过程的双分子复合模型，而对于一般的荧光衰减曲线可能存在使用双分子复合模型无法拟合的问题。此外，TRPL 方法的测试系统非常昂贵，故难以实现普及。

TRPL 方法属于瞬态测试，与在单位时间内产生恒定载流子浓度的稳态测试相比，TRPL 方法使用超短脉冲激光在瞬间($t=0$ 时刻)产生一定的载流子浓度 n_0。假设 n_0 可以维持，那么 TRPL 方法就可以转变为稳态测试，此时 $\partial n/\partial t=0$，式(3-30)退化为式(3-12)的 ABC 模型表达式，IQE_P 可以表示为

$$IQE_P=\frac{Bn_0^2}{An_0+Bn_0^2}=\frac{1}{\dfrac{A}{Bn_0}+1}=\frac{1}{M_2} \tag{3-35}$$

即可以使用 TRPL 方法得到的拟合参数模拟单位时间产生恒定载流子浓度 n_0 的稳态测试[18]。

3.4 本章小结

随着 GaN 基 LED 的迅速发展，效率表征方法以及对于物理过程的理解也在不断地发展和深化。在新器件和新应用的驱动下，准确、可靠的效率表征方法显得更加重要。理想的效率表征方法应当具有以下特点：

(1) 仅使用可以实验测量的物理量(例如电流、电压和辐射到外界的光功率等)，并且不需要假设任何物理参数(例如芯片尺寸、外延结构和载流子复合率等)。

(2) 尽可能使用物理量的相对值进行计算来减小误差。

(3) 测试条件应当尽可能与 LED 的实际工作条件接近。

(4) 测试系统应当尽可能简化和廉价，需要的测试时间应当尽可能缩短。

虽然我们还没有找到普适的效率表征方法，但是我们已经拥有了很多有力的工具。为了使得效率测试结果尽可能准确，应当联合多种方法进行表征，结合样品的特性对不同方法得到的结果进行分析。

此外，关于 GaN 基 LED 的效率表征仍然存在很多未知的问题值得探索。例如，电注入和光激发是两种效率表征方法，但是通过前面的介绍可以发现它们发生的物理过程是相近的。如果能够找到方法联合电注入测试和光激发测试，就可以计算得到注入效率 η_{INJ}，为独立优化 η_{INJ} 提供参照[19]。Micro-LED的出现使得对于小注入条件下载流子的输运和复合行为研究变得更加有意义。当施加的偏置电压减小时，虽然 LED 辐射到外界的光子数会减小，但是平均光子能量始终与材料的禁带宽度相接近，并不会显著减小，所以电压效率 η_{VTG} 在这个区间内有可能大于 100%。如果能够提升制作工艺使得 EQE 足够大，那么有可能实现电光转换效率 η_{WPE} 大于 100%，即实现热能转换为光能[20]。

参考文献

[1] 祁康成. 发光原理与发光材料. 成都：电子科技大学出版社，2012.

[2] 汪莱，邢雨辰，郝智彪，等. InGaN 蓝光 LED 内量子效率的评测. 中国科学：物理学，力学，天文学，2015，45：067304.

[3] SEONG T Y，HAN J，AMANO H，et al. Ⅲ-Nitride based light emitting diodes and applications. Dordrecht：Springer Netherlands，2013.

[4] WEISBUCH C. On the search for efficient solid state light emitters：Past，present，future. ECS Journal of Solid State Science and Technology，2019，9(1)：016022.

[5] WANG L，JIN J，MI C，et al. A review on experimental measurements for understanding efficiency droop in InGaN-based light-emitting diodes. Materials，2017，10(11)：1233.

[6] HANGLEITER A. Recombination dynamics in GaInN/GaN quantum wells. Semiconductor Science and Technology，2019，34(7)：073002.

[7] KARPOV S. ABC-model for interpretation of internal quantum efficiency and its droop in Ⅲ-nitride LEDs：a review. Optical and Quantum Electronics，2015，47(6)：1293－1303.

[8] WANG J, WANG L, ZHAO W, et al. Understanding efficiency droop effect in InGaN/GaN multiple-quantum-well blue light-emitting diodes with different degree of carrier localization. Applied Physics Letters, 2010, 97(20): 201112.

[9] WANG J, WANG L, WANG L, et al. An improved carrier rate model to evaluate internal quantum efficiency and analyze efficiency droop origin of InGaN based light-emitting diodes. Journal of Applied Physics, 2012, 112(2): 023107.

[10] LU B, WANG L, HAO Z, et al. Study on optical properties and internal quantum efficiency measurement of GaN-based green LEDs. Applied Sciences, 2019, 9(3):383.

[11] MI C, WANG L, JIN J, et al. Estimating internal quantum efficiency of light-emitting diodes from current-voltage curves. Applied Physics Express, 2019, 12(3): 032002.

[12] WANG Z, WANG L, XING Y, et al. Consistency on two kinds of localized centers examined from temperature-dependent and time-resolved photoluminescence in InGaN/GaN multiple quantum wells. ACS Photonics, 2017, 4(8): 2078-2084.

[13] XING Y, WANG L, YANG D, et al. A novel model on time-resolved photoluminescence measurements of polar InGaN/GaN multi-quantum-well structures. Scientific reports, 2017, 7(1): 1-9.

[14] XING Y, WANG L, WANG Z, et al. A comparative study of photoluminescence internal quantum efficiency determination method in InGaN/GaN multi-quantum-wells. Journal of Applied Physics, 2017, 122(13): 135701.

[15] MASUI H, NAKAMURA S, DENBAARS S P. Experimental technique to correlate optical excitation intensities with electrical excitation intensities for semiconductor optoelectronic device characterization. Semiconductor science and technology, 2008, 23(8): 085018.

[16] SCHUBERT M F, XU J, DAI Q, et al. On resonant optical excitation and carrier escape in GaInN/GaN quantum wells. Applied Physics Letters, 2009, 94(8):081114.

[17] YANGH, MA Z, JIANG Y, et al. The enhanced photo absorption and carrier transportation of InGaN/GaN Quantum Wells for photodiode detector applications. Scientific reports, 2017, 7(1): 1-6.

[18] KURITZKY L Y, WEISBUCH C, SPECK J S. Prospects for 100% wall-plug efficient Ⅲ-nitride LEDs. Optics express, 2018, 26(13): 16600-16608.

第 4 章

GaN 基 Micro-LED 制备及光电特性

4.1 引言

近年来，Micro-LED 凭借优良的光电特性使其在研究与应用方面得到了迅速的发展。本章将 Micro-LED 与 LCD、OLED 的显示特性进行对比，并就 Micro-LED 在显示和通信领域的应用进行介绍。随后，介绍 Micro-LED 器件的制备工艺，包括衬底剥离、量子点与 Micro-LED 集成等制备全彩色 Micro-LED显示的关键技术。最后，分析 Micro-LED 的尺寸效应、温度效应、老化以及调制带宽特性。

4.2 Micro-LED 简介

近年来随着电视、电脑、大面积显示屏及各种智能设备市场的不断扩大，显示技术正朝着高分辨率、大面积和高可靠性的方向不断发展。Micro-LED 作为目前发展最快的显示技术之一，已被广泛地认为是一种最优的显示技术。全球科技巨头都在不断研究 Micro-LED，并努力寻求其商业化的道路，如可穿戴显示、虚拟现实(Virtual Reality，VR)、增强现实(Augmented Reality，AR)、生物医学以及可见光通信(Visible Light Communication，VLC)等应用。在 2012 年 CES 展会上，索尼展示了基于 Micro-LED 的大尺寸平板显示系统，该显示系统的画面色彩、反应速度和对比度相较于传统显示设备均有大幅提升；三星也于 2020 年发布了 110 英寸的 Micro-LED 电视。目前，国内外产业界和学术界都在大力投入研发 Micro-LED 显示技术。

Micro-LED 的概念最早是由 Jiang Hongxing 课题组所提出的[1]。图 4－1 展示了直径为 12 μm 的 Micro-LED 的扫描电子显微镜(Scanning Electron Microscope，SEM)图。该课题组利用电感耦合等离子体(Inductively Coupled Plasma，ICP)刻蚀制备出基于 InGaN/GaN 量子阱的 Micro-LED，随后测试了器件的特性，包括电流-电压($I-U$)特性、光功率、发光光谱等特性，并与传统照明 LED 进行对比。结果表明，尽管与传统 LED 相比，Micro-LED 只在尺寸上发生了变化，但两者的器件特性却有很大的差异，这让研究人员对 Micro-LED的应用前景有了新的期待。

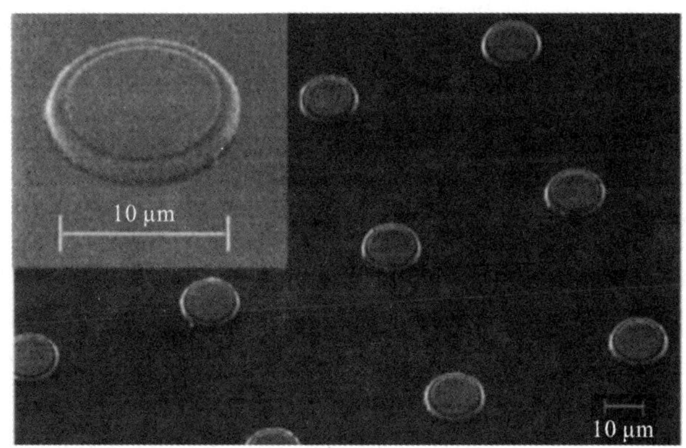

图 4-1　直径为 12 μm 的柱形 Micro-LED 的 SEM 图[1]

2008 年，Martin Dawson 课题组在倒装 Micro-LED 阵列中成功实现了 Micro-LED 与颜色转换材料的集成[2]。该工作是利用 360 nm 波长的紫外 Micro-LED 阵列激发 CdSe 量子点(Quantun Dots，QD)以实现紫外向红、绿两色的转换，图 4-2 展示了紫外、红光和绿光的发光光谱图。这表明，紫外 Micro-LED 混合一定比例的 CdSe 量子点后不仅可以发出白光，还可以实现全彩显示。

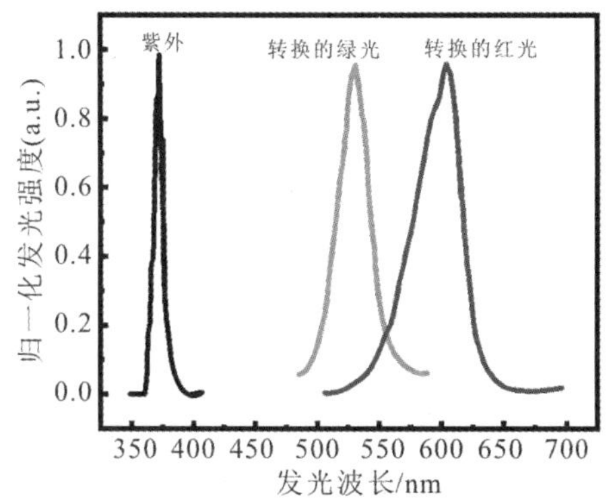

图 4-2　紫外、红光和绿光的发光光谱图[2]

如表 4-1 所示，与 LCD、OLED 显示相比，Micro-LED 在显示质量、使用寿命等方面具有无可比拟的优越性[3-7]。与 LCD 相比，Micro-LED 因其自发光特性，无需彩色滤光片和背光单元。而且，相较于 LCD，Micro-LED 显示屏的厚度更小。此外，Micro-LED 器件的响应时间为 ns 量级，比 LCD 和 OLED 的响应要快很多。因此，Micro-LED 除了在显示方面的应用外，在高速可见光通

信中也有极好的应用前景。即使是在较高的电流密度下，Micro-LED 依旧具备良好的散热性，且 Micro-LED 像素的亮度、对比度等显示特性均优于 LCD 和 OLED。Micro-LED 的可靠性可以由照明 LED 的寿命进行估算，普通照明 LED 的寿命可达数万小时，因此，Micro-LED 的寿命比起 LCD 和 OLED 而言更具竞争力。即使是面向大屏幕的场景显示，也可以将多个 Micro-LED 显示器进行无缝拼接，这也是 Micro-LED 显示相对于当前 LCD 大屏显示的另外一个重要优势。显示器的色域也是评价显示性能的重要指标，Micro-LED 的色域大于 100%NTSC，色彩显示丰富。

表 4-1　LCD、OLED、Micro-LED 显示的参数对比[7]

对比量	LCD	OLED	Micro-LED
发光方式	背光源	自发光	自发光
亮度/(cd/m^2)	3000	5000	100 000
材料	无机	有机	无机
PPI	>7000	>6000	>10 000
色域	75% NTSC	>100% NTSC	>100% NTSC
响应时间	毫秒(ms)级	微秒(μs)级	纳秒(ns)级
寿命	中等	中等	很长

尽管 Micro-LED 显示技术的优点很明显，但也存在技术难点与挑战。一方面，基于现有的材料生长技术，还难以在同一外延衬底上生长并制备出高效率红、绿、蓝光(RGB)Micro-LED 器件；另一方面，由于外延片尺寸有限，难以满足大尺寸显示的需求。因此，如何实现大面积全彩色显示是当前 Micro-LED 显示技术的主要难点。目前已有多种解决方案被提出，最常用的方法有两种：一是可以通过巨量转移技术将不同发光波长的 Micro-LED 转移到同一衬底或者驱动面板上；二是通过制备出蓝光或者紫外 Micro-LED 阵列，然后在 Micro-LED 上集成颜色转换材料，实现 RGB 三基色的颜色转换。当然还有其他的方法，比如通过材料生长技术生长出两种发光波长不同的量子阱[8]，然后通过注入电流的变化调整 Micro-LED 的发光颜色，实现全彩色 Micro-LED 显示；还可通过三色棱镜合成具有 RGB 发光的 Micro-LED 模块以实现全彩色 Micro-LED 投影模块；近期也有研究人员提出通过垂直方向上键合集成 RGB 全彩色 Micro-LED 显示的技术。

正如前文所述，Micro-LED 除了在显示领域得到广泛关注外，在高速可见光

通信领域中也有不俗的表现。由于 Micro-LED 具有低电容和能够承受高工作电流密度等特性，使其能在 VLC 领域中比传统 LED 展现出更优异的性能。此外，Micro-LED 兼具发射器和接收器的作用，这也促进了基于 Micro-LED 的高速可见光通信的迅猛发展。2010 年，Martin Dawson 课题组使用 16×16 的 450 nm 发光波长的 Micro-LED 阵列实现了高速可见光通信系统。如图 4－3 所示，该器件的调制带宽达到 245 MHz 以上。图 4－4 显示了该器件在不同伪随机序列长度下的误码率(Bit Error Ratio, BER)与接收光功率的关系。当伪随机序列的长度为 2^7-1 bit 和 2^9-1 bit 时，无误码传输的最高速率可达 1 Gb/s；当伪随机序列的长度为 $2^{31}-1$ bit 时，无误码传输的最高速率可达 622 Mb/s。

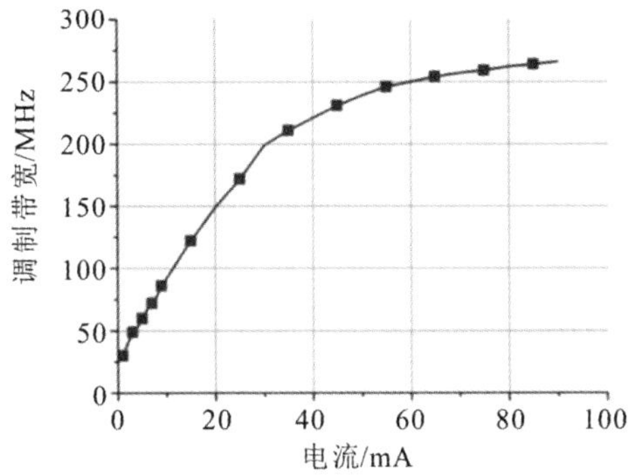

图 4－3　450 nm Micro-LED 的调制带宽与电流的关系[9]

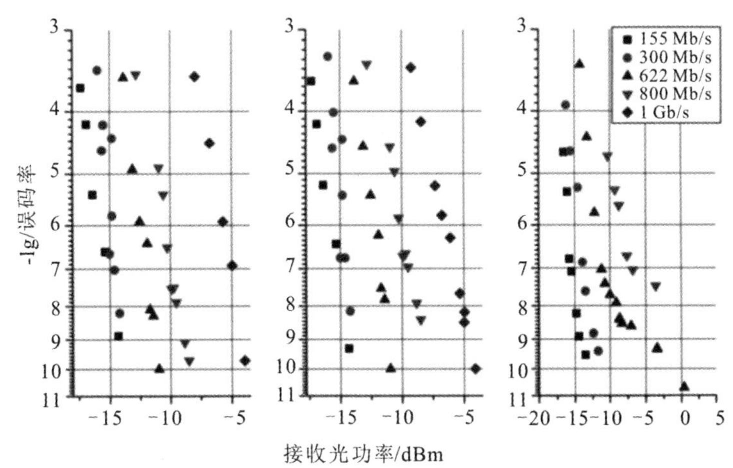

图 4－4　450 nm Micro-LED 阵列误码率与接收光功率的关系[9]

2017 年，田朋飞课题组搭建了以 Micro-LED 为发射器的水下光通信系统，在 5.4 m 的传输距离下，实时通信速率可达 200 Mb/s[10]。2019 年，该课题组利用 Micro-LED 阵列作为光电探测器，实现了 350 Mb/s 数据传输速率的 2×2 多入多出(Multiple-Input Multiple-Output，MIMO)可见光通信系统[11]。2021 年，该课题组使用 Micro-LED 作为太阳能电池来收集光能，实现了水下无线充电和水下无线光通信的集成[12]。

当然，由于存在各种挑战与困难，迄今为止还无法实现 Micro-LED 的商业化量产，这也限制了其在商业应用中的广泛推广。但我们相信，随着 Micro-LED 技术的持续发展，无论是在显示领域还是光通信领域，乃至光遗传、医疗探测、生物医学等新兴领域，Micro-LED 技术终将作出自己的贡献。

4.3 GaN 基 Micro-LED 器件

目前来说，蓝宝石是 GaN 基 LED 外延片最常用的衬底之一，其制备工艺较为成熟；Si 衬底 LED 则具备价格便宜、衬底易剥离等优势，在制备长波长、高效率的红光 LED 方面具有优势。针对全彩色 Micro-LED 显示的难点，本节将介绍蓝宝石和硅衬底 Micro-LED 器件的制备方法，并介绍量子点与 Micro-LED集成进行颜色转换的方法。

4.3.1 蓝宝石衬底 Micro-LED 的制备

图 4-5 展示了在蓝宝石衬底上制备 Micro-LED 器件的流程示意图。首先，在蓝宝石衬底上依次生长 GaN 缓冲层、n-GaN 层、InGaN/GaN MQW 和 p-GaN 层的外延结构，生长该外延材料常采用金属有机物化学气相沉积(Metal Organic Chemical Vapor Deposition，MOCVD)技术。然后，利用磁控溅射在外延结构顶部制备铟锡氧化物(Indium Tin Oxide，ITO)薄膜作为电流扩散层。随后，通过旋涂光刻胶、紫外光刻和 ICP 刻蚀在外延片上刻蚀台面结构，并进行热退火，以便形成 p 型欧姆接触。再通过等离子体增强化学气相沉积(Plasma Enhanced Chemical Vapor Deposition，PECVD)技术沉积 SiO_2 绝缘层，并再次使用 ICP 技术进行 SiO_2 开孔。最后，通过磁控溅射将一定厚度的 Ti/Au 金属生长到 n-GaN 层和 ITO 层的表面作为电极。

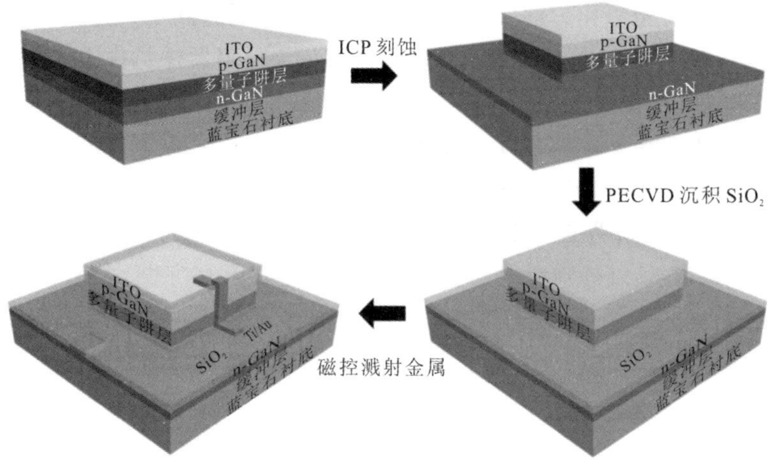

图 4-5　单个 GaN 基 Micro-LED 器件的制备流程示意图[12]

衬底剥离技术是蓝宝石衬底 Micro-LED 器件制备中的重要工艺。随着可穿戴设备以及生物医学等应用领域的发展，对柔性 Micro-LED 器件的需求日益增大。由于蓝宝石衬底的导热性较差，在制作大功率器件时，无法充分满足器件的散热需求，因此需要对蓝宝石衬底进行剥离以实现柔性应用。此外，将 Micro-LED从蓝宝石衬底转移到驱动等衬底也是实现全彩色显示的重要步骤。

一般采用激光剥离(Laser Lift-Off，LLO)技术，以实现诸如蓝宝石这类对紫外光透明衬底的剥离。图 4-6 展示了采用 LLO 技术实现蓝宝石衬底的剥离及器件转移的过程示意图。首先，利用旋涂等特殊方法在过渡衬底上涂覆一层黏结层[14]。再将蓝宝石衬底的 Micro-LED 器件临时键合在过渡衬底上，一般常采用有机材料、环

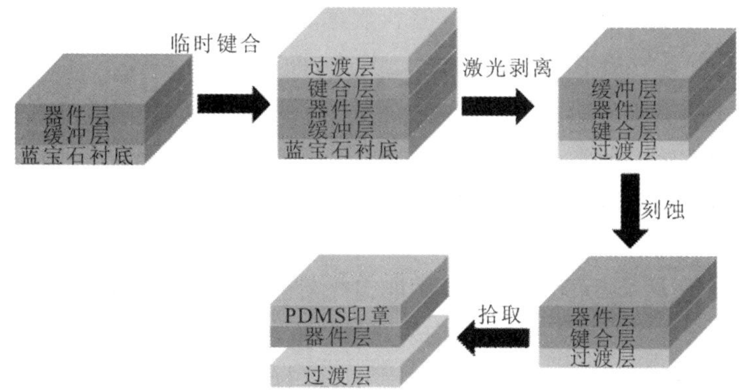

图 4-6　LLO 剥离蓝宝石衬底及器件转移的过程示意图[13]

氧树脂或金属合金等作为键合层。然后，利用激光照射蓝宝石衬底，使缓冲层与衬底交界处的 GaN 吸收能量并发生分解，最终使得器件与衬底分离。

LLO 剥离衬底后的 Micro-LED 可通过转移打印技术放置在目标衬底尤其是柔性衬底上，图 4-7 展示了利用蓝宝石衬底上生长的蓝光 InGaN LED 外延片来制备柔性 Micro-LED 的示意图。首先，通过 ICP 刻蚀将 1 mm×1 mm 的大面积台面刻蚀到蓝宝石衬底。随后，在光刻胶掩模层上沉积 ITO 层和 Ti/Ag/Ti/Au层，以分别实现 p 型欧姆接触和反射镜的功能。然后，在硅片上沉积 Pd/Ti/Au 作为金属键合层，以制备转移衬底。并以 50 μm 厚的柔性 AuSn 作为键合层，将蓝宝石衬底的 LED 外延片与转移衬底黏结。最后，利用 LLO 技术剥离蓝宝石衬底和 LED 芯片，并在热水中加热器件来剥离 Si 衬底与 AuSn 层，以实现柔性 Micro-LED 器件的制备。

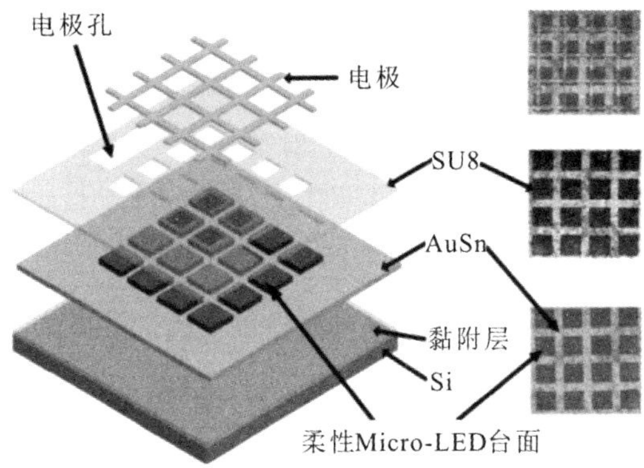

图 4-7 基于大面积台面图案制备柔性 Micro-LED 的示意图[15]

图 4-7 中，左侧是基于蓝宝石衬底的柔性 Micro-LED 的加工步骤示意图，右侧是制备过程中的显微镜照片。其中，底部为柔性 Micro-LED 台面，中间为用作绝缘层的 SU8 光刻胶，顶部为用于柔性 Micro-LED 阵列的互连电极。柔性 Micro-LED 像素尺寸为 140 μm。

具体的实验结果如图 4-8 所示，其中图(a)显示了 4×4 柔性 Micro-LED 阵列弯曲测试前后单个像素的 $I-U$ 特性，图(b)显示了弯曲半径为 6 mm 的柔性 Micro-LED 的 $L-I$ 特性。为了验证实验结果的准确性，随机选取了 6 个像素进行 $I-U$、$L-I$ 特性测试。从内插图可以看出，6 个像素点仅显示出±10%的波动。这种良好的均匀性归因于底层 AuSn 衬底的优良导电性。$L-I$ 特性表明，由于 AuSn 衬底的高导热性，柔性 Micro-LED 的电流密度在热饱和前可以

维持在 357 A/cm^{2}左右，这使其能够应用到柔性高亮度显示领域。

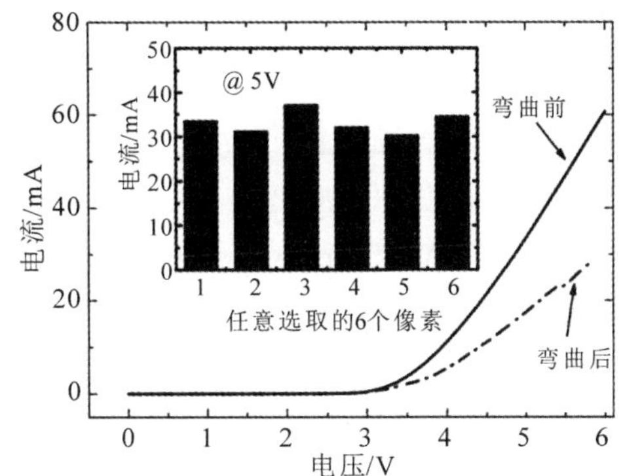

(a) 柔性Micro-LED弯曲10次前后的典型I-U特性
(内插图为弯曲测试前随机选取6个像素在5 V下的电流)

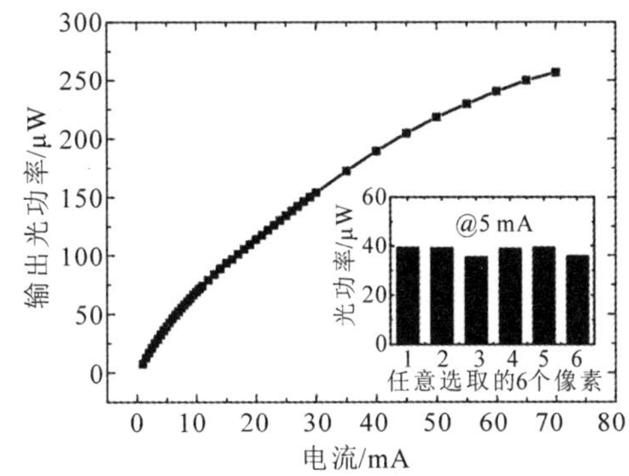

(b) 曲率半径为6 mm的柔性Micro-LED的L-I特性
(内插图为6个随机选取的像素在5 mA下的输出光功率)

图 4－8　柔性 Micro-LED 的光电特性[15]

蓝宝石衬底是 GaN 基 LED 外延片最常用的衬底，具有优异的机械性能和化学稳定性，强度高、硬度大且不易吸收可见光，可以实现背面出光或双面出光。但蓝宝石衬底的导热性较差且不易剥离，为了简化制备柔性 Mirco-LED 器件的流程，研究人员也考虑采用 Si 衬底 Micro-LED。

4.3.2　Si 衬底 Micro-LED 的制备

图 4－9 展示了 Si 衬底 Micro-LED 的结构示意图。该外延结构是通过 MOCVD 技术在 6 英寸的 Si(111)片上生长所得。该结构包括 AlGaN 缓冲层、n－GaN层、InGaN/GaN MQW 层和 p－GaN 层，结构总厚度为 2 μm。随后，

在 p－GaN 上沉积了 Ni/Au(10 nm/25 nm)金属层，形成电流扩展层。再利用反应离子刻蚀(Reactive Ion Etching，RIE)和 ICP 刻蚀分别刻蚀 Ni/Au 金属层和 GaN 层，得到直径为 45 μm 的柱形台面，并在退火炉中进行热退火处理以实现良好的欧姆接触。然后，在台面沉积 Ti/Au(50 nm/200 nm)层作为阵列共用的 n 电极，通过 PECVD 沉积 SiO_2 钝化层，再基于湿法刻蚀对每个台面的 SiO_2 进行开孔。最后，制备 Ti/Au(50 nm/200 nm)作为 p 电极。图 4－9(b)显示了 Micro-LED 阵列在光学显微镜下的照片。

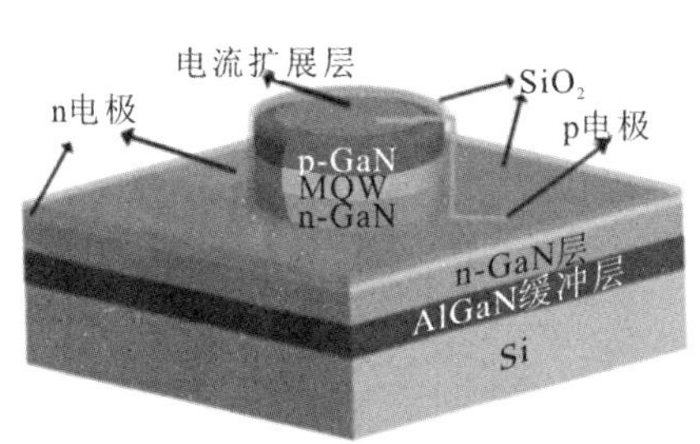

(a) Si衬底Micro-LED的结构示意图

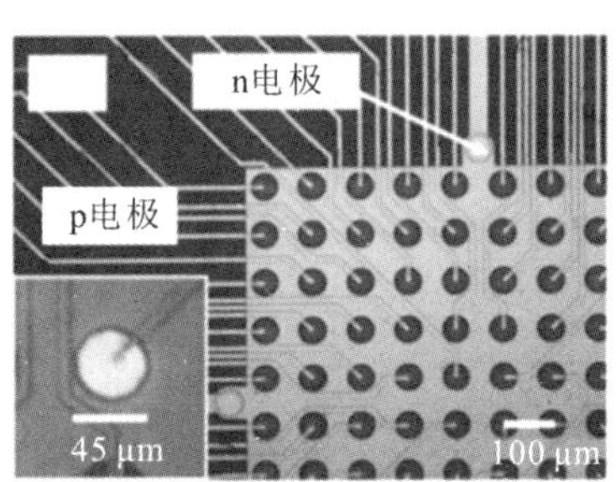

(b) 10×10 Micro-LED阵列在光学显微镜下的照片

图 4－9 Si 衬底 Micro-LED 的结构[16]

图 4－10 展示了 Si 衬底 Micro-LED 的 EL 光谱和 10×10 Si 衬底 Micro-LED阵列发光图像。如图 4－10(a)所示，在 1.6 mA 直流电流驱动条件下，该 Si 衬底 Micro-LED 的峰值波长在 470 nm 处，图中的多个峰值主要是由于器件中各界面处的光反射引起的。图 4－10(b)是单独控制 10×10 Si 衬底 Micro-LED阵列并发光显示大写字母“I”的图像。从图中可见，所有 8 个发光像素点的亮度非常一致，这表明了像素之间的电学和光学特性是一致的。

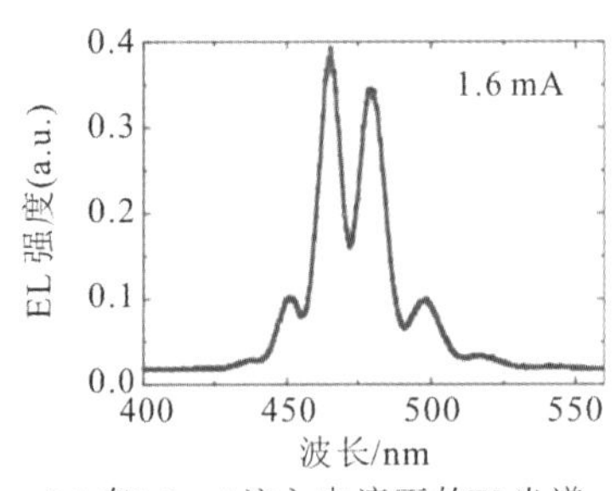

(a) 在1.6 mA注入电流下的EL光谱

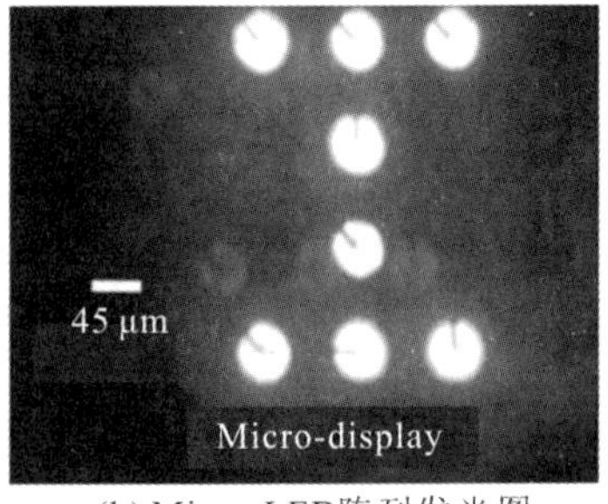

(b) Micro-LED阵列发光图

图 4－10 Si 衬底 Micro-LED 及其阵列特性图[16]

与蓝宝石衬底不同的是，基于 Si 衬底的 Micro-LED 器件一般采用湿法刻蚀的方法来剥离衬底，其中最为常见的是利用氢氧化钾(KOH)溶液去除 Si 衬底。具体而言，先通过 ICP 刻蚀将器件结构深刻蚀至 Si 衬底，再利用锚结构将器件固定后，将其浸泡在 KOH 溶液中进行各向异性湿法刻蚀，直至 Micro-LED 处于仅以锚结构与衬底相连的悬空状态。湿法刻蚀去除 Si 衬底后的器件仅通过锚结构固定，十分脆弱，因此在后续转移打印等工艺过程中必须谨慎处理。

图 4-11 为基于 Si 衬底外延材料制备柔性 GaN 基 Micro-LED 的过程示意图以及相应的 SEM 图像。首先，制备基于 Si 衬底的 Micro-LED 器件，具体工艺与上文类似。对于 n 型 GaN 的欧姆接触，先使用 ICP 刻蚀 90 s，直到刻蚀到 n 型 GaN 层表面，再在 n 型 GaN 和 p 型 GaN 层上沉积 Cr/Au 层，分别作为 n 型和 p 型电极。通过快速热退火(Rapid Thermal Annealing，RTA)设备，将电极在 600℃氮气环境下退火 1 min，以实现欧姆接触。为了保护欧姆接触电极，在电极上额外沉积了聚环氧乙烷(Polythylene Oxide，PEO)/Au/Cr(1 mm/200 nm/10 nm)掩模。对于 PEO 层，采用 ICP 刻蚀 25 min；对于 Au 层，采用金刻蚀液刻蚀 1 min，直到刻蚀到 GaN 基 Micro-LED 结构的表面。然后用 KOH 溶液各向异性湿法刻蚀掉 GaN 基 Micro-LED 的衬底。在使用高浓度的碱性溶液进行湿法刻蚀的过程中，可以在电极上做一个保护性的金掩模以防止电极被破坏。完成 Si 衬底的剥离后，即可进行转移打印步骤，将 PDMS 印章均匀地与 Au 保护的 GaN 基 Micro-LED 接触，通过控制转移速率，就可以实现使用 PDMS 印章对 GaN 基 Micro-LED 的拾取和放置。待 GaN 基 Micro-LED 被转移到柔性衬底上时，将聚氨酯(Polyurethane，PU)涂覆到柔性衬底上，用紫外光照射转移后的衬底，使 PU 光学固化。最后，移除 PDMS 印章，即可把 GaN 基 Micro-LED 稳定地放置于柔性衬底上。最后在 GaN/PU/LCP 衬底上旋涂紫外光敏感环氧树脂(SU8)。然后溅射沉积 Cr /Au 层，即可完成将基于 Si 衬底的 Micro-LED 转移至柔性衬底的器件制备流程。

相比较于蓝宝石而言，Si 的生长技术更为成熟，容易获得低成本、大尺寸、高质量的衬底。此外，Si 衬底还具有热导率高、导电性好以及易于剥离等优点。但在 Si 衬底上生长 GaN 更为困难，并且 Si 会吸收可见光，这会降低 Si 衬底 Micro-LED 器件的外量子效率。

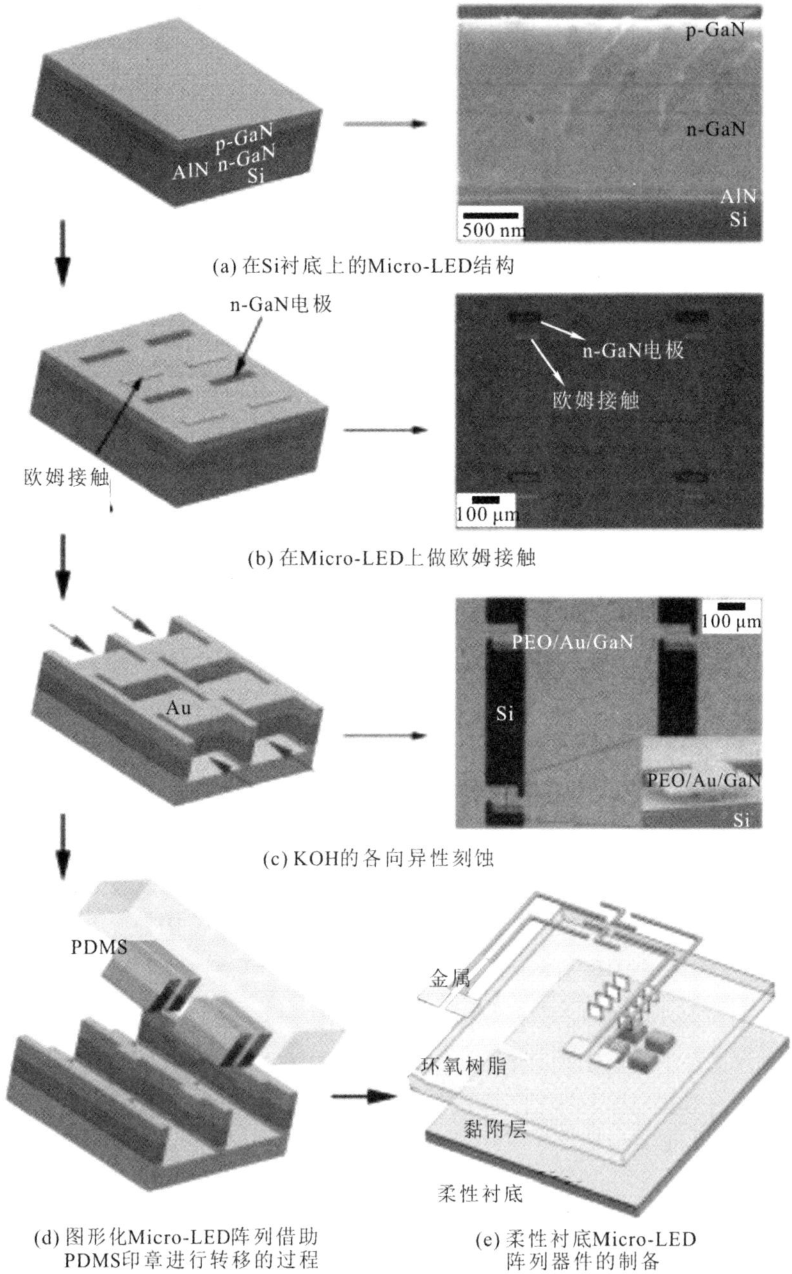

(a) 在Si衬底上的Micro-LED结构

(b) 在Micro-LED上做欧姆接触

(c) KOH的各向异性刻蚀

(d) 图形化Micro-LED阵列借助PDMS印章进行转移的过程

(e) 柔性衬底Micro-LED阵列器件的制备

图 4-11　在柔性衬底上制备柔性 GaN 基 Micro-LED 的过程示意图和相应的图片[17]

4.3.3　Micro-LED与量子点集成器件

如前文所述，可以通过集成量子点颜色转换材料的方式来实现Micro-LED全彩显示。比如，金属卤化物钙钛矿材料就是一种典型的量子点材料。钙钛矿材料是直接带隙的半导体发光材料，其主要特性是半峰宽窄、色域宽、合成温度低、光致发光量子产率高达100%以及可以调节卤素比例使发光光谱可控化来实现全光谱发光[18-19]。图4-12(a)、(b)分别展示了二维钙钛矿结构图及其多量子阱结构中的能量转移过程原理图。

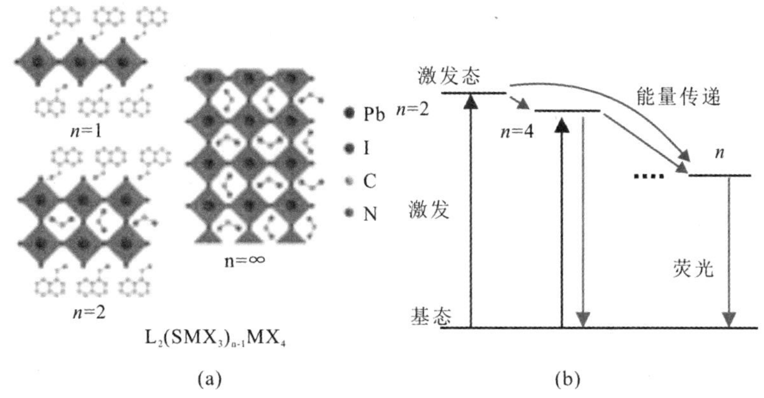

图4-12　二维钙钛矿结构图及其多量子阱结构中的能量转移过程原理图[20]

目前，气溶胶喷射技术是集成Micro-LED与量子点最常用的方法。这主要是因为该技术能够精确沉积尺寸较小并且厚度均匀的QD层，进而提高量子点集成Micro-LED全彩显示的分辨率。

气溶胶喷射QD的技术过程如图4-13所示。首先，采用ICP刻蚀技术将外延材料刻蚀至蓝宝石衬底表面创建隔离沟槽，对发光波长为395 nm的紫外Micro-LED阵列进行隔离分区，以便集成不同的量子点实现全彩显示。然后，雾化QD溶液并将其卷入气流中。接着通过调整载气流量与鞘气流量，将RGB三色QD喷雾按一定比例沉积在Micro-LED器件表面。为了提高器件的外量子效率，可以在器件顶部制备布拉格反射镜(Distributed Bragg Reflector, DBR)来防止UV光子的泄漏。最后，将集成了QD后的UV Micro-LED阵列封装，并使各子像素维持一定的间距，通过改变注入电流的大小实现Micro-LED全彩显示。

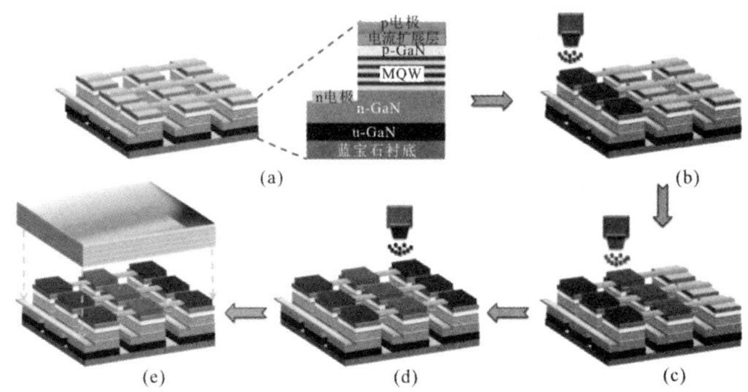

图 4-13 气溶胶喷射技术流程图[21]

图 4-14 展示了以钙钛矿量子点进行颜色转换的 Micro-LED 用于光通信的实验示意图。通过 Micro-LED 发出的蓝光来激发 $CsPbBr_{1.8}I_{1.2}$ 钙钛矿荧光量子点(YQD)产生白光。输出的白光由发射器透镜准直，并由接收器透镜聚焦，最后被光电探测器接收。滤光片可用来滤除 Micro-LED 中的蓝光以测量量子点的光通信特性。

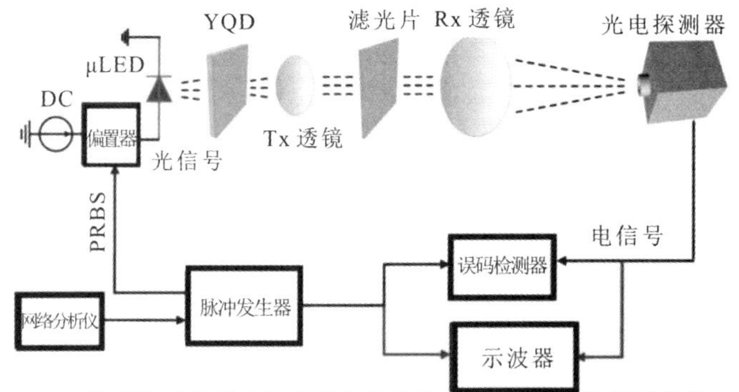

(a) 以钙钛矿量子点进行颜色转化的Micro-LED光通信示意图

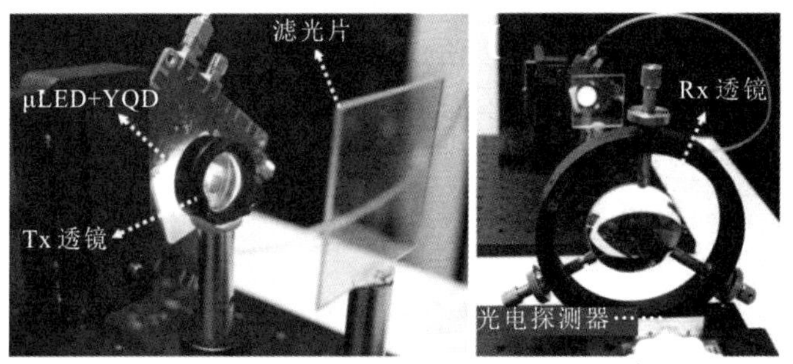

(b) 光路发射端量子点和Micro-LED集成　(c) 光路接收端

图 4-14 Micro-LED 光通信实验链路图以及实验示意图[22]

图4-15展示了量子点集成Micro-LED的发光及其色坐标示意图。封装后的80 μm蓝光Micro-LED的调制带宽为160 MHz，峰值发射波长为445 nm。量子点的峰值波长为560 nm，相应的国际照明委员会(CIE)色坐标为(0.27，0.30)。在没有滤波器和均衡技术的情况下，白光系统的带宽可达85 MHz。与此同时，使用YQD作为彩色转换的带宽依旧高达73 MHz。当采用不归零二进制开关键控(Non Return Zero On-off Keying，NRZ-OOK)作为调制方案时，传输速率最高可达300 Mb/s，误码率为2.0×10^{-3}，远低于无差错数据传输所需的3.8×10^{-3}的前向纠错标准。而即使在半年后，白光系统和YQD可达到的带宽仍分别高达83 MHz和70 MHz，这表明以YQD作为色转换的系统在VLC中具有较高的稳定性。

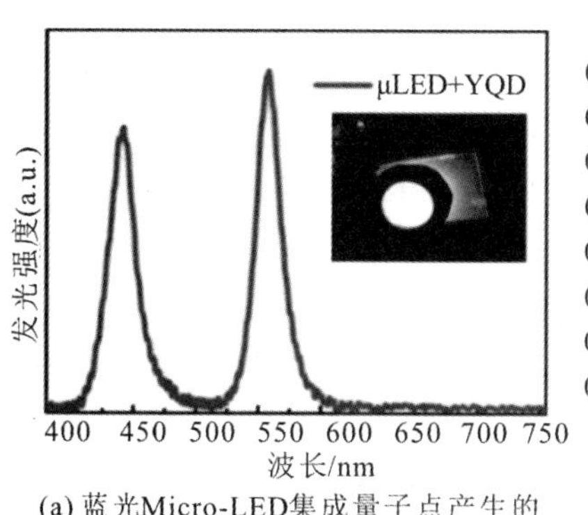

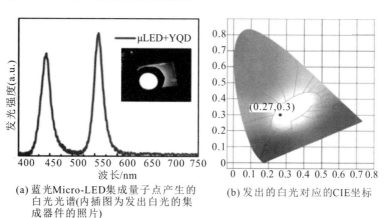

(a) 蓝光Micro-LED集成量子点产生的白光光谱(内插图为发出白光的集成器件的照片)

(b) 发出的白光对应的CIE坐标

图4-15 量子点集成Micro-LED发光及其色坐标示意图[22]

由于钙钛矿量子点制备工艺简单，并且具有发光谱线窄、发光效率高以及发光波长可调谐等诸多优异的光学性能，并展现出较高的稳定性，因此在全彩显示与VLC中均具有很好的应用场景。但由于色转换的机制，这会降低集成后的Micro-LED器件的外量子效率。

4.4 Micro-LED光电特性

Micro-LED独特的器件结构使其展现出独特的光电特性，从而能够在显示和可见光通信中起到重要的作用。本节将着重讨论Micro-LED的量子效率等光电特性与尺寸、温度等多方面因素的关系，并研究分析 Micro-LED 的老化和带宽特性[23, 37-39]。

4.4.1 Micro-LED 尺寸效应

Micro-LED 在高注入电流密度下通常会导致外量子效率(External Quantum Efficiency, EQE)的降低，即效率下降。目前，研究人员已经提出许多机制来解释效率下降。最近有研究表明，与传统的大尺寸 LED 相比，Micro-LED 在尺寸方面的减小会使其具有独特的电学和光学特性，因此本节将介绍 Micro-LED 的尺寸变化对电流-电压特性和量子效率的影响，并对其变化机制进行详细解释。

首先，制备了以蓝宝石为衬底的不同尺寸的 GaN 基蓝光 Micro-LED，像素直径分别为 6 μm、25 μm、50 μm 和 105 μm，并测试了不同尺寸 Micro-LED 的 $I-U$ 曲线和电流密度-电压($J-U$)曲线。从图 4-16 中可以看出，四个 Micro-LED的注入电流密度对电压特性表现出强烈的尺寸依赖性，直径为6 μm 的 Micro-LED 的注入电流密度在 5 V 时达到 4000 A/cm^2，而直径为105 μm的 Micro-LED 的注入电流密度在 5 V 时仅为 600 A/cm^2，也就是说，在5 V电压下，小尺寸的 Micro-LED 具有更大的注入电流密度[23]。

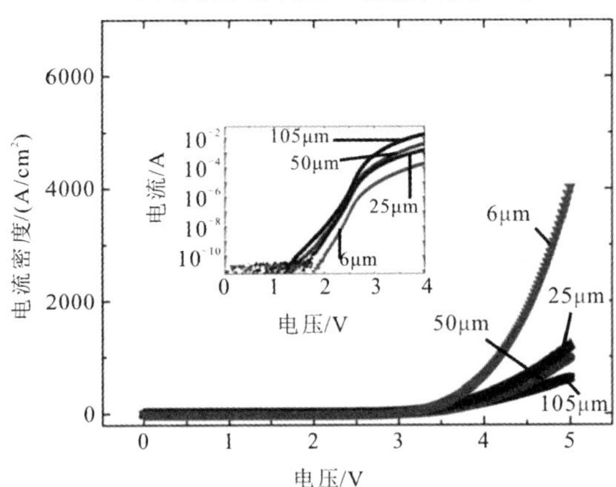

图 4-16 不同尺寸 Micro-LED $J-U$ 曲线(内插图为 $I-U$ 曲线)[23]

为了估算与尺寸相关的电流扩展效应，计算了台面中电流密度分布与从台面边缘到中心距离的函数关系，进而得到 Micro-LED 台面中心和边缘的电流密度之比，其函数关系如下：

$$J(x)=J(0)\exp\left(-\frac{x}{L_s}\right) \tag{4-1}$$

$$L_s=\sqrt{(\rho_c+\rho_p t_p)\frac{t_n}{\rho_n}} \tag{4-2}$$

式中：$J(0)$为台面边缘上的电流密度；ρ_c、ρ_p、ρ_n为 p 电极、p 型层和 n 型层的电阻率；t_p、t_n分别为 p 型层和 n 型层的厚度；L_s为电流扩展长度，用于定义 Micro-LED 中的电流拥挤。

经计算可得，对于直径为 105 μm 和 6 μm 的 Mirco-LED，台面中心电流密度与台面边缘电流密度之比分别为 0.48 和 0.96。这表明，相比于大尺寸的 Micro-LED，小尺寸 Micro-LED 具有更均匀的电流密度分布。此外，据报道，在较高的注入电流密度下，电流拥挤现象会变得更加明显[24]。因此，随着电压的增加，较小尺寸的 Micro-LED 有利于更均匀的电流扩展，减轻电流拥挤效应，从而能够改善其光电特性。由于电流拥挤效应会导致局部俄歇复合、电子泄漏等从而影响量子效率，尤其是在非常高的电流密度下影响更大，因此，预计对于更小尺寸的 Micro-LED 来说，均匀的电流扩展将有利于在高注入电流密度下实现更高的量子效率。

通过对 Micro-LED 的内、外量子效率进行分析，能够有效反映其光电转换特性。在量子阱中，载流子复合通常采用 ABC 模型来表示，主要包括三种电子与空穴的复合方式，分别是肖克利-里德-霍耳(Shockley - Read - Hall，SRH)复合、俄歇复合和辐射复合，其计算公式如下：

$$I_{QW}=I_{SRH}+I_{RAD}+I_{Auger}=qV_{active}(An+Bn^2+Cn^3) \tag{4-3}$$

式中：q 为电子电荷量；V_{active}为有源层的有效复合体积；n 为量子阱中的载流子浓度；A、B、C 分别为 SRH 复合、辐射复合、俄歇复合系数；I_{QW}为量子阱内的总电流；I_{SRH}为缺陷复合电流；I_{rad}为辐射复合电流；I_{Auger}为俄歇复合电流。

通过测试不同尺寸的 Micro-LED 的输出光功率随电流的变化曲线，计算出 EQE 随电流密度变化的曲线，并展示了 Micro-LED 的峰值 EQE 电流密度和效率下降随直径的变化。从图 4－17(a)的插图中可以看出，对于所有尺寸的 Micro-LED，其 EQE 在低电流密度下达到峰值，然后随着电流密度的增加而下降。在低电流密度下，较小尺寸的 Micro-LED 效率较低，但在高电流密度下效率较高，可将这种在高电流密度下的效率提高归因于较小尺寸 Micro-LED 中更好的电流扩展能力。同时，结合图 4－17(b)可以得到，随着 Micro-LED 尺寸减小，峰值 EQE 对应的电流密度增大，效率下降百分比减小。该研究控制了 Micro-LED 所使用材料和器件结构等变量的不变，尺寸作为其中唯一变化的因素，是导致 Micro-LED 效率发生改变的主要原因。

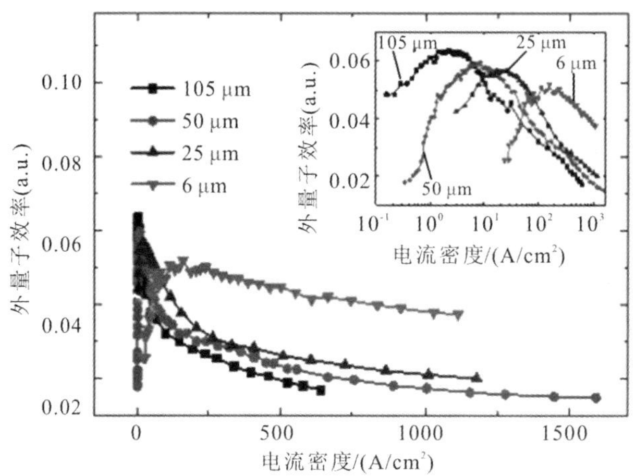

(a) 样品A中不同尺寸Micro-LED的外量子效率随电流密度的变化曲线
(内插图为外量子效率随电流密度对数坐标的变化曲线)

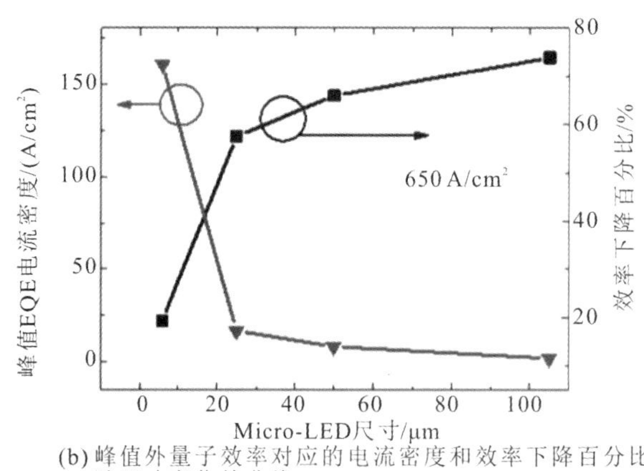

(b) 峰值外量子效率对应的电流密度和效率下降百分比随尺寸变化的曲线

图 4-17　不同尺寸的 Micro-LED 的外量子效率随电流密度的变化曲线[23]

为了直接证明侧壁缺陷的影响，设置样品 A 和样品 B，其中样品 A 的热退火时间为 2 min，样品 B 的热退火时间为 3 min。样品 B 的 EQE 随尺寸的变化如图 4-18 所示，与样品 A 相比，在低电流密度下，样品 B 中小尺寸 Micro-LED 的峰值 EQE 电流密度大大降低，而在高电流密度下变化不大。这些结果表明，样品 B 中的侧壁缺陷通过热处理能够被进一步修复，因此在较低的电流密度下，通过对侧壁缺陷进行修复对提高较小尺寸 Micro-LED 的量子效率具有很大的影响[25]。

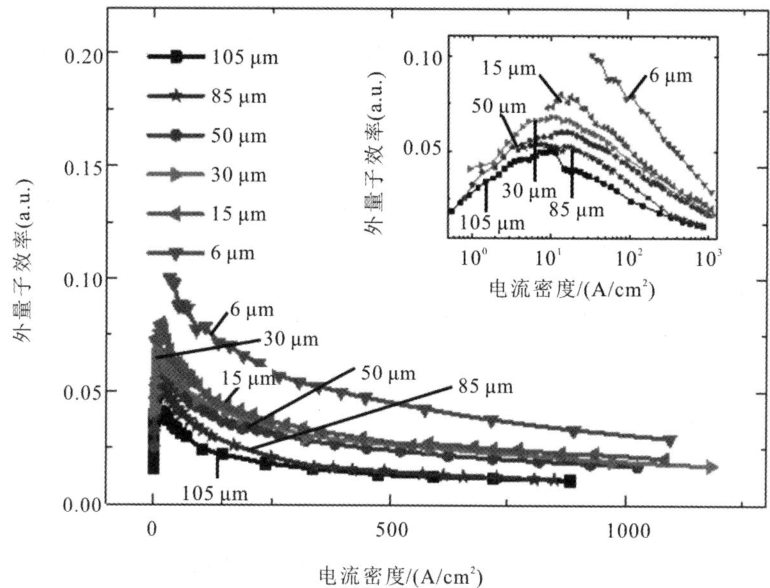

图 4-18　样品 B 中不同尺寸 Micro-LED 的外量子效率随电流密度的变化曲线（内插图为外量子效率随电流密度对数坐标的变化曲线）[23]

目前，国际上已对 Micro-LED 的尺寸效应进行了大量研究，包括侧壁缺陷的影响机理[25-29]、修复侧壁缺陷的技术[30-31]以及 Micro-LED 优良的散热特性[32]。这些研究不仅提供了对效率和效率下降机制的解释，还提出了提高 Micro-LED 效率和缓解效率下降问题的方法。通过这些方法，可以提高 Micro-LED在实际应用中的效率，使其能够在更大的应用范围内发挥作用。

4.4.2　Micro-LED 温度效应

由于 Micro-LED 的结温效应，而且考虑到在实际应用中工作、环境温度也会发生变化，因此，研究温度对 Micro-LED 性能的影响并阐明其中的机理也尤为重要。

选取直径为 40 μm 的正面发光的蓝宝石衬底蓝光 Micro-LED，测试 Micro-LED 外量子效率和调制带宽 $f_{-3\ dB}$随温度变化的曲线[33]。图 4-19(a)展示出在 300～500 K 的温度范围内以 25K 增量变化时，Micro-LED 的 EQE 随电流密度的变化趋势。从图中可以看出，在低电流密度下，随着温度的增加，Micro-LED 的外量子效率下降。为解释这种变化产生的原因，图 4-19(b)展示

了在不同温度条件下 Micro-LED 的调制带宽 $f_{-3\ dB}$随电流密度的变化。结果表明，在较低的电流密度下，随着温度的增加，调制带宽降低；在较高的电流密度下，随着温度的增加，调制带宽增加。

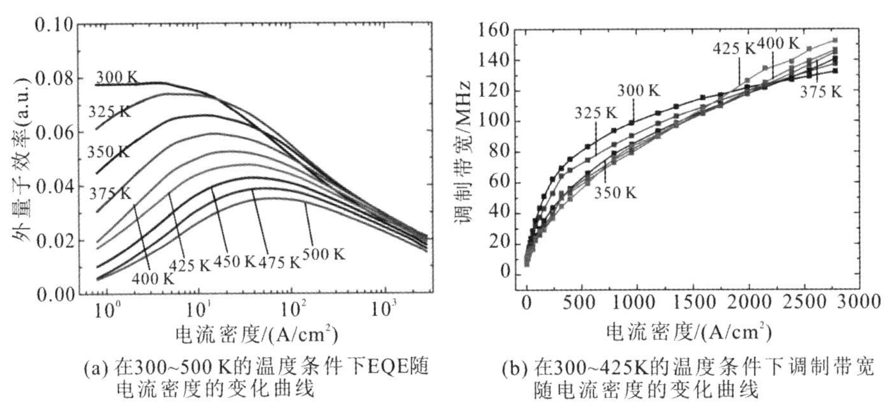

(a) 在300~500 K的温度条件下EQE随电流密度的变化曲线

(b) 在300~425K的温度条件下调制带宽随电流密度的变化曲线

图 4-19 Micro-LED 的 EQE 和调制带宽随电流密度的变化曲线[33]

由图 4-19(b)调制带宽的曲线进一步得到在注入电流 I 下的载流子浓度的计算公式：

$$n=\frac{1}{qU_{\text{active}}}\int_{0}^{I}\eta_{\text{inj}}(I')\tau(I')\mathrm{d}I' \tag{4-4}$$

式中：q 为电子电量；V_{active}为有源层的有效复合体积；η_{inj}为曼电子泄露影响的载流子注入效率；I 为电流；τ 为微分载流子寿命。

由于量子阱中的载流子分布、In 含量的波动和其他可能的因素，V_{active}可能会在不同的电流、温度下变化，而不同电流和温度的 V_{active}精确校准非常具有挑战性，因此我们的分析遵循了普遍的假设，即只有最靠近 p-GaN 的量子阱中具有大量载流子并主导载流子复合过程。因此，在这项工作中，厚度为 2.8 nm的量子阱被用于估算 V_{active}，此外，对于所有温度，载流子注入效率假定为 1。电子泄漏在低电流密度下影响不大，在高电流密度下可能会影响 Micro-LED的效率。后面得到的载流子复合系数随温度变化的趋势在整个电流密度范围内是一致的，因此可以认为电子泄漏对结果的影响可以忽略。

图 4-20 展示了在 300～500 K 的温度条件下，载流子浓度随电流密度的变化曲线，可以看出，随温度的升高，量子阱中载流子浓度增加。

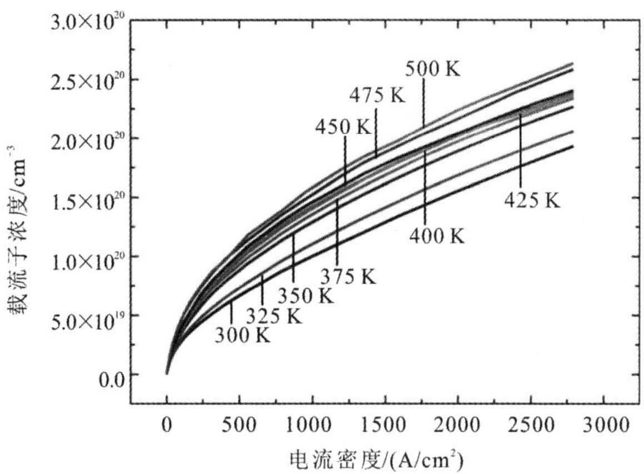

图 4-20　在 300～500 K 的温度条件下量子阱中载流子浓度随电流密度的变化曲线[33]

通过 ABC 模型来拟合不同温度下与 ABC 系数相关的实验曲线，得出在 300～500 K 温度条件下的参数，发现随着温度的增加，SRH 复合系数 A 增加，而辐射复合系数 B 则随着温度的增加而减小，如图 4-21 所示。在较低电

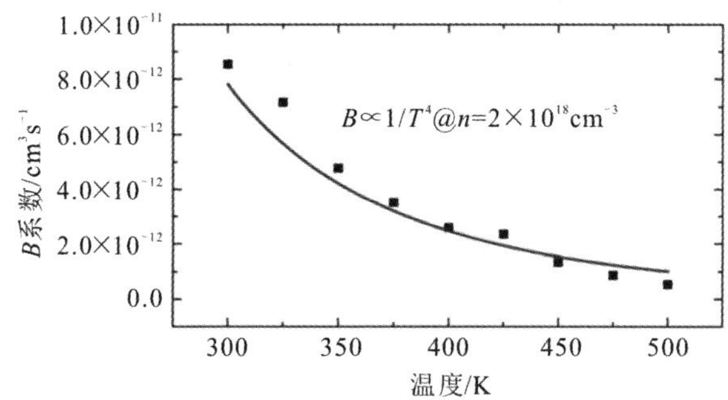

(a) $n=2\times10^{18}$cm^{-3}($B\propto1/T^4$)时辐射复合系数B随温度的变化曲线

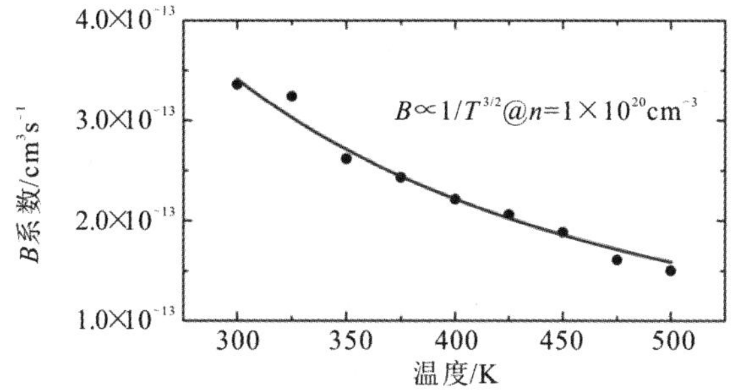

(b) $n=1\times10^{20}$cm^{-3}($B\propto1/T^{3/2}$)时辐射复合系数B随温度的变化曲线

图 4-21　辐射复合系数 B 随温度变化曲线[33]

流密度下，系数 B 随温度变化的趋势更强，在较高电流密度下，系数 B 的温度依赖性较弱，这是由能带填充效应引起的，这一结果与其他文献中所报道的结果相吻合[34]。如图 4-22 所示，与辐射复合系数 B 类似，俄歇复合系数 C 也随着温度的增加而减小，并且随着载流子浓度的增加，系数 C 的温度依赖性变弱，这也与能带填充效应有关。

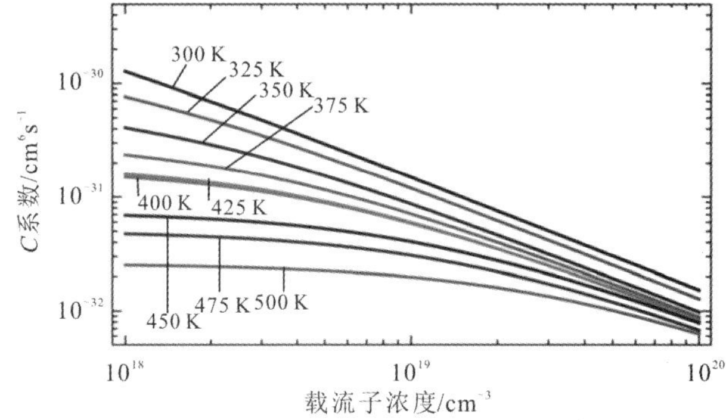

(a) 在300~500 K的温度条件下俄歇复合系数C随载流子浓度的变化曲线

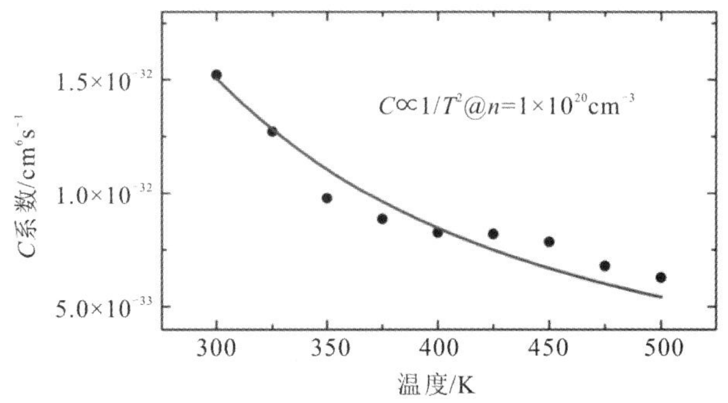

(b) $n=1\times10^{20}cm^{-3}$时俄歇复合系数C随温度的变化曲线

图 4-22　俄歇复合系数 C 随温度变化曲线[33]

由于 Micro-LED 的 $I-U$ 特性和 EQE 会随着温度的变化发生改变，而在实际应用的过程中，温度会不断变化，进而影响 Micro-LED 应用于显示、通信时的一些重要参数。因此，分析温度效应影响载流子复合及 Micro-LED 性能的机理非常重要，这为解决效率下降问题提供了途径，并有助于阐明 Micro-LED 在可见光通信中调制带宽的变化趋势。

4.4.3　Micro-LED 老化特性

在前两节中，我们已经讨论了 Micro-LED 的光电性能随尺寸和温度变化的物理机制，但由于 Micro-LED 独特的结构，也需要对其在一定驱动电流密度下的老化特性进行研究。

前两节已经提到，由于 Micro-LED 具有尺寸效应，因此其尺寸对寿命有很大的影响。与大面积 LED 相比，Micro-LED 可以在极高的注入电流密度下工作，以在其应用中实现高密度的输出光功率和高调制带宽。Micro-LED 在高电流密度下的特性，包括电特性、光输出、电致发光光谱偏移、效率下降和光调制带宽等，都已被广泛研究。但在如此高的电流密度下的老化特性和可靠性，即关于 Micro-LED 的性能如何随着驱动时间的增加而发生变化的关键特性的研究相对较少。由于驱动电流密度和 Micro-LED 尺寸的不同，其寿命应该在不同的应用中进行定义。在 3.5 kA/cm^2 的极高电流密度下，测量不同尺寸的蓝光 InGaN Micro-LED 的输出光功率，并测试输出光功率衰退到初始 90%的衰退时间(L90)。L90 寿命有助于比较不同尺寸的 Micro-LED 的老化行为，也可用于预测 Micro-LED 的可靠性。

首先选取不同尺寸的 Micro-LED，在相同的温度和电流密度条件下测试其输出光功率[35]，如图 4-23 所示。可以看出，20 μm 的 Micro-LED 表现出优于实验中其他尺寸 Micro-LED 的老化特性，通过测试三种不同尺寸的 Micro-LED 在老化前后的输出光功率与电流($L-I$)曲线，可以得出，Micro-LED 的输出光

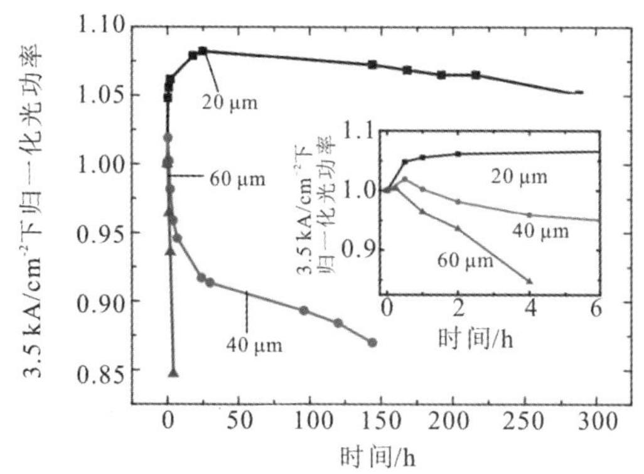

图 4-23　不同尺寸 Micro-LED 的归一化输出光功率随工作时间的变化曲线(内插图为 0～6 h 的数据)[35]

功率随着工作时间的增加会下降并表现出强烈的尺寸依赖性。通常，在相同的工作电流密度下，较小尺寸的 Micro-LED 会比具有较大尺寸的 Micro-LED 展现出更好的老化特性。

由图 4-23 还可以看出，Micro-LED 随工作时间变化的输出光功率可以分为先增加和后下降两个阶段，因此可以预测，Micro-LED 老化特性的变化是由两种机制的竞争所引起的，可以通过测试不同老化时间的 $I-U$ 特性曲线来分析两种变化的机制。由于 p-GaN 层和有源区缺陷产生的竞争，Micro-LED的输出光功率先增大后减小。与尺寸较大的 Micro-LED 相比，较小尺寸的Micro-LED表现出较小的输出光功率退化，这归因于较小尺寸的 Micro-LED 的较低结温。在不增加结温的情况下，在室温下，即使在高电流密度条件下工作并不会导致 Micro-LED 的显著退化，但高电流密度和高结温共同作用下，则会导致 Micro-LED 表现出显著的退化现象。

相较于大尺寸 LED，Micro-LED 更小的器件尺寸使其具有更高的驱动电流密度、更优良的电流扩展能力和散热能力。如图 4-24 所示，Micro-LED阵列具有更高的热饱和电流密度，使其具有更高的调制带宽[36]。因此，由 Micro-LED阵列组成的较大功率 LED 已经被开发，并且表现出高输出光功率和较小的光输出退化，可被用于固态照明和可见光通信中。

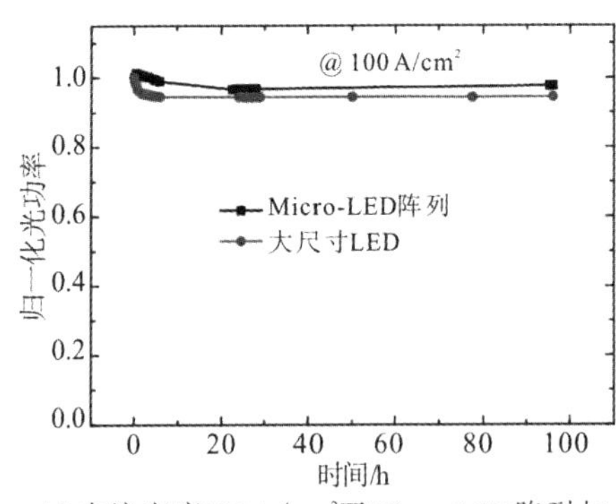

(a) 电流密度100 A/cm²下Micro-LED阵列与传统大尺寸LED的归一化输出功率随时间变化的老化特性

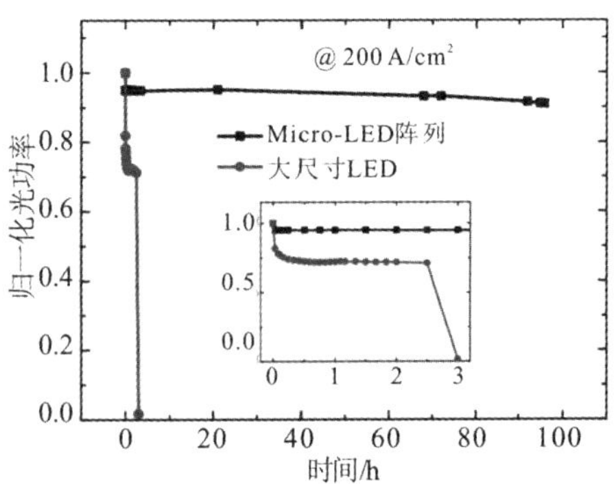

(b) 电流密度200 A/cm²下Micro-LED阵列与传统大尺寸LED的归一化输出光功率随时间变化的老化特性(内插图为 0~3 h的数据)

图 4-24　Micro-LED 阵列与传统大尺寸 LED 的归一化光功率随时间的变化曲线[35]

4.4.4　Micro-LED 光电调制带宽特性

GaN 基 LED 已被广泛应用于固态照明和可见光通信等领域，在可见光通

信中，可实现的通信速率取决于有限的调制带宽，因此，研究 Micro-LED 的调制带宽及其背后主导机制具有重要的意义。GaN 基 Micro-LED 的调制带宽主要取决于载流子寿命和电阻-电容(RC)效应，由于用于通信的 Micro-LED 主要在高注入电流密度下工作，因此高电流密度下的载流子复合机制也有需要讨论。调制带宽会受调制深度等多种因素的影响，通过分析带宽随这些因素的变化关系和机制，可以有效提高可见光通信中 Micro-LED 的调制带宽。

首先选取直径为 40 μm 的 GaN 基蓝光 Micro-LED，并且采用倒装芯片的结构[38]，使其背面发光。在测量过程中，由于测量系统的上升沿/下降沿时间比 Micro-LED 快得多，因此系统的上升/下降时间可以忽略不计，不会对测量结果产生影响。通过测量 Micro-LED 在不同电流下频率响应并提取－3 dB 调制带宽以及不同输入电功率下的调制带宽(如图 4－25 所示)，可以观察到调制带宽具有随着调制功率的增加而减小的趋势，并通过测量特定输入电功率下 Micro-LED 上相应的信号峰值电压来直接比较不同输入调制电压下的带宽。

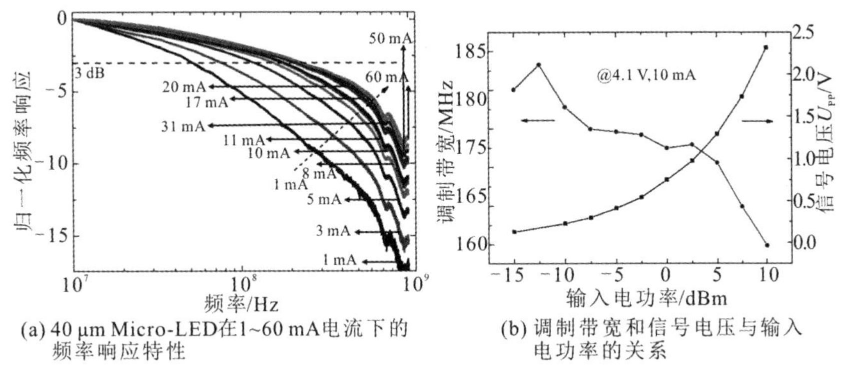

(a) 40 μm Micro-LED在1~60 mA电流下的频率响应特性

(b) 调制带宽和信号电压与输入电功率的关系

图 4－25 Micro-LED 带宽随电流密度变化图[38]

为了进一步分析调制带宽和信号上升沿/下降沿时间之间的关系，在 2 V 调制深度下测量其上升沿和下降沿时间。结果表明，随着调制深度的增加，上升沿和下降沿时间的总和也增加，并且上升沿和下降沿时间之和的变化趋势和下降沿时间的变化趋势趋于一致。在上升沿时间中，随着输入信号电压的增加，时间常数增加，使得调制带宽减小；而在下降沿时间中，随着调制电压的减小，调制带宽增加，这与图 4－25 中的带宽变化保持一致，并且如图 4－25 所示，当调制深度较大时，这些影响更加显著。

同时，在 35 mA 的注入电流和 1 m 的传输距离下，测试了不同通信速率下误码率随调制深度的变化关系，如图 4－26 所示。在较低的通信速率下，误

码率随着调制深度的增加而降低，但在较高的通信速率下，误码率随调制深度的变化不显著。

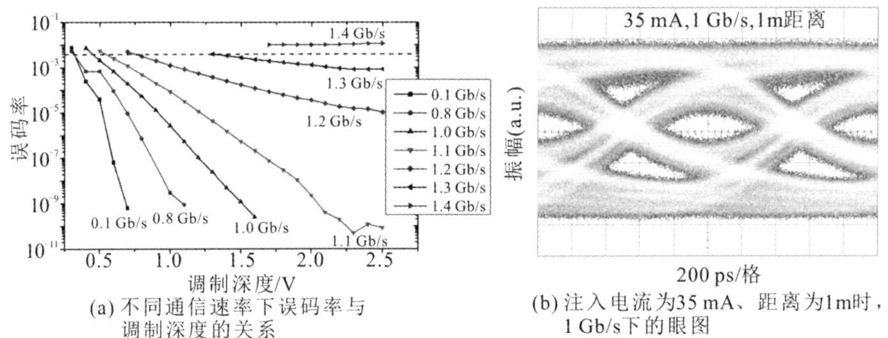

(a) 不同通信速率下误码率与调制深度的关系

(b) 注入电流为35 mA、距离为1m时，1 Gb/s下的眼图

图 4-26　Micro-LED 通信特性示意图[38]

由于 Micro-LED 可达到的最大调制带宽主要受量子阱中载流子寿命的影响，因此控制 GaN 基 Micro-LED 中载流子的复合过程十分重要[39]。选取了发射波长为 450 nm 或 520 nm 的Micro-LED，通过测量不同电流下Micro-LED的微分载流子寿命，并使用 ABC 模型来分析机理。

根据 ABC 模型，微分载流子寿命 τ 由下式给出：

$$\tau^{-1}=A+2Bn+3Cn^2 \tag{4-5}$$

通过微分载流子寿命与频率响应带宽的关系，得到载流子寿命与量子阱中载流子浓度的关系，如图 4-27 所示。可以发现，当参数 A 的值发生变化时，得到的参数 B 和 C 表现出相对较小的变化。

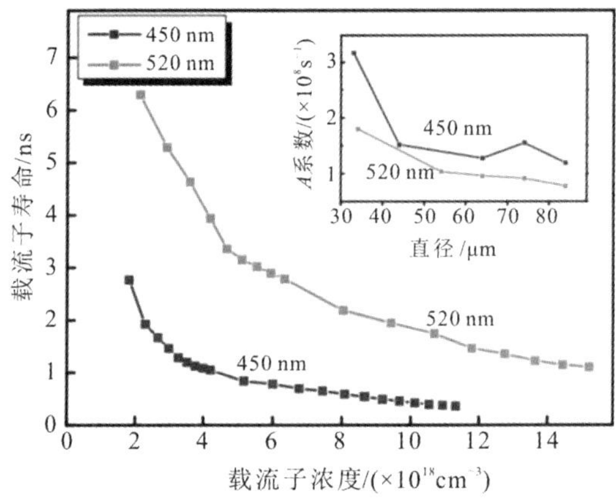

图 4-27　两种器件的微分载流子寿命与量子阱中载流子浓度的关系[39]

如图4－28所示为获得的系数 B 随载流子浓度的变化，520 nm 的 Micro-LED的 B 值通常比450 nm 的 Micro-LED 的 B 值低一个量级，这是由 In 含量较高的 InGaN 器件中更强的压电极化效应所导致的。

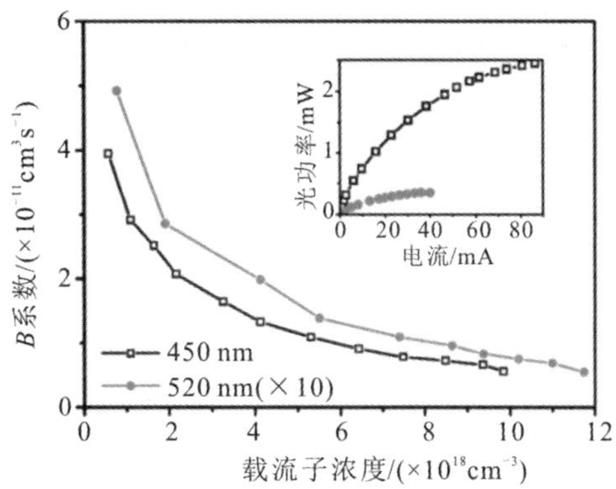

图4－28　由两种器件的 $L-I$ 曲线获得的辐射系数 B 的值与载流子浓度的关系(内插图为输出光功率与电流的关系)[39]

对于系数 C，假设电流注入效率为100%，图4－29为两种波长 Micro-LED

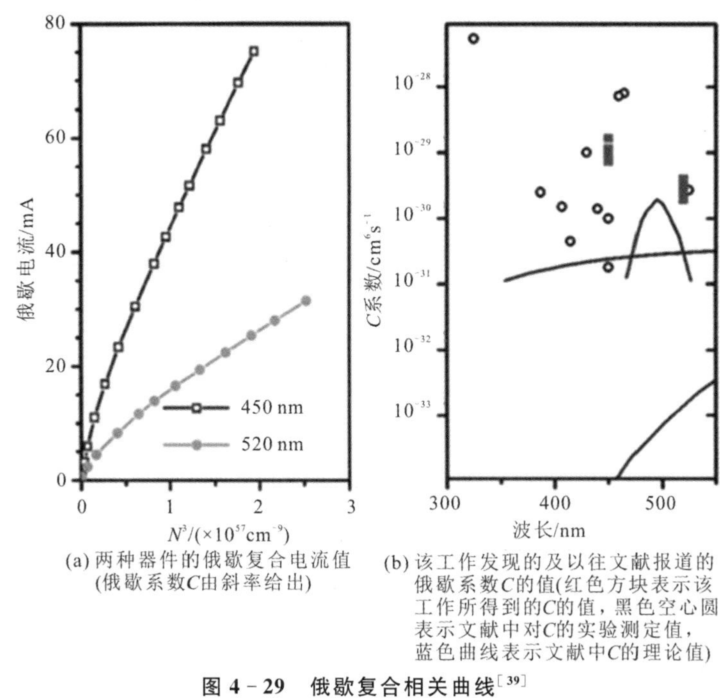

(a) 两种器件的俄歇复合电流值(俄歇系数C由斜率给出)

(b) 该工作发现的及以往文献报道的俄歇系数C的值(红色方块表示该工作所得到的C的值，黑色空心圆表示文献中对C的实验测定值，蓝色曲线表示文献中C的理论值)

图4－29　俄歇复合相关曲线[39]

的俄歇复合电流 I_c 值，除了较低的载流子浓度，数据可以拟合成一条直线，这表明俄歇复合系数在此范围内没有显著变化，从该过程中获得的 C 值为 $C_{450}=(1\pm0.3)\times10^{-29}\,\mathrm{cm^6\cdot s^{-1}}$ 以及 $C_{520}=(3\pm1)\times10^{-30}\,\mathrm{cm^6\cdot s^{-1}}$，并且对于不同直径 Micro-LED 没有明显的变化。通过以上工作，可以将 SRH 复合和俄歇复合视为非辐射复合机制来理解载流子寿命，并且不需要用任何载流子泄漏机制或注入效率的变化来解释。

此外，对于 GaN 基 LED，当其缓冲层厚度增加时，外延材料中的位错密度会降低，波长会发生蓝移，这使得具有更厚 GaN 缓冲层的 LED 有着更高的效率[40]。但是通过对速率方程进行分析，发现与缺陷相关的非辐射复合有助于增加调制带宽，即具有更薄 GaN 缓冲层的 LED 的调制带宽更高。通过对比两种厚度缓冲层的 LED 的调制带宽与电流特性的关系可以发现，随着缓冲层厚度的增加，带宽在不同电流下均有所下降。

与 ABC 模型结合可知，具有较薄缓冲层的 LED 中与缺陷相关的 SRH 复合增加，这会导致较高的调制带宽，这为增加可见光通信的调制带宽提供了一种途径。然而，这不可避免地会导致 Micro-LED 效率下降。因此，在实际的固态照明和可见光通信等应用中，应考虑这两种特性之间的竞争。

研究 Micro-LED 的电容效应具有重要意义，有助于进一步分析 Micro-LED 器件的开关特性、调制特性等性能[24]。在反向偏压和正向偏压下对 InGaN 基 Micro-LED 阵列进行了尺寸相关电容特性的研究。对于这些器件，可以观察到反向偏压下的电容值和低正向偏压下的电容值都与 Micro-LED 尺寸成线性比例。同时，在较高的正向偏压下，测量了负电容效应，结果表明，负电容与 LED 尺寸之间的线性关系有小的偏差，这可以归因于不同的 Micro-LED 阵列中具有不同的注入电流密度和散热能力，该结果可以通过假设负电容效应由载流子密度和结温控制，而不是直接由所施加的偏置电压控制来解释，这与理论分析是吻合的。由于 Micro-LED 器件中尺寸的变化会在许多方面影响其性能，如调制带宽等，因此应该详细研究尺寸对 Micro-LED 电容的影响。

目前，国际上对 Micro-LED 的调制带宽效应进行了许多研究，主要包括利用高调制带宽 Micro-LED 实现长距离高速可见光通信，如通过集成 Micro-LED阵列实现高调制带宽[41]，将 Micro-LED 与 HEMT 或量子点等集成来实现更高的调制带宽等[22,42]。

本节主要从四个方面分析了 Micro-LED 的光电特性，将实验和理论分析

相结合，阐述了 Micro-LED 的尺寸效应、温度效应、老化特性和光电调制带宽特性，对其机制作出了详细分析，提出了提高 Micro-LED 效率和缓解效率下降的途径。在实际的显示、照明和可见光通信等应用中，通过改变 Micro-LED 的尺寸和环境温度等因素，可以使其更高效地满足不同应用的需求。

4.5 本章小结

本章主要介绍了 Micro-LED 在显示、照明和可见光通信等方面的应用，并着重描述了制备不同衬底 Micro-LED 器件的工艺，包括衬底剥离、量子点与 Micro-LED 集成等制备全彩色 Micro-LED 显示的关键技术，同时，分析研究了 Micro-LED 的尺寸效应、温度效应、老化和调制带宽特性及其内在机制。Micro-LED 阵列的集成和效率的提高仍是目前所面临的重大挑战。未来，随着关键技术的迅速发展，大面积、低成本、高效率的 Micro-LED 器件有望更好地应用于显示和可见光通信等领域中。

参考文献

[1] JIN S X, LI J, LI J Z, et al. GaN microdisk light emitting diodes[J]. Applied Physics Letters, 2000, 76(5): 631－633.

[2] GONG Z, GU E, JIN S R, et al. Efficient flip-chip InGaN micro-pixellated light-emitting diode arrays: promising candidates for micro-displays and colour conversion[J]. Journal of Physics D: Applied Physics, 2008, 41(9): 094002.

[3] LEE H E, SHIN J H, PARK J H, et al. Micro light-emitting diodes for display and flexible biomedical applications [J]. Advanced Functional Materials, 2019, 29 (24): 1808075.

[4] LEE H E, CHOI J H, LEE S H, et al. Monolithic flexible vertical GaN light-emitting diodes for a transparent wireless brain optical stimulator[J]. Advanced Materials, 2018, 30(28):1800649.

[5] LIN C C, FANG Y H, KAO M J, et al. 59－2: Invited Paper: Ultra-fine pitch thin-film micro-LED display for indoor applications[C]. SID Symposium Digest of Technical Papers, 2018, 49(1): 782－785.

[6] YOON J K, PARK E M, SON J S, et al. The study of picture quality of OLED TV

with WRGB OLEDs structure[C]. SID International Symposium: Digest of Technology Papers, 2013, 44(1): 326 - 329.

[7] 田朋飞. micro-LED 显示技术[M]. 上海: 上海交通大学出版社, 2021.

[8] WANG Z, ZHU S, SHAN X, et al. Full-color micro-LED display based on a single chip with two types of InGaN/GaN MQWs[J]. Optics Letters, 2021, 46(17): 4358 - 4361.

[9] MCKENDRY J J D, GREEN R P, KELLY A E, et al. High-speed visible light communications using individual pixels in a micro light-emitting diode array[J]. IEEE Photonics Technology Letters, 2010, 22(18): 1346 - 1348.

[10] TIAN P, LIU X, YI S, et al. High-speed underwater optical wireless communication using a blue GaN-based micro-LED[J]. Optics Express, 2017, 25(2): 1193 - 1201.

[11] LIU X, LIN R, CHEN H, et al. High-bandwidth InGaN self-powered detector arrays toward MIMO visible light communication based on micro-LED arrays[J]. ACS Photonics, 2019, 6(12): 3186 - 3195.

[12] LIN R, LIU X, ZHOU G, et al. InGaN micro-LED array enabled advanced underwater wireless optical communication and underwater charging[J]. Advanced Optical Materials, 2021, 9: 2002211.

[13] ZHOU X, TIAN P, CHEN X, et al. Growth, transfer printing and colour conversion techniques towards full-colour micro-LED display [J]. Progress in Quantum Electronics, 2020, 71: 100263.

[14] CHAN C K T, BIBL A. Adhesive wafer bonding with controlled thickness variation [P]. U. S. Patent 9087764, 2015 - 7 - 21.

[15] TIAN P, MCKENDRY J J D, GU E, et al. Fabrication, characterization and applications of flexible vertical InGaN micro-light emitting diode arrays[J]. Optics Express, 2016, 24(1):699 - 707.

[16] TIAN P, MCKENDRY J J D, GONG Z, et al. Characteristics and applications of micro-pixelated GaN-based light emitting diodes on Si substrates [J]. Journal of Applied Physics, 2014, 115(3): 033112.

[17] LEE S Y, PARK K, HUH C, et al. Water-resistant flexible GaN LED on a liquid crystal polymer substrate for implantable biomedical applications[J]. Nano Energy, 2012, 1(1): 145 - 151.

[18] QUAN L N, SABATINI R P, SARGENT E H, et al. Perovskites for light emission [J]. Advanced Materials, 2018, 30(45): 1801996.

[19] ERA M, MORIMOTO S, TSUTSUI T, et al. Organic-inorganic heterostructure electroluminescent device using a layered perovskite semiconductor $(C_6H_5C_2H_4NH_3)_2PbI_4$[J]. Applied Physics Letters, 1994, 65(6): 676 - 678.

[20] WANG N, CHENG L, GE R, et al. Perovskite light-emiting diodes based on solution-processed self-organized multiple quantum wells[J]. Nature Photonics, 2016, 10(11): 699 - 704.

[21] HAN H V, LIN H Y, LIN C C, et al. Resonant-enhanced full-color emission of quantum-dot-based micro-LED display technology[J]. Optics Express, 2015, 23(25): 32504 - 32515.

[22] MEI S, LIU X, ZHANG W, et al. High-bandwidth white-light system combining a micro-LED with perovskite quantum dots for visible light communication[J]. ACS Applied Materials & Interfaces, 2018, 10(6): 5641 - 5648.

[23] TIAN P, MCKENDRY J J D, GONG Z, et al. Size-dependent efficiency and efficiency droop of blue InGaN micro-light emitting diodes[J]. Applied Physics Letters, 2012, 101(23): 231110.

[24] YANG W, ZHANG S, MCKENDRY J J D, et al. Size-dependent capacitance study on InGaN-based micro-light-emitting diodes[J]. Journal of Applied Physics, 2014, 116(4): 044512.

[25] RYU H Y, SHIM J I. Effect of current spreading on the efficiency droop of InGaN light-emitting diodes[J]. Optics Express, 2011, 19(4): 2886 - 2894.

[26] MEYAARD D S, SHAN Q, CHO J, et al. Temperature dependent efficiency droop in GaInN light-emitting diodes with different current densities[J]. Applied Physics Letters, 2012, 100(8): 081106.

[27] WIERER JR J J, TANSU N. Ⅲ-nitride micro-LEDs for efficient emissive displays[J]. Laser & Photonics Reviews, 2019, 13(9): 1900141.

[28] SMITH J M, LEY R, WONG M S, et al. Comparison of size-dependent characteristics of blue and green InGaN micro-LEDs down to 1 μm in diameter[J]. Applied Physics Letters, 2020, 116(7): 071102.

[29] HWANG D, MUGHAL A, PYNN C D, et al. Sustained high external quantum efficiency in ultrasmall blue Ⅲ-nitride micro-LEDs[J]. Applied Physics Express, 2017, 10(3): 032101.

[30] OLIVIER F, DAAMI A, LICITRA C, et al. Shockley-Read-Hall and Auger non-radiative recombination in GaN based LEDs: a size effect study[J]. Applied Physics Letters, 2017, 111(2): 022104.

[31] WONG M S, HWANG D, ALHASSAN A I, et al. High efficiency of Ⅲ-nitride micro-light-emitting diodes by sidewall passivation using atomic layer deposition[J]. Optics Express, 2018, 26(16): 21324 - 21331.

[32] HUANG S C, LI H, ZHANG Z H, et al. Superior characteristics of microscale light

emitting diodes through tightly lateral oxide-confined scheme[J]. Applied Physics Letters, 2017, 110(2): 021108.

[33] TIAN P, MCKENDRY J J D, HERRNSDORF J, et al. Temperature-dependent efficiency droop of blue InGaN micro-light emitting diodes[J]. Applied Physics Letters, 2014, 105(17): 171107.

[34] LU S, LIU W, ZHANG Z, et al. Low thermal-mass LEDs: size effect and limits[J]. Optics Express, 2014, 22(26): 32200-32207.

[35] TIAN P, ALTHUMALI A, GU E, et al. Aging characteristics of blue InGaN micro-light emitting diodes at an extremely high current density of 3.5 kA cm^{-2}[J]. Semiconductor Science and Technology, 2016, 31(4): 045005.

[36] GUO X, SCHUBERT E F. Current crowding and optical saturation effects in GaInN/GaN light-emitting diodes grown on insulating substrates[J]. Applied Physics Letters, 2001, 78(21): 3337-3339.

[37] MENEGHINI M, TREVISANELLO L R, MENEGHESSO G, et al. A review on the reliability of GaN-based LEDs[J]. IEEE Transactions on Device and Materials Reliability, 2008, 8(2): 323-331.

[38] TIAN P, WU Z, LIU X, et al. Large-signal modulation characteristics of a GaN-based micro-LED for Gbps visible-light communication[J]. Applied Physics Express, 2018, 11(4): 044101.

[39] GREEN R P, MCKENDRY J J D, MASSOUBRE D, et al. Modulation bandwidth studies of recombination processes in blue and green InGaN quantum well micro-light-emitting diodes[J]. Applied Physics Letters, 2013, 102(9): 091103.

[40] TIAN P, EDWARDS P R, WALLACE M J, et al. Characteristics of GaN-based light emitting diodes with different thicknesses of buffer layer grown by HVPE and MOCVD[J]. Journal of Physics D: Applied Physics, 2017, 50(7): 075101.

[41] LAN H, TSENG I, LIN Y, et al. High-speed integrated micro-LED array for visible light communication[J]. Optics Letters, 2020, 45(8): 2203-2206.

[42] CAI Y, HAGGAR J I H, ZHU C, et al. Direct epitaxial approach to achieve a monolithic on-chip integration of a HEMT and a single micro-LED with a high-modulation bandwidth[J]. ACS Applied Electronic Materials, 2021, 3(1): 445-450.

第 5 章

制约 GaN 基 Micro-LED 外量子效率的关键因素及解决方案

5.1 引言

基于 GaN 的微尺寸发光二极管(μLED)已经成为一种很有前景的光源，在新一代显示技术以及可见光通信等领域有着广泛的应用空间；而当其用于显示领域时，有两个关键技术瓶颈需要克服：全彩化方案和巨量转移技术。与此同时，GaN 基 μLED 器件本身的外量子效率(EQE)普遍较低，这也是 μLED 显示面临的另一个挑战。本章首先简要回顾 GaN 基 μLED 当前的发展现状，并着重分析 GaN 基 μLED 低 EQE 的原因；然后，通过从器件本身的物理机理出发，分析当前提高 μLED 器件 EQE 的一系列措施，旨在为相关领域人员进一步开发高性能 GaN 基 μLED 提供指导。

5.2 Micro-LED 的研究背景

如今，随着智能手机、平板、高分辨率显示的快速发展，导致整个行业对高性能显示器的需求越来越大。在过去的几十年里，主流的显示系统都是基于液晶显示(LCD)和有机发光二极管(OLED)这两种技术，这两种显示技术几乎占据了整个智能显示领域。前者具有寿命长、成本低、便携性强、高亮度等优势。而后者具有自发光和高对比度的特性[1-2]。因此，基于 LCD 和 OLED 的显示技术很可能在未来几年内继续服务于显示领域[3-9]。然而，现阶段对于 LCD 和 OLED 这两种显示技术仍存在一些不足之处，比如，LCD 存在颜色转换效率差、色彩饱和度和对比度低等问题[10]；而 OLED 存在亮度和寿命的问题[11-13]。基于 Micro-LED (简称 μLED)的显示技术具备亮度、寿命、分辨率和效率等方面的优异性，因此逐渐走进人们的视野。第一个 μLED 芯片于 2000 年由美国德克萨斯技术大学的研究团队制造并报道[14-15]。此后，由于 μLED 独特的性能特点以及广阔的潜在应用前景，近些年一直是相关领域的研究热点。图 5-1 展示了近年来 μLED 的几大潜在应用领域，主要集中在智能手表、便携式显示、笔记本电脑、微型投影显示器、增强现实(AR)和虚拟现实(VR)等新兴显示技术[16-24]。近些年来，由于高端消费市场的需求不断提高，基于 μLED 显示系统中单个像素点的尺寸以及间距越来越小，从最早的 2007 年的

73 PPI(像素密度)，到 2019 年加拿大 VueRea 公司宣布的 300 000 PPI，未来应用于智能显示的 μLED 像素密度将会越来越大。除了在显示领域有非常好的应用前景外，μLED 较大的频率带宽以及快速的频率响应特性，也使得 μLED 广泛用于可见光通信(VLC)[25-30]。现阶段，虽然 μLED 的市场前景广阔，但仍有不少瓶颈需要克服，包括较高的工艺设备要求、全彩显示和巨量转移等关键技术难题，以及器件尺寸减小下极低的外量子效率(EQE)等。

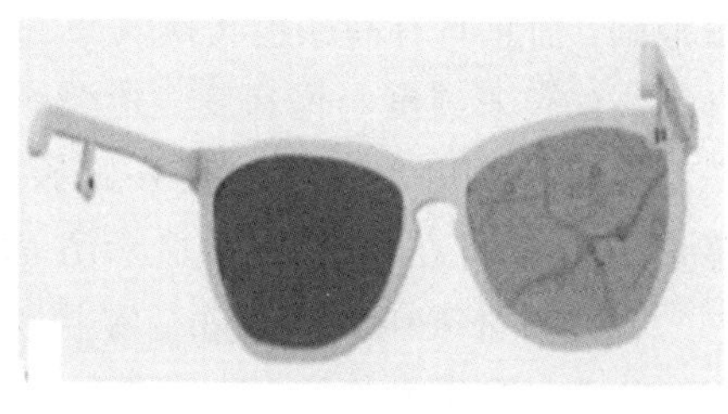

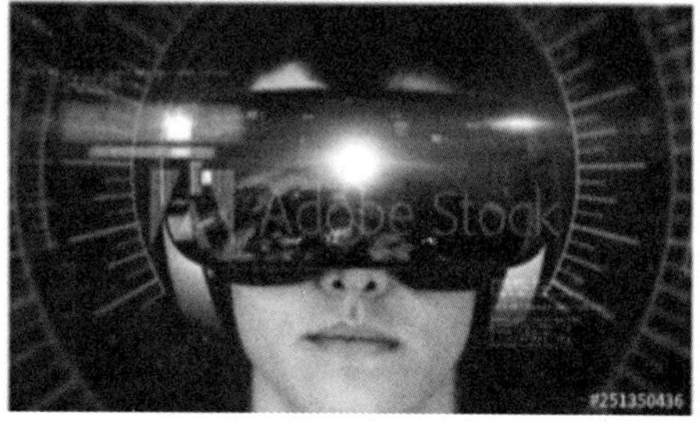

图 5－1　基于 Micro-LED 技术的显示应用[24]

1. 基于 Micro-LED 的全彩显示技术

Micro-LED 的全彩化是目前一个热门的研究方向。在当今追求彩色化以及高分辨率、高对比率的市场趋势下，各大科研院所与研究机构已经提出多种有效的解决方式。Micro-LED 实现全彩化的方法主要可以归结于两类：RGB(红绿蓝)三色 LED 方案以及 UV/蓝光 LED 激发颜色转换材料。前者是基于 RGB 三原色的调色原理。众所周知，RGB 三原色经过一定的配比可以实现自然界中的绝大部分色域，因此可以集成 GaAs/InP 基红光 LED 和 GaN 基蓝绿光 LED[31-34]，再通过调整施加的偏压和注入的电流大小来控制每个 LED 的亮度来实现颜色配比，达到全彩效果[33]。这种基于 RGB 方案的全彩显示技术的优点在于显示色域广、频率响应快。然而，将数百万个 μLED 准确无误地转移到复杂的驱动电路基板上是非常困难的[16]。同时，由于驱动芯片实际输出电流会和理论电流存在误差，且单个像素中的每个 LED 都有一定的半波宽和光衰现象，这一定程度影响了 LED 的显色性。而另外一种被行业广泛采用的全彩技术就是利用荧光粉或量子点等颜色转换材料来实现全彩化[35]，GaN 基蓝光 LED 可以泵浦颜色转换材料产生绿光和红光，而 GaN 基 UV LED 可以泵浦颜色转换材料产生蓝光、绿光和红光[36-43]。由于量子点材料可以通过控制其尺寸大小来激发特定波长的光，发光颜色可以覆盖从蓝光到红光的整个可见光光谱范围，而且具有高颜色转换效率、较窄的半峰宽以及宽的吸收频谱，因此拥有很高的色彩纯度与饱和度。其次，量子点结构简单、薄型化、可卷曲，因此广泛应用于 Micro-LED 的全彩显示甚至柔性显示[47-49]。近年来 CdSe、InP 基等量子点材料在制作全彩显示方面表现出了优异的性能而得到广泛关注[44-46]。目前常采用旋转涂布、雾状喷涂技术来旋涂均匀且尺寸可控的量子点，再通过蓝光或者紫外光进一步激发量子点来实现色彩转换。

2. Micro-LED 显示的巨量转移技术

μLED 显示的另一个技术挑战就是巨量转移技术。巨量转移又称薄膜转移，就是将 μLED 器件转移到具有特定电流驱动的 TFT 背板上，并组装成二维周期阵列。由于转移的像素点较多，一般情况下 500 PPI 的手机屏幕需要 800 万个像素颗粒，转移可允许的误差极小，所以精度需要严格控制。其次，为了抑制单个像素之间的串扰，实现高质量的成像效果，衬底需要进一步减薄甚至剥离，这也再次为巨量转移方案增加了难度[55-56]。如今基于 μLED 的显示市场迫切需要一种成本低且效率高的转移技术[50]。如今的转移技术主要分为两类，分别是物理转移和化学转移，其中具有代表性的技术有静电吸附转移、微转移打印技术和晶圆级单片混合集成等[31, 50, 52-54]。但是迄今为止，还没有一项技术能够在各项指标上被业界广泛接受，关于现有的巨量转移技术的详细描述可以参阅文献[51]。

5.3 Micro-LED 的尺寸效应

2000 年，Jiang 等人首次提出了微型 LED 结构，并首次研究了 LED 的尺寸对器件性能的影响[15]。此外，在过去的几十年中，对于 μLED 的尺寸效应进

行了系统的研究。研究发现，随着 μLED 芯片尺寸的减小，器件的性能也伴随着相应的变化，这首先体现在器件的光学和热学性能上。首先，μLED 尺寸的减小在一定程度下可以提高侧壁的出光，进而提高器件的光提取效率[57]。然而，这种侧壁的出光也会导致像素点之间的光学串扰[42]。因此，需要采取一些措施来减少光的横向传播，提高倒装芯片基板一侧的光提取，这可以通过采用 RCLED 结构来调控光子的传输方向并减小光学串扰[58-59]。同时，μLED 芯片尺寸的减小也会造成器件的散热增强，因此相同电流密度下小尺寸器件的结温明显低于大尺寸器件[61-62]。实验数据表明，器件热阻随 LED 的尺寸减小线性减小[63]。图 5-2(a)和(b)分别为不同尺寸的 InGaN/GaN LED 器件的实验测试和仿真计算下的光功率随电流密度的变化曲线图。根据图 5-2(a)，当 LED 尺寸为 $25\times25\ \mu m^2$ 时，输出功率 5000 A/cm^2 出现明显下降，而当 LED 尺寸为 $200\times200\ \mu m^2$ 时，则在电流密度为2000 A/cm^2 时会出现发光功率下降的现象，图 5-2(b)的模拟计算结果也同样说明这一问题，并且与实验测试结果吻合度较高。

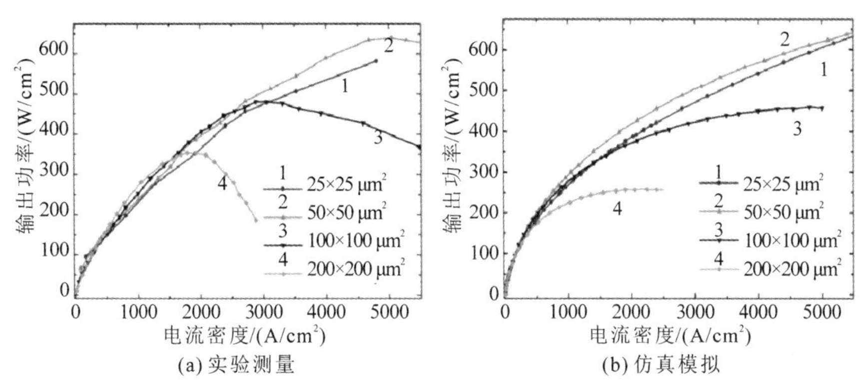

图 5-2　不同尺寸 LED 器件的输出特性[62]

根据之前的研究显示[64-66]，大尺寸 LED 器件性能会受到电流拥挤效应的影响，特别是当注入电流密度较大时，电流往往会在局部积累。然而当芯片尺寸变小时，横向电阻逐渐降低，因此 μLED 拥有更好的电流扩展能力[67-68]。图 5-3 为不同尺寸器件中靠近 p 区一侧第一个量子阱中的横向载流子分布[69]，LED Ⅰ、Ⅱ、Ⅲ的尺寸分别为 100×100、60×60、$20\times20\ \mu m^2$。对于 LED Ⅰ、Ⅱ、Ⅲ而言，电子在 mesa 边缘的下降程度分别为 62.8%、44.4%和 12.4%，而空穴分别为 90.4%、75.5%和 27.1%，这进一步说明随着器件尺寸的减小，横向电阻减小，因此电流的横向扩展能力大幅改善。

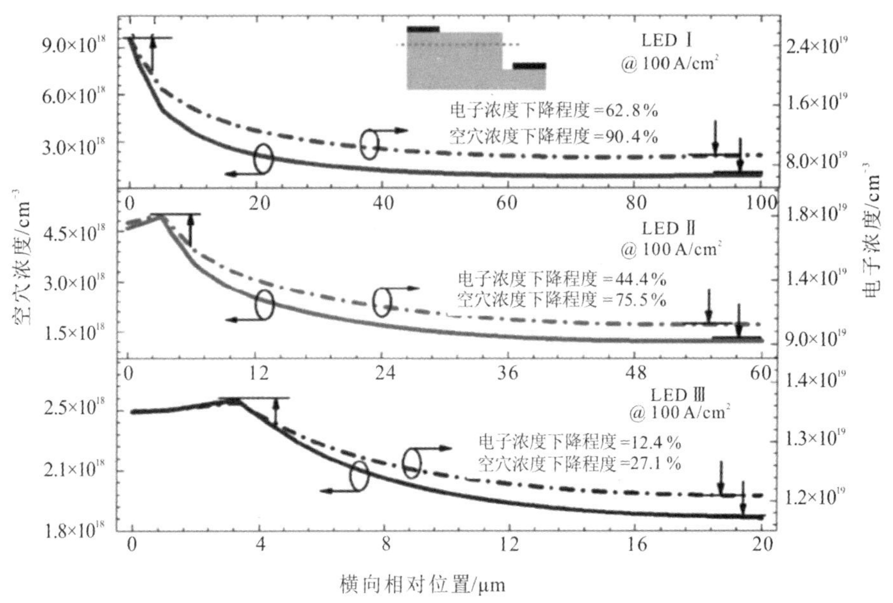

图 5-3 不同尺寸器件有源区的横向载流子分布[69]

5.4 Micro-LED 外量子效率较低的根本原因

目前报道的 GaN 基 μLED 器件的峰值 EQE 普遍低于 15%[68-69, 71, 73-74]。Hwang 等人报道的 μLED 是目前性能最好的器件，其芯片尺寸为20×20 μm^2，峰值 EQE 可以达到 40.2%[9]。实际用于显示的 μLED 器件的驱动电流很小，但是如此小的注入电流下器件的效率很低，还不足以产生足够高的发光强度[72]。研究表明，在如此低的工作电流下，电子泄漏现象还不够明显[75]。其次，小注入电流下的量子阱中的载流子浓度也很低，因此器件内部的俄歇复合也不明显。由图 5-4(a)的计算结果可以看出，LED 中的俄歇复合系数在不同尺寸下几乎没有很大的变化，但图 5-4(b)表明随着 LED 尺寸的减小，SRH 非辐射复合率会明显增加[73]。因此，对于小尺寸的 μLED 器件，在如此低的驱动电流下，小尺寸器件的 IQE 主要取决于缺陷诱导的非辐射复合。因此，抑制侧壁表面处的缺陷是当前提高 μLED 器件性能的主要出发点之一。

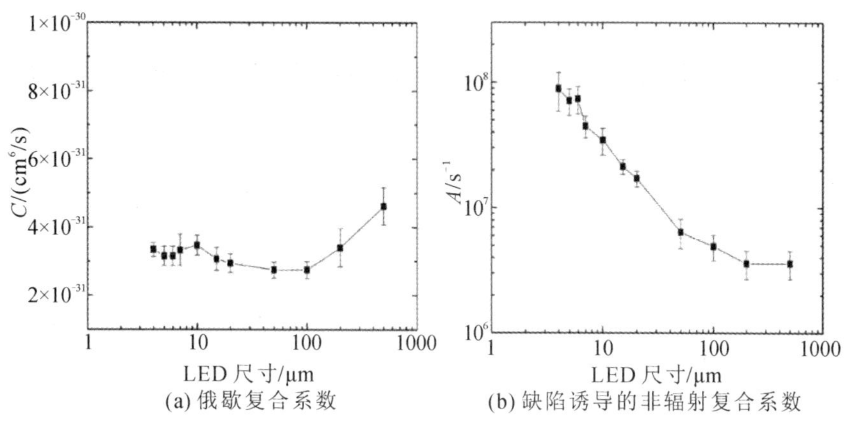

图 5－4　复合系数随器件尺寸的变化趋势[73]

前面的研究表明，μLED 具有较好的电流扩展效应，这意味着载流子很容易扩展到器件台面的边缘，并与边缘处的缺陷结合产生非辐射复合。对于大尺寸 LED 器件，虽然侧壁边缘或者表面也存在缺陷引起的非辐射复合，但边缘损伤的区域占整个器件的比例很小，所以对器件性能的影响并不明显，但是对于 μLED，这种对性能造成的影响则很难忽视[9, 69-71]。此外，巨量转移过程中也会造成芯片的损伤和缺陷，这无疑会进一步造成器件的性能衰退。

通常情况下，在基于 RGB 技术的全彩显示的 Micro-LED 中，蓝光和绿光可以由 GaN 基 μLED 实现，红光一般可以由 GaP/GaAs 基 μLED 获得。但是这两种 μLED 的芯片厚度和驱动电压有很大差别，这在一定程度上给巨量转移和驱动电路的设计带来了一定的难度。此外，GaAs 基 μLED 对缺陷非常敏感，这也使得目前红光 GaAs 基 μLED 的 EQE 非常低[76-112]。因此，为了避免这一系列问题，最直接的方案就是采用高 In 组分 GaN 基红光 μLED[76]。现阶段，通常情况下，InGaN/GaN LED 都沿[0001]方向生长，多量子阱(MQW)界面处存在很大的晶格失配，并导致很强的极化电场，这将造成电子和空穴波函数之间的分离，即量子限制斯塔克效应(QCSE)，QCSE 会造成器件的辐射复合效率降低，尤其是对于高 In 组分的 InGaN/GaN 量子阱[77]。因此，对于绿光和红光的 GaN 基 μLED，需要采取一些技术手段来缓解晶格失配造成的 QCSE 效应，进而提高器件的 EQE。

此外，虽然器件尺寸的减小可以提高光提取效率(LEE)[57]，但器件侧壁的光提取效率也将随之增加，这会导致相邻像素之间的光学串扰[42]。因此，同样也需要通过调整出光的方向性去提高出光面的光提取效率，进而改善器件的 EQE。

5.5 提高 Micro-LED EQE 的相关办法与措施

根据前文的叙述，侧壁缺陷对 μLED 器件性能有很大的影响，关于抑制表面缺陷处的非辐射复合技术手段，已经有较多的研究报道，大部分的技术方案主要从以下几个方面出发：① 通过热退火消除侧壁缺陷；② 利用等离子体增强化学气相沉积(PECVD)或原子层沉积(ALD)生长钝化层抑制表面缺陷；③ 通过化学处理去除表面缺陷；④ 调节横向电流扩展，将注入电流限制在器件中央远离台面边缘缺陷区域。

1. 热退火

首先，Tian 等人尝试通过优化热退火时间来降低台面刻蚀造成的侧壁缺陷的密度[74]。如图 5-5 所示，对于 6×6 μm^2 LED 器件，当退火时间从 2 min 增加到 3 min 后，器件的峰值 EQE 可以从 0.05 提高到 0.10。同时，增加退火时间后，峰值 EQE 下的电流密度从约 100 A/cm^2[见图 5-5(a)]降低到 40 A/cm^2[见图 5-5(b)]，这进一步说明了由缺陷造成的非辐射复合得到抑制。此外，图 5-5(b)中 6×6 μm^2 LED 器件的效率衰退比较明显，这表明 MQW 中的载流子浓度增加，会引起俄歇复合，从而导致明显的效率衰退。根据我们之前的研究显示[57]，侧壁缺陷会消耗大量的载流子，从而导致注入 MQW 的载流子浓度很低，而

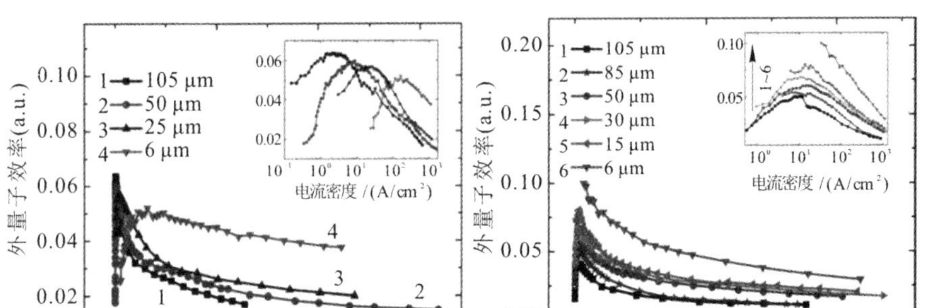

图 5-5　不同退火时间下，不同尺寸的 μLED 的外量子效率变化图[74]

MQW 中如此低的载流子浓度并不能造成明显的俄歇复合。因此，对于表面缺陷密度较大的小尺寸 μLED，由于俄歇复合造成的效率下降并不是非常明显，影响器件性能的主要原因是缺陷造成的非辐射复合。进一步分析图 5－5，同样可以发现对于芯片尺寸较大的 LED 器件，改变热退火时间对 EQE 的影响较小，这也说明了侧壁缺陷对大尺寸器件的影响很小。因此，对于小尺寸 μLED 而言，适当地优化热退火工艺可以有效抑制侧壁缺陷密度，进一步降低非辐射 SRH 复合[78]。

2. 侧壁钝化及化学处理

虽然热退火工艺可以在一定程度上减少侧壁的缺陷密度，但却无法完全抑制侧壁的等离子损伤，因此，需要采取额外的工艺手段来进一步减少侧壁的缺陷密度。传统的大尺寸 LED 和 Mini-LED 通常采用氢氧化钾（KOH）或硫化铵对台面侧壁进行化学处理[78, 88-90]，这种湿法处理可以形成比较光滑的侧壁表面[91]。然而，对于传统的大尺寸 LED，由于缺陷区域占总体积的比例很小，这种化学处理对器件性能的提高不够明显。但是对于小尺寸的 μLED，适当的化学处理有助于提高器件的 EQE[92]。图 5－6 为电流密度为 1 A/cm^{2}时 6 种不同

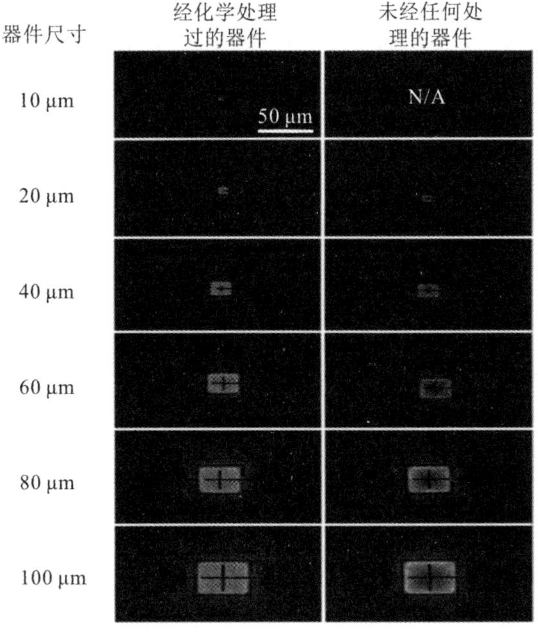

图 5－6　不同尺寸 LED 器件的电致发光（EL）对比图[92]

尺寸的LED器件的电致发光(EL)图[92]，左侧的μLED器件的侧壁采取了化学湿法处理以及ALD生长侧壁绝缘钝化层，右侧的参考器件没有经过任何处理。通过对比研究可以发现，没有经过化学处理的小尺寸LED的发光强度很暗，而对于10×10 μm² μLED器件甚至都无法采集到发光图像。此外，随着器件尺寸的增大，以100×100 μm²的LED器件为例，化学处理对器件的影响较小。图5-6右侧的电致发光测试结果同样可以表明，侧壁表面缺陷可以充当电流泄漏的通道，边缘区域很强的泄漏电流导致该区域的发光强度比器件中央更强。而左侧采用KOH化学处理侧壁的器件，整个台面的发光强度相对比较均匀，这也说明边缘缺陷有所抑制，减少了侧壁的漏电。

图5-7(a)和(b)分别为图5-6中的LED器件的EQE变化曲线。对于20×20 μm²和10×10 μm²的小尺寸LED器件在KOH溶液中化学处理后，EQE有明显的提高，而对于大尺寸LED器件，KOH溶液化学处理前后，EQE几乎没有变化。此外，由图5-7(a)可以发现，在电流密度为100 A/cm²时，对于器件尺寸为10×10 μm²、20×20 μm²、40×40 μm²、60×60 μm²、80×80 μm²和100×100 μm²的LED来说，效率下降的程度分别为17.65%、10.81%、13.04%、21.93%、22%和31.82%，而对于图5-7(b)中经过KOH溶液化学处理后的器件，效率下降的程度分别为29.17%、23.4%、14.89%、17.78%、30.43%和32.61%。以10×10 μm²的小尺寸LED器件为例，经过KOH溶液化学处理后，效率下降的程度明显增加，这是由于表面缺陷密度降低，载流子注入效率提高，而MQW中的载流子浓度增加导致器件内部的俄歇复合率增强，造成了明显

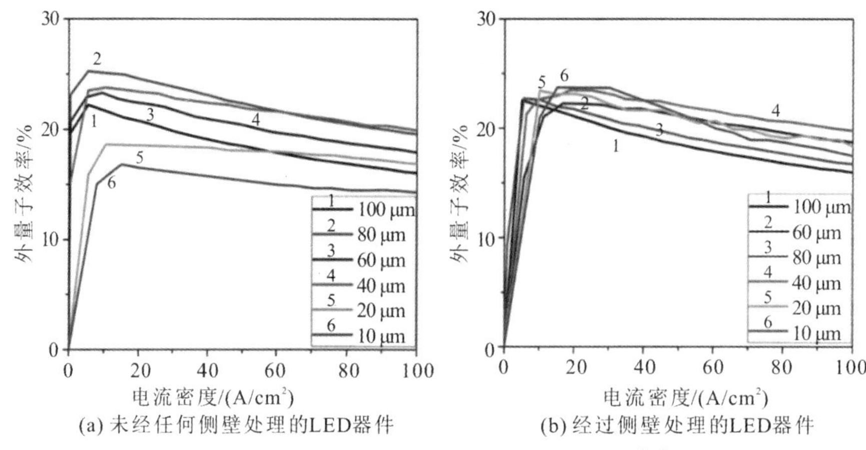

(a) 未经任何侧壁处理的LED器件　　(b) 经过侧壁处理的LED器件

图5-7　不同尺寸LED器件的EQE变化图[92]

的效率下降[69]。然而，对于 100×100 μm^2 的大尺寸 LED 器件，化学处理前后效率下降的程度没有很大的区别，这进一步说明表面缺陷对大尺寸 LED 器件的性能影响很小。

当然，依靠化学处理器件侧壁的方式是无法完全消除表面缺陷的，通常情况下，应结合侧壁表面钝化来进一步去除缺陷和损伤[79]。采用侧壁钝化除了能减少侧壁缺陷以外，同样也会提高器件的光提取效率[80-81]。目前常见的钝化层主要采用 PECVD 和 ALD 两种方法沉积。PECVD 的优点在于其沉积速率很快，通过 PECVD 系统淀积的绝缘钝化层可以在一定程度上改善器件的电学和光学性能，如降低漏电流、提高光提取效率等[80-83]。但是，利用 PECVD 系统淀积的钝化层的质量不够致密，这也使得表面部分缺陷无法被有效钝化[111]。因此，由于 ALD 系统沉积的绝缘层厚度精确可控、质量高且致密，如今更倾向采用 ALD 系统去淀积钝化层[84]。图 5-8(a)和(b)分别为 100×100 μm^2 和 20×20 μm^2 的 μLED 器件在不同侧壁处理条件下的 EQE 曲线。LED-1 是没有经过任何侧壁处理过的参考器件；在 LED-2 的侧壁，通过 ALD 淀积了钝化层；LED-3的侧壁采用了 PECVD 生长钝化层以及湿化学处理的工艺手段；LED-4的侧壁采用了 ALD 生长钝化层以及湿化学处理。由图 5-8(a)可见，是否采用侧壁处理对 100×100 μm^2 大尺寸 LED 器件的 EQE 影响并不大；而由图 5-8(b)可见，对于 20×20 μm^2 的 μLED，不同侧壁处理下器件的 EQE 有很明显的差别。在电流密度为 100 A/cm^{2}时，没有任何处理的 LED-1 的 EQE 仅为 16%，而

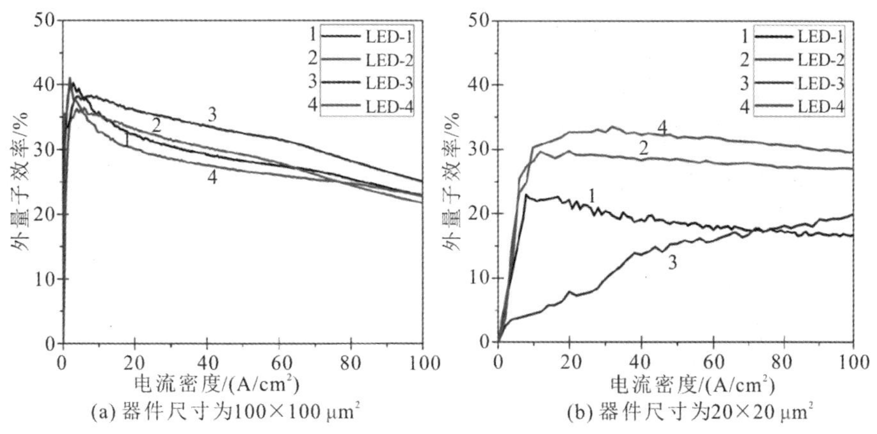

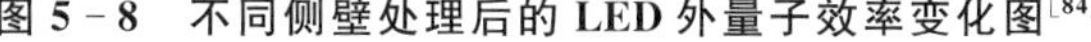
图 5-8　不同侧壁处理后的 LED 外量子效率变化图[84]

采用了基于 **ALD** 侧壁钝化技术的 **LED**－2 的 EQE 高达 28%，这说明基于 ALD 侧壁钝化的方法显著地降低了 μLED 侧壁表面的缺陷密度；其次，采用基于 ALD 钝化技术和 HF 化学处理的 LED－4 的 EQE 为 31%，而采用基于 PECVD 钝化技术和 HF 化学处理的 LED－3 的 EQE 仅为 20%，这也说明基于 ALD 钝化层在抑制侧壁损伤方面的效果更为显著。

图 5－9(a)为不同芯片尺寸的 LED－1、LED－2、LED－3、LED－4 的电致发光图像。以 10×10 μm^2 的 μLED 为例，LED－2 的发光强度比 LED－1 的发光响度有明显增强。对于 LED－3，特别对于小尺寸器件，尽管其侧壁采用了 PECVD 钝化层以及湿化学处理技术手段，但仍无法采集到发光图像，这一方面是由于基于 PECVD 的侧壁钝化层减弱了 ITO 层的透明度[85-86]，另一方面也说明基于 PECVD 淀积的钝化层去除表面缺陷的效果并不理想。相比之下，采用基于 ALD 钝化技术和 HF 化学处理后的 LED－4 显示出比其他器件更好的发光特性，这也体现了采用 ALD 淀积钝化层以及化学处理对台面侧壁缺陷处理的重要性。正如前文所述，表面钝化和化学处理可以去除侧壁的缺陷，从而减少漏电的途径，使得载流子可以更均匀地分布在台面上，这也有助于产生更均匀的发光分布。图 5－9(b)是尺寸为 20×20 μm^2 的 LED－1、LED－2、LED－3 和 LED－4 的输出光功率，可以看出采用基于 ALD 技术的侧壁钝化层和 HF 化学处理的 LED－4 具有相对较好的输出特性。综上所述，对于小尺寸的 μLED 器件，器件侧壁采取 ALD 淀积钝化层并结合化学处理可以一定程度上缓解表面缺陷对器件性能的影响[87]。

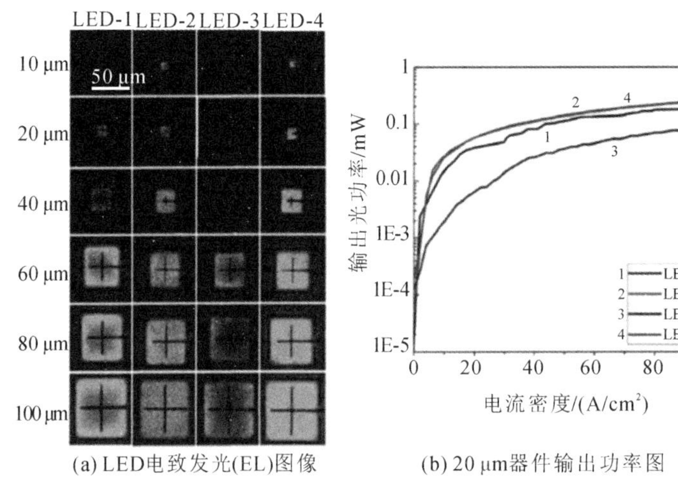

(a) LED电致发光(EL)图像　　(b) 20 μm器件输出功率图

图 5－9　LED 器件发光输出功率特性[84]

3. 调控横向电流扩展

除了生长高质量的钝化层外，另一个抑制表面复合的有效方法是调控内部电流扩展长度，即尽量使注入电流限制在器件中间并远离边缘侧壁。方法之一是通过设计埋层隧道结将电流限制在器件中间，降低到达器件边缘处的载流子浓度，从而降低器件边缘处缺陷引起的非辐射复合，进而提高器件的 EQE[70, 93-94]。图 5-10 为不同器件输出特性对比图[95]，其中标准 LED 为没有隧穿结(TJ)的参考器件，LED-1、LED-2 和 LED-3 为采用 TJ 的 LED 器件。TJ LED-1、LED-2 和 LED-3 隧穿结中 n^+-GaN 层的硅掺杂浓度分别为 7.0×10^{19} cm^{-3}、1.1×10^{20} cm^{-3}和 1.7×10^{20} cm^{-3}。由图 5-10(a)可见，具有埋层隧道结的 LED 器件都具有很高的正向偏压，这是因为 Mg 掺杂的 p^+-GaN 层的电离率很低[114]，这种较低的掺杂率必会降低载流子的隧穿概率[115-116]。此外，由于内部扩展电阻和 p-GaN 电阻的上升，虽然 100×100 μm^2 LED 的正向电压相比于 5×5 μm^2 LED 而言有所增加，但是采用埋层隧穿结的 LED 器件的 EQE 相较于参考器件而言则有很大的改善。由图 5-10(b)可见，对于 40×40 μm^2 具有埋层隧穿结的 μLED 器件，峰值 EQE 可以达到 34%，且远远大于参考器件的 25%。

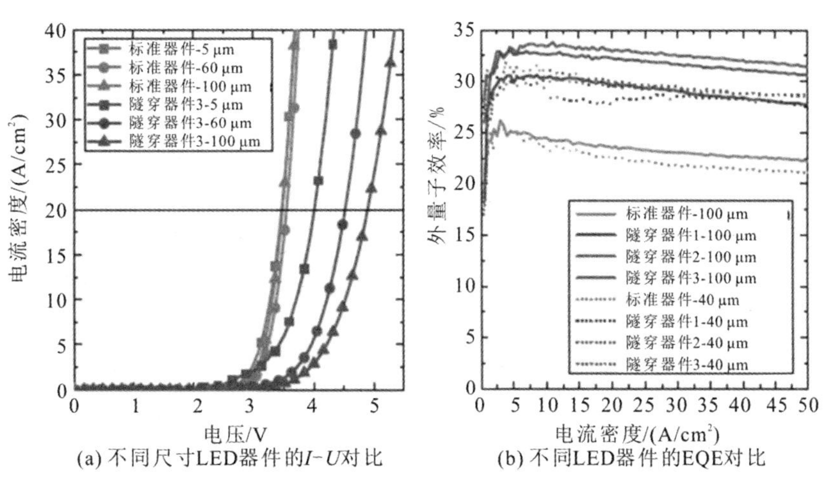

(a) 不同尺寸LED器件的I-U对比　　(b) 不同LED器件的EQE对比

图 5-10　不同器件输出特性对比图[95]

此外，类似于 GaN 基 VCSEL 的限制孔的设计思路[116]，相关研究人员也为 μLED 设计了一个限制孔来实现类似于埋层隧穿结的效果[96]。绝缘层限制孔的材料一般采用 SiO_2、SiN_x等，它可以获得显著的横向电流限制，从而大大

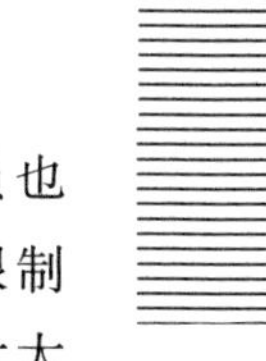

缓解边缘处的非辐射复合。然而，不管是埋层隧穿结还是限制孔结构，p^+-GaN层的较低的 Mg 掺杂效率和限制孔制作所需的二次刻蚀，都在一定程度上增加了工艺的难度。

另一种调整电流扩展的有效方法可以通过调控 LED 的垂直电阻来实现[117]。对于大尺寸的 LED 器件，可以尝试在器件内部采用 PNP 或者 NPN 结来适当提高垂直电阻率来进一步提高器件的电流扩展[64, 117-119]；但对于小尺寸器件而言，需要通过降低垂直电阻来更好地限制电流，一种简单的方法就是适当减小量子垒厚度[97]。量子垒变薄的另外一个优点是可以增强空穴注入效率[98]。如图 5-11 所示，计算和实验结果都表明采用薄的量子垒可以在一定程度上改善 μLED 器件的 EQE。为了更好地说明减薄量子垒对降低表面复合的影响，图 5-12 计算了器件台面边缘的缺陷引起的非辐射复合率和辐射复合率（R_{SRH}/R_{Rad}）之比，可以

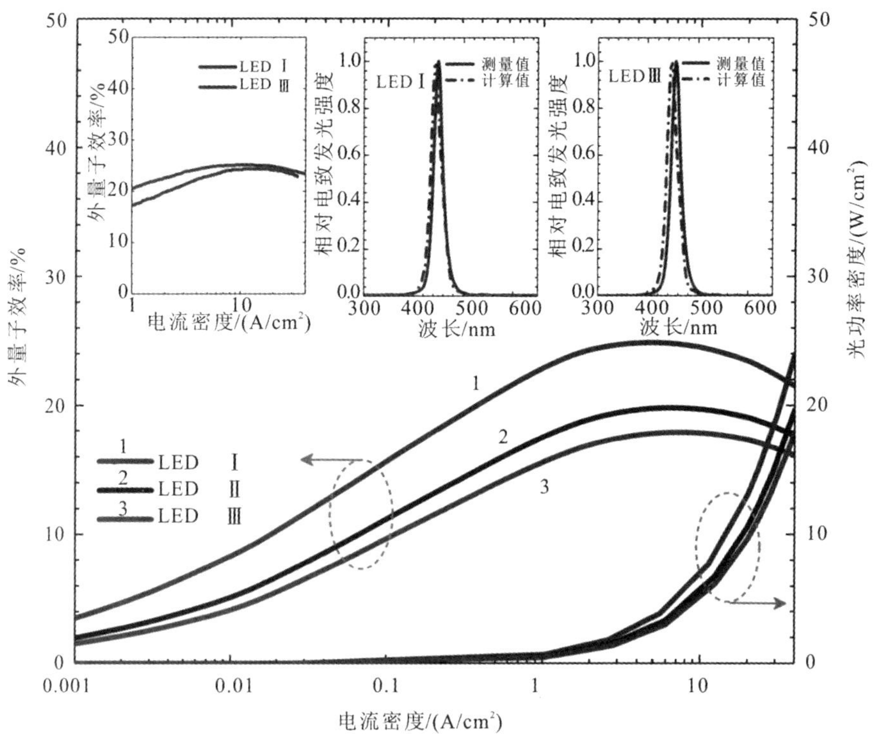

图 5-11　量子垒厚分别为 6、9、12 nm 的 LED Ⅰ、Ⅱ、Ⅲ的 EQE 和输出光功率图[97]（内插图自左到右分别为 LED Ⅰ和Ⅲ器件测试的 EQE、LED Ⅰ和Ⅲ的实际测试电致发光光谱以及仿真计算的电致发光光谱）

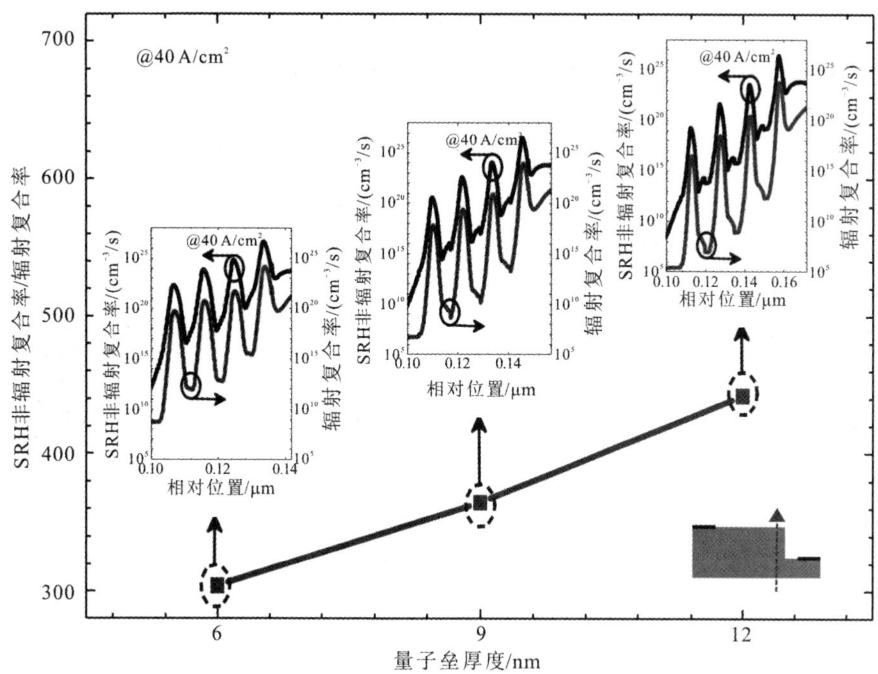

图5-12　不同量子垒厚度的SRH复合率和辐射复合率的比率变化图[97]（内插图为不同量子垒厚度下有源区SRH复合和辐射复合的强度对比）

清楚地发现，随着量子垒减薄，R_{SRH}/R_{Rad}的比例也随之降低。这也进一步说明通过减薄量子垒可以有效调控电流扩展，从而进一步降低边缘处非辐射复合对器件性能的影响。

GaN基LED存在的另外一个问题就是材料本身的极化特性。正如前文中提到的，为了降低显示工艺的复杂性，采用高In组分GaN基红光LED来实现全彩显示是一个不错的选择。基于Ⅲ族氮化物半导体的异质结界面处存在严重的压电和自发极化特性[120-121]，而这种极化特性也会造成非常强的QCSE，降低了电子和空穴波函数的重叠率，从而导致GaN基μLED内量子效率（IQE）的衰退，特别是高In组分的绿光和红光μLED[76, 122]。消除这一影响最直接的方法就是在非极性或半极性衬底上生长InGaN/GaN MQW[99-100]，但是这些非极性或半极性、高质量的GaN基LED只能生长在GaN衬底上，而GaN衬底最大的问题就是价格昂贵[101]。因此，现阶段大部分μLED采用的仍然是[0001]晶向的蓝宝石衬底和[111]晶向的Si衬底[123-124]。那么极化诱导的电场造成量子阱中的QCSE自然是需要解决的问

题。研究发现，器件异质结界面处晶格不匹配造成的应力可以通过改变器件尺寸来释放，因此有研究尝试采用纳米图形 LED 来实现应力释放[102-103]。常见的是采用纳米柱 LED 来释放 InGaN/GaN MQW 中的大部分应力，从而进一步提高器件性能[104-105]。对于 In 组分含量较高的 InGaN/GaN MQW，采用纳米柱的 μLED 器件相较于参考器件而言，IQE 有很明显的提升[105]。图 5－13(a)为一种通过纳米球光刻制造的纳米环 LED(NRLED)的结构[106]。图 5－13(b)、(c)、(d)和(e)为纳米环宽度分别为 300 nm、120 nm、80 nm 和 40 nm 的 NRLED 器件中应力分布曲线。应力分布结果表明，器件内部的应力可以通过减小纳米环的宽度得到有效释放：一方面，器件内部最大的应力分布在纳米环的中央，随着环的宽度的减小，

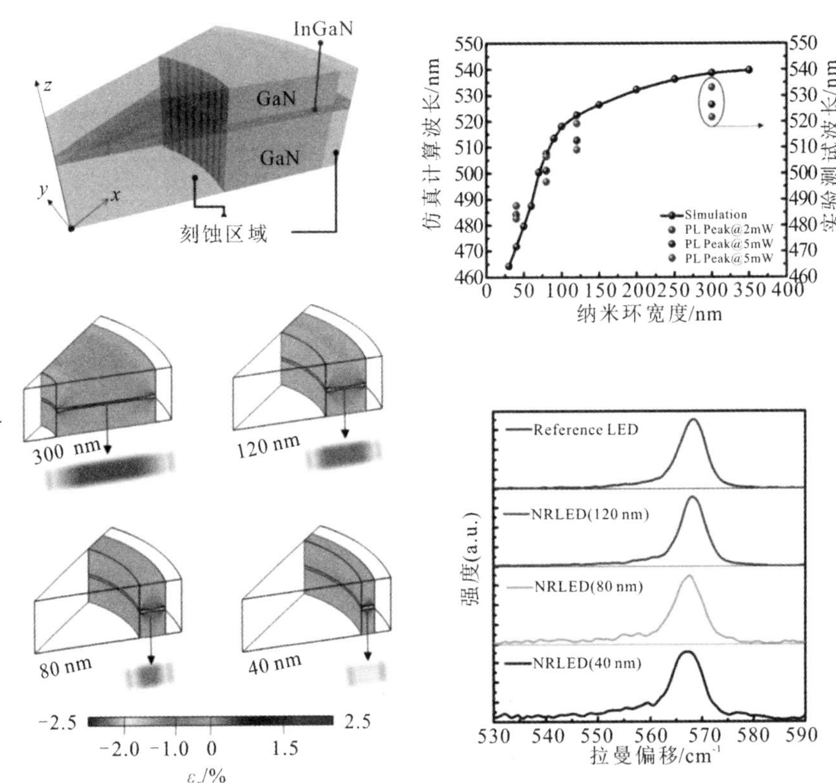

图 5－13　纳米环 LED 器件示意图及不同宽度纳米环下模拟计算和实验测量的波长偏移特性与拉曼光谱测试结果[106]

中心区域的应力从 −2.3% 降到 −1.7%；另一方面，如图 5－13(f)所示，环的宽度的减小也会导致光致发光发射峰的蓝移，这进一步验证了器件内部的释放应变。图 5－13(g)展示了纳米环宽度分别为 300 nm、120 nm、80 nm 和 40 nm 的 NRLED 拉曼测试的频移程度，分别为 569.49 cm^{-1}、568.10 cm^{-1}、567.42 cm^{-1} 和 567.23 cm^{-1}，对应的应力大小分别为 0.89 GPa、0.71 GPa、0.41 GPa 和 0.32 GPa。这也再次说明纳米环的宽度越小，应力释放的程度越大，器件的 IQE 越高。

虽然所提出的纳米 LED 结构可以抑制 QCSE，但高铟组分 InGaN 量子阱中的绿光和红光的 μLED 效率仍然很低。为了进一步降低生长量子阱过程中晶格不匹配造成的影响，有研究小组提出了一种新型的 InGaN 衬底[107]。实验结果表明，基于这种衬底生长的器件的 PL 光谱可以覆盖蓝色到琥珀色这一可见光范围。当发光波长为 536 nm 和 566 nm 时，IQE 值分别为 31% 和 10%，因此，在这种新型的 InGaN 衬底上外延生长绿光和红光 μLED 也可以有效缓解器件内部的 QCSE。

除了 IQE 以外，μLED 的 EQE 也受到光提取效率(LEE)的影响。如前文所述，侧壁钝化可以提高侧壁出光的临界角，降低侧壁的反射，从而提高侧壁的光提取效率。然而，侧壁出射的光会造成光学串扰，并影响显示效果。对于常见的倒装 μLED 器件，一般会通过激光剥离(LLO)技术去除蓝宝石衬底来抑制光子从侧壁逸出，进一步降低衬底一侧的光学串扰[108]。但是，由于 GaN 材料与空气之间的较大的折射率差会产生较大的界面反射，从而导致 LEE 降低。如图 5－14 所示，通过计算 10×10 μm^2 μLED 在侧面和底部的远场分布，可以看出相较于衬底完全去除的器件，具有蓝宝石衬底的 μLED 器件由于光在蓝宝石衬底内部的横向传播，左右两侧外围可透出更多的光，这会造成严重的光学串扰。因此，对于这种倒装 μLED 器件，为了减少或消除光学串扰，通常会采用激光剥离去除蓝宝石衬底[108]。同时，如图5－14(a)所示，去除蓝宝石衬底也会牺牲 μLED 底部的光提取效率，这同样也会降低器件的 EQE。目前，可采用几种常见的方法来提高 μLED 器件的光提取效率。其一，采用基于全向反射器(ODR)的侧壁钝化层来降低光损耗，提高 LEE[84, 110]。其二，利用截断的金字塔形状和优化台面的倾斜角度，可以将底部的 LEE 提高到 58.8%[109]。此外，有研究表明，利用高反射率的金属 Ag 作为 p 型电极也可以提高 μLED 的 LEE[125-126]。

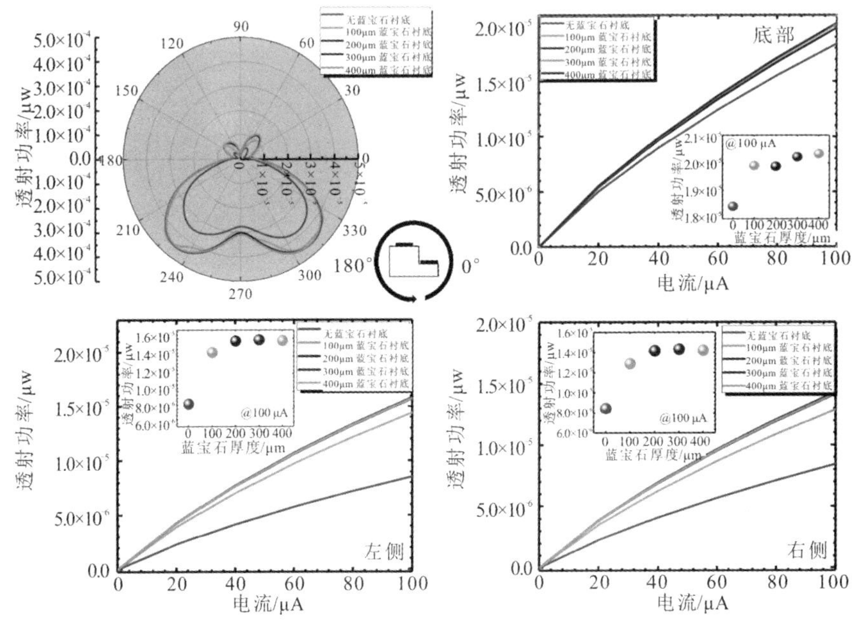

图 5-14　不同衬底厚度的 LED 器件在不同角度下的出光强度分布

5.6　本章总结

本章回顾了当前 μLED 所面临的关键挑战以及基于 μLED 的显示技术可能存在的瓶颈。除了实现全彩显示和巨量转移两个技术难点以外，本章分析了造成 μLED 器件 EQE 偏低的主要原因，并总结了目前常见的提高 EQE 的相关措施。首先，为了减小 μLED 的缺陷对器件性能的影响，当前主要从以下几个方面入手：① 优化热退火工艺以降低侧壁缺陷的密度；② 利用等离子体增强化学气相沉积(PECVD)或原子层沉积(ALD)系统生长钝化层来抑制侧壁缺陷；③ 湿化学处理去除表面缺陷；④ 调制电流扩散长度，将载流子限制在器件中央远离边缘缺陷区域。此外，为了缓解高 In 组分的绿光和红光 GaN-μLED 的 QCSE，当前有两种主流方法，分别是采用纳米 LED 结构或者新型 InGaN 衬底。然后，总结了通过改善 LEE 来进一步提高 EQE 的相关方法。本章中所总结的知识是为了让相关人更深入地了解 μLED 的器件机理，旨在更好地助力社会各界制造研究高效率 GaN 基 μLED。

参考文献

[1] TAN G, ZHU R, TSAI Y S, LEE K C, et al. High ambient contrast ratio OLED and QLED without a circular polarizer. J. Phys. D: Appl. Phys, 2016, 49(31): 31501.

[2] CHEN H, TAN G, WU S T. Ambient contrast ratio of LCDs and OLED displays. Opt. Express, 2017, 25(26): 33643 - 33656.

[3] VETTESE D. Liquid crystal on silicon. Nat. Photon, 2010, 4(11): 752 - 754.

[4] YANG D K, WU S T. Fundamentals-of-Liquid. John Wiley & Sons Ltd. , 2006.

[5] CHEN H, HE J, WU S T. Recent Advances on Quantum-Dot-Enhanced Liquid-Crystal Displays. IEEE J. Sel. Top. Quantum. Electron, 2017, 23(5): 1 - 11.

[6] PARK Y S, LEE S, KIM K H, et al. Exciplex-Forming Co-host for Organic Light-Emitting Diodes with Ultimate Efficiency. Adv. Funct. Mater, 2013, 23(39): 4914 - 4920.

[7] TSUJIMURA T. OLED-Display-Fundamentals-and-applications. 2nd ed. John Wiley & Sons, Inc, 2017.

[8] TANG C W, VANSLYKE S A. Organic electroluminescent diodes. Appl. Phys. Lett, 1987, 51(12): 913 - 915.

[9] HWANG D, MUGHAL A, PYNN C D, et al. Sustained high external quantum efficiency in ultrasmall blue Ⅲ-nitride micro-LED. Appl. Phys. Express, 2017, 10 (032101): 1 - 4.

[10] SCHADT M. Milestone in the history of field-Effect liquid crystal displays and materials. Japan. J. Appl. Phys, 2009, 48(3): B001.

[11] FÉRY C, RACINE B, VAUFREY D, et al. Physical mechanism responsible for the stretched exponential decay behavior of aging organic light-emitting diodes, Appl. Phys. Lett, 2005, 87(213502): 1 - 3.

[12] CHEN H W, LEE J H, LIN B Y, et al. Liquid crystal display and organic light-emitting diode display: present status and future perspective. Light. Sci. Appl, 2018, 7: 17168.

[13] MURAWSKI C, LEO K, GATHER M C. Efficiency roll-off in organic light-emitting diodes. Adv. Mater, 2013, 25(47): 6801 - 6827.

[14] JIANG H X, JIN S X, LI J, et al. Ⅲ-nitride blue microdisplays, Appl. Phys. Lett, 2001, 78(9): 1303 - 1305.

[15] JIN S X, LI J, LIN J Y, et al. InGaN/GaN quantum well interconnected microdisk

light emitting diodes. Appl. Phys. Lett, 2000, 77(20): 3236 - 3238.

[16] WUT, SHER C W, LIN Y, et al. Mini-LED and micro-LED: Promising Candidates for the Next Generation Display Technology. Appl. Sci, 2018, 8: 1557.

[17] JIANG H X, LIN J Y. Nitride micro-LEDs and beyond—a decade progress review. Opt. Express, 2013, 21(3): 475 - 484.

[18] Yole Development 2017 MicroLED Displays Could Disrupt LCD and OLED (www.yole.fr/MicroLEDDisplays_Market.aspx#.

[19] GRIFFITHS A D, HERRNSDORF J, MCKENDRY J J D, et al. GaN micro-LED structured light sources for multi-modal optical wireless communications systems. Phil. Trans. R. Soc. A, 2019, 378: 20190185.

[20] LI N, HAN K, SPRATT W, et al. Ultra-low-power sub-photon-voltage high-efficiency light-emitting diodes. Nat. Photon, 2019, 13(9): 588 - 592.

[21] TAN G, HUANG Y, LI M C, et al. High dynamic range liquid crystal displays with a mini-LED backlight. Opt. Express, 2018, 26(13): 16572 - 16584.

[22] TIAN P, MCKENDRY J J, GU E, et al. Fabrication, characterization and applications of flexible vertical InGaN micro-light emitting diode arrays. Opt. Express, 2016, 24(1): 699 - 707.

[23] ZHANG K, PENG D, LAU K M, et al. Fully-integrated active matrix programmable UV and blue micro-LED display system-on-panel (SoP). J. Soc. Inf. Disp. 2017, 25(4): 240 - 248.

[24] LIN J Y and JIANG H X. Development of microLED. Appl. Phys. Lett, 2020, 116(10): 0502.

[25] ARVANITAKIS G N, BIAN R, MCKENDRY J J D, et al. Gbs underwater wireless optical communications using series-connected GaN micro-LED arrays. IEEE Photon. J, 2020, 12(2): 1 - 10.

[26] CHEN C H, HARGIS M, WOODALL J M, et al. GHz bandwidth GaAs light-emitting diodes. Appl. Phys. Lett, 1999, 74(21): 3140 - 3142.

[27] MONAVARIAN M, RASHIDI A, ARAGON A A, et al. Impact of crystal orientation on the modulation bandwidth of InGaN/GaN light-emitting diodes. Appl. Phys. Lett, 2018, 112(4): 1104.

[28] RAJBHANDARI S, MCKENDRY J J D, HERRNSDORF J, et al. A review of gallium nitride LEDs for multi-gigabit-per-second visible light data communications. Semicond. Sci. Technol, 2017, 32(2): 3001.

[29] RASHIDI A, MONAVARIAN M, ARAGON A, et al. High-speed nonpolar InGaN/GaN

LEDs for visible-light communication. IEEE Photonics Technol. Lett, 2017, 29(4): 381-384.

[30] RASHIDI A, MONAVARIAN M, ARAGON A, et al. Nonpolar m-plane InGaN/GaN micro-scale light-emitting diode with 1.5 GHz modulation bandwidth. IEEE Electron Device Lett, 2018, 39(4): 520-523.

[31] BOWER C A, MEITL M A, RAYMOND B, et al. Emissive displays with transfer-printed assemblies of 8 μm×15 μm inorganic light-emitting diodes. Photon. Res, 2017, 5(2): A23.

[32] BECKERS A, FAHLE D, MAUDER C, et al, Enabling the next era of display technologies by micro LED MOCVD processing. SID Symp. Dig. Tech. Pap, 2018, 49(1): 601-603.

[33] PENG D, ZHANG K, CHAO S D, et al. Full-color pixelated-addressable light-emitting diode on transparent substrate (LEDoTS) micro-displays by CoB. J. Disp. Technol, 2016, 12(7): 742-746.

[34] PENG D, ZHANG K, LIU Z. Design and fabrication of fine-pitch pixelated-addressed micro-LED arrays on printed circuit board for display and communication application. IEEE J. Electron. Devices Soc, 2017, 5(1): 90-94.

[35] LIU Z, LIN C H, GYUN B R, et al. Micro-light-emitting diodes with quantum dots in display technology. Light Sci Appl, 2020, 9(83): 1-23.

[36] HE J, CHEN H, CHEN H, et al. Hybrid downconverters with green perovskite-polymer composite films for wide color gamut displays. Opt. Express, 2017, 25(11): 12915-12925.

[37] LIU Z J, WONG K M, CHONG W C, et al. Active matrix programmable monolithic light-emitting diodes on silicon (LEDoS) displays. SID Symp. Dig. Tech. Pap, 2011: 1215.

[38] CHEN D C, LIU Z G, DENG Z H, et al. Optimization of light efficacy and angular color uniformity by hybrid phosphor particle size for white light-emitting-diode. 10th China Int. Forum Solid State Light. ChinaSSL Beijing, 2014, 33: 348-352.

[39] WEI F, LI S, BAI X, et al. hybrid full color micro-led displays with quantum dots. SID Symp. Dig. Tech. Pap, 2018, 49: 697-699.

[40] HAN H V, LIN H Y, LIN C C , et al. Resonant-enhanced full-color emission of quantum-dot-based micro LED display technology. Opt Express, 2015, 23(25): 32504-15.

[41] KIM H M, RYU M, CHA J H J, et al. Ten micrometer pixel, quantum dots color

conversion layer for high resolution and full color active matrix micro-LED display. J. Soc. Inf. Disp, 2019, 27(6): 347 - 353.

[42] LIN H Y, SHER H W, HSIEH D H, et al. Optical cross-talk reduction in a quantum-dot-based full-color micro-light-emitting-diode display by a lithographic-fabricated photoresist mold. Photon. Res, 2017, 5(5): 411.

[43] PUST P, WEILER V, HECHT C, et al. Narrow-band red-emitting Sr[$LiAl_3N_4$]: Eu^{2+} as a next-generation LED-phosphor material. Nat Mater, 2014, 13(9): 891 - 896.

[44] DAI X, ZHANG Z, JIN Y, et al. Solution-processed, high-performance light-emitting diodes based on quantum dots. Nature, 2014, 515(7525): 96 - 99.

[45] CHEN Y, XING W, LIU Y, et al. Efficient and stable CdSe/CdS/ZnS quantum rods-in-matrix assembly for white LED application. Nanomaterials (Basel), 2020, 10(2): 317.

[46] LIU X, LIU Y, XU S, et al. Formation of steady size state for accurate size control of CdSe and CdS quantum dots. J Phys Chem Lett, 2017, 8(15): 3576 - 3580.

[47] DING T, YANG X, KE L, et al. Improved quantum dot light-emitting diodes with a cathode interfacial layer. Org. Electron, 2016, 32: 89 - 93.

[48] WU Z, LIU P, ZHANG W, et al. Development of InP quantum dot-based light-emitting diodes. ACS Energy Lett, 2020, 5(4): 1095 - 1106.

[49] ZHU S, SONG Y, WANG J, et al. Photoluminescence mechanism in graphene quantum dots: Quantum confinement effect and surface/edge state. Nano Today, 2017, 13: 10 - 14.

[50] COK R S, MEITL M, ROTZOLL R, et al. Inorganic light-emitting diode displays using micro-transfer printing. J. Soc. Inf. Disp, 2017, 25(10): 589 - 609.

[51] ZHOU X, TIAN P, SHER C W, et al. Growth, transfer printing and colour conversion techniques towards full-colour micro-LED display. Prog. Quantum Electron, 2020, 71: 100263.

[52] JUNG J, J. CHOI H, JANG S H, et al. Review of micro-light-emitting-diode technology for micro-display applications. SID Symp. Dig. Tech. Pap, 2019, 50(1): 442.

[53] CORBETT B, LOI R, ZHOU W, et al. Transfer print techniques for heterogeneous integration of photonic components. Prog. Quantum Electron, 2017, 52: 1 - 17.

[54] ZHANG L, OU F, CHONG W C, et al. Wafer-scale monolithic hybrid integration of Si-based IC and Ⅲ - Ⅴ epi-layers-A mass manufacturable approach for active matrix micro-LED micro-displays. J. Soc. Inf. Disp, 2018, 26(3): 137 - 145.

[55] HWANG D, YONKEE B P, ADDIN B S, et al. Photoelectrochemical liftoff of LEDs

grown on freestanding c-plane GaN substrates. Opt Express, 2016, 24(20): 22875 - 22880.

[56] YONG J, JO S, CHUN I S, et al. GaAs photovoltaics and optoelectronics using releasable multilayer epitaxial assemblies. Nature, 2010, 465(7296): 329 - 333.

[57] CHOI H W, JEON C W, DAWSON M D, et al. Mechanism of enhanced light output efficiency in InGaN-based microlight emitting diodes. J. Appl. Phys, 2003, 93(10): 5978 - 5982.

[58] HU X L, LIU W J, WENG G E, et al. Fabrication and characterization of high-quality factor GaN-based resonant-cavity blue light-emitting diodes. IEEE Photonics Technol. Lett, 2012, 24(17): 1472 - 1474.

[59] TSAI C L, YEN C T, HUANG W J, et al. InGaN-based resonant-cavity light-emitting diodes fabricated with a Ta O SiO distributed bragg reflector and metal reflector for visible light communications. J. Disp. Technol, 2013, 9(5): 365 - 370.

[60] SANTI C, MENEGHINI M, GRASSA M, et al. Role of defects in the thermal droop of InGaN-based light-emitting diodes. J. Appl. Phys, 2016, 119(9): 4501.

[61] GONG Z, JIN S, CHEN Y, J, et al. Size-dependent light output, spectral shift, and self-heating of 400nm InGaN light-emitting diodes. J. Appl. Phys, 2010, 107(1): 3103.

[62] LU S, LIU W, ZHANG Z H, et al. Low thermal-mass LEDs: size effect and limits. Opt Express, 2014, 22(26): 32200 - 32207.

[63] LOBOPLOCH N, RODRIGUEZ H, STOLMACKER C, et al. Effective thermal management in ultraviolet light-emitting diodes with micro-LED Arrays. IEEE Trans. Electron Devices, 2013, 60(2): 782 - 786.

[64] CHE J, CHU C, TIAN K, et al. On the p-AlGaN/n-AlGaN/p-AlGaN current spreading layer for AlGaN-based deep ultraviolet light-emitting diodes, Nanoscale Res Lett, 2018, 13(1): 1 - 14.

[65] LIU Y C, HUANG C C, CHEN T Y, et al. Improved performance of an InGaN-based light-emitting diode with a p-GaN/n-GaN barrier junction. IEEE J. Quantum Electron, 2011, 47(6): 755 - 761.

[66] PARK J S, KIM J K, CHO J, et al. Review-group Ⅲ-nitride-based ultraviolet light-emitting diodes: ways of increasing external quantum efficiency. ECS J. Solid State Sci. Technol, 2017, 6(4): Q42 - Q52.

[67] HERRNSDORF J, MCKENDRY J J D, SHUAILONG Z, et al. Active-matrix GaN micro light-emitting diode display with unprecedented brightness. IEEE Trans. Electron Devices, 2015, 62(6): 1918 - 1925.

[68] KONOPLEV S S, BULASHEVICH K A, KARPOV S Y. From large-size to micro-LEDs: scaling trends revealed by modeling. Phys. Status Solidi A, 2018, 215(10):1700508.

[69] KOU J, SHEN C C, SHAO H, et al. Impact of the surface recombination on InGaN/GaN-based blue micro-light emitting diodes. Opt. Express, 2019, 27(12): A643 - A653.

[70] MALINVERNI M, MARTIN D, GRANDJEAN N. InGaN based micro light emitting diodes featuring a buried GaN tunnel junction. Appl. Phys. Lett, 2015, 107(5) : 1107.

[71] OLIVIER F, TIRANO S, DUPRÉ L, et al. Influence of size-reduction on the performances of GaN-based micro-LEDs for display application. J. Lumin, 2017, 191: 112 - 116.

[72] HUANG Y, TAN G, GOU F, et al. Prospects and challenges of mini-LED and micro-LED displays. J. Soc. Inf. Disp, 2019, 27(7): 387 - 401.

[73] OLIVIER F, DAAMI A, LICITRA C, et al. Shockley-Read-Hall and Auger non-radiative recombination in GaN based LEDs: A size effect study. Appl. Phys. Lett, 2017, 111(2): 2104.

[74] TIAN P, MCKENDRY J J D, GONG Z, et al. Size-dependent efficiency and efficiency droop of blue InGaN micro-light emitting diodes. Appl. Phys. Lett, 2012, 101(23): 1110.

[75] CHO J, SCHUBERT E F and KIM J K. Efficiency droop in light-emitting diodes: Challenges and countermeasures, Laser Photonics Rev, 2013, 7(3): 408 - 421.

[76] NUKAL T, YAMADA M, NAKAMURA S. Characteristics of InGaN-based UV/blue/green/amber/red light-emitting diodes. Jpn. J. Appl. Phys. 1999, 38: 3976 - 3981.

[77] HWANG J, HASHIMOTO R, SAITO S, et al. Development of InGaN-based red LED grown on (0001) polar surface. Appl. Phys. Express, 2014, 7: 071003.

[78] YANG Y and CAO X A. Removing plasma-induced sidewall damage in GaN-based light-emitting diodes by annealing and wet chemical treatments. Journal of Vacuum Science & Technology B: Microelectronics and Nanometer Structures, 2009, 27(6): 2337.

[79] ZUO P, ZHAO B, YAN S, et al. Improved optical and electrical performances of GaN-based light-emitting diodes with nano truncated cone SiO_2 passivation layer. Opt. Quantum Electron, 2016, 48(5): 288.

[80] YANG C M, KIM D S, LEE S G, et al. Improvement in electrical and optical performances of GaN-based LED with SiO_2/Al_2O_3 double dielectric stack layer. IEEE Electron Device Lett, 2012, 33(4): 564 - 566.

[81] ZHANG Y Y, GUO E Q, LI Z, et al. Light extraction efficiency improvement by curved GaN sidewalls in InGaN-based light-emitting diodes. IEEE Photonics Technol. Lett, 2012, 24(4): 243 - 245.

[82] CHEN W J, HU G H, LIN J L, et al. High-performance, single-pyramid micro light-emitting diode with leakage current confinement layer. Appl. Phys. Express, 2015, 8(3): 2102.

[83] LEYR T, SMITH J M, WONG M S, et al. Revealing the importance of light extraction efficiency in InGaN/GaN microLEDs via chemical treatment and dielectric passivation. Appl. Phys. Lett, 2020, 116(25): 1104.

[84] WONG M S, HWANG D, ALHASSAN A I, et al. High efficiency of Ⅲ-nitride micro-light-emitting diodes by sidewall passivation using atomic layer deposition. Opt Express, 2018, 26(16): 21324 - 21331.

[85] SON K S, CHOI D L, LEE H N, et al. The interfacial reaction between ITO and silicon nitride deposited by PECVD in fringe field switching device. Curr. Appl. Phys, 2002, 2(3): 229 - 232.

[86] GUENTHER G, SCHIERNING G, THEISSMANN R, et al. Formation of metallic indium-tin phase from indium-tin-oxide nanoparticles under reducing conditions and its influence on the electrical properties. J. Appl. Phys, 2008, 104(3): 450.

[87] CHEN S W H, SHEN C C, WU T Z, et al. Full-color monolithic hybrid quantum dot nanoring micro light-emitting diodes with improved efficiency using atomic layer deposition and nonradiative resonant energy transfer. Photon. Res, 2019, 7(4): 416 - 422.

[88] CHOI W H, YOU G J, ABRAHAM M, et al. Sidewall passivation for InGaN/GaN nanopillar light emitting diodes. J. Appl. Phys, 2014, 116(1): 3103.

[89] TANG B, MIAO J, LIU Y C, et al. Enhanced light extraction of flip-chip mini-LEDs with prism-structured sidewall. Nanomaterials, 2019, 9(3): 19.

[90] NEDY J G, YOUNG N G, KELCHNER K M, et al. Low damage dry etch for Ⅲ-nitride light emitters. Semicond. Sci. Technol, 2015, 30(8): 5019.

[91] YUE Y Z, YAN X D, LI W J, et al. Faceted sidewall etching of n-GaN on sapphire by photoelectrochemical wet processing. J. Vac. Sci. Technol. B, 2014, 32(6):1201.

[92] WANG M S, LEE C, MYERS D J, et al. Size-independent peak efficiency of Ⅲ-nitride micro-light-emitting-diodes using chemical treatment and sidewall passivation. Appl. Phys. Express, 2019, 12(9): 7004.

[93] LEE S, FORMAN C A, LEE C, et al. GaN-based vertical-cavity surface-emitting

lasers with tunnel junction contacts grown by metal-organic chemical vapor deposition. Appl. Phys. Express, 2018, 11(6): 2703.

[94] YOUNG E C, YONKEE B P, WU F, et al. Hybrid tunnel junction contacts to Ⅲ-nitride light-emitting diodes. Appl. Phys. Express, 2016, 9(2): 2102.

[95] HWANG D, MUGHAL A J, WONG M S, et al. Micro-light-emitting diodes with Ⅲ-nitride tunnel junction contacts grown by metalorganic chemical vapor deposition. Appl. Phys. Express, 2018, 11(1): 2102.

[96] HUANG S C, LI H, ZHANG Z H, et al. Superior characteristics of microscale light-emitting diodes through tightly lateral oxide-confined scheme. Appl. Phys. Lett, 2017, 110(2): 1108.

[97] CHANG L, YEH Y W, HANG S, et al. Alternative Strategy to Reduce Surface Recombination for InGaN/GaN Micro-light-Emitting Diodes-Thinning the Quantum Barriers to Manage the Current Spreading. Nanoscale Res Lett, 2020, 15(1): 60.

[98] CHEN B C, CHANG C Y, FU Y K, et al. Improved performance of InGaN/GaN light-emitting diodes with thin intermediate barriers. IEEE Photonics Technol. Lett, 2011, 23(22): 1682-1684.

[99] CHAKRABORTY A, HASKELL B A, KELLER S, et al. Nonpolar InGaN/GaN emitters on reduced-defect lateral epitaxially overgrown a-plane GaN with drive-current-independent electroluminescence emission peak. Appl. Phys. Lett, 2004, 85(22):5143-5145.

[100] SHARMA R, PATTISON P M, MASUI H, et al. Demonstration of a semipolar (10(1) over-bar1(3)over-bar) InGaN/GaN green light emitting diode. Appl. Phys. Lett, 2005, 87(23): 1110.

[101] MASUI H, NAKAMURA S, DENBAARS S P, et al. Nonpolar and semipolar Ⅲ-nitride light-emitting diodes: achievements and challenges. IEEE Trans. Electron Devices, 2010, 57(1): 88-100.

[102] BAI J, WANG Q, WANG T. Characterization of InGaN-based nanorod light-emitting diodes with different indium compositions. J. Appl. Phys, 2012, 111(11): 3103.

[103] KOESTER R, SAGER D, QUITSCH W A, et al. High-speed GaN/GaInN nanowire array light-emitting diode on silicon (111). Nano Lett, 2015, 15(4): 2318-2323.

[104] RAMESH V, KIKUCHI A, KISHINO K, et al. Strain relaxation effect by nanotexturing InGaN/GaN multiple quantum well. J. Appl. Phys, 2010, 107(11): 4303.

[105] WANG Q, BAI J, GONG Y P, et al. Influence of strain relaxation on the optical properties of InGaN/GaN multiple quantum well nanorods. Journal of Physics D:

Applied Physics, 2011, 44(39): 5702.

[106] WANG S W, HONG K B, TSAI Y L, et al. Wavelength tunable InGaN/GaN nano-ring LEDs via nano-sphere lithography. Sci Rep, 2017, 7.

[107] EVEN A, LAVAL G, LEDOUX O, et al. Enhanced In incorporation in full InGaN heterostructure grown on relaxed InGaN pseudo-substrate. Appl. Phys. Lett, 2017, 110(26): 2103.

[108] LI S H, LIN C P, FANG Y H, et al. Performance analysis of GaN-based micro light-emitting diodes by laser lift-off process. Solid State Electronics Letters, 2019, 1(2): 58 - 63.

[109] BULASHEVICH K A, KONOPLEV S S, KARPOV S Y. Effect of die shape and size on performance of Ⅲ-Nitride micro-LEDs: a modeling study. Photonics, 2018, 5(4): 41.

[110] LIN C H, LAI C F, KO T S, et al. Enhancement of InGaN-GaN indium-tin-oxide flip-chip light-emitting diodes with TiO_2-SiO_2 multilayer stack omnidirectional reflector. IEEE Photonics Technol. Lett, 2006, 18(19): 2050 - 2052.

[111] DINGEMANS G, VAN DE SANDEN M C M, KESSELS W M M. Influence of the deposition temperature on the C-Si surface passivation by Al_2O_3 films synthesized by ALD and PECVD. Electrochemical and Solid-State Lett, 2010, 13(3): H76 - H79.

[112] BULASHEVICH K A, KARPOV S Y. Impact of surface recombination on efficiency of Ⅲ-nitride light-emitting diodes. Phys. Status Solidi RRL, 2016, 10(6): 480 - 484.

[113] SMORCHKOVA I P, HAUS E, HEYING B, et al. Mg doping of GaN layers grown by plasma-assisted molecular-beam epitaxy. Appl. Phys. Lett. 2000, 76(7): 18 - 20.

[114] ZHANG Z H, TAN S T, KYAW, et al. InGaN/GaN light-emitting diode with a polarization tunnel junction. Appl. Phys. Lett. 2013, 102(19): 3508.

[115] LI L P, SHI Q, TIAN K K, et al. A dielectric-constant-controlled tunnel junction for Ⅲ-nitride light-emitting Diodes. Phys. Status Solidi A, 2017, 214(16): 00937.

[116] LU T C, KNO T T, CHEN S W, et al. CW lasing of current injection blue GaN-based vertical cavity surface emitting laser. Appl. Phys. Lett. 2008, 92(14): 1102.

[117] ZHANG Z H, TAN S T, LIU W, et al. Improved InGaN/GaN light-emitting diodes with a p - GaN/n-GaN/p - GaN/n-GaN/p - GaN current-spreading layer. Opt. Express, 2013, 21(4): 4958 - 4969.

[118] CHE J M, SHAO H, KOU J Q, et al. Improving the current spreading by locally modulating the doping type in the n-AlGaN layer for AlGaN-based deep ultraviolet

light-emitting diodes. Nanoscale Res. Lett, 2019, 14(2): 68.

[119] CHE J M, SHAO H, CAHNG L, et al. Doping-induced energy barriers to improve the current spreading effect for AlGaN-based ultraviolet-B light-emitting diodes. IEEE Electron Device Lett, 2020, 41(7): 1001 - 1004.

[120] ZHANG Z H, LIU W, JU Z G, et al. Self-screening of the quantum confined Stark effect by the polarization induced bulk charges in the quantum barriers. Appl. Phys. Lett, 2014, 104(24): 3501.

[121] TIAN K K, CHU C S, SHAO H, et al. On the polarization effect of the p-EBL/p-AlGaN/p - GaN structure for AlGaN-based deep-ultraviolet light-emitting diodes. Superlattices Microstruct, 2018, 122: 280 - 285.

[122] LING S C, LU T C, CHANG S P, et al. Low efficiency droop in blue-green m-plane InGaN/GaN light emitting diodes. Appl. Phys. Lett, 2010, 96(23): 1101.

[123] MA J, ZHU X L, WONG K M, et al. Improved GaN-based LED grown on silicon (111) substrates using stress/dislocation-engineered interlayers. J. Crist. Growth, 2013, 370: 265 - 268,

[124] KIM T I, JUNG Y H, SONG J Z, et al. High-efficiency, microscale GaN light-emitting diodes and their thermal properties on unusual substrates. Small, 2012, 8(11):1643 - 1649.

[125] DUPRE L, MARRA M, VERNEY V, et al. Processing and characterization of high resolution GaN/InGaN LED arrays at 10 micron pitch for micro display applications. Proc. SPIE, 2017, 10104.

[126] OLIVIER F, DAAMI A, Dupre L, et al. Investigation and Improvement of 10μm Pixel-pitch GaN-based micro-LED Arrays with Very High Brightness. SID Symp. Dig. Tech. Pap, 2017, 48(1): 353 - 356.

第 6 章

非极性和半极性 GaN 基 LED 的生长和光学表征

6.1 引言

以 GaN 基 LED 为代表的固态光源正逐步取代传统光源，出现在生产生活中的各个角落。然而长期存在的一些基础科学问题，如量子限制斯塔克效应、Droop 效应等，降低了(0001)极性面 GaN 基 LED 在黄绿光波段、大功率器件等方面的性能表现。沿非极性或半极性方向生长的 GaN 基 LED 结构可以有效避免或者降低内部极化电场带来的不利影响，是完善可见光光谱、覆盖绿光带隙的一个有效方法。然而，同极性面一样，由于缺乏合适的衬底材料，异质外延非/半极性氮化物材料也面临着诸多挑战。本章介绍硅衬底和蓝宝石衬底上外延非/半极性氮化物存在的困难以及相应的解决方法，重点阐述基于图案化衬底进行外延非/半极性氮化物的相关工作，分析非/半极性面因晶向倾斜带来的能带调控和载流子分布的影响，以及由此导致的非/半极性面氮化物材料展现出不同于传统极性方向的光学性质。

6.2 非极性和半极性Ⅲ族氮化物

6.2.1 Ⅲ族氮化物中的极化效应

1. 自发极化和压电极化

具有完美六方结构的晶胞的晶轴长度比为 $c/a=\sqrt{8/3}\approx1.633$，纤锌矿结构的Ⅲ族氮化物材料的晶轴长度比均小于这一完美值，具有一定的反演对称性的缺失，这使得晶胞内正负电荷中心不能重合，存在着平行于 $-c$ 轴方向的自发电场。另一方面，晶格中的应变也可以使Ⅲ族氮化物材料中形成极化电场，产生压电极化效应。以 c 面 InGaN/GaN 量子阱结构为例，若 InGaN 层中存在压应力，则会产生沿 $-c$ 轴方向的压电极化电场，理论计算表明压电极化电场强度在 MV/cm 量级[1]，在自发极化和压电极化的共同作用下，InGaN/GaN 异质结构的界面存在累积电荷，形成沿晶轴 $-c$ 方向的内建电场，这一电场会严重影响 InGaN/GaN 异质结中的能带结构和载流子分布。

2. 极化电场对发光器件的影响

处在极化电场中的 InGaN/GaN 量子阱的能带会发生倾斜，使得电子和空穴被限制在量子阱的两侧，导致电子空穴的波函数重叠程度变弱，最终降低电子空穴的复合概率，这就是所谓的量子限制斯塔克效应(QCSE)。InGaN/GaN 量子阱结构中的 QCSE 被认为是内量子效率(Internal Quantum Efficiency, IQE)降低的一个重要原因。高 In 组分的 InGaN/GaN 量子阱结构中，晶格失配程度更加严重，即 InGaN 量子阱层中的压应变更加严重，最终产生更加显著的 QCSE 效应，导致黄绿光波段的氮化物 LED 的 IQE 急剧下降，这种高效率绿光 LED 的缺失也被称作“Green Gap”难题。

倾斜的能带结构同时还会使得电子和空穴复合的辐射能级降低，使得 c 面 InGaN/GaN 量子阱的发光峰变长。当量子阱内载流子的数目增加时，库仑作用带来的屏蔽效应可以削弱极化电场的影响，使得电子空穴的辐射能级增加，即量子阱的发光峰位发生蓝移。这种随着注入载流子数量的改变而发生的色漂移现象在高组分 InGaN/GaN 量子阱中尤为明显，对于发光器件而言，尤其是应用在显示领域中的发光器件，这样的色漂移需要极力避免。

由于 QCSE 效应的存在，c 面生长的 InGaN/GaN 量子阱结构通常采用薄量子阱层(2～3 nm)的设计，以增加电子空穴的波函数重叠；采用多量子阱层的设计，以增加有源区的体积。然而，由于电子和空穴有效质量的不同导致迁移率有所差异，使得电子和空穴在多量子阱中的分布并不均匀，并最终影响器件的发光效率。此外，InGaN 基 LED 通常在小电流注入下具有最高的量子效率，随着注入电流的增加，LED 的量子效率下降严重。效率下降一方面限制大功率 LED 的发展，另一方面也会使得大电流工作条件下的 LED 的能量损耗急剧增加。当发射波长移向绿色/黄色光谱区域时，效率下降的问题变得更加严重。尽管效率下降的机制尚未完全理解，但通常认为 QCSE 具有重要影响[2]。

在 c 面 InGaN/GaN 量子阱中，极化电场不仅会使电子空穴的辐射复合概率降低，还会导致载流子的寿命变长。当将 c 面 LED 光源应用于可见光通信系统中时，QCSE 会导致系统的调制带宽非常有限。在可见光通信系统中，光源的直调速率主要与载流子寿命和电路时间常数有关，c 面蓝光 LED 的载流子寿命通常在 10 ns 级，其能产生的直接调制带宽在 10 MHz 级。虽然通过增加注入电流密度可以缩短载流子的寿命，但这种通过牺牲 LED 量子效率来获得调制带宽增加的办法效果有限，同时也会带来大工作电流下的能耗增高、可靠性和安全性降低的问题。

6.2.2 非极性和半极性Ⅲ族氮化物的优势

为避免 QCSE 效应对发光器件带来的不利影响，研究者们采取了诸多方法，或者对 InGaN/GaN 异质结构中的应力进行调控[3-4]，或者对其界面处的电场进行屏蔽[5-6]。一种有效的解决办法是，将 InGaN/GaN 异质结构的堆叠方向与晶体 c 轴方向错开，即沿着非极性或半极性方向进行Ⅲ族氮化物器件的制备，这样可以有效避开或者降低极化电场对 InGaN/GaN 异质结构的影响。通常把传统(0001)面(或 c - plane)称作极性面，把垂直于极性面的$(11\bar{2}0)$面(或 a - plane)和$(1\bar{1}00)$面(或 m - plane)称作非极性面，倾斜于极性面的其他晶面则称作半极性面。图 6-1 所示为纤锌矿结构的Ⅲ族氮化物材料中常见的极性面、非极性面和半极性面示意图。

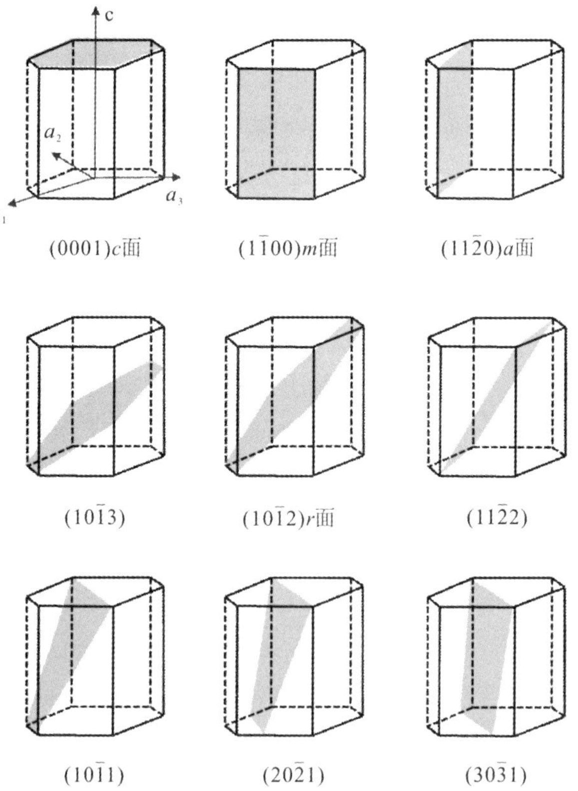

图 6-1 纤锌矿结构的Ⅲ族氮化物材料中常见的极性面、非极性面和半极性面示意图

生长方向的改变带来的 InGaN/GaN 量子阱中极化电场的调控是显著的。如图 6-2 所示，通过理论计算，发现随着生长方向与晶体 c 轴之间的夹角 θ 的增加，生长于 GaN 上的 $In_xGa_{1-x}N$ 层中的压电极化强度由 0°极性方向时的最大值开始逐渐下降，降至零后经历过一段反向增加后又逐渐下降，最后于 90°非极性方向重新降至零[7]。2000 年，Waltereit 等人首次报道了非极性氮化物异质结的实验研究[8]，他们利用 MBE 系统在 γ-$LiAlO_2$ 衬底上制备了非极性 m 面 GaN 外延片，基于此 m 面 GaN 制备的 GaN/AlGaN 展现出不受压电极化电场影响的发光特性，这一工作引起了人们对非极性和半极性方向的重视，越来越多的报道开始利用非极性和半极性方向对氮化物异质结构中的极化电场进行调控。

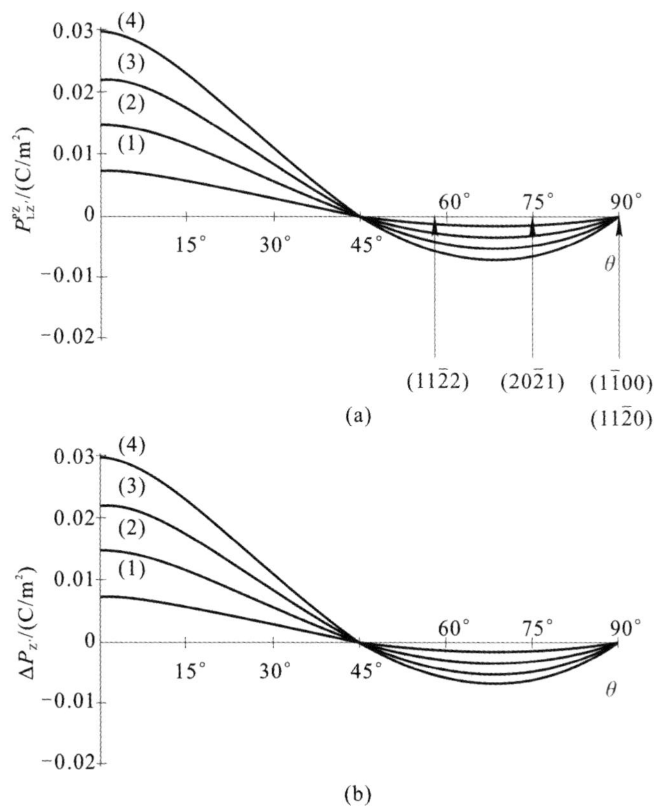

图 6-2　生长于 GaN 上的 $In_xGa_{1-x}N$ 层中的压电极化强度 $P^{PZ}_{LZ'}$ 和总极化强度 $\Delta P_{Z'}$ 随生长方向与晶轴 c 轴之间夹角 θ 的变化关系[8]

注：部分非极性和半极性方向的夹角也在图中标出；(1)～(4)曲线分别对应着 0.05、0.10、0.15 和 0.20 的 In 组分。

由于面内对称性的缺失，非极性和半极性氮化物的表面发光也表现出一定的偏振特性。传统 c 面 InGaN/GaN 量子阱结构中，面内双轴应变具有各向同性，重空穴带和轻空穴带中均存在 $|X\rangle$ 态和 $|Y\rangle$ 态的混合，使得沿生长法向（晶体 c 轴）发射的光也具有各向同性。但在非极性或半极性 InGaN/GaN 量子阱结构中，生长面内的应力是各向异性的，这会导致价带中的重空穴带和轻空穴带发生分裂。如图 6-3 所示，以 m 面 InGaN/GaN 量子阱为例，当量子阱中的组分大于 5%时，$|Y\rangle$ 态能级会高于 $|X\rangle$ 态和 $|Z\rangle$ 态能级，再加上各个态之间被空穴占据概率的不同，使得生长法向的出射光具有一定的偏振性。当 $|X\rangle$ 态能级的跃迁概率大于 $|Z\rangle$ 态时，则法向出射光中的电场垂直于 c 轴（$E\perp c$）成分变多。目前显示领域中的偏振光多采用过滤的方式获得，造成了一定的能源浪费，使用非极性和半极性氮化物等具有自然偏振属性的光源进行替代将是一个很好的选择。

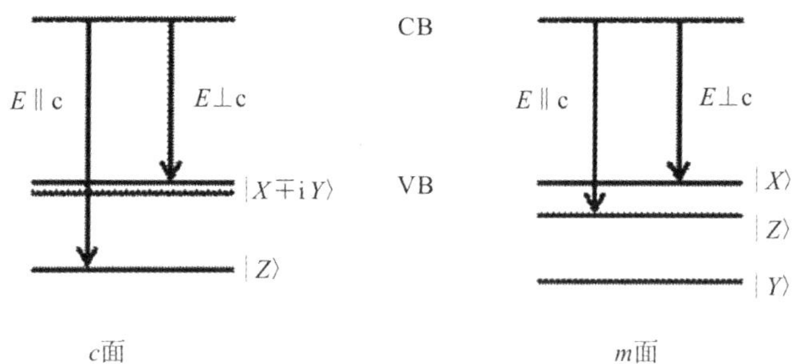

图 6-3　c 面和 m 面 InGaN 量子阱中的价带能级示意图

随着表面 Ga 原子与 N 原子排列发生改变，某些非极性和半极性样品表面的 In 原子并入能力也具有一定的优势。高生长温度下，In 原子在 GaN 中的溶解度非常低，但另一方面，高生长温度却有助于提高晶体质量，如何平衡高 In 组分并入的低温需求和晶体质量的高温需求这一对矛盾，是实现高 In 组分 InGaN/GaN 量子阱、克服“Green Gap”问题的关键。通过第一性原理计算发现，与 c 面、非极性面相比较，半极性($11\bar{2}2$)面 GaN 具有更高的 In 原子并入能力[9]。在此基础上，Wernicke 等进行了实验研究，他们研究了相同生长条件下，(0001)、($10\bar{1}0$)、($10\bar{1}2$)、($11\bar{2}2$)、($10\bar{1}1$)和($20\bar{2}1$)面 GaN In 原子并入能力，发现在 670 ～790℃的生长温度范围内，半极性($10\bar{1}1$)和($11\bar{2}2$)面展现出最高的 In 原子并入能力，而半极性($20\bar{2}1$)面中的 In 组分则和极性面、非极性面中的相似[10]。Zhao 等对相同生长条件下生长的($10\bar{1}0$)、($11\bar{2}2$)、($20\bar{2}1$)和

$(30\bar{3}\bar{1})$面 InGaN/GaN 量子阱的发光进行了对比测试，研究发现$(11\bar{2}2)$面 InGaN/GaN 量子阱具有比其他样品更长的发光波长[11]，即具有更高的 In 组分，这表明相同生长条件下，半极性$(11\bar{2}2)$面具有更强的 In 原子并入能力，$(11\bar{2}2)$面在获得长波长 InGaN 基量子阱方面具有巨大的潜力。

关于掺杂，部分非极性面和半极性面也同样展现出独特的优势。McLaurin 等人报道了未退火的情况下，在 m 面上获得了空穴浓度达 $7.2\times10^{8}\ \mathrm{cm}^{-3}$ 的 p-GaN层[12]。Tsuchiya 和 Kaeding 分别报道了在非极性面$(11\bar{2}0)$和半极性面$(10\bar{1}\bar{1})$上的类似工作[13-14]，这些高空穴浓度的工作报道表明了这些非极性和半极性具有的 p-掺杂优势。理论研究表明，随着生长方向和晶体 c 轴之间的夹角不断增大，InGaN/GaN 量子阱中的空穴有效质量逐渐减小，这表明相比于极性面，半极性面和非极性面中的空穴具有更高的迁移速度。

6.2.3 非极性和半极性Ⅲ族氮化物面临的挑战

同 c 面 GaN 外延一样，非极性和半极性 GaN 的大尺寸外延同样缺少合适的衬底材料。虽然早期非极性 GaN 的外延工作尝试于 γ-$LiAlO_2$衬底，但是在Ⅲ族氮化物生长所需高温条件下，氧化物衬底中的金属原子具有很强的扩散性。目前，非极性和半极性 GaN 的外延衬底主要有蓝宝石(Sapphire)、硅(Si)、碳化硅(SiC)和自支撑衬底(Free-standing GaN)。值得注意的是，目前最高性能表现的蓝色或绿色的非极性和半极性的 GaN 基激光器件均是在自支撑衬底上的获得，自支撑衬底的同质外延在缺陷控制方面具有显著的优势。自支撑衬底的获得一般通过 HVPE 外延的厚 c 面 GaN 膜上切割而来，尺寸在 10 mm 左右，制备成本十分昂贵，昂贵的成本和尺寸限制了其大规模的推广和应用。异质外延衬底中，SiC 衬底与 GaN 晶体拥有相对较小的晶格适配(约 3.5 %)，然而其获取成本同样不菲。纤锌矿结构的 Al_2O_3的晶格常数分别为 $a=4.758$ Å 和 $c=12.991$ Å，生长于 r 面蓝宝石衬底上的非极性 a 面 GaN 沿着$[1\bar{1}00]_{\mathrm{GaN}}\parallel[11\bar{2}0]_{\mathrm{sapphire}}$和 $[0001]_{\mathrm{GaN}}\parallel[\bar{1}101]_{\mathrm{sapphire}}$方向的晶格失配分别为 16.1% 和 1.1%；生长于 m 面蓝宝石衬底上的半极性$(11\bar{2}2)$面 GaN 沿着$[1\bar{1}00]_{\mathrm{GaN}}\parallel[11\bar{2}0]_{\mathrm{sapphire}}$和 $[\bar{1}\bar{1}23]_{\mathrm{GaN}}\parallel[0001]_{\mathrm{sapphire}}$方向的晶格失配分别为 16.1% 和 6.3%。立方结构的硅衬底，其晶格常数为 $a=5.431$ Å，c 面 GaN 与(111)面硅衬底的晶格失配为 16.9%。相比于前两种衬底，蓝宝石衬底和硅衬底与 GaN

的晶格失配更严重一些，然而凭借其成熟的制备加工工艺和容易获取的优势，它们被广泛应用于非极性和半极性Ⅲ族氮化物的外延研究，本章的讨论也集中在基于蓝宝石衬底和硅衬底制备的非极性和半极性氮化物。

由于合适衬底材料的缺失，异质外延的非极性和半极性 GaN 中常常含有大量的线位错(线位错密度为 $10^{10}\ cm^{-2}$)，由于线位错扮演着非辐射复合中心的作用，所以大量的线位错会显著降低器件的性能表现。与蓝宝石衬底上生长 c 面 GaN 不同，半极性或非极性 GaN 晶体中除了线位错外，还会存在着大量的基面堆垛层错(Basal Stacking Fault，BSF)(面层错密度为 $10^5\ cm^{-1}$)。在 c 面 GaN 中，BSF 仅存在 GaN 与蓝宝石之间的界面附近，并且垂直于生长方向，不能扩展到表面，因此不用担心 BSF 对顶部器件性能的影响。然而，在非极性 GaN 中，BSF 平行于生长方向，在半极性 GaN 中，BSF 与生长方向存在夹角。结果，非极性和半极性 GaN 中的 BSF 可以穿过所有上层材料和顶部器件结构，并最终延伸到样品表面。位错和堆垛层错均会影响非极性和半极性 GaN 基光电器件的电学和光学性能。

非极性和半极性氮化物的表面形貌可能会导致外延层质量的下降，限制器件的性能。无论是同质外延还是异质外延，非极性氮化物表面都可以观察到沿 c 轴方向的条纹特征，半极性氮化物表面则可以观察到沿 c 轴投影方向的条纹特征[15-17]。理论计算表明，非极性和半极性的表面的原子扩散具有各向异性，生长过程中，原子更倾向于向具有低扩散动力学势垒的方向移动，最终导致非极性和半极性氮化物表面的起伏特征。这样的表面形貌可能会导致后续生长的量子阱结构中阱垒界面的不平整，存在势能扰动。为克服表面形貌带来的不利影响，可以在器件结构生长前对样品表面进行化学机械抛光处理，以降低材料表面粗糙程度[18-20]。

6.3 非极性和半极性氮化物的异质外延

6.3.1 选区外延生长非极性和半极性 GaN

选区外延(Selective Area Epitaxy，SAE)技术是通过在衬底表面覆盖图案化的掩模材料(如 SiO_2、SiN_x 等)，使得材料生长在衬底上特定区域进行的外延技术。1994 年，Kato 等人率先报道了利用选区外延技术进行Ⅲ族氮化物的生

长[21]，他们在蓝宝石衬底上制备了具有条带图案和点状窗口图案的 SiO_2 掩模版，并分别进行了 GaN 和 AlGaN 的外延生长。Zheleva 等利用 TEM 观测到 SiO_2 掩模版对位错的阻挡作用，同时 SiO_2 上方横向外延生长的 GaN 呈现出很低的位错密度，这表明选区外延技术可以有效降低外延材料中的位错[22]。目前选区外延技术除了可以有效提高 GaN 材料的晶体质量外，还可以实现微纳结构的可控制备，实现特定半极性面 GaN 的异质外延[23-25]。

1. 图案化蓝宝石衬底选区外延

图案化蓝宝石衬底上生长半极性面 GaN，主要利用传统(0001)面蓝宝石衬底和(0001)面 GaN 之间的外延关系，设法在斜切的蓝宝石衬底上制备出具有(0001)面(或类似)的微表面，从而在此微表面上进行 GaN 的生长。如图 6－4 所示，Okada 等提出了在图案化$(11\bar{2}3)$$r$ 面蓝宝石衬底上生长半极性$(11\bar{2}2)$面 GaN 的思路，r 面蓝宝石晶体中的 c 轴和 r 轴之间的夹角为 57.6°，非常接近 GaN 晶体中 c 轴和$[11\bar{2}2]$晶轴间的夹角 58.4°。因此，在 r 面蓝宝石衬底上制备的 c 面上进行 GaN 的外延生长，合并后所形成的块材，其表面会是半极性$(11\bar{2}2)$面 GaN。

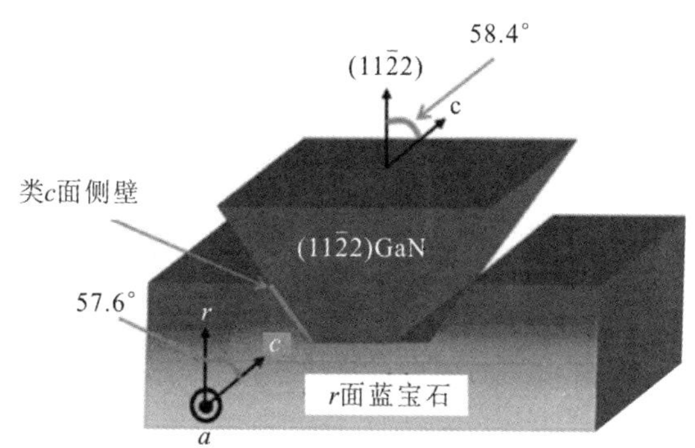

图 6－4　图案化$(11\bar{2}3)$$r$ 面蓝宝石衬底上外延半极性$(11\bar{2}2)$面 GaN 示意图[26]

为在$(11\bar{2}3)$$r$ 面蓝宝石衬底上制备出具有 c 面的微表面，Okada 等人首先通过标准光刻技术在－0.5°偏轴角的 r 面蓝宝石衬底上制备宽约 3 μm 条带图案，条带方向平行于蓝宝石晶体的 a 轴，然后通过反应离子刻蚀(Reactive Ion Etching，RIE)和电感耦合等离子刻蚀(Inductive Coupled Plasma，ICP)在窗口区域刻蚀出深约 1 μm 的沟槽，沟槽的一面侧壁则为类 c 面。需要注意的是，该侧壁的表面不是严格意义上的 c 面，而是倾斜角度相近的类 c 面。SEM 测量发

现，类 c 面侧壁与蓝宝石衬底间存在大约 12.4°的偏离角，这一偏差会给后续的外延生长带来困难。由于蓝宝石衬底固有的化学惰性，使得通过标准干法刻蚀技术制备具有特定倾角的沟槽图案难以控制。

Chen 等和 Tendille 等分别报道了利用化学湿法刻蚀工艺进行图案化$(11\bar{2}3)r$ 面蓝宝石衬底的制备工作[27-28]。他们首先使用标准光刻工艺在 r 面蓝宝石衬底表面制备出特定尺寸的 SiO_2 掩模图案，然后 Chen 等使用 300℃的 H_3PO_4 溶液进行 5 分钟的选择性湿法刻蚀，接着使用缓冲氧化刻蚀液(NH_4F ∶ HF＝6 ∶ 1)去除 SiO_2 掩模版。Tendille 等则使用 270℃的 H_3PO_4 和 H_2SO_4 的 1 ∶ 3 比例混合溶液进行 30 min 的选择性湿法刻蚀，并保留了顶部 SiO_2 以避免 r 面蓝宝石衬底上$(11\bar{2}0)$面 GaN 的生长。

基于图案化$(11\bar{2}3)r$ 面蓝宝石衬底生长半极性$(11\bar{2}2)$面 GaN，通常采用三步生长法以形成光滑的表面[26]。首先进行薄的低温成核层的生长，接着升高温度进行退火，这一步可以促进沉积在其他平面上的低温成核层转移到类 c 面侧壁上，增强类 c 面侧壁上 c 面 GaN 的生长。第二步采用高温、高压和低Ⅴ/Ⅲ比等生长条件以促进 c 面 GaN 的生长，使得 c 面 GaN 占据主导，能够有效覆盖缺陷区域。最后调整生长条件促进窗口间 GaN 的合并和表面平整，基于此方法制备的半极性$(11\bar{2}2)$面沿着$[11\bar{2}\bar{3}]$方向和$[1\bar{1}00]$方向的 XRD 摇摆曲线的半高宽(FWHM)分别为 249 arcsec 和326 arcsec[28]。

同样的思路，也可以应用于半极性$(20\bar{2}1)$面 GaN 的外延生长，其选择$(22\bar{4}3)$面蓝宝石衬底。$(22\bar{4}3)$面蓝宝石衬底中 c 轴和$[22\bar{4}3]$晶轴间的夹角为 74.64°，非常接近 GaN 中[0001]晶轴和$[20\bar{2}1]$晶轴间的夹角 75.09°。Leung 等报道了在图案化$(22\bar{4}3)$面蓝宝石衬底上外延半极性$(20\bar{2}1)$面 GaN 的研究[29]，如图 6－5所示。首先利用标准光刻工艺和 RIE 刻蚀工艺在 0.45°偏轴角的$(22\bar{4}3)$面蓝宝石衬底表面制备出宽 3 μm、深 0.5 μm、间隔 3 μm 的沟槽图案，然后将衬底倾斜一定角度，在除 c 面侧壁外的其他表面沉积一层 SiO_2。最后将制备好的图案化衬底置于 MOCVD 生长腔中，通过高温氮化处理[19]、低温 AlN 缓冲层等一系列工艺进行半极性$(20\bar{2}1)$面 GaN 的外延生长。对外延所得的半极性$(20\bar{2}1)$面 GaN 进行 30°～90°的 XRD $2\theta-\omega$ 扫描，发现只观测到$(20\bar{2}1)$面 GaN 峰和$(22\bar{4}3)$面蓝宝石衬底峰。如图 6－5(c)所示，SEM 表征发现合并后的$(20\bar{2}1)$面 GaN 样品表面并不平整，而是由一个个微米尺寸的$(10\bar{1}1)$、$(10\bar{1}\bar{1})$

和$(10\bar{1}0)$面微表面组成的。基于此方法制备的半极性$(20\bar{2}1)$面 GaN 沿$[10\bar{1}4]$方向和$[11\bar{2}0]$方向扫描的 XRD 摇摆曲线的半高宽分别为 192 arcsec 和 217 arcsec[30]。

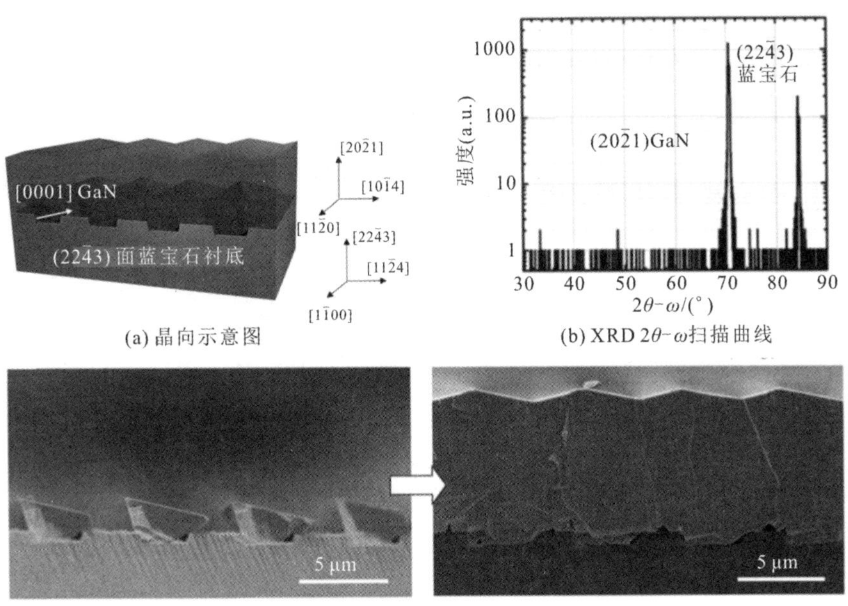

(a) 晶向示意图

(b) XRD 2θ-ω扫描曲线

(c) 外延厚度为300 nm和8 μm的SEM侧面图

图 6-5　生长于$(22\bar{4}3)$面蓝宝石衬底上的半极性$(20\bar{2}1)$面 GaN[29]

2. 图案化硅衬底选区外延

根据外延关系，大倾斜角的半极性面 GaN 需要高指数的(11h)硅衬底，因此基于平面硅衬底进行大倾斜角的半极性面 GaN 的外延工作十分困难，多数大倾斜角的半极性面 GaN 的外延通常是在图案化硅衬底上完成的。与蓝宝石衬底相比，硅衬底的获取成本更低廉，同时也具有更成熟的刻蚀加工工艺，但高温下，金属镓原子会与硅反应，发生回熔蚀现象，导致 GaN 生长期间的坍塌，这一回熔蚀问题制约了硅基氮化物的发展。

硅衬底的$(11\bar{1})$面和(113)面之间的夹角为58.5°，与 GaN 中$(11\bar{2}2)$面和(0001)面之间的夹角58.4°非常接近，Tanikawa 等报道了图案化(113)面硅衬底上生长半极性$(11\bar{2}2)$面 GaN 的工作[31]。利用标准光刻工艺，他们首先在(113)面硅衬底上制备了$[21\bar{1}]$朝向的 SiO_2 条带，然后使用 40℃的 KOH 溶液(25 wt%)对 SiO_2 条带间的窗口区域进行湿法刻蚀。由于刻蚀的各向异性，最后形成的沟槽侧壁为$(1\bar{1}1)$面和$(\bar{1}1\bar{1})$面硅，沟槽底部为(113)面或(011)面硅，如图6－6所示。他们通过 MOCVD 在此图案化硅衬底上进行$(11\bar{2}2)$面 GaN 的生长研究，发现窄的窗口宽度和较深的沟槽深度更有利于抑制$(\bar{1}1\bar{1})$面侧壁上 GaN 的形成，使得 GaN 仅在$(1\bar{1}1)$面侧壁上成核生长。此外，低Ⅴ/Ⅲ比和高压的生长条件则更有利于获得平坦的样品表面和提高晶体质量。

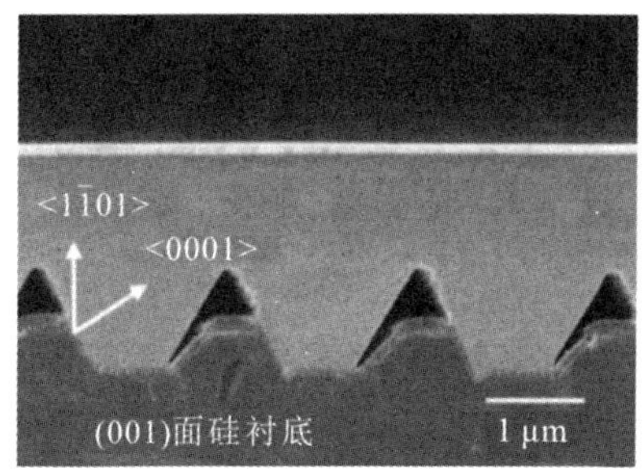

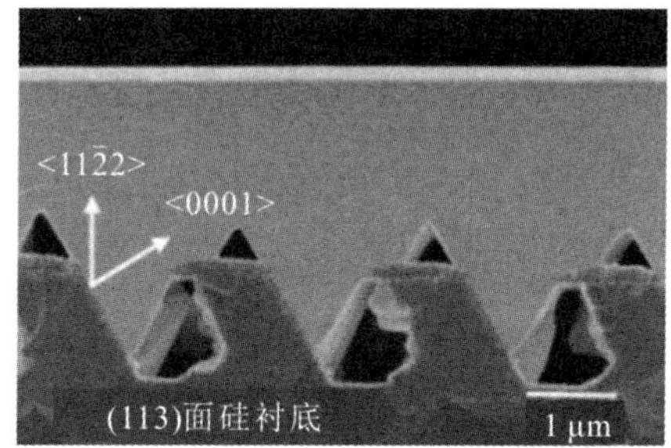

图6－6　图案化(001)面和(113)面硅衬底上外延的半极性$(1\bar{1}01)$面和$(11\bar{2}2)$面 GaN 的 SEM 截面图[32]

与此同时，Tanikawa 等还报道了图案化(001)面硅衬底上生长半极性$(1\bar{1}01)$面 GaN 的研究工作。硅晶体中的(111)面和(001)面之间的夹角为54.7°，若给予(001)面硅衬底施加7.3°的轴偏角，则硅晶体中的(111)面与硅衬底表面的夹角为62°，正好等于 GaN 晶体中$(1\bar{1}01)$面与(0001)面之间的夹角。图案化(001)面硅衬底的制备过程中，为避免$(\bar{1}\bar{1}1)$面侧壁上 GaN 的生长，选择沉积一层 SiO_2 于该侧壁，使得 GaN 的生长仅能从暴露的(111)面侧壁发生。图6－6展示了图案化(001)面和(113)面硅衬底上外延的半极性$(1\bar{1}01)$面和$(11\bar{2}2)$面 GaN 的 SEM 截面图[32]。

不同于沟槽状的图案化硅衬底，Xiang 等设计了一种倒金字塔形状的图案化硅衬底[33-34]，如图6－7所示。他们使用标准光刻工艺在(113)面硅表面制备了具有微米孔阵列的 SiO_2 图案层，接着使用30℃的 KOH 溶液(25 wt%)对图案的窗口区域进行湿法刻蚀18 min，形成分别由(111)、$(1\bar{1}1)$、$(\bar{1}\bar{1}1)$和$(\bar{1}11)$面侧壁构成的倒金字塔形状的坑。接下来使用10%的 HF 溶液去除掉表面 SiO_2 层，然后将样品倾斜一定角度，使用电子束沉积工艺，在除$(1\bar{1}1)$面侧壁外的其他侧壁及表面沉积一层20 nm厚的 SiO_2 层。这一再次覆盖工艺不仅可

以提高外延 GaN 的晶体质量，还可以降低 GaN 生长过程中的回熔蚀问题，在此图案化衬底上生长的半极性$(11\bar{2}2)$面 GaN 的平行于 c 分量扫描的 XRD 摇摆曲线的半高宽为 0.186°，BSF 密度为 $1\times10^4\ cm^{-1}$。图 6－7(e)中标注 A、B、C 和 D 的侧壁分别对应着(111)、$(1\bar{1}1)$、$(\bar{1}\bar{1}1)$和$(\bar{1}11)$面。

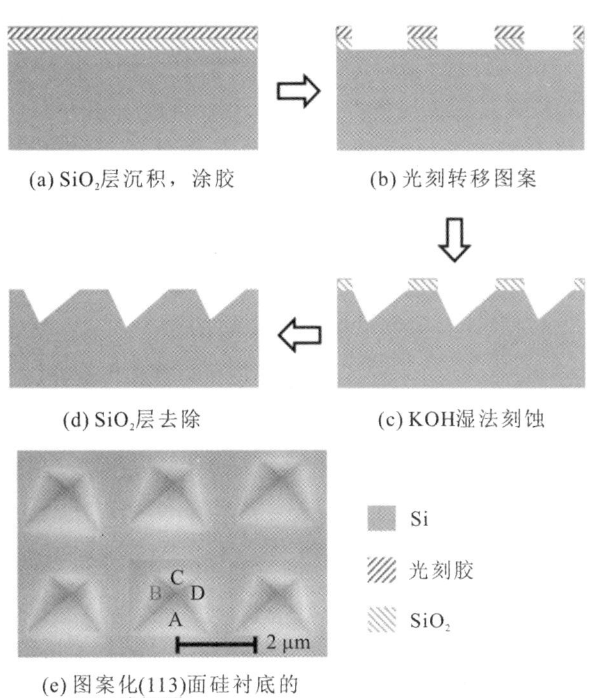

图 6－7　图案化(113)面硅衬底的制备过程示意图[33]

6.3.2　横向外延生长非极性和半极性 GaN

横向外延生长(Epitaxial Lateral Overgrowth，ELOG)技术可有效地提升异质外延的 c 面 GaN 的晶体质量，并最终助力实现 InGaN 基蓝色激光器，这一技术也被应用于非极性和半极性 GaN 的异质外延生长。

1. 基于条带衬底模板的横向外延生长

同选区外延技术的发展类似，早期非极性和半极性 GaN 的横向外延生长通常采用条带图案的衬底模板。以 Ni 等报道的半极性$(11\bar{2}2)$面 GaN 横向外延生长所使用的衬底模板为例[35]，其制备过程为：首先，采用低温 GaN 缓冲层技术，直接在 m 面蓝宝石衬底上生长 1.5 μm 厚的$(11\bar{2}2)$面 GaN 模板，然后利用 PECVD 工艺在其表面沉积 140 nm 厚的 SiO_2 层，接着利用标准光刻工艺和刻蚀工艺将 SiO_2 层加工成宽 10 μm、间隔 4 μm 的条带状图案。为了进行对比研究，作者分别制备了沿蓝宝石衬底的[$1\bar{2}10$]晶轴方向和 c 轴方向的两种朝向的条带(即沿着 GaN [$1\bar{1}00$]晶轴方向和[$11\bar{2}\bar{3}$]晶轴方向)。对比发现，在[$1\bar{2}10$]朝向条带衬底模板上，窗口区域外延生长的 GaN 呈现一定的不对称，其表面由(0001)面和($11\bar{2}0$)面构成，而 GaN 沿着 c 轴生长的速度要大于 a 方向，使得最后覆盖 SiO_2 条带上方的 GaN 多为来自沿 c 轴方向生长的 GaN。通过 TEM 表征，发现覆盖 SiO_2 条带上方的 GaN 中的位错密度和 BSF 密度显著降低，而窗口区域生长的 GaN 中的 BSF 却仍然可以传播到 GaN 表面。另一方面，在 c 轴朝向条带衬底模板上，窗口区域外延过生长的 GaN 呈现对称性，其表面主要由两个{$10\bar{1}1$}面构成，由于 GaN 沿 m 轴的生长速度缓慢，使得 SiO_2 条带被覆盖面积相对较小，导致阻止缺陷传播的效率变低，这也在 TEM 表征中被证实。

Bougrioua 等报道不同朝向条带衬底模板上外延非极性($11\bar{2}0$)面和半极性($11\bar{2}2$)面 GaN 的研究工作，发现相比于其他朝向的条带衬底，垂直于 c 轴朝向的条带图案衬底上横向外延的非极性和半极性样品的晶体质量更好[36]。Mierry 等优化了生长条件，在宽 7 μm、间隔 3 μm、[$1\bar{1}00$]朝向的条带衬底模板上采用两步法获得了表面平整的半极性($11\bar{2}2$)面 GaN[37]。他们的生长过程分为两步：第一步采用高Ⅴ/Ⅲ比(～3500)获得 GaN 成核层；第二步使用低Ⅴ/Ⅲ比(～500)、低压的生长条件促进 c 面生长，直至合并形成平整表面。相同的条带衬底模板设计，Song 等研究了条带宽度的改变(从 6 μm 到 12 μm)对外延($11\bar{2}2$)面 GaN 晶体质量的影响[38]，发现相同的三步法生长条件下，条带宽度的增加有助于降低外延 GaN 的 XRD 摇摆曲线半高宽，提高样品 PL 发光强度。然而，条带宽度的增加也会增加覆盖 SiO_2 条带所需要的时间，即增加 GaN 外延层的厚度，同时也会降低 GaN 外延层合并后的表面平整程度。

2. 基于纳米柱衬底模板的横向外延生长

传统条带状衬底模板存在着不均匀问题，窗口区域和非窗口区域的晶体质量存在巨大的差异，同时大条带尺寸的衬底也需要大外延层厚度(10～20 μm)方能达到完整合并表面。为此，Xing 等报道了基于纳米柱衬底模板的非极性和半极性 GaN 的横向外延生长研究[39-40]。如图 6-8 所示，以用于非极性($11\bar{2}0$)面 GaN 生长的纳米柱衬底模板为例，首先在 r 面蓝宝石衬底上通过两

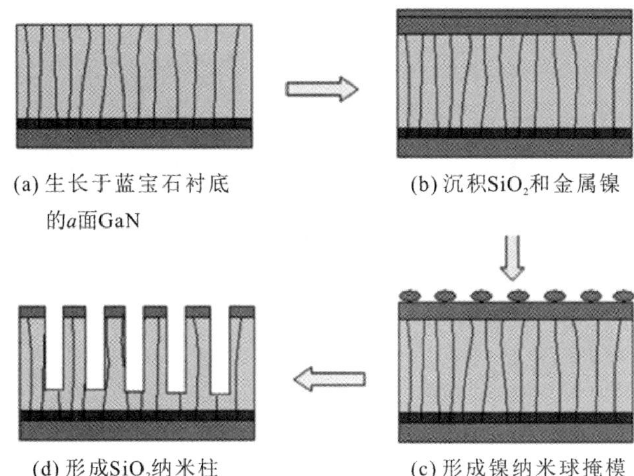

图 6-8　基于自组织镍纳米球掩模方法制备以用于非极性($11\bar{2}0$)面 GaN 生长的纳米柱衬底模板的制备过程示意图[39]

步法生长获得 2.6 μm 的($11\bar{2}0$)面 GaN 模板，接着在其表面相继沉积 200 nm 的 SiO_2层和 10 nm 的金属镍层，然后将其置于氮气氛围中升温至 850℃并退火 1 min，表面将形成一层直径为 200 nm 左右的自组装镍纳米球。接下来，将镍纳米球当作掩模版，使用 RIE 工艺刻蚀底下的 SiO_2层，然后将形成的 SiO_2图案层作为第二层掩模版，使用 ICP 工艺刻蚀下面的 GaN 层以形成纳米柱。需要注意的是，此过程中需要保留住纳米柱顶部的 SiO_2层。相比于纳米压印等纳米图案制备工艺，自组装纳米球图案的制备成本十分低廉，且通过退火条件的改变，可以在 100～1000 nm 的范围调控镍纳米球的直径。

由于纳米柱之间的间隙很小，侧壁生长的 GaN 可以很快相遇合并，测量发现外延 GaN 层在 1 μm 左右厚度即可聚结合并，在 4 μm 厚度时即可形成光滑表面，生长所需的时间比传统条带图案衬底大大缩短。窄间隙也会限制间隙底部生长，有利于从纳米柱的侧壁开始过度生长，合并后形成柱间空隙，这种柱间空隙和顶部 SiO_2层可以有效地阻止 GaN 模板中的缺陷传播。图 6-9 描绘了利用纳米柱衬底模板生长($11\bar{2}0$)面 GaN 的 XRD 扫描曲线半高宽随扫描方位角的变化，并和传统两步法直接生长于 *r* 面蓝宝石衬底上的($11\bar{2}0$)面 GaN 进行对比。容易看出，纳米柱衬底模板生长的($11\bar{2}0$)面 GaN 的平行于 *c* 轴和垂直于 *c* 轴扫描方向的摇摆曲线半高宽均得到了显著降低，分别降至 443 arcsec 和 345 arcsec。

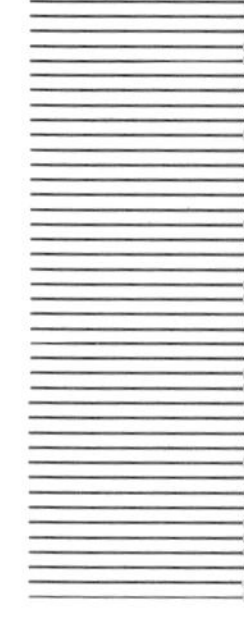

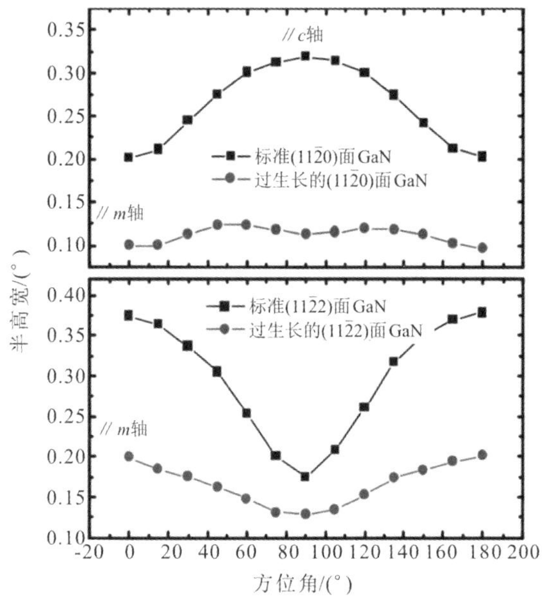

图 6-9 采用纳米柱衬底模板外延生长的非极性(11$\bar{2}$0)面和半极性(11$\bar{2}$2)面 GaN 的 XRD 摇摆曲线半高宽随方位角的变化[40]

相同的方法也被应用于 m 面蓝宝石衬底上生长(11$\bar{2}$2)面 GaN 的研究中，图 6-9 展示了 2013 年的研究结果，纳米柱衬底模板生长的(11$\bar{2}$2)面 GaN 的平行于 c 轴扫描方向的摇摆曲线半高宽由 715 arcsec 降至 460 arcsec，而垂直于 c 轴扫描方向的半高宽则由 1346 arcsec 降至 626 arcsec。这些研究结果表明，基于纳米柱衬底模板的外延生长技术可以有效提升非极性和半极性面 GaN 的晶体质量。

尽管纳米柱衬底模板外延生长的方法工艺简单，效果显著，但是金属纳米球的成形过程具有一定的随机性，因此很难精确控制纳米掩模的图案；同时，由于高温退火的成球工艺，很难获取大直径($>1\ \mu$m)的镍纳米球来进一步提高外延 GaN 的晶体质量。

3. 基于微米柱阵列衬底模板的横向外延生长

为突破纳米柱衬底模板的尺寸限制和精确调控的挑战，谢菲尔德团队开发了另一种新方法，即基于微米柱阵列衬底模板的横向外延生长非极性和半极性氮化物。他们首先在模板样品表面沉积 200 nm 左右的 SiO_2 层，然后使用标准光刻工艺制备表面掩模图案，经反应离子刻蚀(Reactive Ion Etching，RIE)和电感耦合等离子(Inductive Coupled Plasma，ICP)刻蚀制备出微米柱阵列，同

时保留顶部的 SiO_2 层。这一方法可以精确地控制微米柱的直径、间距以及阵列的排布方向。图 6-10(a)展示了基于 *m* 面蓝宝石制备的$(11\bar{2}2)$面 GaN 的微米柱阵列衬底模板，图中微米柱直径为 3.5 μm，沿$[\bar{1}100]$和$[\bar{1}\bar{1}23]$方向的相邻微米柱间距为 2 μm[41]。图 6-10 中(b)～(d)是基于此衬底模板生长 1000 s、2000 s 和 3000 s 后样品表面形貌，发现外延生长开始于微米柱侧壁，并主要沿着 *c* 方向和 *a* 方向，而沿着 *m* 方向的生长则十分缓慢。通过比较两部分外延 GaN 的长度，发现 *c* 方向的生长要快于 *a* 方向，当相邻生长面相遇合并后，生长开始向表面发展，并在微米柱上方完成第二次合并，同时覆盖微米柱顶部 SiO_2 层，最后继续生长直至形成平整表面。由于沿着 *c* 方向 GaN 的生长速度要远大于沿着 *a* 方向的生长，同时沿着 *c* 方向生长的 GaN 具有低缺陷密度，使得第一次合并过程可以有效地阻止外延 GaN 中的缺陷传播。基于该方法生长的半极性$(11\bar{2}2)$面 GaN 沿$[\bar{1}100]$方向和$[\bar{1}\bar{1}23]$方向扫描的 XRD 摇摆曲线的半高宽分别为 320 arcsec 和 260 arcsec。

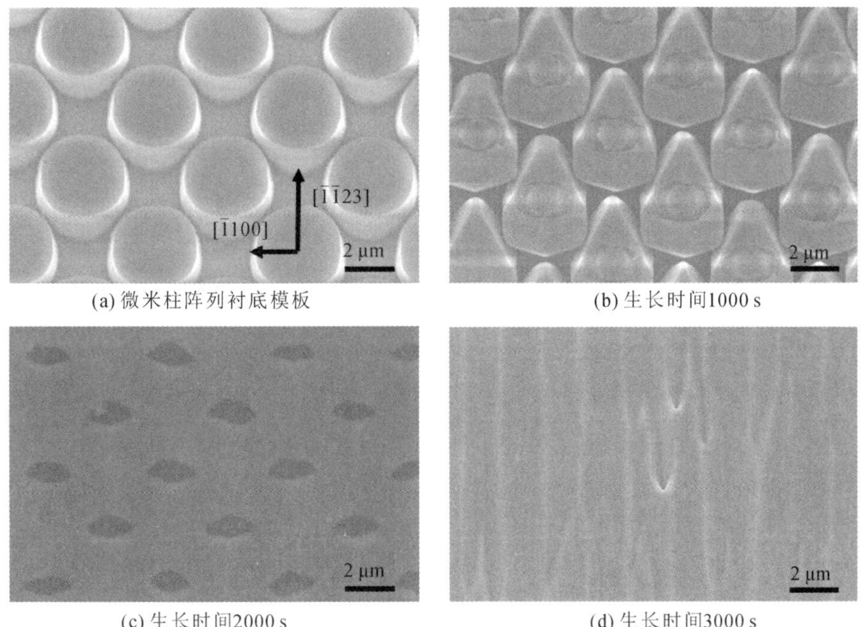

图 6-10　典型$(11\bar{2}2)$面 GaN 的微米柱阵列衬底模板的 SEM 俯视图和生长不同时间后的表面形貌[41]

微米柱阵列的排布方向会对外延 GaN 的晶体质量产生显著影响，如图

6－11(a)所示，分别在$(11\bar{2}2)$面 GaN 模板上制备了两种微米柱尺寸相同但排布方向不同的微米柱阵列，图中左侧的微米柱排列沿 m 方向呈 ABAB……的紧密排布，而右侧的微米柱沿 m 方向的排列则具有相同位置，并保留一定的间隔，对比可以看出，两种阵列的排布方向具有 45°旋转夹角。经过相同的生长时间后，两种衬底模板上外延的 GaN 呈现出不同的表面形貌，发现左侧衬底模板上外延的半极性$(11\bar{2}2)$面 GaN(样品 A)具有更光滑的表面。这是由于沿着 m 方向 GaN 的生长速度要远小于沿着 c 或 a 方向的，而沿 m 方向的紧密排布可以有效地补偿这一生长速度的各向异性，使得外延 GaN 可以快速合并形成光滑表面。经优化后的微米柱阵列衬底模板上生长的半极性$(11\bar{2}2)$面 GaN 在 5 μm 厚度附近即可形成平整表面，其 XRD 摇摆曲线半高宽可以控制在 360 arcsec 以下，接近标准 c 面 GaN 的晶体质量，表明这种横向外延的半极性面 GaN 可以满足下一步制备高质量器件的要求。

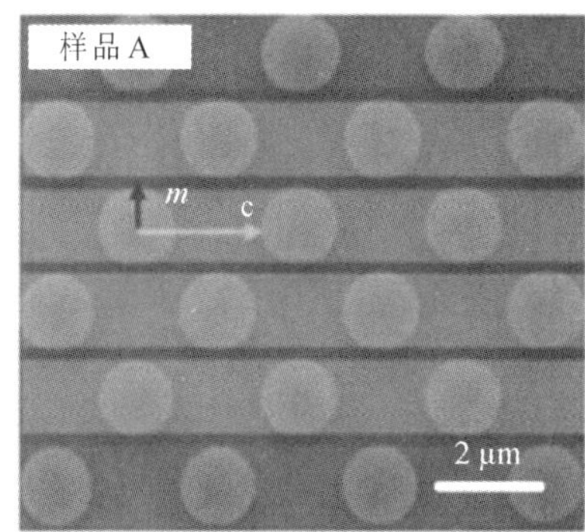

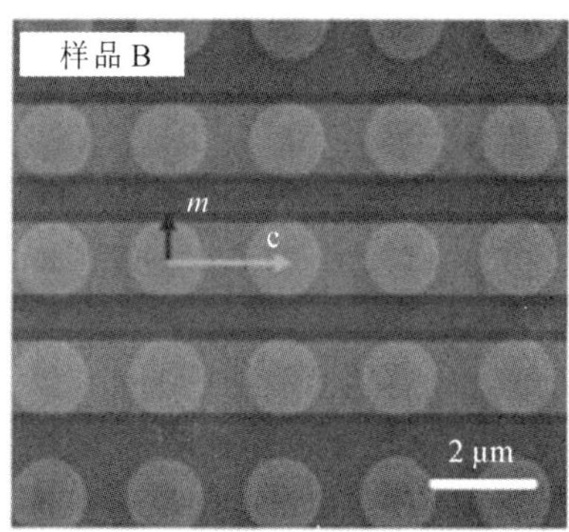

(a) 衬底模板SEM图

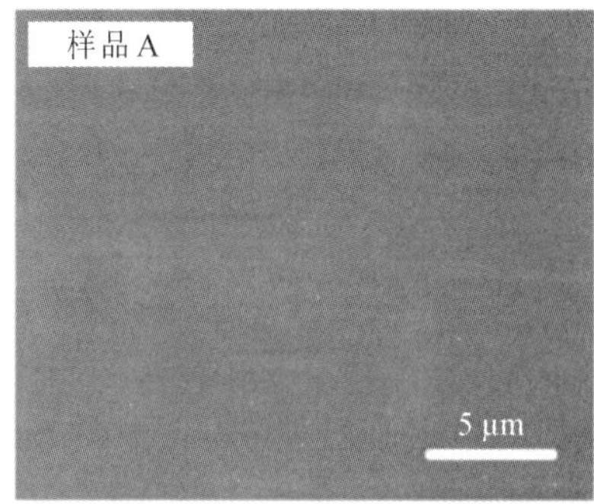

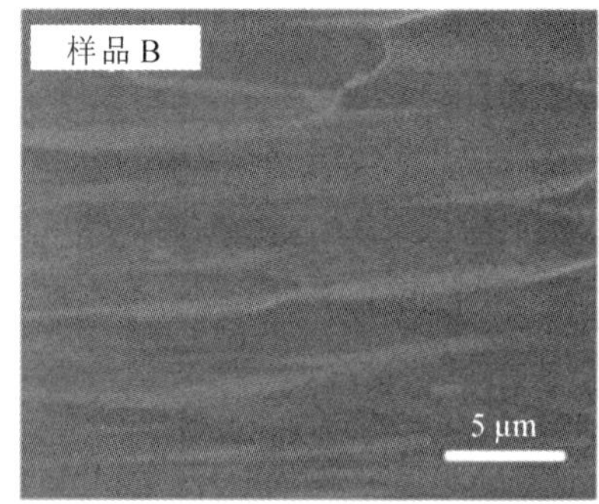

(b) 样品表面形貌SEM图

图 6－11　微米柱阵列的排布方向对半极性$(11\bar{2}2)$面 GaN 表面形貌的影响

4. 二次横向外延生长

二次横向外延生长技术可以克服传统条带衬底模板中的窗口区域缺陷密度过高的问题，采用在横向外延 GaN 的窗口区域上方再次沉积制备掩模图案，使得第一次横向外延 GaN 的窗口区域中缺陷的传播被阻挡，从而进一步提高外延 GaN 的晶体质量。2018 年，Bai 报道了结合条带图案和微米柱阵列图案的二次横向外延生长非极性$(11\bar{2}0)$面 GaN 的研究工作[42]。如图 6－12(c)所示，他们将微米柱阵列图案置于上方，以利用其可以快速合形成光滑表面的优点。图 6－12(d)展示了分别基于三种图案衬底模板外延生长的半极性$(11\bar{2}0)$面 GaN 的轴向 XRD 摇摆曲线半高宽随扫描方位角的变化，对比发现二次横向外延生长可以有效提高半极性 GaN 的晶体质量。然而，二次横向外延生长技术需要额外一次图案制备工艺和 MOCVD 生长过程，导致其工艺的复杂和成本的增加，使得其推广应用受限。

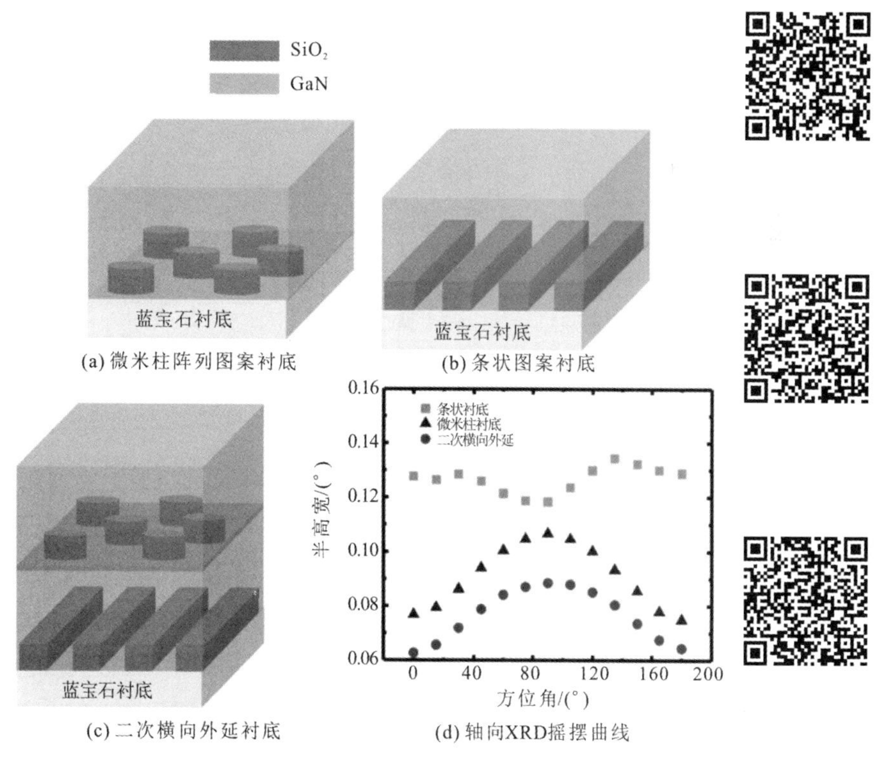

图 6－12　采用微米柱阵列图案、条带图案和两者相结合的衬底模板外延生长非极性$(11\bar{2}0)$面 GaN[42]

6.3.3 非极性和半极性 InGaN/GaN 量子阱的生长

非极性和半极性 InGaN/GaN 量子阱结构可以在上述选区外延或横向外延获得的高质量 GaN 上直接生长获得。为了进一步提高 InGaN/GaN 量子阱结构的质量，研究者们也采取了众多方法对量子阱的界面、应力进行调控。

化学机械抛光(Chemical Mechanical Polishing，CMP)技术是一种采用化学腐蚀和机械力对半导体衬底表面进行处理，使其表面平坦化的加工工艺。在非极性和半极性氮化物的生长中，化学机械抛光技术常常被用来平坦样品因生长速率的各向异性引起的表面起伏特征，以减少后续量子阱结构生长中的厚度和组分分布不均的问题。Dinh 等报道了采用化学机械抛光技术对半极性$(11\bar{2}2)$面 GaN 外延片进行平坦处理，然后再生长半极性 InGaN/GaN LED 的研究工作。基于化学机械抛光处理后的$(11\bar{2}2)$面 GaN 衬底生长的$(11\bar{2}2)$面蓝光 LED 的表面粗糙度($50\times50\ \mu m^2$范围内)从 30 nm 降低到 4 nm。与此同时，测量发现采用化学机械抛光技术制备的 LED 的发光均匀性和出光功率均得到了提升[18]。耶鲁的研究团队报道了化学机械抛光技术应用于半极性$(20\bar{2}1)$面氮化物生长中的研究，化学机械抛光可以降低$(20\bar{2}1)$面 GaN 外延片表面的微晶面影响，使得$15\times15\ \mu m^2$范围内的样品表面粗糙度小于0.5 nm[19, 29]。

在生长非极性或半极性 InGaN/GaN 量子阱前插入一层 $In_xGa_{1-x}N$ 单层或 $In_xGa_{1-x}N/GaN$ 超晶格结构(Superlattice)可以降低量子阱中的应力，从而提高器件的性能表现。Zhao 等研究了超晶格插入层对半极性$(11\bar{2}2)$面 InGaN 基 LED 性能表现的影响[43]，如图 6-13 所示。他们在 nGaN 层和量子阱层之间插入了 15 层的 $In_{0.03}Ga_{0.97}N/GaN$ (3 nm/6 nm)超晶格结构，表征发现这一超晶格插入层可以使绿光 LED 的 IQE 由 13%提升至 23%，增强因子大约为 1.8 倍，略低于传统 c 面 LED 中插入层带来的约 3.5 倍的效率提升，推测原因是插入层会带来额外的失配位错[44]。Khoury 等利用 TEM 表征观察到半极性$(20\bar{2}1)$面 InGaN 基 LED 中超晶格插入层带来额外的失配位错，大部分失配位错位于超晶格插入层的界面附近，失配位错的产生可以提前释放有源区中的应力，降低其对后续器件的影响[45]。

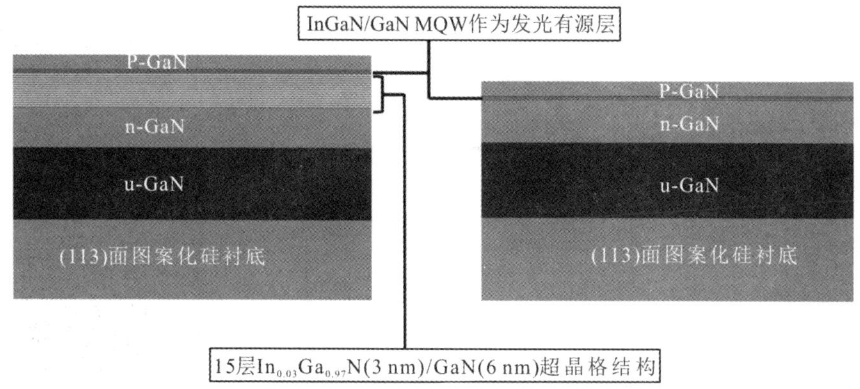

图 6-13　(113)面图案化硅衬底上生长的分别采用和未采用超晶格插入层生长的半极性($11\bar{2}2$)面 LED 结构示意图[43]

6.4　非极性和半极性氮化物的光学性质

6.4.1　面堆垛层错相关的发光峰

光致发光(PL)光谱测试采用能量高于半导体材料禁带宽度的光辐照样品，并对样品发出的光进行收集分析，从而得出样品的能带结构和发光缺陷性质等信息。

非极性和半极性氮化物材料中除了线位错外，还会存在面位错，同样会影响材料的能带结构和载流子输运规律。如图 6-14 所示，低温下采用 325 nm 激光光源激发时，半极性($11\bar{2}2$)面 GaN 薄膜除了在 3.47 eV 附近会出现带边峰(Band-edge Emission)外，在 3.40 eV 附近还会出现一个微弱的峰，通常把这个峰归因于 BSF 的存在。BSF 区域的原子层排列是纤锌矿的六方相 GaN 中出现了一层或多层的闪锌矿的立方相 GaN，再加上立方相 GaN 的禁带宽度略小于六方相 GaN，所以可以把 BSF 区域等效看作一个量子阱结构。如果样品中存在大量 BSF，则不仅会产生强烈的 BSF 相关峰，同时也会抑制带边峰的强度，通过对比带边峰和 BSF 相关峰之间的强度比，可以预估 GaN 薄膜的晶体质量。Zhang 等通过比较不同样品间的带边峰和 BSF 相关峰之间的强度比，发现调控微米柱衬底模板中的尺寸参数，可以有效提高$(11\bar{2}2)$面外延 GaN 的晶体质量[17]。

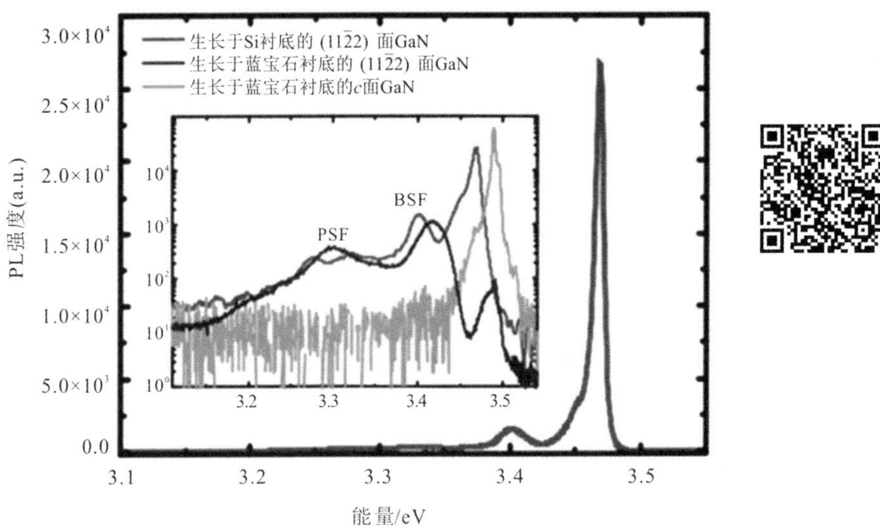

图 6-14　生长于图案化硅衬底的$(11\bar{2}2)$面 GaN、蓝宝石衬底的$(11\bar{2}2)$面 GaN 和蓝宝石衬底(0001)面 GaN 的低温(10 K)PL 光谱[34]

6.4.2　减弱的极化电场

非极性和半极性方向的氮化物与极性方向的一个最大区别是拥有减弱的内部极化电场，因此展现出和极性氮化物不一样的光学性质，这一特征可以通过多种类型的测试实验得以验证。

电致发光(EL)光谱测试通过对器件进行外部注入电流提供载流子，收集器件的发光从而进行测试分析，是一种普遍施加于氮化物 LED 的测试手段。对 c 面 InGaN 基 LED 进行 EL 光谱测试，发现当增加注入电流时，EL 峰位会发生蓝移。这是由于随着注入电流增加，有源区内的载流子数目也随之增加，这会对有源区内的极化电场产生部分屏蔽作用，从而减轻 QCSE 效应。图 6-15 描绘了发光范围从绿光到琥珀色光的半极性$(11\bar{2}2)$面 InGaN/GaN LED 器件的 EL 光谱和 EL 峰位随注入电流的变化[46]，当注入电流从 10 mA 增加到

100 mA 时，绿光、黄绿光和黄光$(11\bar{2}2)$LED 的峰位分别蓝移了 8 nm、15 nm 和 19 nm，这一蓝移值要小于相同波长的 c 面器件(相同电流变化范围内，典型 c 面绿光 LED 蓝移约 13 nm)，这反过来可以推测出半极性$(11\bar{2}2)$面 LED 中的 QCSE 效应要弱于相应的 c 面 LED 器件。

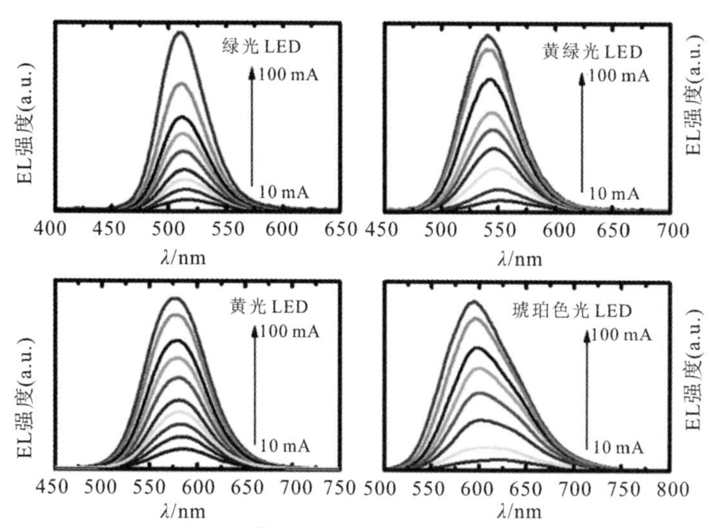

(a) 半极性$(11\bar{2}2)$面LED在不同注入电流下的EL光谱

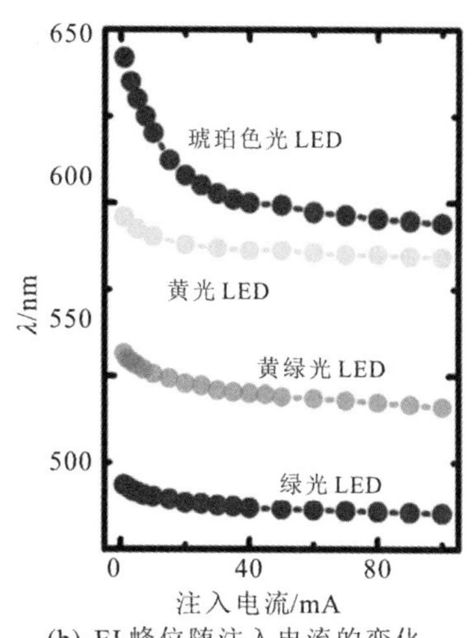

(b) EL峰位随注入电流的变化

图 6-15　从绿光到琥珀色光半极性$(11\bar{2}2)$面 LED 的 EL 光谱特性[46]

除了增加注入电流来提高有源层的载流子的数目外，还可以通过提高光辐照量的方法，即增加激发光的功率，这一测量手段更适用于那些未形成良好接触的样品，如 InGaN/GaN 量子阱结构。图 6－16 展示了低温下 *a* 面和 *c* 面 InGaN/GaN MQW 样品的变功率 PL 谱，随着激光的激发功率从 0.1 mW 增加到 15 mW，非极性 *a* 面样品的 PL 峰位几乎不发生移动，而 *c* 面样品的 PL 峰位则发生了明显的蓝移。

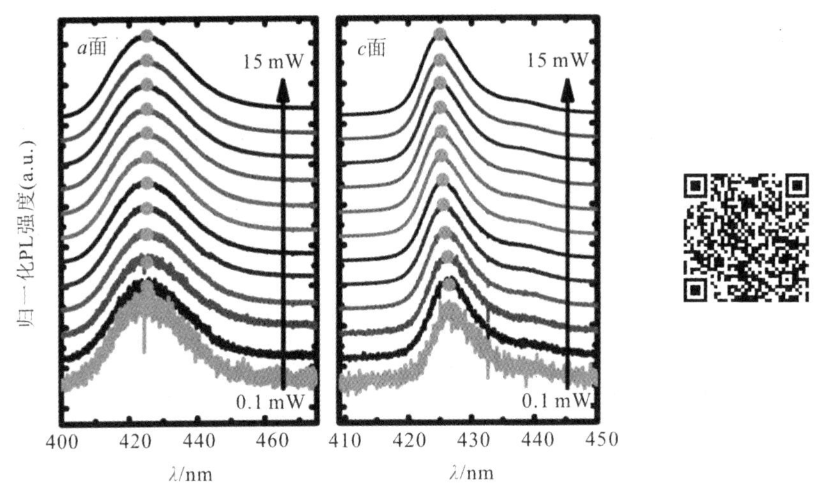

图 6－16　低温下 *a* 面和 *c* 面 InGaN/GaN MQW 样品的变功率 PL 谱

极化电场使得 InGaN/GaN 量子阱结构的能带倾斜不仅改变样品的发光性质，同样也会改变样品对光的吸收行为。光致发光激发（Photoluminescence Excitation，PLE）光谱通过观察激发光波长在样品带边附近连续改变时样品的发光光谱变化情况，进而分析样品的吸收带边。图 6－17 描绘了低温下半极性面$(11\bar{2}2)$和 *c* 面 InGaN/GaN MQW 样品的 PL 谱和 PLE 谱[47]，PLE 谱是通过固定探测波长于样品的各自 PL 峰值，改变激发光波长而测得的。比较发现，对于发光波长相近的两类样品，尽管 *c* 面样品的 PL 谱的半高宽要略小一点，但 *c* 面样品的量子阱相关的吸收边的范围（3.2～2.5 eV）要比半极性$(11\bar{2}2)$面样品的范围大。极性样品中的量子阱相关吸收边变宽可归因于量子约束的 Franz-Keldysh（QCFK）效应，由于内部极化电场的作用，某些发光过程中被禁止的能级间跃迁在吸收过程中却得以进行。半极性$(11\bar{2}2)$面样品的陡峭的量子阱相关吸收边暗示了量子阱内减弱的 QCFK 效应，即减弱的极化电场强度。

对于 PLE 中测得的吸收边，还可以利用 sigmoidal 函数进行定量分析：

$$a=\frac{a_0}{1+\exp\left(\frac{E_B-E}{\Delta E}\right)} \tag{6-1}$$

式中：E_B是有效吸收能级，ΔE 是和 Urbach 带尾能量相关的展宽参数，a_0是一个常数。根据上式，拟合出半极性$(11\bar{2}2)$面和 c 面样品的量子阱相关的吸收边分别为 2.634 eV 和 2.813 eV。结合两个样品的 PL 峰，可以得出半极性$(11\bar{2}2)$面和 c 面样品的斯托克斯偏移(Stokes Shift)分别为 312 meV 和 509 meV，这表明极化电场的减弱也会降低样品吸收边和发射峰之间的能量偏移。

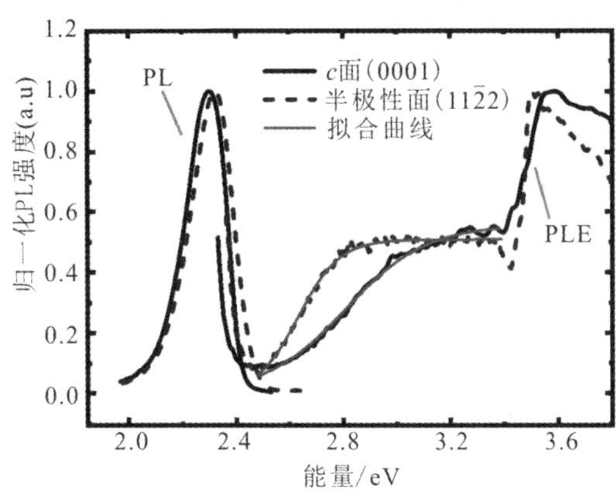

图 6-17　低温下半极性$(11\bar{2}2)$面和 c 面 InGaN/GaN MQW 样品的 PL 谱和 PLE 谱曲线[47]

极化电场不仅会改变氮化物材料中的能带结构，也会影响其中的载流子分布。利用时间分辨光致发光(TRPL)可以对光电器件内的载流子寿命、少子扩散长度等关键参数进行测量分析。图 6-18 中的散点图是低温下两组波长相近的半极性$(11\bar{2}2)$面和 c 面 InGaN/GaN MQW 样品的 TRPL 衰减轨迹，衰减轨迹均是将探测波长固定在每个样品的 PL 峰值位置记录所得。对衰减轨迹可以用双指数函数进行拟合：

$$I=A_1e^{-\frac{t}{\tau_1}}+A_2e^{-\frac{t}{\tau_2}} \tag{6-2}$$

式中：τ_1 和 τ_2 分别是衰减寿命的快慢两部分，A_1 和 A_2 是拟合常数。相比于 c 面样品，半极性$(11\bar{2}2)$面样品的载流子寿命缩短了一个量级，说明了内部 QCSE 效应的减弱。同时，c 面样品的载流子寿命由 490 nm 的 26.7 ns 变化到 538 nm 的 78.4 ns，增加了约 3 倍，半极性$(11\bar{2}2)$面样品的载流子寿命却只由

497 nm 的 2.7 ns 增加到 534 nm 的 3.5 ns，这说明半极性$(11\bar{2}2)$面量子阱内的 QCSE 效应随 In 组分变化的剧烈程度要远小于传统的 c 面样品。得益于极短的载流子寿命，平面结构的半极性$(11\bar{2}2)$面 LED 在长波长波段展现出极高的直接调制速率，绿光、黄光和琥珀色光 LED 的调制带宽分别高达 540 MHz、350 MHz 和 140 MHz[48]。

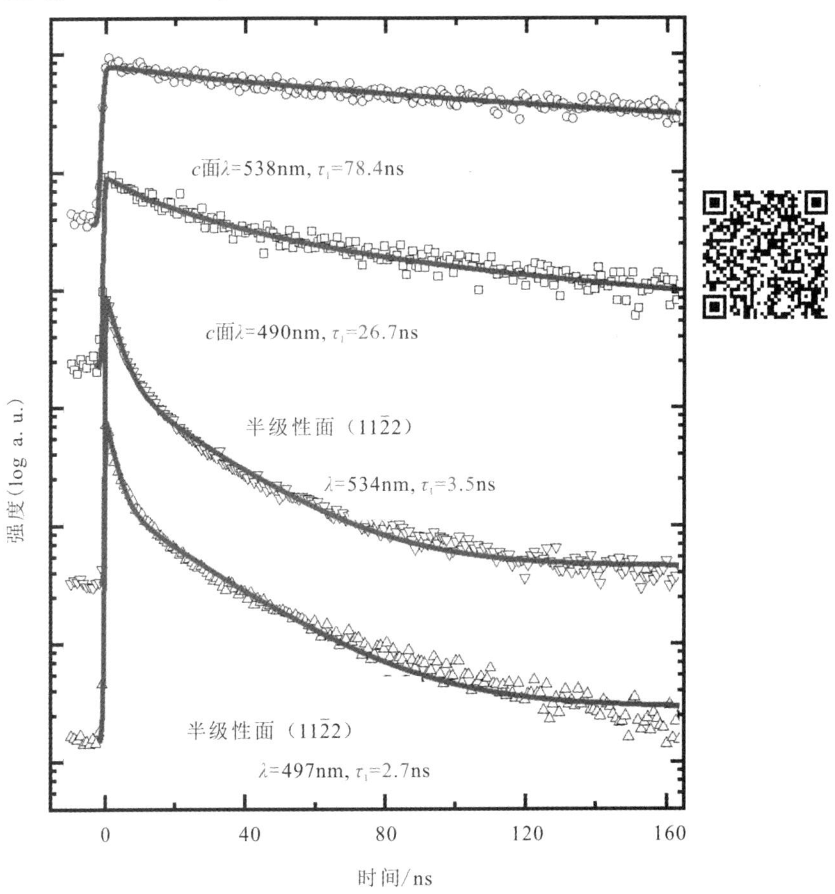

图 6-18 两组波长相近的半极性$(11\bar{2}2)$面和 c 面 InGaN/GaN MQW 样品的低温 TRPL 衰减轨迹(红色线条为利用双指数函数进行拟合的曲线)[47]

6.4.3 各向异性

不同于极性氮化物种具有的面内各向同性，非极性和半极性氮化物的面内

则展现出各向异性。关于非极性和半极性氮化物中的各向异性的最普遍的一个测试，是利用 X 光线衍射(X-Ray Diffraction，XRD)进行的轴向摇摆曲线的扫描测试，通过改变扫描方位角研究摇摆曲线半高宽的变化。如图 6-19 所示，当对蓝宝石衬底上生长的半极性(11$\bar{2}$2)面 GaN 进行轴向 XRD 扫描时，发现其半高宽随扫描方位角的改变呈现周期性变化，并在某一方向(如平行于 c 轴分量方向)出现最小值。这种半高宽展宽的各向异性是由于非极性和半极性材料中马赛克结构的倾斜以及晶畴尺寸的不对称造成的[49-50]，前者和螺位错、混合位错的角度分布有关，后者则受晶格失配影响。

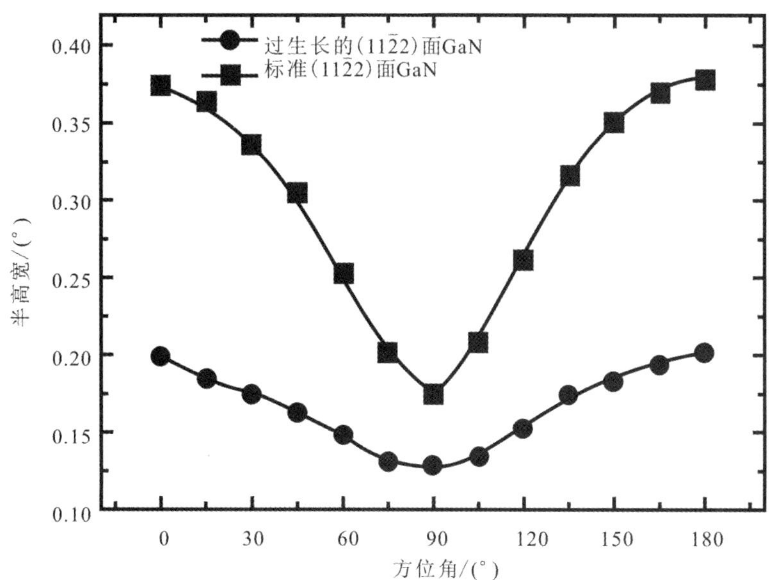

图 6-19　基于纳米柱衬底模板和标准法生长的半极性(11$\bar{2}$2)面 GaN 的轴向 XRD 半高宽随扫描方位角的变化[51]

非极性和半极性氮化物材料中的载流子迁移速度同样也表现出一定的各向异性。如图 6-20 所示，对生长于不同纳米柱衬底模板上的半极性(11$\bar{2}$2)面 GaN 进行了霍耳测量，分析发现它们沿[1$\bar{1}$00]方向的电子迁移率要大于沿[11$\bar{2}\bar{3}$]方向的。研究表明，面内电场、扩展缺陷(如 BSF)、表面形貌等多种因素都会影响非极性和半极性氮化物材料内载流子的迁移速度，使得平行 c 轴分量的迁移率相对较小。

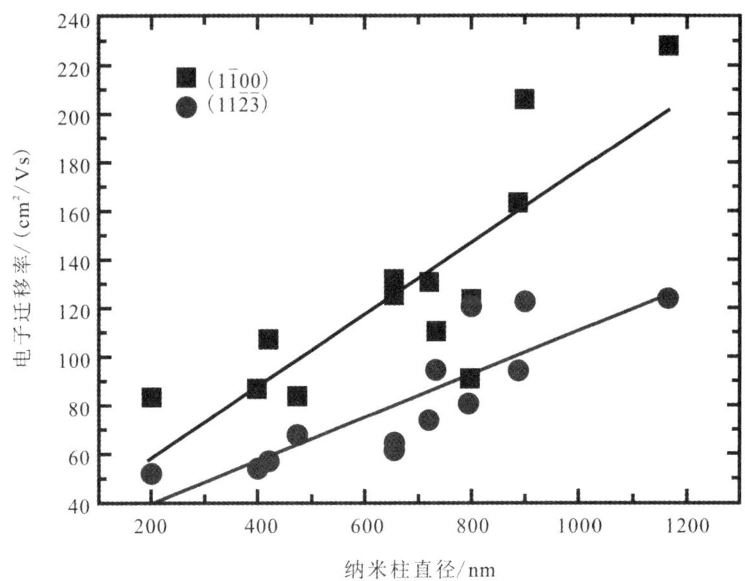

图 6-20　生长于不同纳米柱直径的纳米柱衬底模板上的半极性(11$\bar{2}$2)面 GaN 沿[1$\bar{1}$00]和[11$\bar{2}\bar{3}$]方向扫描的电子迁移率[52]

非极性和半极性氮化物的面内不均匀双轴应变使得价带最上层能级分裂，导致发射光的各向异性，即轴向出射光具有偏振性。偏振度(ρ)通常定义为面内两个正交方向的光谱积分强度的差与和之间的比值，例如对于非极性 a 面氮化物，通常选取平行于 c 轴和垂直于 c 轴两个方向：

$$\rho=\frac{I_{\perp c}-I_{\parallel c}}{I_{\perp c}+I_{\parallel c}} \tag{6-3}$$

图 6-21 展示了某个 a 面 InGaN 基 LED 样品中 EL 峰积分强度随着偏振片角度的变化规律，当偏振片的方向从 0 变化到 360°时，非极性 a 面样品的 EL 峰的积分强度经历了两个周期性的变化，呈现出偏振性[53]。当样品中的 In 组分增加时，价带顶的能级分裂程度随之增加，同时不同能级的跃迁概率差别也增加，这使得样品中的长波长 EL 峰(448 nm)的偏振程度也更加明显。亦有报道发现，当增加器件的注入电流时，半极性(11$\bar{2}$2) LED 样品出射光的偏振度会相对减弱，推测和带填充效应相关，大电流注入条件下会导致优先能级的跃迁饱和，这在一定程度上会减少能级跃迁的概率差异，即减少大电流注入条件下发射峰的偏振程度。

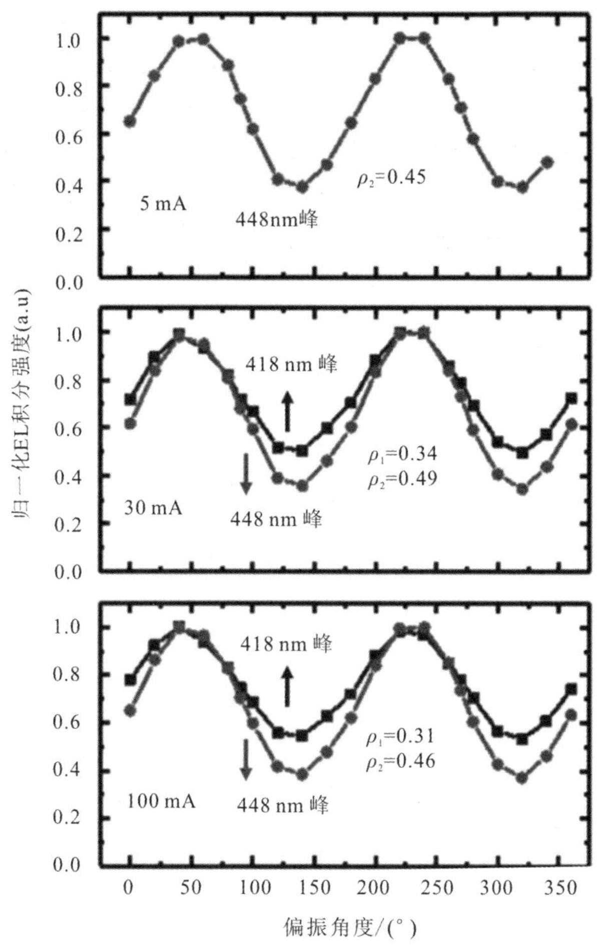

图 6－21　*a* 面 InGaN LED 样品中 418 nm 峰和 448 nm 峰在 5 mA、30 mA 和 100 mA 下的 EL 积分器强度随偏振角度的变化[53]

6.5　本章小结

本章首先讨论了非极性和半极性氮化物在降低量子限制斯塔克效应、获取长波长光电子器件等方面具有的独特优势，同时介绍了获取高质量非极性和半极性 GaN 异质外延片所存在的挑战，为此大量基于蓝宝石衬底和硅衬底上研究工作被展开。本章主要介绍了基于图案化蓝宝石衬底和硅衬底进行的选区外延和横向外延生长技术，以及为提高 InGaN/GaN 量子阱质量所采用的表面平坦工艺和超晶格插入层技术。非极性和半极性面 InGaN/GaN 量子阱所具有的降低的极化电场强度，表现出低色漂移和短载流子寿命的光学性质，这使得非极性和半极性氮化物在智能穿戴设备、微纳显示、可见光通信等领域的应用具有优秀的发展潜力。与此同时，正因为生长方向和晶体 c 轴之间具有的倾斜角，非极性和半极性氮化物面内的各向同性不复存在，这使得氮化物材料和器件在晶面衍射、载流子输运和轴向出光等方面展现出一定的各向异性。

参考文献

[1] 郝跃，张金风，张进成. 氮化物宽禁带半导体材料与电子器件. 北京：科学出版社，2013.

[2] MAUR M A, PECCHIA A, PENAZZI G, et al. Efficiency drop in green InGaN/GaN light emitting diodes: The role of random alloy fluctuations. Physical Review Letters, 2016, 116: 027401: 5.

[3] KIM C S, KIM H G, HONG C H, et al. Effect of compressive strain relaxation in GaN blue light-emitting diodes with variation of n^+ - GaN thickness on its device performance. Applied Physics Letters, 2005, 87, 013502: 3.

[4] RYOU J H, LEE W, LIMB J, et al. Control of quantum-confined Stark effect in InGaN/GaN multiple quantum well active region by p-type layer for Ⅲ-nitride-based visible light emitting diodes. Applied Physics Letters, 2008, 92, 101113: 3.

[5] DEGUCHI T, SHIKANAI A, TORII K, et al. Luminescence spectra from InGaN multiquantum wells heavily doped with Si. Applied Physics Letters, 1998, 72, 3329-3331.

[6] KIVISAARI P, OKSANEN J, TULKKI J. Polarization doping and the efficiency of Ⅲ-nitride optoelectronic devices. Applied Physics Letters, 2013, 103, 211118: 5.

[7] ROMANOV A E, BAKER T J, NAKAMURA S, et al. Strain-induced polarization in wurtzite Ⅲ-nitride semipolar layers. Journal of Applied Physics, 2006, 100, 023522: 10.

[8] WALTEREIT P, BRANDT O, TRAMPERT A, et al. Nitride semiconductors free of electrostatic fields for efficient white light-emitting diodes. Nature, 2000, 406, 865-868.

[9] NORTHRUP J E. Impact of hydrogen on indium incorporation at m-plane and c-plane $In_{0.25}Ga_{0.75}N$ surfaces: First-principles calculations. Physical Review B, 2009, 79, 041306: 4.

[10] WERNICKE T, SCHADE L, NETZEL C, et al. Indium incorporation and emission

wavelength of polar, nonpolar and semipolar InGaN quantum wells. Semiconductor Science and Technology, 2012, 27, 024014: 7.

[11] ZHAO Y, YAN Q, HUANG C. Y, et al. Indium incorporation and emission properties of nonpolar and semipolar InGaN quantum wells. Applied Physics Letters, 2012, 100, 201108: 4.

[12] MCLAURIN M, MATES T E, SPECK J S. Molecular-beam epitaxy of p-type m-plane GaN. Applied Physics Letters, 2005, 86, 262104: 3.

[13] TSUCHIYA Y, OKADOME Y, HONSHIO A, et al. Control of p-type conduction in a-plane GaN grown on sapphire r-plane substrate. Japanese Journal of Applied Physics, 2005, 44, L1516 - L1518.

[14] KAEDING J F, ASAMIZU H, SATO H, et al. Optical evidence for lack of polarization in $(11\bar{2}0)$ oriented GaN/(AlGa)N quantum structures. Applied Physics Letters, 2006, 89, 202104: 3.

[15] MARCINKEVIČIUS S, KELCHNER K, KURITZKY L, et al. Photoexcited carrier recombination in wide m-plane InGaN/GaN quantum wells. Applied Physics Letters, 2013, 103, 111107: 5.

[16] MASUI H, ASAMIZU H, TYAGI A, et al. Correlation between optical polarization and luminescence morphology of $(11\bar{2}2)$-oriented InGaN/GaN quantum-well structures. Applied Physics Express, 2009, 2, 071002: 3.

[17] ZHANG Y, BAI J, HOU Y, et al. Microstructure investigation of semi-polar (11 - 22) GaN overgrown on differently designed micro-rod array templates. Applied Physics Letters, 2016, 109, 241906: 4.

[18] DINH D V, AKHTER M, PRESA S, et al. Semipolar $(11\bar{2}2)$ InGaN light-emitting diodes grown on chemically-mechanically polished GaN templates. Physica Status Solidi (A), 2015, 212, 2196 - 2200.

[19] SONG J, CHOI J, XIONG K, et al. Semipolar $(20\bar{2}1)$ GaN and InGaN light-emitting diodes grown on sapphire. ACS Applied Materials and Interfaces, 2017, 9, 14088 - 14092.

[20] KHOURY M, LI H, LI P, et al. Polarized monolithic white semipolar $(20\bar{2}1)$ InGaN light-emitting diodes grown on high quality $(20\bar{2}1)$ GaN/sapphire templates and its application to visible light communication. Nano Energy, 2020, 67, 104236: 7.

[21] KATO Y, KITAMURA S, HIRAMATSU K, et al. Selective growth of wurtzite GaN and $Al_xGa_{1-x}N$ on GaN/sapphire substrates by metalorganic vapor phase epitaxy.

Journal of Crystal Growth, 1994, 144, 133 - 140.

[22] ZHELEVA T S, NAM O H, BREMSER M D, et al. Dislocation density reduction via lateral epitaxy in selectively grown GaN structures. Applied Physics Letters, 1997, 71, 2472 - 2474.

[23] WANG T. Topical review: Development of overgrown semi-polar GaN for high efficiency green/yellow emission. Semiconductor Science and Technology, 2016, 31, 093003: 26 .

[24] XING K, WANG J, WANG L, et al. Epitaxial GaN films with ultralow threading dislocation densities grown on an SiO_2-masked patterned sapphire substrate. Applied Physics Express, 2019, 12, 105501: 5.

[25] SEKIGUCHI H, KISHINO K, KIKUCHI A. Ti-mask selective-area growth of GaN by RF-plasma-assisted molecular-beam epitaxy for fabricating regularly arranged InGaN/GaN nanocolumns. Applied Physics Express, 2008, 1, 124002: 3.

[26] OKADA N, KURISU A, MURAKAMI K, et al. Growth of semipolar $(11\bar{2}2)$ GaN layer by controlling anisotropic growth rates in r-plane patterned sapphire substrate. Applied Physics Express, 2009, 2, 091001: 3.

[27] CHENH G, KO T S, LING S C, et al. Limiting factors of room-temperature nonradiative photoluminescence lifetime in polar and nonpolar GaN studied by time-resolved photoluminescence and slow positron annihilation techniques. Applied Physics Letters, 2007, 91, 021914: 3.

[28] TENDILLE F, MIERRY P, VENNÉGUÈS P, et al. Defect reduction method in $(11\bar{2}2)$semipolar GaN grown on patterned sapphire substrate by MOCVD: Toward heteroepitaxial semipolar GaN free of basal stacking faults. Journal of Crystal Growth, 2014, 404, 177 - 183.

[29] LEUNG B, WANG D, KUO Y S, et al. Semipolar $(20\bar{2}1)$ GaN and InGaN quantum wells on sapphire substrates. Applied Physics Letters, 2014, 104, 262105: 5.

[30] SONG J, CHOI J, ZHANG C, et al. Elimination of stacking faults in semipolar GaN and light-emitting diodes grown on sapphire. ACS Applied Materials and Interfaces, 2019, 11, 33140 - 33146.

[31] TANIKAWA T, HIKOSAKA T, HONDA Y, et al. Growth of semipolar $(11\bar{2}2)$ GaN on a (113) Si substrate by selective MOVPE. Physica Status Solidi (C), 2008, 5, 2966 - 2968.

[32] HIKOSAKA T, TANIKAWA T, HONDA Y, et al. Fabrication and properties of semipolar $(1\bar{1}01)$ and $(11\bar{2}2)$ InGaN/GaN light emitting diodes on patterned Si

substrates. Physica Status Solidi (C), 2008, 5, 2234 - 2237.

[33] YU X, HOU Y, SHEN S, et al. Semipolar $(11\bar{2}2)$ GaN grown on patterned (113) Si substrate. Physica Status Solidi (C), 2016, 13, 190 - 194.

[34] BAI J, YU X, GONG Y, et al. Growth and characterization of semipolar $(11\bar{2}2)$ GaN on patterned (113) Si substrates. Semiconductor Science and Technology, 2015, 30, 065012: 6.

[35] NI X, ÖZGÜR U, BASKI A A, et al. Epitaxial lateral overgrowth of $(11\bar{2}2)$ semipolar GaN on $(1\bar{1}00)$ m-plane sapphire by metalorganic chemical vapor deposition. Applied Physics Letters, 2017, 90, 182109: 3.

[36] BOUGRIOUA Z, LAÜGT M, VENNÉGUÈS P, et al. Reduction of stacking faults in $(11\bar{2}0)$ and $(11\bar{2}2)$ GaN films by ELO techniques and benefit on GaN wells emission. Physica Status Solidi (A), 2007, 204, 282 - 289.

[37] MIERRY P, KRIOUCHE N, NEMOZ M, et al. Improved semipolar $(11\bar{2}2)$ GaN quality using asymmetric lateral epitaxy. Applied Physics Letters, 2009, 94, 191903: 3.

[38] SONG K R, LEE J H, HAN S H, et al. Study of epitaxial lateral overgrowth of semipolar $(11\bar{2}2)$ GaN by using different SiO_2 pattern sizes. Materials Research Bulletin, 2013, 48, 5088 - 5092.

[39] XING K, GONG Y, BAI J, et al. InGaN/GaN quantum well structures with greatly enhanced performance on a-plane GaN grown using self-organized nano-masks. Applied Physics Letters, 2011, 99, 181907: 3.

[40] BAI J, GONG Y, XING K, et al. Efficient reduction of defects in $(11\bar{2}0)$ non-polar and $(11\bar{2}2)$ semi-polar GaN grown on nanorod templates. Applied Physics Letters, 2013, 102, 101906: 4.

[41] ZHANG Y, BAI J, HOU Y, et al. Defect reduction in overgrown semipolar $(11\bar{2}2)$ GaN on a regularly arrayed micro-rod array template. AIP Advances, 2016, 6, 025201: 7.

[42] BAI J, JIU L, GONG Y, et al. Nonpolar $(11\bar{2}0)$ GaN grown on sapphire with double overgrowth on micro-rod/stripe templates. Semiconductor Science and Technology, 2018, 33, 125023: 6.

[43] ZHAO X, HUANG K, BRUCKBAUER J, et al. Influence of an InGaN superlattice pre-layer on the performance of semipolar $(11\bar{2}2)$ green LEDs grown on silicon. Scientific Reports, 2022, 10, 12650: 8.

[44] HALLERC, CARLIN J F, JACOPIN G, et al. Burying non-radiative defects in InGaN underlayer to increase InGaN/GaN quantum well efficiency. Applied Physics Letters, 2017, 111, 262101: 5.

[45] KHOURY M, LI H, BONEF B, et al. 560 nm InGaN micro-LEDs on low-defect-density and scalable $(20\bar{2}1)$ semipolar GaN on patterned sapphire substrates. Optics Express, 2020, 28, 18150 - 18159.

[46] BAI J, XU B, GUZMAN F G, et al. $(11\bar{2}2)$ semipolar InGaN emitters from green to amber on overgrown GaN on micro-rod templates. Applied Physics Letters, 2015, 107, 261103: 5.

[47] ZHANG Y, SMITH R M, HOU Y, et al. Stokes shift in semipolar $(11\bar{2}2)$ InGaN/GaN multiple quantum wells. Applied Physics Letters, 2016, 108, 031108: 5.

[48] HAGGARJ I, CAI Y, GHATAORA S S, et al. High modulation bandwidth of semipolar $(11\bar{2}2)$ InGaN/GaN LEDs with long wavelength emission. ACS Applied Electronic Materials, 2020, 8, 2363 - 2368.

[49] SUN Q, KO T S, YERINO C D, et al. Effect of controlled growth dynamics on the microstructure of nonpolar a-plane GaN revealed by X-ray diffraction. Japanese Journal of Applied Physics, 2009, 48, 071002: 4.

[50] MORAM M A, VICKERS M E. X-ray diffraction of Ⅲ-nitrides. Reports on Progress in Physics, 2009, 72, 036502: 40.

[51] XING K, GONG Y, YU X, et al. Improved crystal quality of $(11\bar{2}2)$ semipolar GaN grown on a nanorod template. Japanese Journal of Applied Physics, 2013, 52, 08JC03: 3.

[52] XU B, YU X, GONG Y, et al. Study of high-quality $(11\bar{2}2)$ semipolar GaN grown on nanorod templates. Physica Status Solidi (B), 2015, 252, 1079 - 1083.

[53] BAI J, JIU L, POYIATZIS N, et al. Optical and polarization properties of nonpolar InGaN-based lightemitting diodes grown on micro-rod templates. Scientific Reports, 2019, 9, 9770: 8.

第 7 章

ZnO 微纳激光的构建与表征

7.1 引言

以硅为代表的第一代半导体和以 GaAs、InP 为代表的第二代半导体引发了微型计算机、集成电路及现代光电集成器件的迅猛发展。近年来，以 GaN 为代表的第三代宽禁带半导体，在照明、短波激光、紫外光电探测及功率器件等领域得到了广泛的应用。ZnO 具有与 GaN 相似的晶体结构及禁带宽度(3.37 eV)；且其激子结合能高达 60 meV，远大于室温热能(26 meV)，从而有望实现室温激子型短波发光器件和低阈值激光器件。1997 年，汤子康等人在室温下得到了 ZnO 薄膜的光泵浦受激辐射[1]，*Science* 杂志以“Will UV Lasers Beat the Blues? ”预言了 ZnO 在紫外激光器件领域的潜在优势[2]。二十多年来，ZnO 的研究主要集中于发光及激射性质、发光器件及光电探测器件设计与构建、微纳结构与光电集成等，并取得了一系列重要进展。前期大量研究工作揭示了 ZnO 光致发光中激子发光特征，从激子浓度、激子-激子相互作用、激子-声子相互作用等多个角度阐明了激子光谱的特征结构，并有大量文献报道了缺陷态对光学、电学及磁学性质的影响。值得关注的是人们在材料制备中获得了形貌丰富的 ZnO 微纳结构，这为进一步研究微纳激光提供了优良的材料科学基础[3-6]。2001 年 ZnO 纳米线中的 F-P 激光被首次发现[7]，随后德国的 GzekaUa 和中国的朱光平等人相继报道了回音壁模微腔激光，进一步推动了 ZnO 激光的研究[8-9]。目前对 ZnO 微纳激光的研究已经覆盖了激光腔体构建、增益机制、模式调控等方面，并且借助金属表面等离激元实现了 ZnO 微纳激光增强。ZnO 光电器件研究已从早期的 ZnO 薄膜电致发光器件拓展至微纳电泵浦激光、微纳结构紫外光电探测等器件的设计、构建与性能等方面。本章将从 ZnO 微纳结构制备表征、发光特性、受激辐射、模式调控、电致发光等方面系统综述其微纳结构光电性质及其表征方法。

7.2 ZnO 微纳结构的制备与表征

根据 ZnO 特殊的纤锌矿晶体结构和生长特性，通过采用不同的合成方法和控制生长条件，可以获得形态各异的 ZnO 微纳结构单晶(例如微米棒、纳米

棒、微米带、微米盘、微米球等)，其中多种结构都是天然的光学微腔。目前在 ZnO 微纳结构中观察到的谐振方式主要可以归结为以下三种：随机激光、法布里-珀罗(Fabry-Pérot，F-P)激光、回音壁模(Whispering Gallery Mode，WGM)激光。其中，WGM 振荡是基于内壁全反射的方式将光束缚在环形或者球形谐振腔中而形成的一种谐振模式，具有高 Q 值、小模式体积、高能量密度和窄线宽等优越特性，被人们广泛关注并应用于光学、电学、生化传感检测等领域的研究。

ZnO 微纳结构的制备方法很多，按制备环境不同可分为气相法、液相法和固相法等。气相法是指将生长晶体所用材料通过升华、蒸发、分解等过程转化为气相原子，在适当的条件下经过成核生长得到所需的晶体微纳米结构。液相法则是采用溶液作为媒介或载体，使反应源发生一定的物理化学反应，结晶、生长形成微纳结构材料的方法，主要包括水热法、溶胶-凝胶法、溶剂热法、微乳液法等。固相法指固体粉末在一定外部能量作用下反应生成微纳结构材料的方法，如机械球磨法等。目前，实验研究中主要采用气相法和液相法制备各种 ZnO 微纳米结构。

7.2.1　气相法

气相法通常在较高的温度下进行，具有工艺简单、产物纯度高、结晶性好、尺寸可控性好等优点，被广泛用于制备各种高结晶质量的 ZnO 微纳结构。根据气相转化的途径不同，ZnO 微纳结构的气相法制备主要包括化学气相沉积(CVD)法、物理气相沉积(PVD)法、有机金属化学气相沉积(MOCVD)法、分子束外延(MBE)法、热蒸发法、磁控溅射(RF)法、热分解法等。本文主要介绍常用的 CVD 法及生长机理。

CVD 法是指将拟生长的晶体材料通过升华、蒸发、分解等过程转化为气态，在适当的条件下成为饱和蒸气，经过冷凝结晶生长出晶体。作为化学气相沉积技术的一种，MOCVD 法通过载气把金属有机化合物和其他气源携带到反应室中加热的衬底上方，随着温度的升高在气相和气固界面发生一系列化学和物理变化，最终在衬底表面上外延。由于晶体生长的过程是空间不连续并且不均匀化的，因此结晶作用仅在生长界面上发生，而界面的推进是通过温度梯度控制的。为了得到优质的晶体，在熔体生长体系中，必须建立合理的温度梯度分布，这是与热量运输中的热传输机制相关的。晶体生长时所释放出的结晶潜热必须及时地从界面处运输出去，继而发生凝固过程。如图 7－1 所示，以锌或锌的化合物为原料，通过直接蒸发或者化学反应获得锌蒸气，再与氧气反应形成各类形态的纳米 ZnO。CVD 法具备非常多的优点：粒度小、均匀、分散性好、化学反应活性高、制备工艺可控、过程连续，可以用于生长多种形貌的 ZnO 微纳结构，包括微纳米线、微纳米棒、微纳米碟、微纳米梳、微纳米带等[10-18]。MOCVD 法的优点则在于可以选择多种金属有机化合物作为原材料，因而可用于生长多种化合物半导体。它不仅能够制备高纯材料，还能对生长的极薄层材料的厚度、组分和界面进行精确的控制，可以进行选择性生长。MOCVD 法的特点是晶体的过饱和度大，生长速度快，样品的结晶性好，生长过程易于控制，已被广泛用于 ZnO 薄膜以及 ZnO 纳米材料的制备[19]。

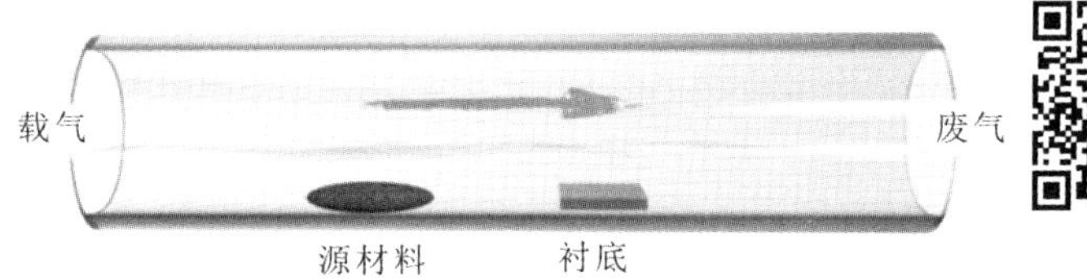

图 7-1　CVD 法制备示意图

根据各种气相反应过程，ZnO 的生长机制可分为气-液-固(VLS)和气-固(VS)两种。VLS 机制最早于 20 世纪 60 年代，由 Wagner 和 Ellis 提出并用于 Si 微米晶须的生长[20]。VLS 制备晶须要求在生长原材料中引入催化剂，催化剂和生长组元形成凝固点较低的合金液态颗粒，在一定的温度下，从生长原材料中蒸发出的组元蒸气不断沉积于合金液滴上形成液态组元。当液态中溶质组元达到过饱和后，纳米材料就会沿着固-液界面择优方向析出，从而生长成线状晶体，如图 7-2 所示[21]。2001 年杨培东研究组利用 TEM 原位观察到金催化下 ZnO 纳米线的 VLS 生长过程[22]。

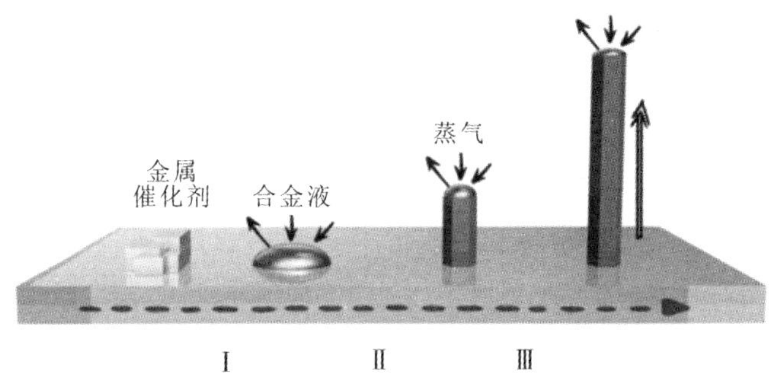

图 7-2　VLS 生长机制模型[21]

ZnO 和碳粉的混合物是 VLS 生长的常用配方。在高温区，ZnO 被碳粉还原形成锌蒸气被传输至低温区并和液态金颗粒反应形成合金液态颗粒。当锌蒸气过饱和时，纳米材料就会在固-液界面成核，沿着表面能量低的方向外延生长。在 VLS 生长过程中，通过催化剂和生长条件的选择和控制可以实现纳米结构的形貌、密度、位置等的可控生长，例如形貌的变化主要是通过对过饱和度、温度和压强等因素的调控来实现的。若反应器中的气相过饱和度过低，则难以形成晶核，无法合成出晶体；若气相过饱和度太大，成核基元将以若干分子集团的形式被吸附到晶核表面，影响晶体的稳定生长，甚至形成多晶堆聚生长。只有当气相过饱和度适中时，气态基元才以单分子形式吸附在晶核表面，形成有序性吸附，有利于晶体定向均匀地生长。人们对一维材料生长动力学进行了理论和实验研究，得出在晶体表面的二维(2D)成核概率可用下式表示[23]：

$$P_{\mathrm{N}}=B\exp\left(-\frac{\pi\sigma^{2}}{k^{2}T^{2}\ln\alpha}\right) \tag{7-1}$$

式中，P_{N}为成核概率，B 为常数，σ 是晶须的表面能，k 是 Boltzmann 常数，T 是绝对温度，$\alpha=p/p_0$是生长气氛过饱和度，其中 p 是实际蒸气压，p_0是温度 T 时的饱和蒸气压。

表面能的大小与界面有关，低指数晶面的表面能低一些。根据式(7-1)，表面能越低，2D 成核概率越大。另一方面，吸附在低能表面的原子结合能低，解吸附概率高。这两个过程的竞争和协调将决定晶体的形状。温度和过饱和度这两个参数由工艺条件控制，是影响成核的两个重要因素。温度越高，过饱和度越大，越有利于 2D 成核，形成片状结构。反之，较低的温度和较小的过饱和度有利于线状结构的生长。

与 VLS 不同的是，VS 机制不需要催化剂的引入。首先是通过热蒸发、化学还原、气相反应等产生基元气体，随后气体被传输至衬底区域，并在衬底上成核后诱导纳米结构的生长。这种生长晶须的方式经常被解释为以气-固界面上微观缺陷(位错、孪晶等)为成核中心，生长出一维结构。VS 生长可以看作是 Zn“自催化”引发的。在没有使用催化剂的情况下，一维纳米结构的制备通常取决于 VS 过程，比如 ZnO 纳米带的制备[24]。VS 生长机制模型如图 7-3 所示。

7.2.2　液相法

液相法对于成分复杂的材料也可以获得化学均匀性很高的微纳米结构，而且成本较低、产量大、制备方便，不需要很苛刻的条件，但得到的材料结

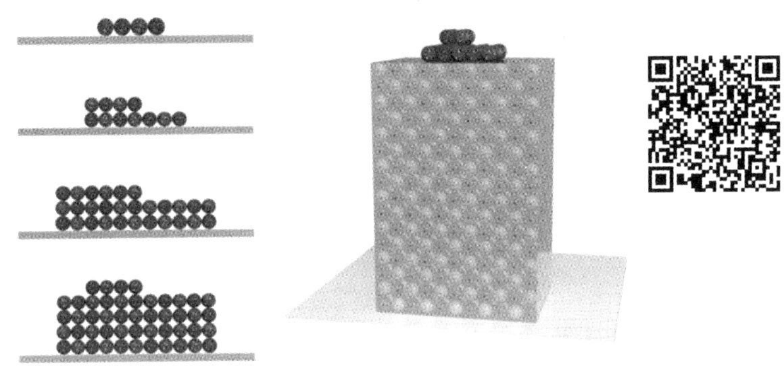

图 7-3　VS 生长机制模型[24]

晶质量不高。水热合成法是最为常用的 ZnO 微纳结构液相制备方法。

水热法是以水溶液或蒸汽等为介质，具有反应温度低、经济成本低、适合大规模生产等优点[25-26]。一般可以用“生长基元”理论模型对水热生长过程进行描述：在反应的初始运输阶段，各种物质能够在对流作用下发生流动，溶解后的各种离子、分子能够发生一系列反应，最终形成一定形貌的纳米材料。对于 ZnO 微纳结构的制备，一般选用可溶性锌盐（如乙酸锌或硝酸锌等）和弱碱（如氨水或六次甲基四胺等）作为反应前驱物，在水溶液中反应生成 $Zn(OH)_2$ 沉淀，再经过水解制得 ZnO。其反应过程可通过如下化学反应方程式来解释：

分解反应：$(CH_2)_6N_4+6H_2O \leftrightarrow 6HCHO+4NH_3$

羟基反应：$NH_3+H_2O \leftrightarrow NH_4^+ +OH^-$

过饱和反应：$Zn^{2+}+4OH^- \rightarrow Zn(OH)_4^{2-}$

生长反应：$Zn(OH)_4^{2-} \rightarrow ZnO+H_2O+2OH^-$

Boyle 在此基础上发明了两步反应法，即在衬底上得到 ZnO 模板层之后进行化学浴反应，利用其方法制备的 ZnO 纳米线阵列取向性较好[27]。徐春祥等课题组利用水热法合成 ZnO 纳米棒阵列（如图 7-4(a)、(b)所示），具体的生长过程主要分为四个步骤。第一，首先采用磁控溅射的方法在衬底上溅射一层纳米薄膜作为 ZnO 种子层诱导 ZnO 纳米棒的生长，降低衬底和 ZnO 纳米棒之间的热力学势垒和晶格失配，促进晶格形成，诱导生长出均匀的 ZnO 纳米棒阵列。第二，将前驱物均匀混合于去离子水中。第三，将处理过的衬底置于前驱体溶液中，在高压反应釜中生长。最后，经过适宜温度与时间的反应后取出，冲洗、吹干即可。ZnO 的形貌可以通过各种方法进行调控，如改变反应物浓度、溶液 pH 值、反应时间及反应温度等。另外，研究发现柠檬酸三钠在

ZnO 的生长过程中起到阻挡、封盖和取向的关键作用，柠檬酸根离子中的羟基和羧基能吸引 Zn^{2+} 并控制 ZnO 结构的生长方向，可以调控水热生长的过程以形成光滑 ZnO 微球结构(如图 7-4(c)所示)[28-30]。

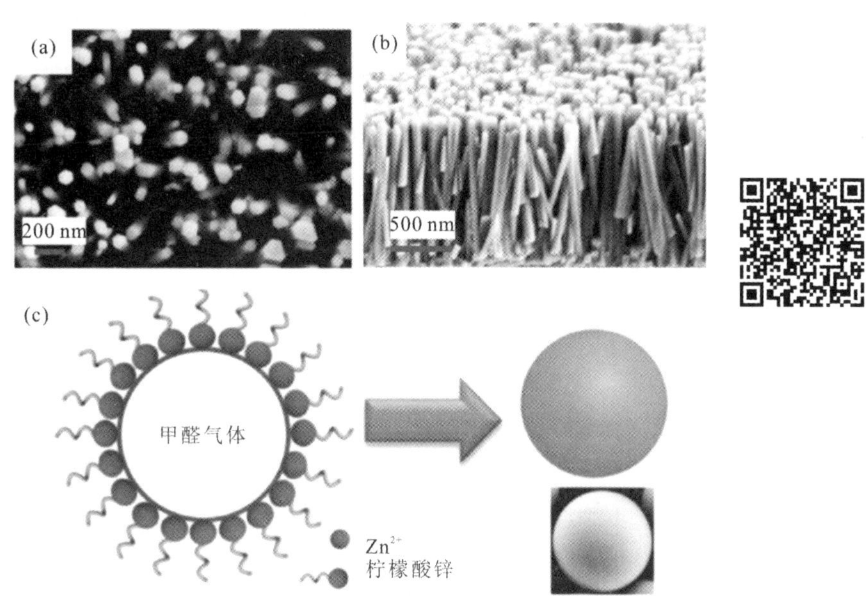

图 7-4　水热法制备 ZnO 微纳结构[28, 31]

7.2.3　ZnO 微纳结构的表征

现代材料学的发展在很大程度上依赖于对材料性能及其成分结构与微观组织关系的理解。因此，材料在微观层次上的表征技术，构成了材料科学的一个重要组成部分。由于 ZnO 容易形成各式各样的微纳米结构，其形貌结构对材料性质具有直接影响，因此对它进行精细的微结构表征有着重要的意义。本节分别以几种典型的 ZnO 微纳结构为例，介绍场发射扫描电子显微镜(FESEM)、透射电子显微镜(TEM)、X 射线衍射仪(XRD)等几种主要的微结构表征技术。

1. ZnO 微/纳米棒

作为典型的 ZnO 微纳结构，ZnO 微/纳米棒的制备方法很多。图 7-5 为利用 VLS 法制备的 ZnO 纳米线的 SEM 和 TEM 照片[22]。图 7-5(a)为衬底上溅射了金薄层作为催化剂时所生成的 ZnO 纳米线的 SEM 照片，纳米线的直径

范围 40～70 nm，长度介于 5～10 μm 之间。通过调节金薄层的厚度，还可以控制生成纳米线的直径。图 7－5(b)为单根纳米线的 TEM 照片，可以看出，纳米线顶端存在一个明显的合金颗粒，这为 VLS 生长机制提供了强有力的实验证据。图 7－5(c)给出了单晶 ZnO 纳米线的高分辨 TEM(HRTEM)照片，可以看出相邻两个晶面之间的距离约为 0.26 nm，该距离对应于(0002)晶面间距，表明纳米线沿着〈0001〉方向生长。

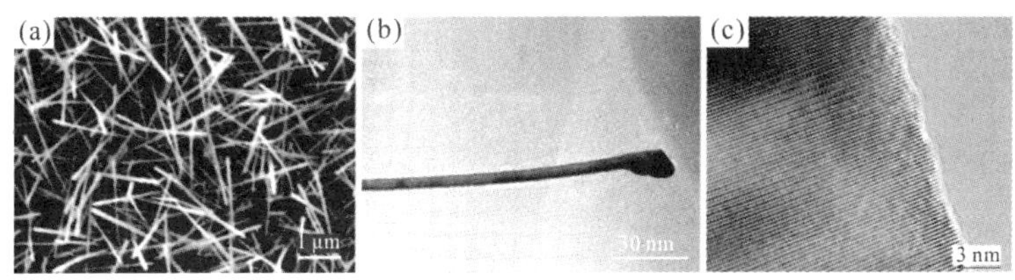

图 7－5　VLS 法制备 ZnO 纳米线及表征[22]

图 7－6(a)、(b)为利用 CVD 法制备的 ZnO 亚微米棒的 SEM 照片，直径大约为 600 nm，具有规则的六边形截面和光滑平整的外侧面[31-32]。相应的 HRTEM 照片如图 7－6(c)所示。可以看出其具有清晰的晶格结构，层间距约为 0.26 nm，与六方纤锌矿 ZnO(0002)面的晶面间距相匹配。插图所示的选区电子衍射(SAED)图样表明该方法制备的 ZnO 微米棒具有良好的单晶性能。此外，还通过 X 射线衍射方法分析了所制样品的晶体结构。如图 7－6(d)所示，样品的 X 射线衍射图谱清楚地显示出位于 31.8°、34.3°和 36.5°的衍射峰，这些衍射峰分别对应于纤锌矿结构 ZnO 的(1000)、(0002)和(1010)晶面，这与 ZnO 的标准衍射图谱(JCPDS 卡，编号为 36－1451)完全吻合。其中，强度最高的、位于 34.3°的衍射峰反映了 ZnO 微米棒沿着[0001]方向的取向生长，这与前面高分辨透射电子显微镜和选区电子衍射所观察到的结果一致。很明显，该 ZnO 微米棒具有较高的结晶质量。

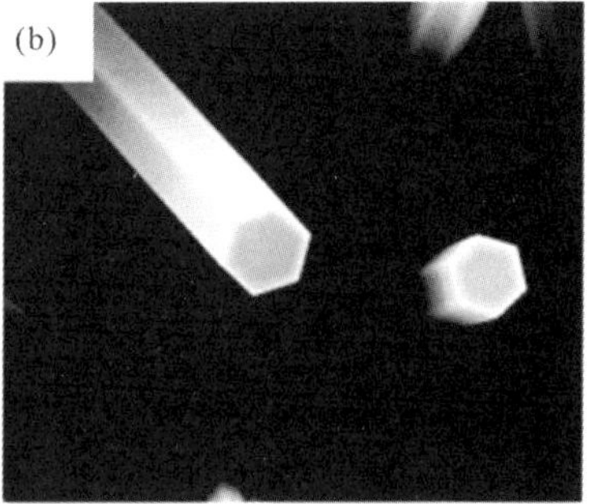

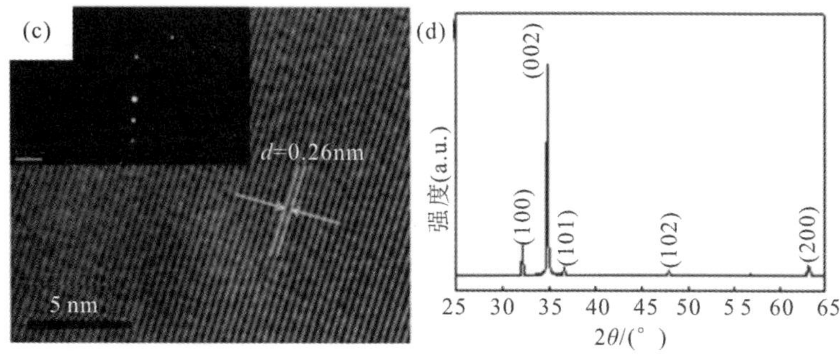

图 7－6　CVD 法制备的亚微米尺寸 ZnO 微米棒[32-33]

2. ZnO 纳米带

王中林研究组[34]首次利用高温热蒸发法在蓝宝石衬底上制备了多晶 ZnO 纳米带，如图 7－7(a)所示。ZnO 纳米带通常是在无催化剂的条件下高温热蒸发 ZnO 粉末得到的，宽度均匀、横截面呈矩形。如图 7－7(c)所示，纳米带沿着[$2\bar{1}\bar{1}0$](a 轴)，侧面是±($01\bar{1}0$)面，上、下面是±(0001)面，厚度很薄(5～20 nm)。如果纳米带在生长过程中表面极化电荷无法补偿，则极性面会相互连接使其面积达到最小，最终形成圆环，如图 7－7(d)所示。若极性面没有连接成环，则纳米带会继续弯曲一圈一圈盘绕，形成纳米螺旋，如图 7－7(e)所示。如果随着纳米带的缠绕，带电荷的表面之间的排斥力使纳米螺旋拉长，而弹性形变力使环拉近，两者的平衡便构成一个有弹性的纳米弹簧，如图 7－7(f)所示。

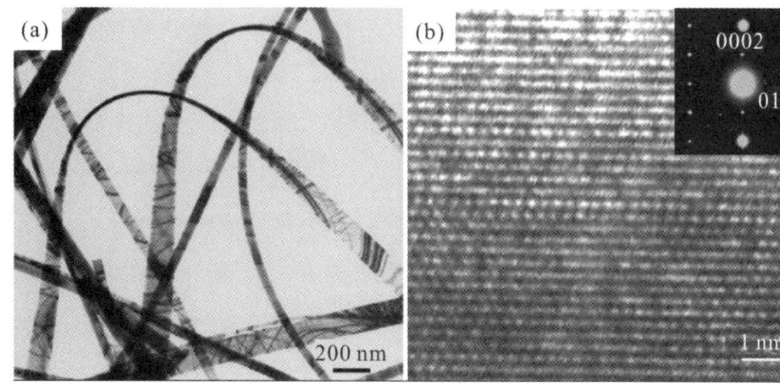

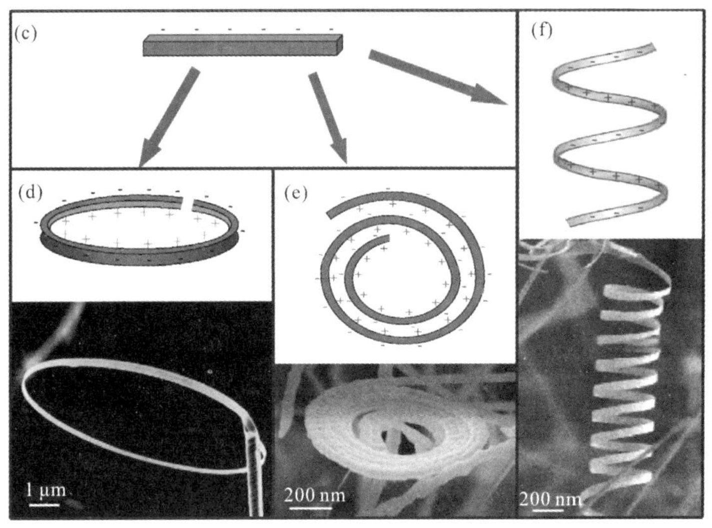

图 7-7 ZnO 纳米带和纳米弹簧的生长过程[34]

3. ZnO 微/纳米碟

碟形 ZnO 微纳米结构由于具有均匀对称的外形、大的表面积，因此在信息存储、换能器、光发射器、高灵敏传感器以及激光器等领域具有潜在的应用前景。徐春祥研究组[14, 35-36]用 CVD 法获得了高质量的 ZnO 微/纳米碟，如图 7-8(a)所示。从[0001]方向观察纳米碟的 HRTEM 图像可看出，原子有序排列，形成六重对称投影结构，如图 7-8(b)所示。沿着这六个对称方向，对应 $(10\bar{1}0)$面的晶格间距为 0.28 nm。这表明 ZnO 纳米碟主要沿$\pm[10\bar{1}0]$、$\pm[1\bar{1}00]$和$\pm[01\bar{1}0]$六个对称方向生长，并且抑制了沿[0001]方向的生长(图 7-8(c))。如图 7-8(d)所示，XRD 结果显示该对称结构的 ZnO 纳米碟具有典型的纤锌矿 ZnO 晶体结构，其晶格常数为 $a=3.250$ Å 和 $c=5.207$ Å。较强的衍射峰出现在 31.8°、34.3°和 36.5°处，分别对应于纤锌矿 ZnO 的$(10\bar{1}0)$、(0002)和$(10\bar{1}1)$平面。

ZnO 微米碟的生长不仅与较大的过饱和度有关，较高的生长温度也可能是关键因素。因为液体的表面张力系数随温度的升高而减小，在较高的生长温度下，锌蒸气较难凝结成足够大的催化剂液滴，所以不能通过 VLS 过程成核，成核只能由 VS 过程控制，即气相的氧原子和锌原子直接形成固态的六角柱形的晶核。液态的锌原子被吸引到晶体表面，由于 ZnO 的(0001)面的表面能最低，所以液态锌原子会优先被吸附到(0001)面上，形成一层薄的液态的锌层，

该锌层将阻隔后来的锌、氧原子进入(0001)面，由此抑制了该面的生长。尽管六个侧面$\{10\bar{1}0\}$的生长速度也可能会受到液态锌层的影响，但该影响远小于(0001)，由此，六个侧面能够快速生长。由于六个面的生长速度相同，因此能够形成六重对称的碟状结构。

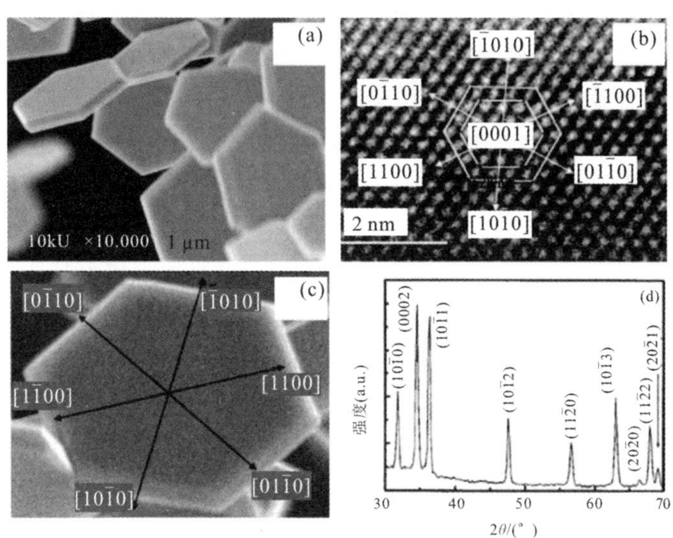

图 7-8 CVD 法制备的 ZnO 纳米碟[14]

7.3 ZnO 的发光特性

众所周知，ZnO 荧光光谱包含紫外区的带边激子发光以及可见光区的深能级缺陷发光，带边激子辐射和深能级辐射的强度比可以用于估计缺陷能级对辐射的影响。深刻理解其荧光辐射特性对进一步研究发光和激光器件有指导性意义。在这一节中，我们总结了 ZnO 低温到室温下的荧光发射特性，包括束缚激子发光、自由激子发光、声子伴线、缺陷发光、电子-空穴等离子体发光和激子-激子散射发光等。同时，我们结合瞬态荧光和瞬态吸收光谱特性综述了其光学介电特性及载流子动力学过程。

7.3.1 低温荧光

直接带隙半导体材料都表现出近带边激子复合荧光辐射，其荧光发光机理与材料中的缺陷、载流子浓度等息息相关。半导体发光材料中由于缺陷的存在，会在带隙间形成施主能级和受主能级，当激子被这些施主缺陷和受主缺陷束缚时会形成对应的束缚激子发光。为了展示丰富的近带边激子复合荧光辐射，需要在低温条件下进行测试，将温度效应对缺陷及激子的影响降低，从而展现较为明显的激子精细光谱结构。

大量文献已经对不同结构的 ZnO 材料进行了低温及变温光致发光光谱研究，ZnO 低温光致荧光光谱通常由多个窄带边辐射峰组成。Teke 等人的研究表明在高质量的 ZnO 单晶中，中性的浅施主束缚激子通常占主导地位，表现为尖锐的对应荧光特征峰[37]。纤锌矿材料(如 ZnO)由于晶体场和自旋-轨道相互作用，价带发生劈裂形成 3 个子带，在不同价带上的空穴与导带中的电子形成对应的 A、B、C 三类激子，如图 7-9(a)所示，Δ_{cf}表示仅由晶体场引起的分裂，Δ_{so}表示仅由自旋-轨道相互作用引起的分裂，中间是对应三类激子的能级示意图[38]。如图 7-9 所示，ZnO 单晶的低温光致发光光谱呈现一个较宽的激子辐射峰，激子能量覆盖 3.348～3.374 eV，其显示出众多尖锐的荧光特征峰，它们来自不同的施主束缚激子和受主束缚激子[37]。图中 $D_n^0X_A$ 表示被中性施主能级 D_n 束缚的 A 激子，$D_n^0X_B$ 表示被中性施主能级 D_n 束缚的 B 激子，$A_n^0X_A$ 表示被中性受主能级 A_n 束缚的 A 激子，由于杂质和缺陷态在带隙中形成不同能量的缺陷态能级，因此对应的束缚激子峰十分丰富。ZnO 材料的激子荧光十分依赖于样本自身结构过程中引入的缺陷态，单晶样品[37, 39-41]及纳米结构[42-43]均体现出各自特有的束缚激子荧光。一般情况下 ZnO 荧光光谱只显示位于 3.378 eV附近的 A 自由激子荧光峰，B 自由激子比 A 自由激子能量高几毫电

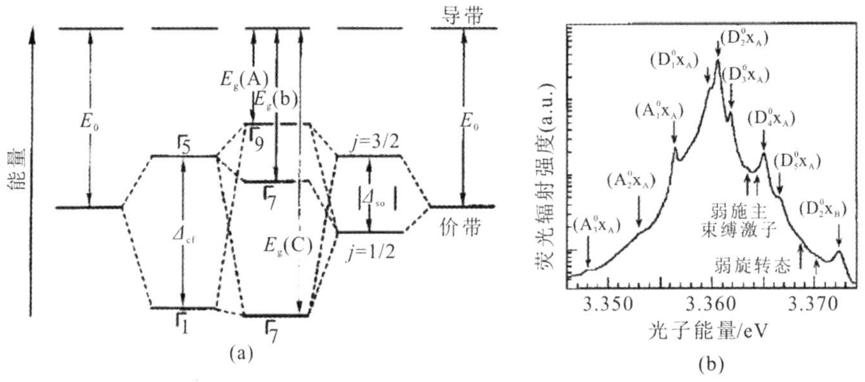

图 7-9　ZnO 能带劈裂与低温荧光特性[37]

子伏特，少数文献报告过 B 类激子荧光峰，如 Hamby 等人报道了块状 ZnO 单晶在 20 K 位于3.378 eV的 A 自由激子峰和位于 3.385 eV 的 B 自由激子峰[39]。

当温度变化时，半导体的带隙发生变化，在低温光谱中可以观测到激子的各级声子伴线特征光谱，当激子的能量以声子形式发生耗散时，其对应的各级声子光谱间存在 72 meV 声子能量间隔。如图 7－10(a)所示，FX(A)为 ZnO 自由激子，在光谱左侧存在两个荧光峰，分别为一级声子伴线 FX(A)－1LO 以及二级声子伴线 FX(A)－2LO。随着温度的升高，所有的发射峰均向低能方向移动，在室温下显示出近似非对称的单峰结构。利用激子能量随温度变化可以拟合带隙随温度的变化关系，并估算绝对零度时的带隙；此外在低温存在的束缚激子将由于热能导致激子脱离各类缺陷的束缚，其对应的束缚激子荧光峰将消失。束缚激子峰强度快速淬灭，而自由激子峰和声子伴线强度相对于束缚激子峰的强度逐渐变高，但是整体荧光均随温度升高而降低，荧光强度随温度的变化可以拟合激子束缚能。与块状单晶不同，在 ZnO 纳米结构中观察到的束缚激子峰数目通常

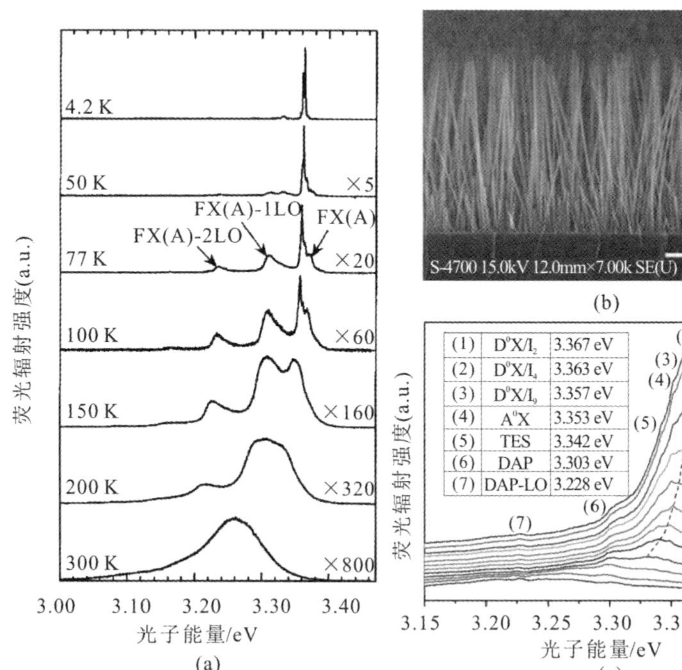

图 7－10　ZnO 变温荧光光谱[39, 43]

比在 ZnO 单晶中要少。对于某些纳米结构，即使在较低的温度下，也只会表现出较宽的辐射峰，很难分辨出单个束缚激子峰。Qiu Jijun 等人研究了 ZnO 纳米线的近带边激子发光特性[43]，如图 7－10(b)所示。在 6K 温度下的光谱中，位于 3.363 eV、3.367 eV、3.357 eV 的发光峰认为是中性施主束缚激子发光；位于 3.353 eV 处的肩峰是与受主束缚激子相关的辐射重组导致的；位于 3.342 eV 处的发光峰有可能是双电子卫星峰导致的，位于 3.303 eV 左右的荧光峰来源于施主-受主间电子跃迁。纳米结构 ZnO 的大表面体积比也会引入一些表面缺陷，从而对发光也有显著影响。Grabowska 及 Wischmeier 等人对纳米 ZnO 的研究发现，在低温下存在十分明显的表面缺陷态束缚激子荧光[44-45]。卢俊峰等人对 ZnO 微米塔结构随温度变化的荧光光谱进行了研究[46]，并用 Varshni 经验公式拟合了自由激子能量(如图 7－11(a)所示)：

$$E_{FX}(T)=E(0)-\frac{\alpha T^2}{T+\beta} \tag{7-2}$$

式中，$E(0)=3.373$ eV 是温度为 0 K 时的带隙，$\alpha=9.0\times10^{-4}$ eV K^{-1} 反映了能隙随温度的变化，表示 $E(T)$ 在高温下的线性变化，$\beta=970$ K 表示在低温下与德拜温度相关的 $E(T)$ 二次变化。

图 7－11(b)所示近带边光致发光积分强度随温度的变化可以用 Arrhenius 方程拟合：

$$I(T)=\frac{I(0)}{1+C\exp(-E_a/kT)} \tag{7-3}$$

式中，$I(0)$ 为温度为 0 K 时的发光强度，E_a 为激子结合能，k 为玻尔兹曼常数。通过拟合得到 ZnO 微米塔结构的激子结合能为 57 meV。

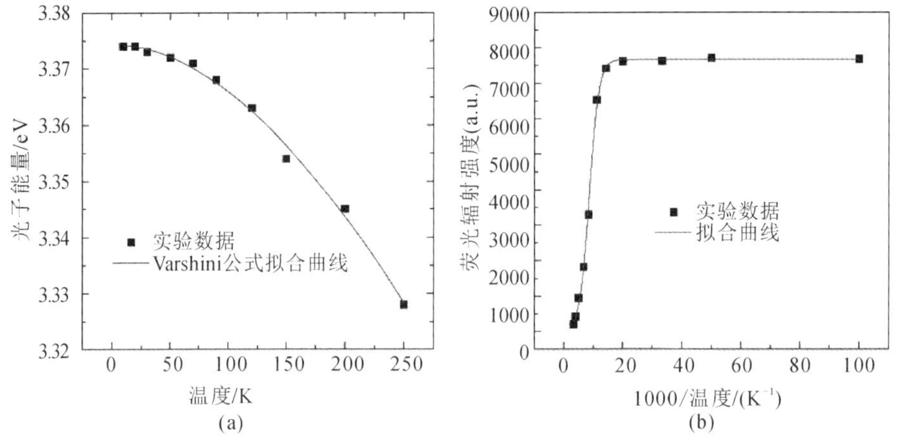

图 7－11　ZnO 自由激子能量和近带边辐射强度与温度的关系[46]

7.3.2　室温荧光

通过上述 ZnO 低温及变温荧光光谱特征，我们可以看到在室温下荧光光谱主要由近带边自由激子峰以及可见光区的缺陷发光峰组成。通常 ZnO 的光谱从 3.1 eV 到 1.653 eV 的区域被认为是缺陷发光，较宽的发光带可能来自许多不同深能级缺陷的叠加。

ZnO 晶格中常见的缺陷主要包括锌空位、氧空位、锌填隙、氧填隙和反位等本征缺陷，这些缺陷以不同的带电状态存在并可能与其他缺陷形成簇，如图 7 - 12所示。例如氧空位和锌间隙形成的 V_OZn_i 簇就是确定的缺陷簇之一，其能级位于导带下 2.16 eV 处[47]。这些缺陷通常直接或间接地影响半导体中的人工掺杂效果、少数载流子寿命和发光效率[48]。这些缺陷也是 ZnO 通常表现出 n 型导电性的原因。一般情况下，氧空位由于较低的形成能而普遍存在，而具有较高形成能的锌反位、氧反位和氧间隙缺陷浓度通常较低。Vlasenko 等人在低温条件下通过电子辐射在 ZnO 中产生锌填隙缺陷，利用光学方法及磁共振手段发现锌填隙缺陷产生浅施主能级[49]，第一性原理计算发现锌空位可以产生两个受主能级，V_{Zn} 和 V_{Zn}^{-} 分别比价带顶高 0.1～0.2 eV 和 0.9～1.2 eV[48, 50-51]。对于未掺杂 ZnO 中常见的绿色发光带(2.4～2.5 eV)的来源仍然存在分歧，有人将其归因于从深施主能级的氧空位或锌间隙原子到价带的跃迁，也有人认为可能是从浅施主能级到锌空位的跃迁[52-53]。因为 ZnO 纳米结构的生长通常是在富锌的环境中进行的，这会导致氧空位和锌间隙原子会占据主导。

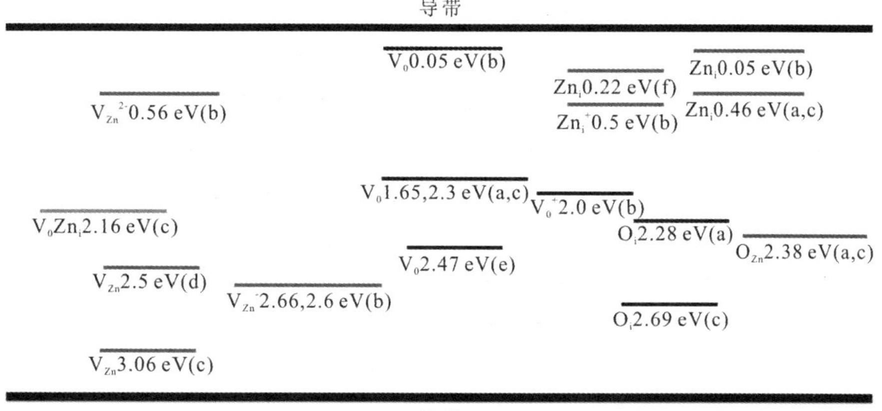

图 7 - 12　ZnO 带隙中的缺陷能级示意图[54, 48, 58-61]

ZnO荧光中黄色成分归因于氧间隙原子缺陷发光，一般氧间隙原子能级的位置大约在导带以下2.28 eV，导带到这一能级的跃迁将产生黄光辐射。位于导带以下0.22 eV的锌间隙原子能级和氧间隙原子能级之间的跃迁导致橙光辐射[54]。在湿法化学制备的ZnO纳米棒中，黄色荧光部分也可能来源于氧间隙缺陷，但是可以通过对残留在ZnO纳米结构表面的$Zn(OH)_2$热处理，羟基的解吸过程可以使得黄色缺陷发光转变为绿色和红色。ZnO的红橙色缺陷态发光可能源于导带下1.65 eV位置处的氧空位[55, 56]，也有可能源于位于价带上0.72 eV和1.59 eV的氧间隙，理论上会导致橙光到红光的跃迁发射[57]。

7.3.3 电子-空穴等离子体复合

在ZnO光致发光过程中，低激发功率导致较低的载流子浓度，激子辐射占据主导，当载流子浓度超过临界Mott跃迁密度时，会形成电子-空穴等离子体(EHP)[62-64]。因此研究人员利用时间分辨光致发光光谱、泵浦-探针瞬态吸收光谱等超快光谱揭示了激子跃迁和EHP复合的载流子动力学差异。

由于EHP的迅速热化(<100 fs)，EHP复合的上升和衰减时间(1～2 ps)要快于激子跃迁(>5 ps)[65-68]。EHP还会导致带隙重整化，它使导带边缘向下移动，而价带边缘向上移动，因此在带隙重整化效应下，ZnO的带隙通常会减小，一般可以通过不同泵浦功率下荧光峰位置的改变来辨别其到底属于激子跃迁还是EHP复合[33, 69-70]。Klingshirn等人研究了不同激发强度和温度下块状ZnO单晶中受激辐射增益的来源，他们的结果表明，在低温(<200 K)高激发功率下，EHP复合占据主导地位[71]。Versteegh等人指出室温下ZnO纳米线的激光来源为EHP复合[72]。Nakamura等人对ZnO纳米粉末随温度变化的随机激光特性的分析表明，在20～300 K温度范围内，激光的来源是电子-空穴等离子体复合[73]。

图7-13展示的是ZnO纳米粉末在不同温度分别由低功率(～5 J/m^2)和高功率(357 J/m^2)激发下的光致发光光谱。随着泵浦通量的增加，发射的光谱形状发生了明显的变化。在非常弱的泵浦功率下，只观察到较宽的发射带，该发射带是ZnO纳米粉末带边附近电子空穴复合引起的自发发射，在高泵浦功率下，可以观察到由几个尖峰组成的窄发射带，尖峰的强度随着脉冲的变化而变化。Hendry等人报道了ZnO单晶中EHP的形成过程[74]。他们用266 nm光激发形成很高的激发密度，进而使平均激子间距$r<3$ nm，在这种情况下，光泵浦太赫兹探针瞬态光谱显示光导性与频率无关，正如对高密度电子空穴气体所期望的那样。

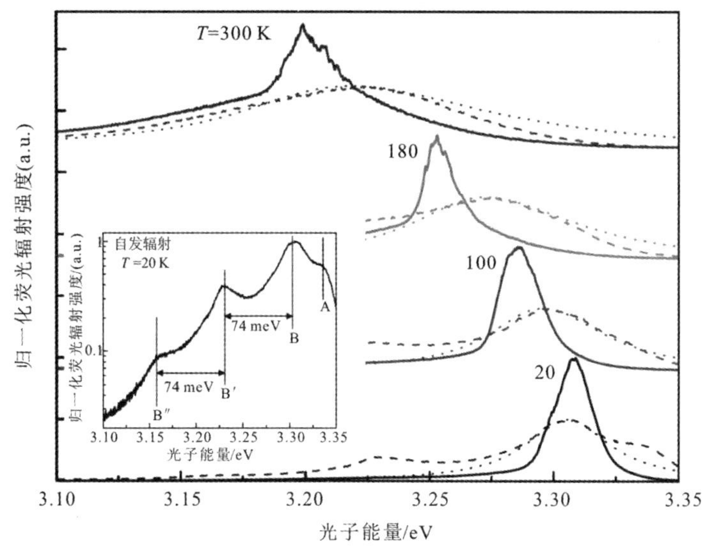

图7-13　不同温度下的ZnO自发(虚线)和受激(实线)发射[73]

在0.6 THz激发通量约为1.5 J/cm^{2}下光导性的瞬态变化如图7-14(a)所示，在所有泵浦探测时间内，虚光导率基本为零，实部迅速衰减，半衰时间为1.5 ps，比激子的形成快1～2个数量级。在初始的快速下降之后，光导率的衰减明显减慢到20 ps。忽略泵浦脉冲和探测脉冲之间的电荷扩散，比较光导率峰值，可估计等离子体达到了约为2×10^{24} m^{-3}的稳定浓度。这种稳定的浓度仅取决于初始激发强度，图7-14(b)中画出了激发强度增加5倍的衰减。浓度小于2×10^{24}～3×10^{24} m^{-3}时，俄歇

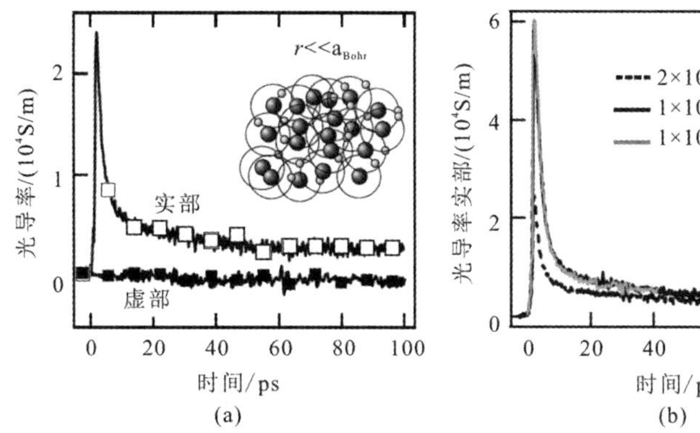

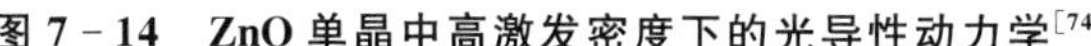

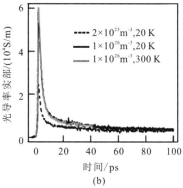

图7-14　ZnO单晶中高激发密度下的光导性动力学[74]

复合速率随密度的减小而迅速下降，并小于激子辐射复合速率，这相当于激子间距约为7 nm，与波尔半径数量级相同。当电子-空穴对之间的距离与激子玻尔半径相当时，等离子体达到稳定。对于 ZnO，图 7-14(b)中的高密度等离子体衰减基本上与晶格温度无关，而且在低浓度区域，湮灭导致的衰减比载流子冷却更快，这表明湮灭发生在冷却之前的热等离子体中。

7.3.4 激子-激子散射

激子-激子非弹性散射可生成激发态(Pn -能带发射)或连续态(P 能带发射)[75]。陈锐等人研究了 ZnO 微米碟的发光特性，发现其由 376.2 nm (3.296 eV)和 386.0 nm (3.212 eV)的两个发射波段组成，其中 376 nm 处的发射带与自由激子的复合有关，而 386 nm 处的发射带与非弹性激子-激子散射引起的 p 能带发射有关[76]。Matsuzaki 等人报道了关于 ZnO 发光机制从激子-激子散射到激子-电子散射的现象[77]。

如图 7-15(a)所示，微米级 ZnO 薄膜在 3～300 K 温度的范围内显示了一

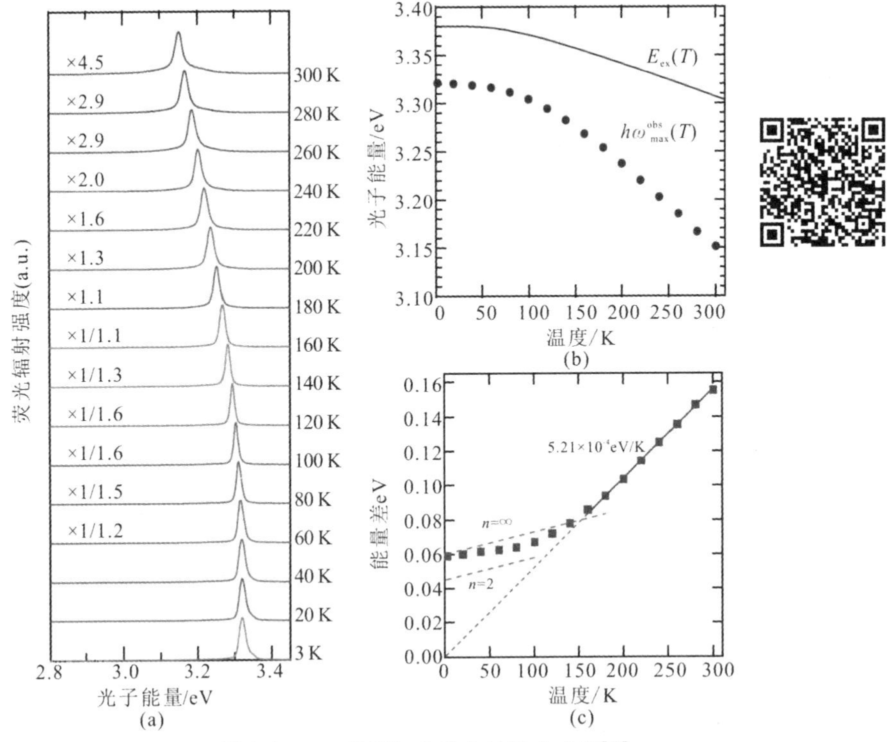

图 7-15 微米级 ZnO 薄膜温度依赖的激光光谱[77]

个单一红移的发光峰，其半高全宽为 20～30 meV。图 7－15(b)给出了发光中心光子能量与温度的关系，其中实线是 Wang 等人报道的块状 ZnO 的自由激子跃迁能量[78]。图 7－15(c)展示了自由激子能量与荧光中心光子能量的差值随温度的关系，其中红色虚线表示 $n=2$ 和 $n=\infty$时差值与温度的关系，可以由以下公式画出：

$$E_{ex}(T)-\hbar\omega_{max}^{ex-ex}(T)=E_b\left(1-\frac{1}{n^2}\right)+\frac{3}{2}k_BT \tag{7-4}$$

可以很清楚地看到，在 3～150 K 的范围内，差值落在 $n=2$ 和 $n=\infty$能量范围之内，证明其来源于激子-激子散射。当温度大于 150 K 时，差值偏离了激子-激子散射区域，表现出一个截距为 0，斜率为 5.21×10^{-4} eV/K 的线性增长，激子-电子散射是唯一观察到的零截距线性温度相关的物理过程。因此，荧光辐射过程在温度约为 150 K 时由激子-激子散射变为激子-电子散射。

7.3.5　时间分辨荧光

时间分辨荧光广泛应用于半导体发光材料的研究中，可以解释荧光动力学特征及其对应的物理过程。研究人员对 ZnO 材料的时间分辨光谱进行了大量研究，用于解释 ZnO 的结构、缺陷等因素对发光过程的影响。图 7－16(a)显示了 ZnO 纳米粒子缺陷发光随温度变化的时间分辨光致发光光谱，衰减曲线根据 Kohlrausch-Williams-Watts 公式拟合[79]：

$$n(t)=n_0\exp\left(-\frac{t}{\tau k}\right)^{\beta_k} \tag{7-5}$$

其中，n_0表示 $t=0$ 时的激子密度，τ_k为衰减寿命，$\beta_k=D/(D+2)$为拉伸指数，D 是激子衰减过程中的空间维数。平均寿命$\langle\tau\rangle=\tau_k\beta_k{}^{-1}\Gamma(\beta_k{}^{-1})$，$\Gamma$ 是伽马函数。

随着温度的增加，3 nm 纳米粒子的缺陷发射平均衰减时间从 10 K 时的 3194 ps 减小到室温时的 1888 ps。同时，维度系数 β_k从 0.58 增长到0.69，即随着扩散弛豫速率的增大，光致发光弛豫更加分散。ZnO 纳米粒子缺陷发射的发光强度热淬灭过程需要用两步淬灭 Arrhenius 模型来拟合，公式如下：

$$I(T)=\frac{I(0)}{1+C_1\exp\left(-\frac{E_1}{kT}\right)+C_2\exp\left(-\frac{E_2}{kT}\right)} \tag{7-6}$$

如图 7－16(b)拟合得到 $E_1=60.9\pm10.5$ meV，与块状 ZnO 激子结合能一致，$E_2=11.8\pm1.2$ meV，对应被缺陷束缚的激子离化能。

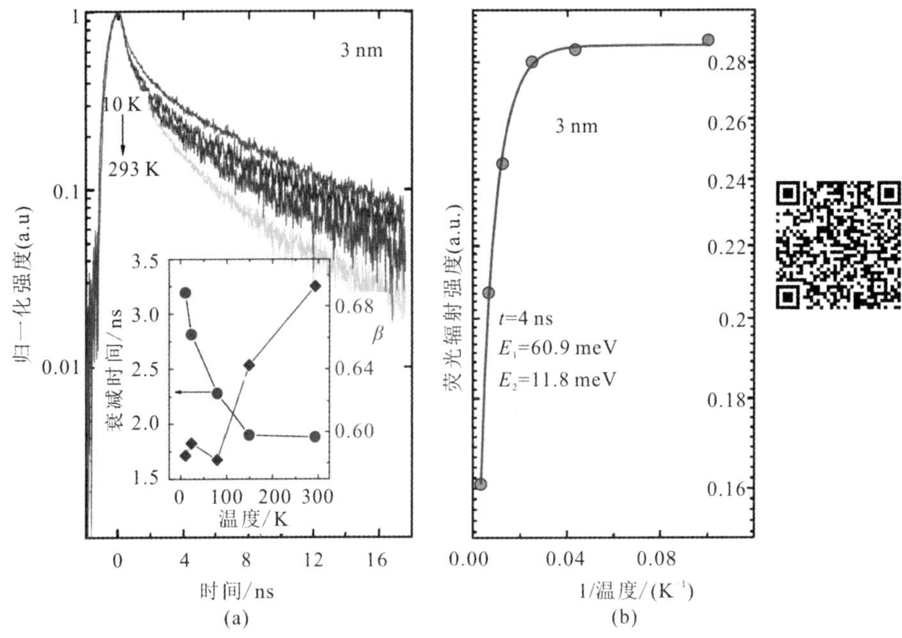

图 7-16　ZnO 纳米粒子的时间分辨光致发光光谱与发光强度热淬灭曲线[79]

相对于单晶和高质量的薄膜，ZnO 纳米结构通常表现出较高的非辐射缺陷密度和较短的寿命。ZHAO Q. X. 等人对不同直径的 ZnO 纳米棒的时间分辨荧光光谱进行了研究，结果表明，激子在纳米棒中的衰减时间在很大程度上取决于纳米棒的直径[80]。他们利用双指数衰减函数推导出与表面复合速率有关的时间常数，其随着纳米棒直径的减小而减小，随后他们通过热处理抑制了表面复合通道，提高了 ZnO 纳米棒的发光性能。ZnO 缺陷态荧光双指数衰减曲线的可以通过单通道复合和双通道复合模型解释，并且可以得到 ZnO 纳米线缺陷态浓度[81]。Richters 等人详细研究了 ZnO 纳米线的光致发光特性，并确定了表面激子荧光辐射的特征[82]。表面激子复合起源于 20 nm 厚的表面层，并且可以通过在纳米线上包覆绝缘层来增强复合效率。他们提出表面激子复合荧光辐射可以通过双指数复合、荧光光谱结构和荧光对纳米线直径的依赖性来区分。Wischmeier 等人研究了不同发光波长、温度和激发强度下 ZnO 纳米线中表面激子近带边发射的光致发光动力学[45]。

实验结果表明，不对称的表面激子发射带是由近表面态的宽能量分布引起的。如图 7-17(a)所示，随着激发强度增加，最初双指数瞬态衰减曲线逐渐变为单指数衰减。图 7-17(b)显示激发强度增加 5 个数量级后，快衰减寿命 τ_1

从 110 ps 增加到 210 ps，然而慢衰减寿命保持在 500 ps 不变。施主束缚激子荧光衰减与激发强度无关。这表明随着激发强度的增加，表面激子浓度增加，快速衰减寿命 τ_1 表现出对表面激子密度的依赖特征。对温度依赖性测量的分析表明，随着温度的升高，激子在较高的能量下被激活为近表面态，从而导致长衰减时间分量的比例增加。

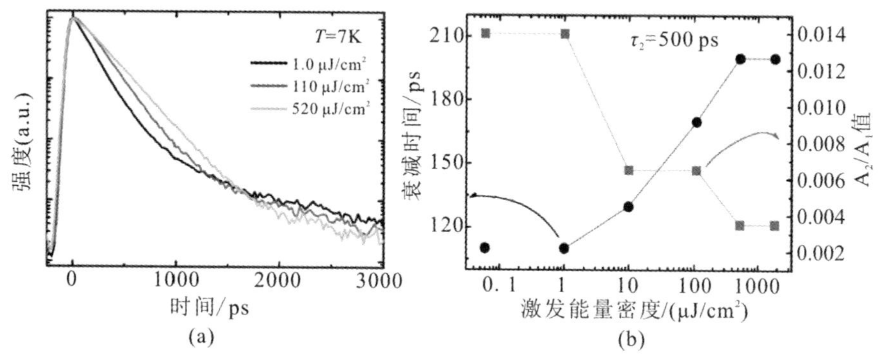

图 7－17　ZnO 瞬时荧光特性[45]

7.4　ZnO 受激辐射

作为宽禁带半导体材料的典型代表，具有 3.37 eV 直接带隙宽禁带和 60 meV激子结合能的 ZnO 材料在构筑光电互联、光电集成器件中具有极大优势。近年来，人们围绕 ZnO 微结构的受激辐射开展了大量的研究，并取得了若干重要的研究成果。本节主要介绍 ZnO 材料中的受激辐射特性。

7.4.1　随机激光

光在强散射介质中随机散射形成不规则光学共振回路，这种激光叫作“随机激光”。目前，研究人员已在不同形貌的 ZnO 增益介质中观察到了随机激光，如无序纳米颗粒、多晶薄膜、粉体薄膜、纳米晶、粉末等。美国 Illinois 大学的 CAO H. 等人[83-84]率先报道了 ZnO 粉末中的激射行为，其实验结果表明，在紧密无序的 ZnO 晶体中，当泵浦超过阈值时，可以输出多个离散的窄线宽(0.09 nm)辐射峰，同时输出的光波具有相干性。更为经典的例子是 2006 年 YANG H. Y. 等人[85]在 ZnO 纳米针中报道的随机激光。在 ZnO 纳米针内存

在许多由闭合光路形成的环形腔体，沿不同路径，光具有不同的散射损耗，最终形成如图 7－18 所示的随机激光输出。该结果呈现出明显的振荡模式随机性和杂乱性，随机激光由不同的散射路径形成，激光输出方向和光谱模式是随机出现的。换言之，随机激光的模式结构无法精确控制。

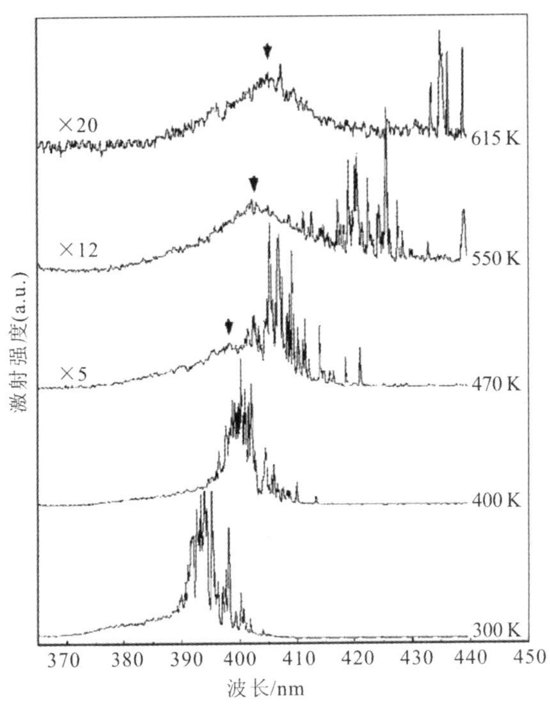

图 7－18　不同温度下 ZnO 纳米针的受激辐射谱[85]

7.4.2　F-P 激光

Fabry-Pérot(F-P)型光学微腔中，光在两个相互平行端面来回振荡，实现增益放大。通过腔体尺寸调节可实现不同波长的激光输出。1998 年，香港科技大学 TANG Z. K. 等人[69]利用 MBE 技术在蓝宝石衬底上制备了 ZnO 微晶薄膜，获得了室温下紫外 F-P 激光，并把这种紫外受激辐射归因于激子与激子碰撞的辐射复合过程。另一个典型的例子是杨培东教授[7]在 2001 年报道的 ZnO 纳米线中的激光。利用简单的 CVD 法在 Si 衬底上制备了如图 7－19(b)所示的直径为 20～150 nm 可调的 ZnO 纳米棒阵列，在不同泵浦功率下 ZnO 纳米线从自发辐射向受激辐射转变。图 7－19(c)中给出了振荡路径。

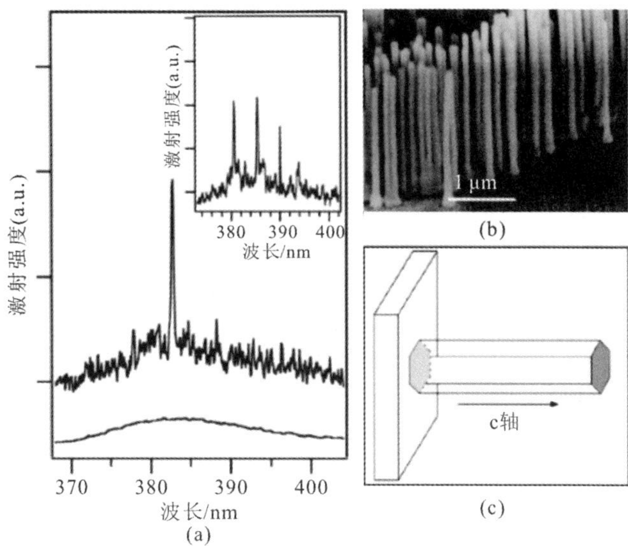

图 7-19 ZnO 纳米线受激辐射谱与形貌表征[7]

7.4.3 WGM 激光

回音壁模(WGM)光学微腔通常出现在圆形或者正多边形微腔中，基于内壁全反射，光被限制在微腔中反复振荡，从而实现增益放大与激光输出。由于 ZnO 微纳结构通常是天然规则的六边形截面结构，且具有较高的折射率，因此，当光进入 ZnO 腔体内时，光波可以在六边形截面的微腔内壁不断进行全反射相干反馈，获得紫外波段 WGM 受激辐射。

美国奥本大学的 WANG D. 等人采用 CVD 法合成了 ZnO 纳米钉，利用 337 nm的纳秒激光脉冲激发在直径为 650 nm 的 ZnO 纳米钉中首次实现了紫外 WGM 激光，其域值约为 17 MW/cm^2，半高宽约为 0.08 nm[86]。2008 年，德国的 Czekalla 等人在单根直径为 6.4 μm 的 ZnO 微米线中，用 266 nm 的纳秒激光(10 ns，20 Hz)作为激发光源，在低温 10 K 下实现了 WGM 激光，模式结构清晰，品质因子 Q 高达 3700，半高宽约 1 meV，激射域值约 170 kW/cm^2[9]。2009 年，戴俊等在 ZnO 微米棒中得到了室温下的 WGM 紫外激光，清楚地展现了从自发辐射到受激辐射的转变[87]。

如图 7-20(a)所示，随着微区光谱系统的改建，激发光与发光收集的效率大为提升。图 7-20(b)给出了 2011 年徐春祥课题组在六棱柱形 ZnO 微米棒中测得的 WGM 激光[88]，随着激发功率的增加，可以观察到在 392 nm 左右的激光振荡。

图 7-20(b)中的插图还显示，光场能量主要集中六棱柱的内表面，通过内壁全反射实现的明显的光谱激射。除了单光子过程，多光子吸收导致的 WGM 激光也被广泛报道。如陈安琪等人在 2018 年报道了基于 6 光子吸收的 ZnO 上转换激光[89]。

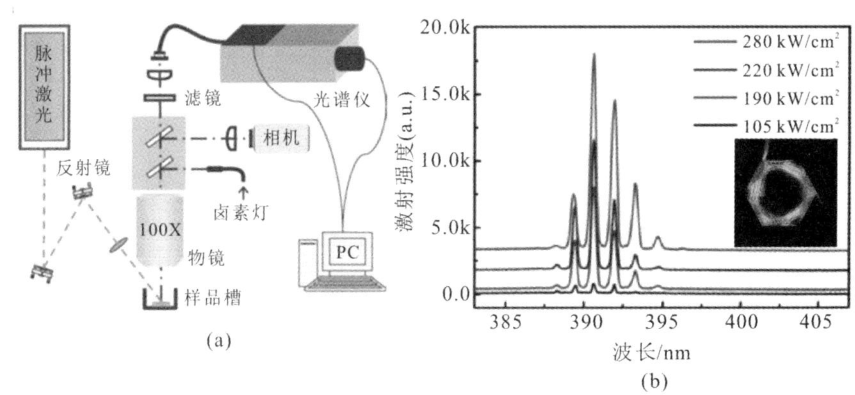

图 7-20　不同泵浦功率密度下的 ZnO 回音壁模受激辐射谱[88]

7.4.4　表面等离激元耦合增强的 WGM 激光

1957 年，Ritchie 等人[90]发现当高能电子束穿透金属介质时，能够激发在正离子背景中的金属自由电子的量子化振荡，这就是表面等离激元(Surface Plasmon)。其本质是在光场的作用下产生的电子集体振荡。近年来，许多学者将局域表面等离激元用于增强半导体发光，大量的研究成果报道了局域表面等离激元增强的激光。比如 Okamoto[91]等报道了金属等离激元增强的 InGaN 量子阱结自发辐射，Kwon[92]等利用 Ag 表面等离激元增强了 InGaN/GaN 发光二极管。

如何提高 ZnO 的激光品质并实现器件的发光增强是人们研究的热点。常见的方法包括界面修饰、利用腔体增加光与物质相互作用等[93-94]。前期研究表明，金属修饰的 ZnO 微腔可以实现有效的发光增强[95-99]。金属表面等离激元增强 ZnO 发光的示意图如图 7-21 所示，由于 WGM 微腔和金属表面等离激元都可以有效地将光场能量限制在材料表面，通过倏逝波耦合，实现表面等离激元体增强的激光辐射。金属局域表面等离激元增强 ZnO 发光首先表现在对自发辐射发光的增强[100]。

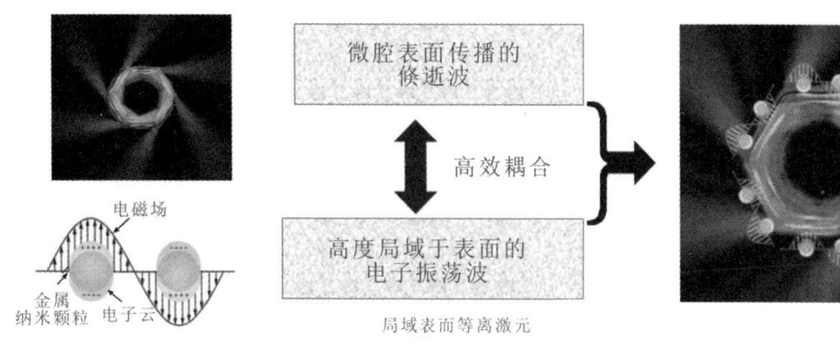

图 7－21　表面等离激元增强 ZnO 发光的示意图

图 7－22(a)给出了林毅等报道的 Au 修饰后的 ZnO 的荧光，在其工作中紫外荧光增强的同时缺陷光几乎被抑制到了噪声级别[101]。图 7－22(b)中卢俊峰等将 Al 修饰到 ZnO 微米棒中得到了 170 倍的荧光增强而激射则可增强 8～10 倍[102-103]。相较于 Al 纳米颗粒，Au 的表面等离激元共振在 500～600 nm，对应着 ZnO 的缺陷发光，因此，Au 修饰的 ZnO 发光增强的典型特点是紫外的增强与缺陷光的抑制。而 Al 的等离激元共振峰与 ZnO 的近带边辐射相近，所以 Al 的增强效果更明显。除了金属，石墨烯也可以用来改善半导体的发光性能。例如，Hwang Sung-won 等人报道了 ZnO/石墨烯复合微腔中的激光增强，并将其归因于石墨烯的表面等离子体增强效应[104]。祝秋香等的研究表明 Al 纳米颗粒和石墨烯表面等离激元协同作用下 ZnO 微腔激光增强更为明显[105]。

图 7－22(c)～(f)总结了利用上述材料得到了 ZnO 激光增强的光谱。从图中可以看出，不同金属都具有增强 ZnO 发光的作用，与荧光过程相似，Al 和石墨烯的激光增强效果相较于其他金属更明显。由于不同金属的光学响应不同[106-107]，所以金属表面等离激元与 ZnO 之间的耦合机理也各有不同。常见的耦合机制有直接能量耦合和表面等离激元辅助的电子转移。Pt、Al 等具有紫外响应的金属与 ZnO 之间的耦合属于直接能量耦合，Au、Ag 等由于表面等离激元响应在可见光区域，其消光峰与 ZnO 的缺陷光相近，它们和 ZnO 之间的耦合的本质是局域表面等离激元辅助的电子转移过程。石墨烯中的表面等离子体目前争议较多，但是可以接受的解释是石墨烯与 ZnO 之间存在能量耦合。由于石墨烯中与表面等离激元对应的 π 电子共振能量在 4.6 eV 以上，与 ZnO 的带隙差距较大，所以该能量耦合需要表面褶皱对表面等离激元能量的散射[104, 108-110]。

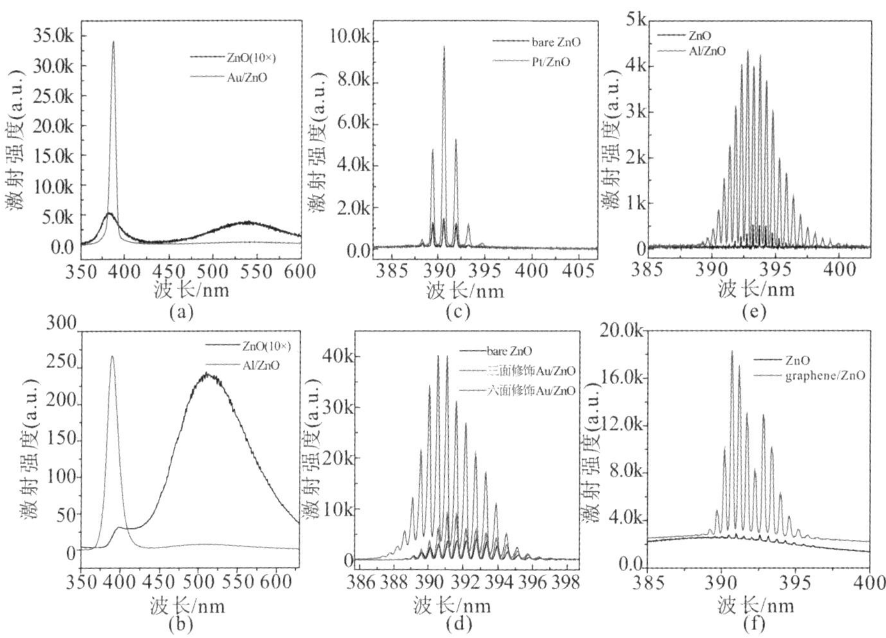

图 7-22　修饰不同等离激元材料的 ZnO 自发辐射与受激辐射谱[102, 103, 111-113]

实验和理论研究表明，金属表面等离激元的空间局域和近场增强特性是增强半导体发光的有效手段，但是金属表面等离激元增强发光的机理尚存在争议。一方面由于表面等离激元激发后自由电子集体振荡使得具有高能量的外围自由电子可以导向半导体，通过电子转移实现再复合，从而实现发光增强；另一方面，局域表面等离激元导致的局域场增强特性使得处在金属周边的激子复合过程得以增强，实现表面等离激元增强中对应的能量耦合过程。

金属表面等离激元共振会受到金属的种类、形貌和激发光源等因素的影响，不同金属的响应范围有所区别，其中涉及耦合强度的不同导致的光谱增强效果的区别代表性结果如图 7-23 所示，通过不同金属的表面等离激元与 ZnO 增益谱耦合实现 ZnO 本征发光的增强与缺陷光的抑制。利用金属表面等离激元增强半导体微腔的激光性能，可通过改变金属种类、尺寸等调控与优化表面等离激元与半导体发光的匹配，引入隔离层等手段实现金属表面等离激元与半导体微腔中的激子耦合。

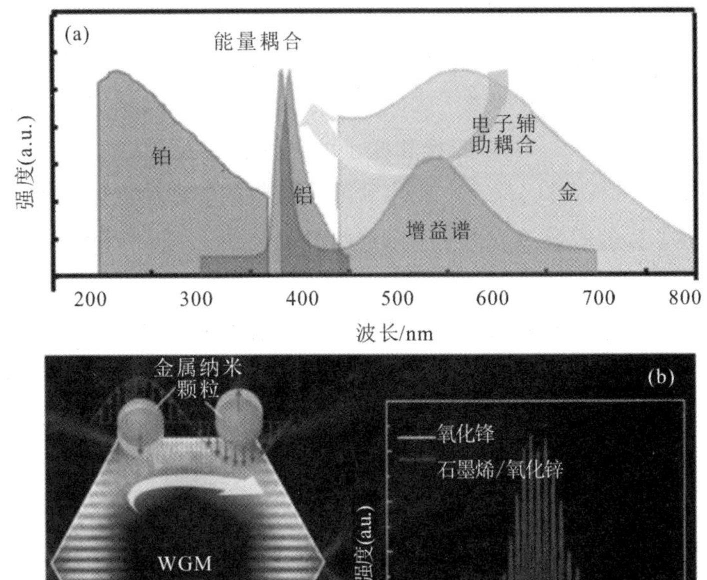

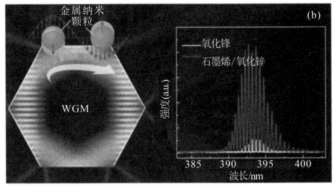

图 7－23　表面的等离激元增强 ZnO 发光原理和实验结果[114]

7.4.5　极化激元激光

极化激光是由光子与某些极化的元激发(如声子、激子、等离子体等)强耦合形成的准粒子，如声子极化激元、激子极化激元、表面等离激元等。

1. 激子极化激元激光

20 世纪 50 年代，研究者预言了激子极化激元的存在，即半导体及其微结构中光子和激子强耦合以后形成的一种新的准粒子，表现为半光半物质粒子的杂化态，并具有玻色子的特性[115]。在光谱上，体现出反交叉色散行为，称为 Rabi 分裂。它的形成可以导致“玻色-爱因斯坦”凝聚，微腔中的激子极化激元凝聚代表了一种比粒子数反转更容易产生相干光的过程[116]。由于极化激元凝结不需要反转，未来的极化激子激光器的泵浦功率可能比光子激光器低得多。但光子和激子强耦合通常在实验上很难实现，它必须满足一个条件：光子被增益介质重新吸收的概率要非常高，即拉比频率必须大于阻尼率(当激光照射材

料时，能级间存在粒子布居数的波动，其振荡频率为拉比频率）。研究人员发现，如果把增益介质构造成合适的共振腔体，强耦合就容易实现。强耦合可以由以下三个重要参数定义：腔模和激子之间交换能量的速率、光从空腔逃逸的速率和介质退极化的速率[117]。如果腔模和激子之间交换能量的速率大于其他两种速率之和，那么激发态就会保存在腔模和激子组成的体系中，这时体系中的元激发就不再是单独的腔模或者激子，而是两者耦合在一起形成的激子极化激元。

最早人们对激子极化激元的研究主要集中在半导体材料量子阱、量子线等低维结构中。研究中发现了非常多有趣的物理现象，但由于没有高效的耦合腔，造成光子和激子的耦合效率非常低。这为激子极化激元的基础研究带来了很大的阻碍。1992 年，Claude Weisbuch 等人利用高反射 DBR 结构有效地限制了量子阱中的光场，实现了低温下的激子和光场强耦合，以反交叉色散行为为标志的强耦合区在实验上被清楚地观测到和精确测定[118]。该研究结果无疑是非常令人惊喜的，它解决了增益介质与电磁场的耦合问题，从此开创了微腔激子极化激元的崭新方向。1994 年，R. Houdré 等人第一次利用角分辨荧光光谱实现了激子极化激元面内色散的测定，该实验方法为研究微腔激子极化激元的色散又提供了一种有效的研究手段。有了这两种研究手段的支撑，微腔激子极化激元的研究得以迅速发展[119]。

目前有关激子极化激元辐射研究的内容主要涉及参数振荡、参数放大、玻色-爱因斯坦凝聚和极化激元激光器。在 CdTe、GaAs 这些材料中所观察到的激子极化激元主要在低温条件下实现，为了实现室温条件下激子极化激元，常温下高激子束缚能的材料便成了人们研究的对象。近期研究人员在室温条件下已经观察到了 GaN 微腔中的激子极化激元受激辐射现象。ZnO 材料也是实现激子极化激元的理想材料，因为较高的激子束缚能和规则的天然微腔，在室温条件下存在比较稳定的激子与光学腔模强耦合。

VAN VUGT，L. K 等人以激光或电子束作为空间分辨激发源，研究了单根 ZnO 纳米线中的光学腔模辐射[120]。如图 7－24(a)～(d)所示，他们发现在荧光峰位(3.25～3.40 eV)和缺陷发光(小于 2.7 eV)的位置并未形成 F－P 模的共振，而在小于荧光峰的(2.7～3.2 eV)范围内，在纳米棒两个端头处 ZnO 的紫外辐射光强度最强，在该腔体内形成了有效的 F－P 模共振。如图 7－24(b)、(c)所示，定义辐射强度的增强因子为端头处辐射强度与棒身处辐射强度

的比值，可以看到在 2.7～3.2 eV 范围内存在一系列共振峰，这是因为光在纳米棒两个端头处反射振荡形成的 F－P 腔模。图 7－24(e)中利用 ZnO 的激子极化激元色散曲线和F－P腔模公式模拟的激子极化激元共振模式，与图 7－24(f)测试的结果非常匹配，说明在 ZnO 纳米棒中实现了激子极化激元。

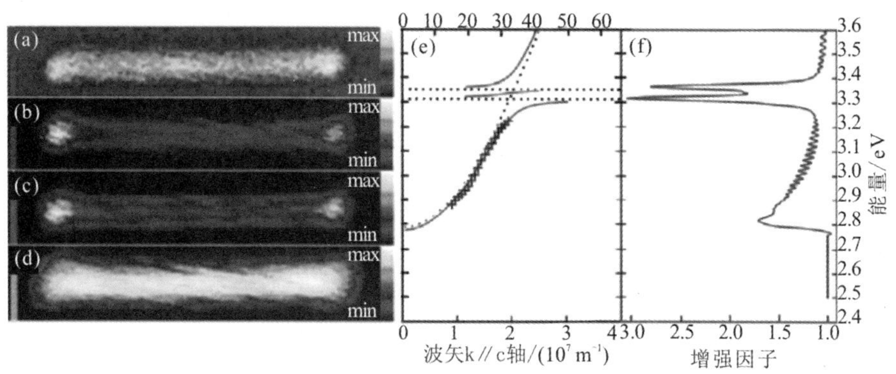

图 7－24　ZnO 纳米棒中的激子极化激元[120]

复旦大学陈张海教授课题组在直径渐变的四针状 ZnO 纳米结构的一个支脚(结构如图 7－25(a)所示)中发现了回音壁模辐射现象[121]。如图 7－25(b)所示，ZnO 中存在 TE 和 TM 两种辐射偏振态，分别主要来源于 A、B 和 C 激子，TE 偏振的回音壁模式主要来源于 A、B 激子，而 TM 偏振的回音壁模式则主要来源于 B、C 激子。扫描显微荧光光谱测量发现，随着腔体逐渐变细，同一模式下的回音壁腔模逐渐蓝移。我们可以用回音壁腔的共振能量 E 和外周圆的半径 R 的关系表示来解释该现象：

$$R=\frac{hc}{3\sqrt{3}\,nE}\left(N+\frac{6}{\pi}\arctan(\beta\sqrt{3n^2-4})\right) \tag{7-7}$$

其中，n 是折射率，h 为普朗克(Planck)常数，c 是真空中的光速，N 是腔模的级数。对于 TE 模 $\beta=n$，而对于 TM 模 $\beta=1/n$。

从式(7－7)中，我们可以看出共振能量 E 与外周圆的半径 R 是成反比关系的，随着 ZnO 微米棒直径的减小，共振能量 E 变大。图 7－25(c)给出了 TE 偏振的 PL 图像，在直径从320 nm逐渐线性减小至 220 nm 的纳米棒中进行扫描激发，发现共振峰蓝移，TE 模式数由 8 减小为 5。在逼近激子能量时蓝移幅度变小，即形成非线性的蓝移过程，这是因为在可见光光谱区域 n 随波长的色散非常小，但在带边发光区域，因其处于激子跃迁能级附近，腔模和激子之间会发生强烈耦合

而形成激子极化激元，这可以利用激子能量附近激子极化激元色散产生的高折射率进行解释：

$$n^2=\varepsilon(\omega,\ k)=\varepsilon_\infty\left(1+\sum_{j=A,\ B,\ C}\Omega_j\ \frac{\omega_{j,\ L}^2-\omega_{j,\ T}^2}{\omega_{j,\ T}^2-\omega^2-i\omega\gamma_j}\right)=\frac{c^2k^2}{\omega^2}\tag{7-8}$$

其中，ε_∞ 是背景介电常数，即除去激子跃迁的其他跃迁对介电常数的贡献，$\omega_{j,\ T}$ 和 $\omega_{j,\ L}$ 是波矢为 0 时横向和纵向共振频率，γ_j 是衰减常数，Ω_j 是 A、B、C 三种激子的权重。

图 7-25(d)为利用激子极化激元色散模拟出的线性减小的腔体中回音壁模蓝移结果，实验结果完全符合，说明该腔体中产生了有效的回音壁模激子极化激元。

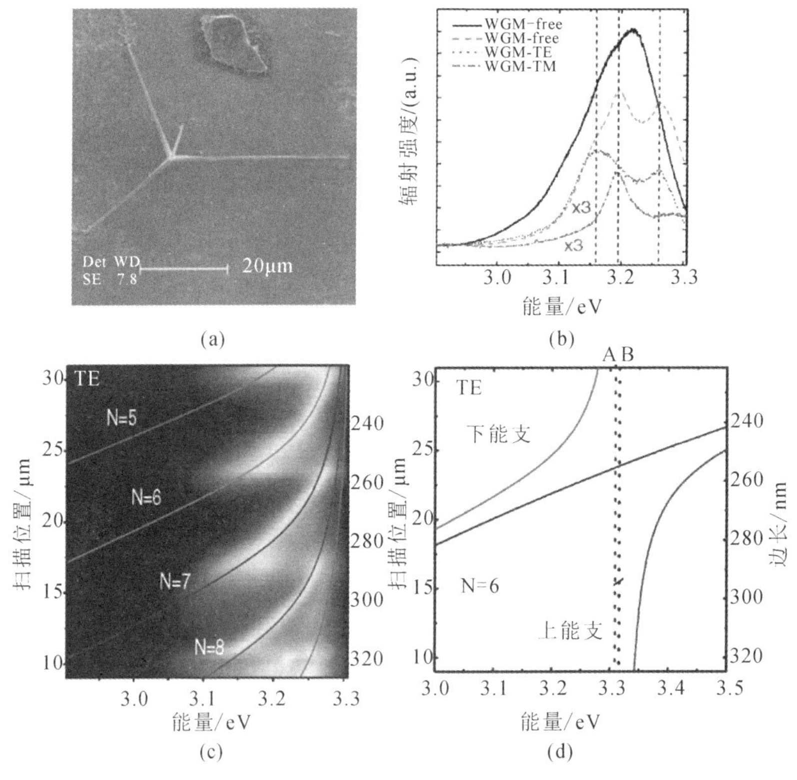

图 7-25 ZnO 微米棒中回音壁模激子极化激元[121]

2. 等离激元纳米激光

金属表面等离子体对 ZnO 的发光增强效应除了表现为直接增强外，利用其高度的空间局域性，还可将传统光子振荡转化为电子的集体振荡，并限域在

极小的模式体积中，从而为实现全光集成，发展更小、更快和更高效的纳米光子学器件提供了有效策略。人们在设计和构建半导体增益介质、绝缘介质层和金属薄膜复合谐振腔，利用半导体材料提供充足的增益以补偿金属欧姆损耗的同时，结合金属表面等离激元高度的空间局域性，突破光学衍射极限，实现纳米尺度等离子体激光模式输出[122-124]。

具有代表性的是，2014 年，R. F. Oulton 等设计和构建了 Ag/LiF/ZnO 复合结构谐振腔，获得了脉冲时间低于 800 fs 等离激元杂化的 ZnO 纳米线激光输出，如图 7-26(a)所示[125]。通过对比分析传统激光和等离激元激光受激辐射谱，发现后者相较于前者出现明显的蓝移现象，他们将其归因于等离激元复合谐振腔需要更高的增益补偿和纳米线尺寸的减小，如图 7-26(b)所示。此外，他们还采用双泵浦技术，对两种不同的激光模式的瞬态响应谱进行测试，如图 7-26(c)、(d)所示。实验结果表明，ZnO 激子能量与该复合结构等离激元激光的谐振频率相近，从而造成了加速自发复合、增益转换与恢复等物理过程的发生，为探索加速状态下光与物质相互作用提供了合适的平台。

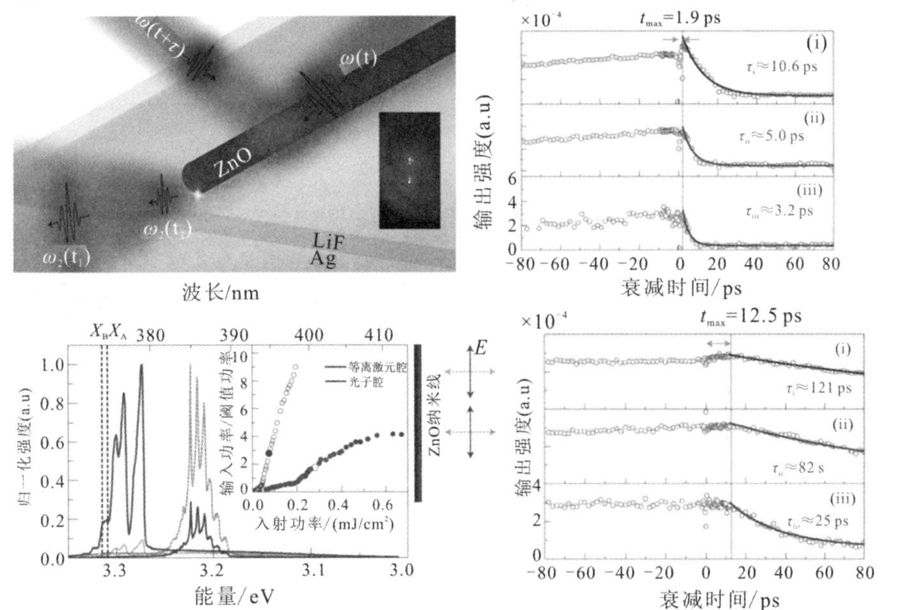

图 7-26　传统激光和等离激元激光的光学特性对比[125]

2017 年，卢俊峰等进一步对比分析了传统激光和新型等离子激光的输入

输出关系、激光模式、阈值等。结合激子耦合动力学，解释了激光模式蓝移源自两者不同的增益机制[122]。如图 7－27 所示，在金属 Ag 和 ZnO 复合微腔中，受激辐射谱发生明显蓝移现象，Ag 等离激元与 ZnO 激子间快速耦合，避免了复合谐振腔中激子浓度过高而发生 EHP 效应，这是等离激元纳米激光相比于传统 F－P 激光出现在高能侧的根本原因。结合时间分辨光谱，对于传统 F－P 纳米激光器，激子复合寿命为 743.59 ps，等离激元与激子耦合寿命为 17.60 ps，Purcell 因子高达 40，揭示了能量从激子向等离激元的快速转换过程，也为两种纳米激光器之间增益上的本质区别提供了有力佐证。

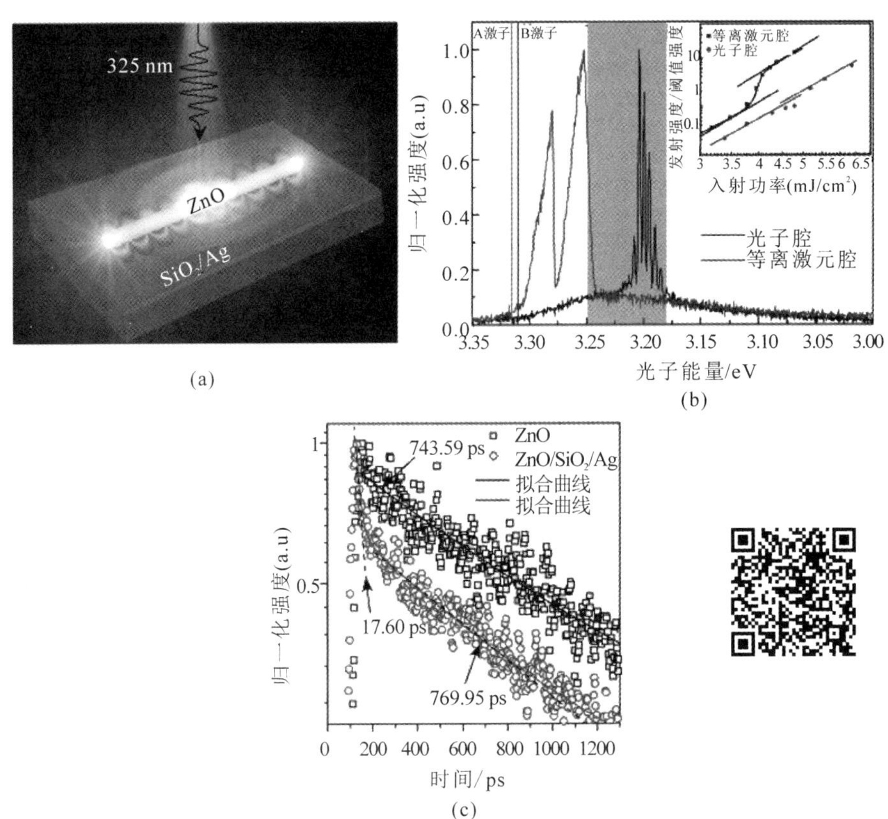

图 7－27　传统 F－P 激光与等离激元激光的光学特性[122]

新竹交通大学卢廷昌等采用类似结构实现了激光模式清晰的 ZnO 等离激元纳米激光[126]。通过提高金属 Ag 薄膜的平整度，使得 SPP 与 ZnO 中的激子有更高的耦合效率，实验得到激光品质因子有效增大，激子复合率明显提高

(如图 7-28(b)所示)。进一步降低 ZnO 等离激元纳米激光的阈值，该课题组对金属 Al 基的 ZnO 纳米激光进行了理论和实验研究。理论上，Al 与 ZnO 耦合频率匹配，实验上，单晶 Al 薄膜的使用，促进了纳米激光器中 SPP 与 ZnO 激子的复合，获得了更低的激射阈值，如图 7-28(b)所示[127-128]。除此之外，该课题组还构建了 ZnO/石墨烯/绝缘体/金属层(GIM)结构，它可以改变 SPP 的色散特性，并消除了金属固定等离激元性质的约束。由于费米能级的差异，石墨烯的加入会改变金属表面的电子密度。GIM 结构中 Al 表面的电子密度增大，高电子密度使得 Al 的等离子体频率蓝移。相应地，Al 基 ZnO 纳米线激光器的阈值降低了 50%，这主要是由于 SPP 模式的内部损耗减小了。如图 7-28(c)所示，Ag-GIM 结构则显示了相反的效果[129]。相比平面 SPP 纳米激光器，该课题组提出了基于伪楔形 SPP 模式的 ZnO 纳米激光器。如图 7-28(d)所示，其有效模式体积为平面 SPP 纳米激光器的 1%，它的色散曲线使得伪边缘 SPP 模式产生的群速度为光速的 99.39%，自发辐射因子高达 0.8[130]。

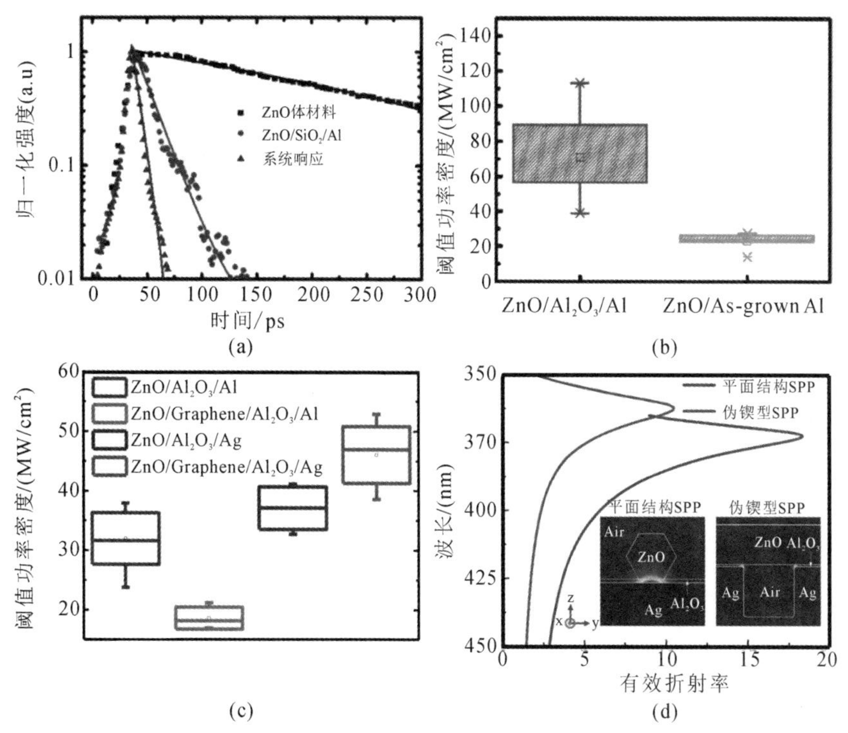

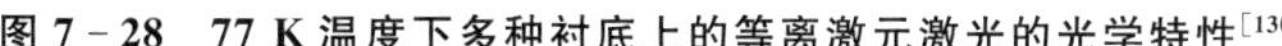

图 7-28　77 K 温度下多种衬底上的等离激元激光的光学特性[130]

7.5 ZnO 激光模式调控与单模实现

模式调控和单模操纵一直是激光领域关注的焦点和研究的热点。以 ZnO 为代表的第三代宽禁带半导体材料在紫外短波光电器件上的已有很多应用，尤其是激光器件[131-132]，而相关激光模式调控的研究工作也是屡见不鲜[133-134]。

从激光产生基本条件出发，以经典法珀腔(F－P)为例，光场在谐振腔中行进一个循环，获得增益至少等于损耗而维持场强和相位不变[140]：

$$\frac{2n_{\mathrm{eff}}L2\pi}{\lambda}=N2\pi,\ N=1,\ 2,\ 3,\ \cdots \tag{7-9}$$

式中，n_{eff}为腔体有效折射率，λ 为共振波长，N 为正整数。该项定义了能够满足基模振荡的最小腔体尺寸，为 $\lambda/2n_{\mathrm{eff}}$。而对于光波在腔内壁进行多次全射形成振荡回路的回音壁谐振腔，其相位偏移条件可改写为

$$\left[\exp\left(\frac{\mathrm{i}n2\pi L_{\mathrm{p}}}{\lambda}\right)\right]r^{m}=1 \tag{7-10}$$

式中，L_{p} 为光波传播完成一个振荡回路的传播路径长度，m 为回音壁谐振腔的边数。结合半经典理论平面波模型[135]，代入简化的 Fresnel 公式：

$$r=\exp(-\mathrm{i}2\theta) \tag{7-11}$$

$$\alpha=\tan\theta \tag{7-12}$$

$$\alpha=\frac{\beta\sqrt{n^{2}\sin^{2}\theta_{\mathrm{i}}-1}}{\cos\theta_{\mathrm{i}}} \tag{7-13}$$

式中，θ_{i} 为入射角，n 为折射率。对于 TE 模 β 为折射率 n，对于 TM 模 β 为折射率的倒数。

以纤锌矿六方结构的 ZnO 微腔为例，其 TE 模远强于 TM 模，因此为了简化讨论，这里我们只考虑 TE 模，即 $\beta=1/n$。

由此，可得 ZnO 六方回音壁谐振腔模式方程：

$$N=\frac{3\sqrt{3}\,nR}{\lambda}-\frac{6}{\pi}\arctan\left(n\sqrt{3n^{2}-4}\right) \tag{7-14}$$

式中，R 为谐振腔半径。

可以看出，无论是经典的 F－P 谐振腔，还是六方回音壁谐振腔，对于特定共振腔模的波长调控，主要依赖于腔体折射率和腔体尺寸。当然，如对腔模阶数无特殊要求，还可通过调控增益区间的位置进行不同腔模选择性输出，由此发展出多种调控激光模式和实现单模输出的方法，如利用能带工程[136-137]、

有源腔自吸收效应[138]、B－M 效应[139]等进行模式调控；另一方面，则可采用 DBR/DFB[140]、菲涅尔效应[88, 141]、增益对称性破缺[142-143]、控制谐振腔尺寸[32, 144]等手段进行单模操纵。

7.5.1　腔体尺寸设计与模式调控

对于有源腔而言，实现单模激射的根本途径是增加自由光谱范围，使得增益区间范围内只出现单个模式，根据模式间距(即自由光谱范围)推导公式：

$$\Delta\lambda = \frac{\lambda^2}{L_p\left(n - \lambda\,\dfrac{dn}{d\lambda}\right)} \tag{7-15}$$

式中，L_P 为光波传播完成一个振荡回路的传播路径长度，$n-\lambda dn/d\lambda$ 为有效折射率。对于传统的 F－P 腔，$L_P=2L$，L 为腔长；对于六边形回音壁腔，$L_P=3\sqrt{3}R$，R 为外接圆半径。

由此可知，模式间距与腔体尺寸成反比，因此，最简单的直接获得单模激光输出的方式就是减小腔体的尺寸。鉴于此，加州大学伯克利分校的杨培东教授等人通过自下而上的方法合成了直径 280～900 nm可控的 ZnO 纳米盘，并在直径为 842 nm、612 nm 和 491 nm 的亚微米尺寸的谐振腔中实现了单模激光发射，激射阈值分别为 500 μJ/cm^2、860 μJ/cm^2 和 1500 μJ/cm^2，如图 7－29 所示[144]。

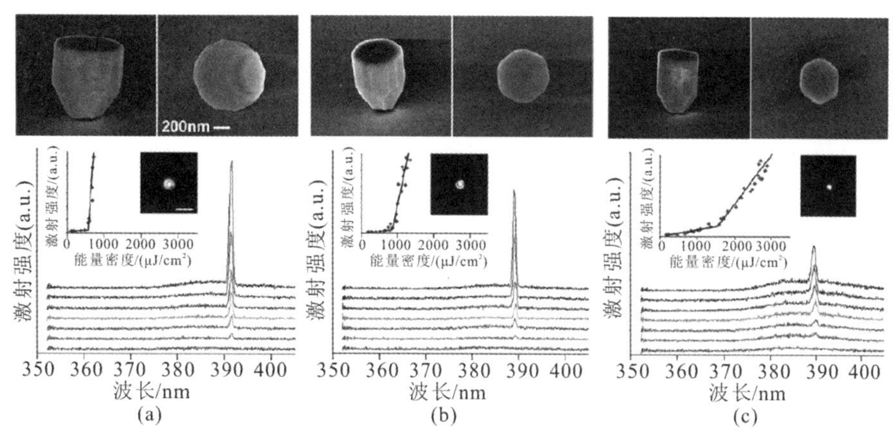

图 7－29　尺寸操纵的单模激光输出[144]

此外，东南大学徐春祥教授课题组就腔体尺寸对 ZnO 回音壁模激光的调控进行了系统研究[32]。如图 7－30 所示，展示了 WGM 激光模式、模间距及模数等随腔体尺寸的变化规律，在亚微米尺度的 ZnO 谐振腔中，实现了单模激光输出，并进一步利用石墨烯表面等离激元对 ZnO 光场的空间限域及石墨烯表面等离激元与回音壁模之间的共振耦合，大大减小了微腔的光学损耗，显著提升了单模激光品质并降低了激射阈值。

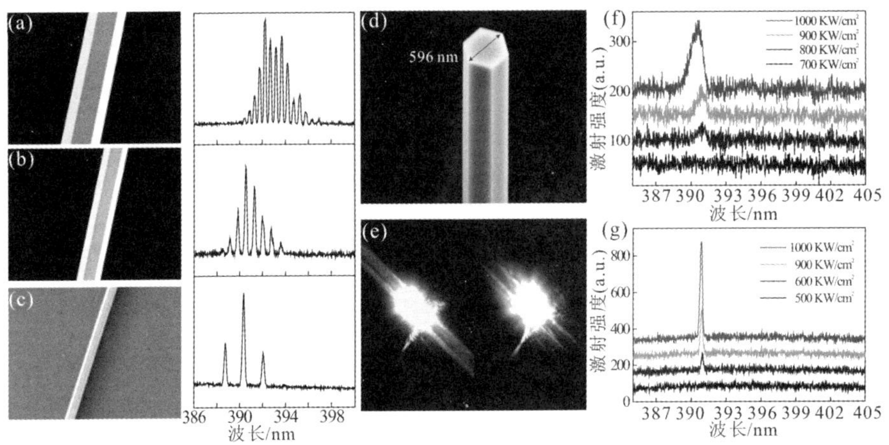

图 7-30 基于尺寸效应的单模输出[32]

7.5.2 微腔耦合与单模实现

众所周知，腔体的减小会造成光场限域能力的降低，从而无法获得高品质激光模式输出。为了解决上述问题，徐春祥教授等人采用两个直径略有不同的 ZnO 微腔间的耦合[88, 141]，利用游标效应(vernier effect)实现了耦合腔单模激光输出。当两谐振腔彼此有效耦合时，只有在两个独立谐振腔里共同存在的激光模式会由于游标效应而被选择出来并得到增强，其他模式会逐渐耗散直至消失。最终扩展了自由光谱范围，超出了增益介质的光谱宽度，实现了单模激光输出。耦合谐振腔的自由光谱范围可由式(7-16)进一步推导给出：

$$\mathrm{FSR}_{12}=\frac{\lambda^2}{\frac{3\sqrt{3}}{2}\left(n-\lambda\frac{\mathrm{d}n}{\mathrm{d}\lambda}\right)|D_1-D_2|} \tag{7-16}$$

其中，D_1 和 D_2 为两个耦合腔的直径。如果 D_1 接近 D_2，则 FSR_{12} 将大大扩展，远大于单个微米腔的光谱范围，从而通过游标效应实现在增益谱范围内只有单个共振模式存在。

如图 7-31 所示，选取直径分别为 4.3 μm 和 3.9 μm 的两个 ZnO 谐振腔，

在间隙为 45 nm(满足能量耦合前提条件)的 IV 处同时激发两根微米棒，两个谐振腔中的光场强烈耦合，成功实现了 390.4 nm 的单模激光输出，其边模抑制比达到了 19.7 dB。相比于直接减小腔体尺寸实现单模激射的方式，该方法避免了腔体尺寸过小引起的能量损耗，从而维持了高品质、低阈值单模激光输出。为了进一步改善单模激光的性能，他们还利用 Pt 纳米颗粒/ZnO 微米梳复合结构，利用局域表面等离子体耦合实现了单模激光的增强，同时降低了单模输出的阈值。优化后的复合谐振耦合腔边模抑制比达到了 20.5 dB，激射品质因子达 2300，激射强度增加了 7 倍，阈值降到了 86 kW/cm^2。

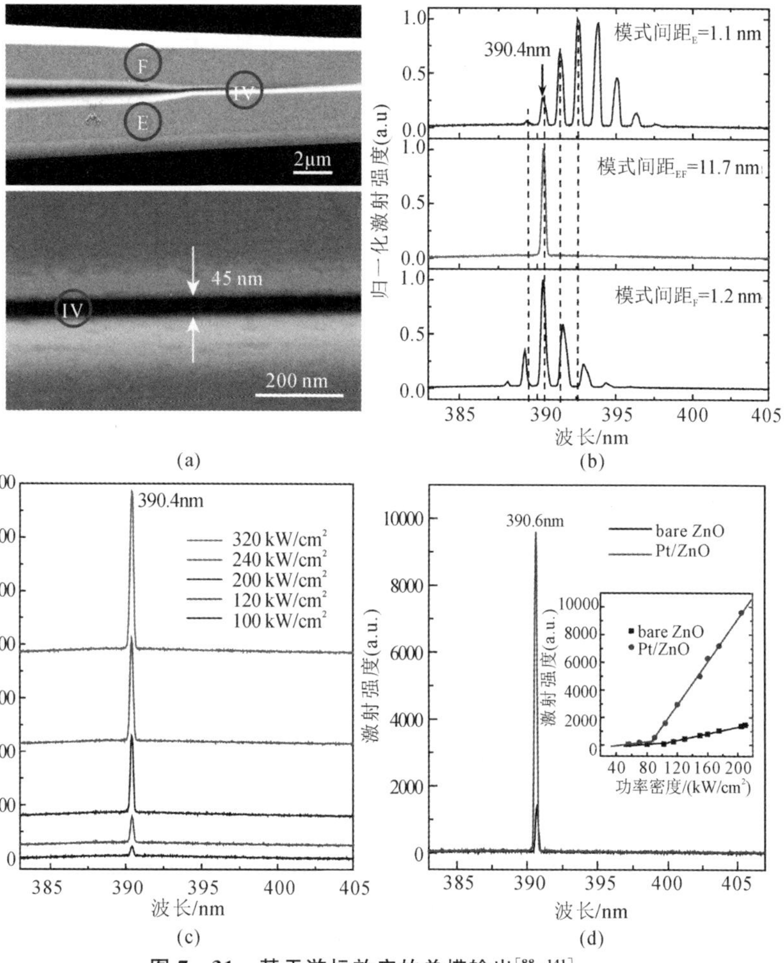

图 7-31　基于游标效应的单模输出[88, 141]

7.5.3 应变动态调控

前文所述两种调控方式都依赖于腔体结构和尺寸的预先设计，一旦腔体成型，则输出波长位置也随之固定，无法进行进一步调控。2018 年，中国科学院北京纳米能源所王中林院士和东南大学徐春祥教授课题组合作[133]，利用外部机械应变能够导致谐振腔折射率改变的特点[145]，通过连续施加外部应变，对 ZnO 回音壁激光模式的输出波长进行动态、可持续性调控。一旦外力撤除，腔模共振波长也随之恢复。如图 7-32 所示，将单根 ZnO 微米棒固定于柔性衬底上表面，通过位移台使得衬底向上弯曲以获得对 ZnO 微米棒[0001]方向的单轴拉伸应变，并同步采集不同拉伸应变下的受激辐射谱，观察到共振腔模波长明显红移。

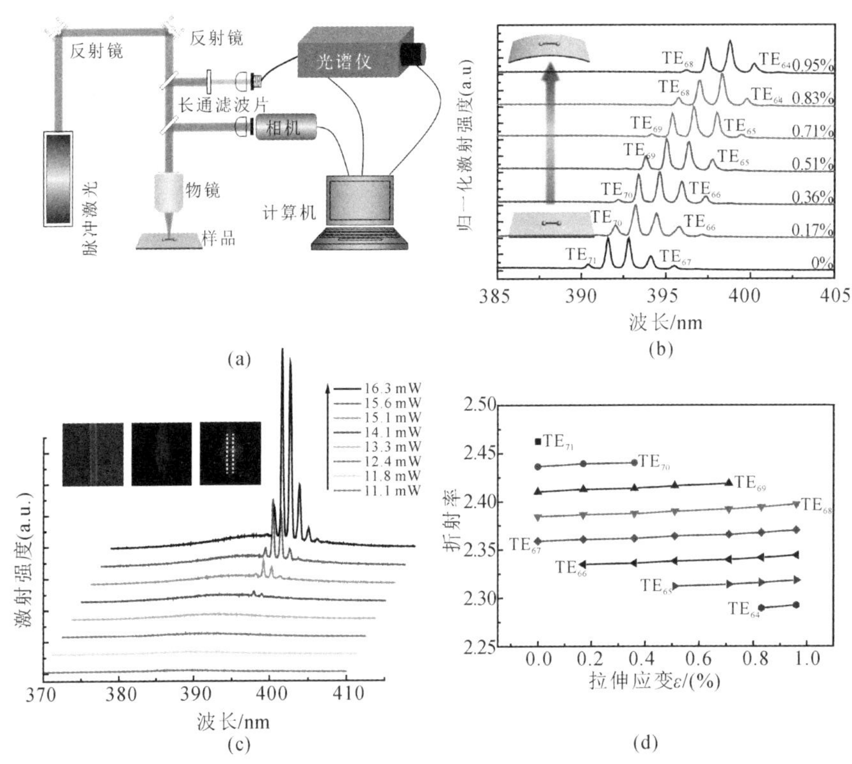

图 7-32　ZnO 回音壁激光模式动态调控[133]

进一步地，他们于 2019 年利用压阻与压电极化协同效应，实现了直径为 1.7 μm 单根 ZnO 微米棒单模激光输出与动态调控，如图 7-33 所示[134]。一方面，他们利用压阻效应对 ZnO 微腔的增益谱线进行调控；另

一方面，通过外部应变诱导晶体极化造成腔体折射率变化，从而实现共振腔模的动态调控。由于调控机制上的区别，增益谱线与共振腔模随应变的变化速率不同，这就为不同腔模的动态选择与调控，并最终实现单模激光输出提供了可能。而且，在外部应变调控作用下，伴随不同阶次模式的消长，有望获得大范围的可调单模激光输出。从另一个角度来看，该技术也为通过颜色变化作为传感媒介进行应变感知提供了新的策略。

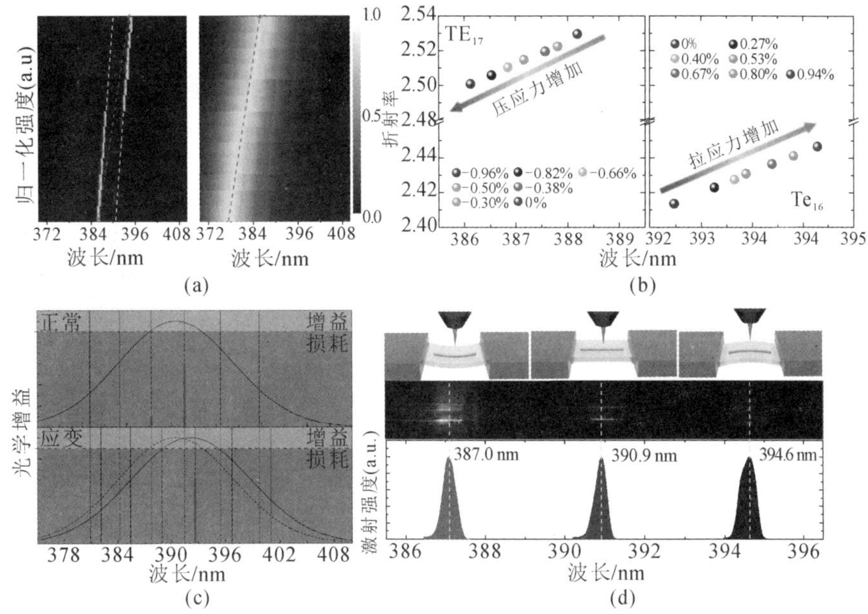

图7-33　基于压电与压阻协同效应的单模激光输出与动态调控[134]

7.6　ZnO基电致发光器件

高效率的半导体发光二极管在现代光电子学中已成为一个突出的研究课题，其中以GaN为代表的LED已在固态照明、平板显示、信息存储、光通信、微加工等领域展现其优势[146-150]。ZnO作为一种宽禁带半导体材料，其带隙宽度为3.37 eV，激子束缚能高达60 meV，是发展紫外发光二极管和激光二极管的理想候选材料之一。ZnO电致发光器件成为过去20多年研究的热点课题。

7.6.1 ZnO 基同质结电致发光器件

对于电致发光器件的设计，结合能级匹配、载流子注入平衡和晶格适配等问题，优先考虑同质结设计。2005 年，Atsushi Tsukazaki 等人通过化学气相沉积法制备出 p 型 ZnO，构建了 ZnO 同质结 LED[151]。2006 年，刘文明 等人报道了以 ZnO 为基底通过气相输运的方式分别沉积 n－ZnO 薄膜和 p－ZnO 薄膜，从而实现了 ZnO 的同质结 LED 结构[152]。随后，孙小卫等人报道了 ZnO 纳米线上的同质结构外延生长，并获得了 ZnO 的紫外发射[153]。中国科学院长春光机所则研究了以 Li－N 共掺的方法制备的 p 型 MgZnO 薄膜，并构建了 ZnO 同质结 LED[154]。2011 年，加州大学河滨分校刘建林课题组利用 n 型 ZnO 薄膜和 p 型 ZnO 纳米线构建了同质结激光二极管，并获得了 ZnO 纳米线的电泵 F－P 激光，如图7－34所示[132]。2013 年，Huang 等人对 ZnO 基同质结进行光泵浦和电泵浦激发，分别获得了 300 kW/cm^2 和 40 mA 阈值的随机激光行为[155]。目前，人们已对 ZnO 基同质结电致发光器件进行了大量的探索，但 p 型 ZnO 稳定性仍是一个亟待解决的问题。

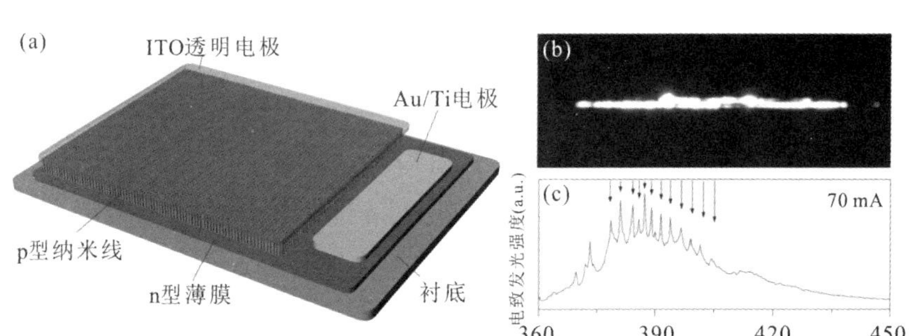

图 7－34　ZnO 同质结激光二极管[132]

7.6.2 ZnO 基异质结电致发光器件

面对 ZnO 材料的 p 型掺杂的瓶颈性困难，构建 ZnO 基异质结结构成为一种可选方案，获得了研究人员的广泛关注。p 型 GaN 材料因为与 ZnO 材料晶格结构相似，晶格常数接近，晶格失配度较低，成为与 ZnO 构建异质结较为理想的空穴注入材料。如图 7－35 所示，ZnO 和 GaN 的能带较为接近，ZnO 和 GaN 的电子亲和势分别为 4.35 eV 和 4.20 eV，根据 ZnO 的带隙 3.37 eV，GaN 的带隙 3.4 eV，计算出 ZnO 和 GaN 的导带失配 $\Delta E_c = 0.15$ eV，其价带失配

$\Delta E_v=0.13$ eV，价带和导带的失配接近且失配值都很小[156]。此外 GaN 材料的制备工艺比较成熟，经常作为绿光、蓝紫光、白光等光发射器件的基质材料。

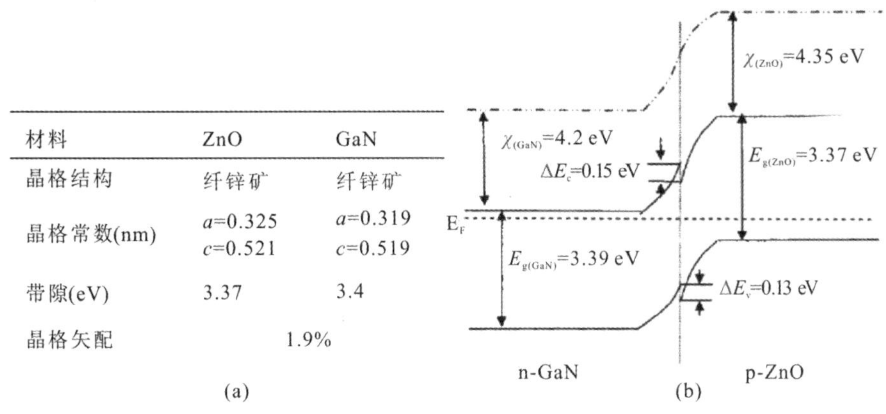

材料	ZnO	GaN
晶格结构	纤锌矿	纤锌矿
晶格常数(nm)	a=0.325 c=0.521	a=0.319 c=0.519
带隙(eV)	3.37	3.4
晶格矢配	1.9%	

图 7-35　晶格常数与能带结构示意图[156]

2009 年，中国科学院北京纳米能源所王中林院士研究组在 p 型 GaN 衬底上制备 n 型 ZnO 纳米线来实现高亮度的蓝光 LED，其器件结构和发光光谱如图 7-36(a)所示，其主峰位置随着电流的增加从 440 nm 蓝移到 400 nm[157]。2014 年，北京科技大学张跃院士研究组制备了低压下实现蓝光发射的 n-ZnO/p-GaN 异质结 LED 器件[158]，通过射频磁控溅射方法分别沉积了高质量的 ZnO 薄膜与 GaN 外延薄膜，形成了异质结构，具体的器件结构如图 7-36(b)所示。2015 年，Yang Zu-Po 等人通过斜角沉积技术在 GaN 衬底上生长具有一定倾斜角度的 ZnO 纳米棒，其电致光谱为较强的 390 nm 处的紫光发射和一个较弱的 490 nm 的

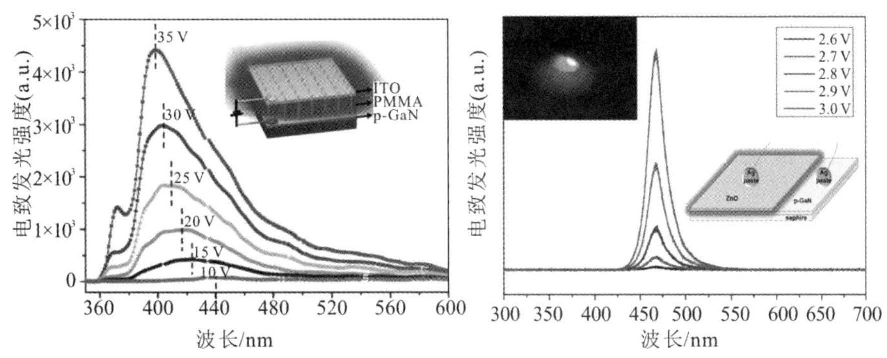

图 7-36　n-ZnO/p-GaN 异质结发光二极管[157-158]

蓝绿光发射，并把紫光发射归功于 ZnO 的近带边发射，蓝绿光发射归因于 ZnO/GaN 界面复合[159]。

2018 年，东南大学徐春祥课题组在 ZnO 纳米线/GaN 器件中引入 AlN 电子阻挡层，制备出了 389 nm 的纯紫外发光，其具体结构如图 7 - 37 所示[160]。进一步地，2020 年他们利用 n 型 ZnO 微米线和 n 型 GaN 薄膜制备了相互补偿的对称的双异质结，得到开启电压为 12 V 的交流紫外 LED，其正反向发光总量相同，波长基本不变，可以有效地克服频闪，为未来 LED 照明提供了一个制备交流 LED 的思路，具体结果如图 7 - 38 所示[161]。

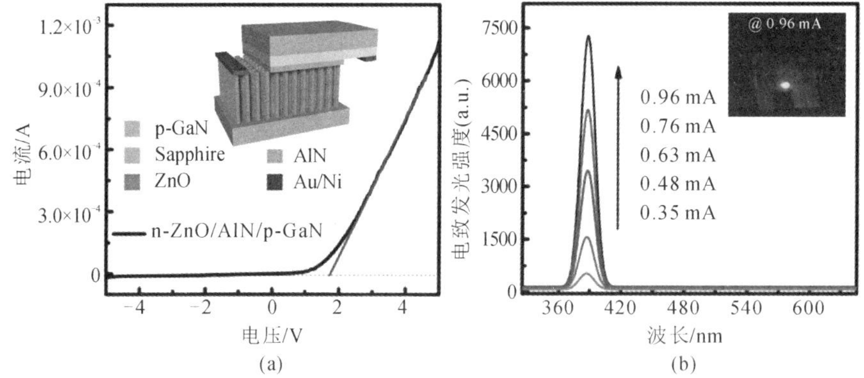

图 7 - 37 n - ZnO/AlN/p - GaN 异质结发光二极管[160]

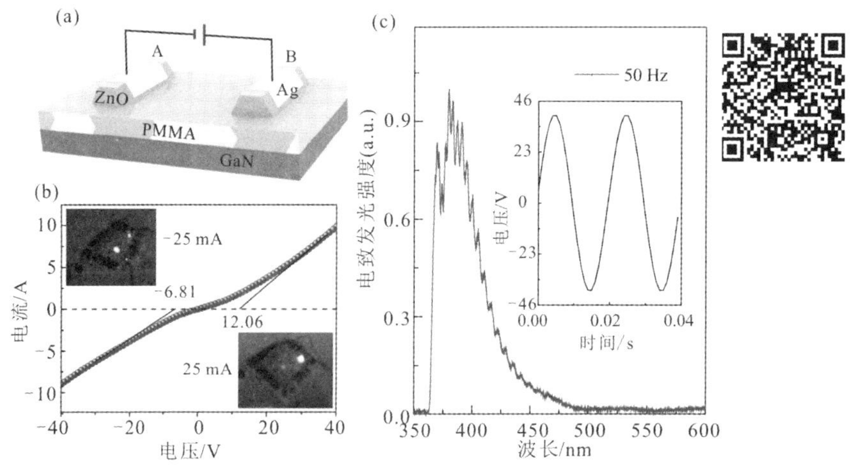

图 7 - 38 n - ZnO/n - GaN/n - ZnO 对称双异质结交流发光二极管结构[161]

相较于 LED，LD 的激发需要更高的电流密度和注入效率。2009 年，马向阳等人利用 Au/SiO_2/ZnO 结构在 6 V 的注入电压下获得了 380 nm 左右的电泵浦随机激射，具体结果如图 7 - 39(a)所示[162]。2010 年，单崇新课题组制备了 Au/i-ZnO/MgO/n-ZnO 的结构获得了稳定、低阈值的电泵浦随机激射，其阈值仅为 6.5 mA，具体的结构及光谱如图 7 - 39(b)所示[163]。在这些研究中，随机激射的模式是不确定的，后续难以被广泛使用。

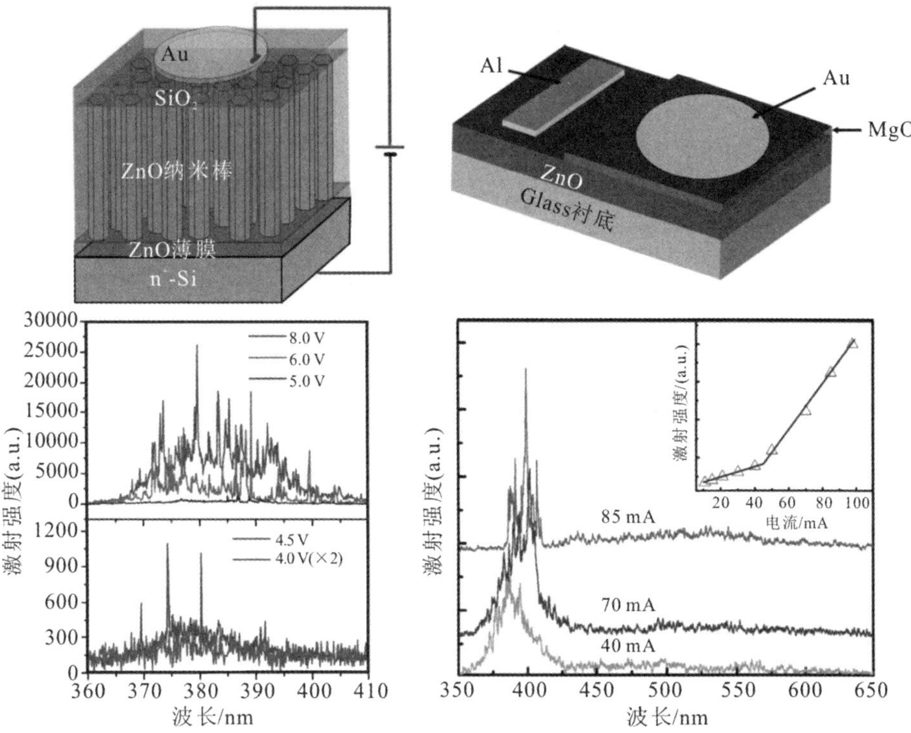

图 7 - 39　(a，b)n - ZnO/p - GaN 异质结激光二极管[162-163]

2011 年，东南大学徐春祥课题组结合 ZnO 微米棒的微腔优势，制备了 n 型 ZnO 微米棒和 p 型 GaN 异质结，获得了模式稳定回音壁模电泵浦激光，激光器的阈值为 12 mA，如图7 - 40所示[131]。

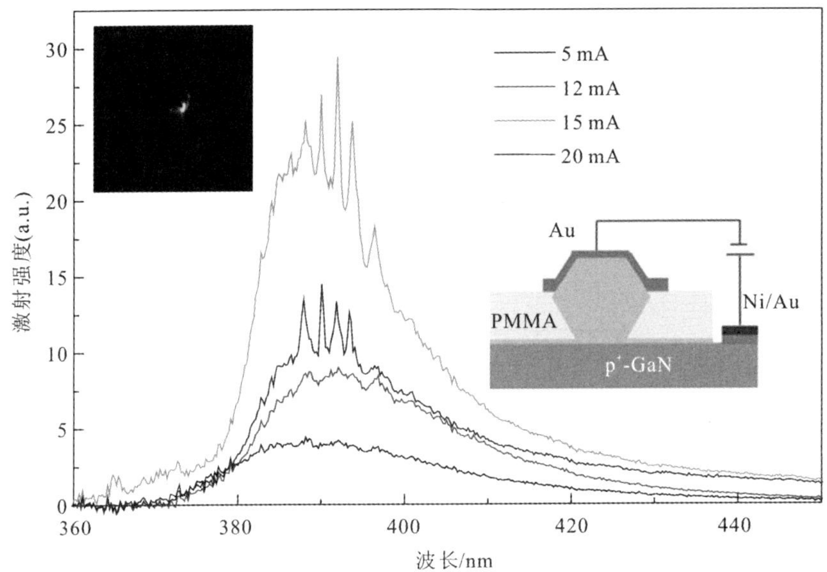

图 7-40　n-ZnO/p-GaN 异质结回音壁微激光二极管[131]

7.7　本章小结

ZnO 在短波光电器件尤其是激光器件上已经取得了许多重要的研究结果。从材料合成到性能调控，再到器件构筑，已经形成了初步的探索路径。材料合成上，通过优化工艺条件，可以获得形貌、尺寸可控的 ZnO 微纳单晶，实现不同模式的激光输出；性能调控上，通过引入金属表面等离激元，改善激光输出性能，并通过腔体结构设计和压电极化效应，可以实现波长动态可调谐激光模式输出与单模操作；器件构筑上，则可另辟蹊径，以 p 型 GaN 替代 p 型 ZnO 构建异质结构微激光二极管，获得模式结构清晰、可控的电泵浦 WGM 激光输出。然而，要取得突破性进展，其难点仍在于 p 型 ZnO 材料的制备，这是后续功能化应用的基础。如何实现结晶质量高、稳定性好的 p 型 ZnO 微纳结构单晶，仍然是科学技术领域关注的焦点和努力方向。

目前，针对这一技术难题，国际国内多个研究小组协同攻关，从理论设计到实验论证，通过单元素掺杂、多元素混掺、氧过量等不同手段已经取得了一些进展。此外，ZnO 还具有较好的生物兼容性，可用于生物传感器件等方面，

并已经取得不少具有代表性的研究进展。而基于 Al 掺杂 ZnO(AZO)的透明导电薄膜已经被广泛应用于太阳能电池的电极。相比于 ITO 导电膜，AZO 具有更短的吸收带边及与非晶硅薄膜电池工艺相匹配的优势，同时也具备大面积批量生产的价值，目前其生产线建设已经进入了快速扩张时期。我们在集中力量攻克 ZnO 的材料 p 型掺杂瓶颈的同时，还需关注 ZnO 的其他物理性质，如压电效应、吸收紫外线等，发掘它在不同领域中的应用，如压电纳米发电机、应力传感器、防晒化妆品等，甚至可以进行功能化集成，使其价值最大化并寻获新的产业化应用突破口。

参考文献

[1] ZU P, TANG Z K, WONG G K, et al. Ultraviolet spontaneous and stimulated emissions from ZnO microcrystallite thin films at room temperature. Solid State Communications, 1997, 103(8): 459 - 463.

[2] SERVICE R F. Will UV lasers beat the blues. Science, 1997, 276(5314): 895 - 897.

[3] KOHAN A F, CEDER G, MORGAN D, et al. First-principles study of native point defects in ZnO. Physical Review B, 2000, 61(22): 15019 - 15027.

[4] PARK C H, ZHANG S B, WEI S H. Origin of p-type doping difficulty in ZnO: The impurity perspective. Physical Review B, 2002, 66(7): 073202.

[5] MCCLUSKEY M D, JOKELA S J. Defects in ZnO. Journal of Applied Physics, 2009, 106(7): 071101.

[6] LOOK D C, FARLOW G C, REUNCHAN P, et al. Evidence for native-defect donors in n-type ZnO. Physical Review Letters, 2005, 95(22): 225502.

[7] HUANG M H, MAO S, FEICK H, et al. Room-temperature ultraviolet nanowire nanolasers. Science, 2001, 292(5523): 1897 - 1899.

[8] CZEKALLA C, STURM C, SCHMIDT-GRUND R, et al. Whispering gallery mode lasing in zinc oxide microwires. Applied Physics Letters, 2008, 92(24): 241102.

[9] ZHU G P, XU C X, ZHU J, et al. Two-photon excited whispering-gallery mode ultraviolet laser from an individual ZnO microneedle. Applied Physics Letters, 2009, 94(5):051106.

[10] YANG P D, YAN H Q, MAO S, et al. Controlled growth of ZnO nanowires and their optical properties. Advanced Functional Materials, 2002, 12(5): 323 - 331.

[11] PAN Z W, DAI Z R, WANG Z L. Nanobelts of semiconducting oxides. Science, 2001, 291(5510): 1947 - 1949.

[12] LI Y B, BANDO Y, SATO T, et al. ZnO nanobelts grown on Si substrate. Applied Physics Letters, 2002, 81(1): 144 - 146.

[13] XU C X, SUN X W, DONG Z L, et al. Self-organized nanocomb of ZnO fabricated by Au-catalyzed vapor-phase transport. Journal of Crystal Growth, 2004, 270(3 - 4): 498 - 504.

[14] XU C X, SUN X W, DONG Z L, et al. Zinc oxide nanodisk. Applied Physics Letters, 2004, 85(17): 3878 - 3880.

[15] XU C X, SUN X W, DONG Z L, et al. Zinc oxide hexagram whiskers. Applied Physics Letters, 2006, 88(9): 093101.

[16] XU C, DAI J, ZHU G, et al. Whispering-gallery mode lasing in ZnO microcavities. Laser & Photonics Reviews, 2014, 8(4): 469 - 494.

[17] WU J J, LIU S C. Low-temperature growth of well-aligned ZnO nanorods by chemical vapor deposition. Advanced Materials, 2002, 14(3): 215 - 218.

[18] YANG J L, AN S J, PARK W I, et al. Photocatalysis using ZnO thin films and nanoneedles grown by metal-organic chemical vapor deposition. Advanced Materials, 2004, 16(18): 1661 - 1664.

[19] WANG X X, XU C X, QIN F F, et al. Ultraviolet lasing in Zn-rich ZnO microspheres fabricated by laser ablation. Nanoscale, 2018, 10(37): 17852 - 17857.

[20] WAGNER R S, ELLIS W C. Vapor-liquid-solid mechanism of single crystal growth. Applied Physics Letters, 1964, 4(5): 89 - 90.

[21] WU Y Y, YANG P D. Direct observation of vapor-liquid-solid nanowire growth. Journal of the American Chemical Society, 2001, 123(13): 3165 - 3166.

[22] HUANG M H, WU Y Y, FEICK H, et al. Catalytic growth of zinc oxide nanowires by vapor transport. Advanced Materials, 2001, 13(2): 113 - 116.

[23] BLAKELY J M, JACKSON K A. Growth of crystal whiskers. Journal of Chemical Physics, 1962, 37(2): 428 - 430.

[24] DAI Z R, PAN Z W, WANG Z L. Novel nanostructures of functional oxides synthesized by thermal evaporation. Advanced Functional Materials, 2003, 13(1): 9 - 24.

[25] HU J T, ODOM T W, LIEBER C M. Chemistry and physics in one dimension: Synthesis and properties of nanowires and nanotubes. Accounts of Chemical Research, 1999, 32(5): 435 - 445.

[26] VAYSSIERES L. Growth of arrayed nanorods and nanowires of ZnO from aqueous solutions. Advanced Materials, 2003, 15(5): 464 - 466.

[27] BOYLE D S, GOVENDER K, O'BRIEN P. Novel low temperature solution deposition of perpendicularly orientated rods of ZnO: substrate effects and evidence of the

importance of counter-ions in the control of crystallite growth. Chemical Communications, 2002, (1): 80 - 81.

[28] LIU Y J, XU C X, ZHU Z, et al. Controllable Fabrication of ZnO Microspheres for Whispering Gallery Mode Microcavity. Crystal Growth & Design, 2018, 18(9): 5279 - 5286.

[29] KUO C L, KUO T J, HUANG M H. Hydrothermal synthesis of ZnO microspheres and hexagonal microrods with sheetlike and platelike nanostructures. Journal of Physical Chemistry B, 2005, 109(43): 20115 - 20121.

[30] TIAN Z R R, VOIGT J A, LIU J, et al. Complex and oriented ZnO nanostructures. Nature Materials, 2003, 2(12): 821 - 826.

[31] DONG X, XU C, YANG C, et al. Photoelectrochemical response to glutathione in Au-decorated ZnO nanorod array. Journal of Materials Chemistry C, 2019, 7(19): 5624 - 5629.

[32] LI J T, LIN Y, LU J F, et al. Single mode ZnO whispering-gallery submicron cavity and graphene improved lasing performance. ACS Nano, 2015, 9(7): 6794 - 6800.

[33] SIDIROPOULOS T P, RÖDER R, GEBURT S, et al. Ultrafast plasmonic nanowire lasers near the surface plasmon frequency. Nature Physics, 2014, 10(11): 870 - 876.

[34] WANG X, VLASENKO L, PEARTON S, et al. Oxygen and zinc vacancies in as-grown ZnO single crystals. Journal of Physics D: Applied Physics, 2009, 42(17): 175411.

[35] ZHU Q X, LU J F, WANG Y Y, et al. Controllable fabrication and optical properties of Sn-doped ZnO hexagonal microdisk for whispering gallery mode microlaser. APL Materials, 2013, 1(3): 032105.

[36] ZHU Q, LU J, WANG Y, et al. Burstein-moss effect behind Au surface plasmon enhanced intrinsic emission of ZnO microdisks. Scientific Reports, 2016, 6: 36194.

[37] TEKE A, OZGÜR U, DOĞAN S, et al. Excitonic fine structure and recombination dynamics in single-crystalline ZnO. Physical Review B, 2004, 70(19): 195207.

[38] LEW YAN VOON L C, WILLATZEN M, CARDONA M, et al. Terms linear in k in the band structure of wurtzite-type semiconductors. Physical review B, 1996, 53(16): 10703.

[39] HAMBY D, LUCCA D, KLOPFSTEIN M, et al. Temperature dependent exciton photoluminescence of bulk ZnO. Journal of Applied Physics, 2003, 93(6): 3214 - 3217.

[40] REYNOLDS D, LOOK D C, JOGAI B, et al. Valence-band ordering in ZnO. Physical Review B, 1999, 60(4): 2340.

[41] BOEMARE C, MONTEIRO T, SOARES M, et al. Photoluminescence studies in ZnO samples. Physica B: Condensed Matter, 2001, 308: 985 - 988.

[42] MEYER B, ALVES, H, HOFMANN D, et al. Bound exciton and donor-acceptor pair recombinations in ZnO. Physica Status Solidi (b), 2004, 241(2): 231 - 260.

[43] QIU J J, LI X M, HE W Z, et al. The growth mechanism and optical properties of ultralong ZnO nanorod arrays with a high aspect ratio by a preheating hydrothermal method. Nanotechnology, 2009, 20(15): 155603.

[44] GRABOWSKA J, MEANEY A, NANDA K K, et al. Surface excitonic emission and quenching effects in ZnO nanowire/nanowall systems: Limiting effects on device potential. Physical Review B, 2005, 71(11): 115439.

[45] WISCHMEIER L, VOSS T, RÜCKMANN I, et al. Dynamics of surface-excitonic emission in ZnO nanowires. Physical Review B, 2006, 74(19): 195333.

[46] LU J, ZHU Q, ZHU Z, et al. Plasmon-mediated exciton-phonon coupling in a ZnO microtower cavity. Journal of Materials Chemistry C, 2016, 4(33): 7718 - 7723.

[47] DJURIŠIC AB, LEUNG Y H. Optical properties of ZnO nanostructures. Small, 2006, 2(8-9): 944 - 961.

[48] JANOTTI A, VAN DE WALLE C G. Native point defects in ZnO. Physical Review B, 2007, 76(16): 165202.

[49] VLASENKO L, WATKINS G. Optical detection of electron paramagnetic resonance for intrinsic defects produced in ZnO by 2. 5-MeV electron irradiation in situ at 4. 2 K. Physical Review B, 2005, 72(3): 035203.

[50] JANOTTI A, VAN DE WALLE C G. Oxygen vacancies in ZnO. Applied Physics Letters, 2005, 87(12): 122102.

[51] KOHAN A, CEDER G, MORGAN D, et al. First-principles study of native point defects in ZnO. Physical Review B, 2000, 61(22): 15019.

[52] WILLANDER M, NUR O, SADAF J R, et al. Luminescence from zinc oxide nanostructures and polymers and their hybrid devices. Materials, 2010, 3(4): 2643 - 2667.

[53] VANHEUSDEN K, SEAGER C, WARREN W T, et al. Correlation between photoluminescence and oxygen vacancies in ZnO phosphors. Applied Physics Letters, 1996, 68(3): 403 - 405.

[54] DJURIŠIC A, LEUNG Y, TAM K, et al. Green, yellow, and orange defect emission from ZnO nanostructures: Influence of excitation wavelength. Applied Physics Letters, 2006, 88(10): 103107.

[55] LI D, LEUNG Y, DJURIŠIC A, et al. Different origins of visible luminescence in ZnO nanostructures fabricated by the chemical and evaporation methods. Applied Physics Letters, 2004, 85(9): 1601 - 1603.

[56] ALVI N, UL HASAN K, NUR O, et al. The origin of the red emission in n-ZnO nanotubes/p - GaN white light emitting diodes. Nanoscale Research Letters, 2011, 6(1):130.

[57] GREENE L E, LAW M, GOLDBERGER J, et al. Low-temperature wafer-scale production of ZnO nanowire arrays. Angewandte Chemie, 2003, 115(26): 3139 - 3142.

[58] LIMA S, SIGOLI F, JAFELICCI JR M, et al. Luminescent properties and lattice defects correlation on zinc oxide. International Journal of Inorganic Materials, 2001, 3(7):749 - 754.

[59] ANANTACHAISILP S, SMITH S M, TON-THAT C, et al. Tailoring deep level surface defects in ZnO nanorods for high sensitivity ammonia gas sensing. The Journal of Physical Chemistry C, 2014, 118(46): 27150 - 27156.

[60] WANG D, ZHANG T. Study on the defects of ZnO nanowire. Solid state communications, 2009, 149(43 - 44): 1947 - 1949.

[61] KAYACI F, VEMPATI S, DONMEZ I, et al. Role of zinc interstitials and oxygen vacancies of ZnO in photocatalysis: a bottom-up approach to control defect density. Nanoscale, 2014, 6(17): 10224 - 10234.

[62] WOLFF P. Theory of the band structure of very degenerate semiconductors. Physical Review, 1962, 126(2): 405.

[63] GÖBEL G. Recombination without k-selection rules in dense electron-hole plasmas in high-purity GaAs lasers. Applied Physics Letters, 1974, 24(10): 492 - 494.

[64] REYNOLDS D, LOOK D C, JOGAI B. Combined effects of screening and band gap renormalization on the energy of optical transitions in ZnO and GaN. Journal of Applied Physics, 2000, 88(10): 5760 - 5763.

[65] TAKEDA J, JINNOUCHI H, KURITA S, et al. Dynamics of photoexcited high density carriers in ZnO epitaxial thin films. Physica Status Solidi (b), 2002, 229(2): 877 - 880.

[66] JOHNSON J C, KNUTSEN K P, YAN H, et al. Ultrafast carrier dynamics in single ZnO nanowire and nanoribbon lasers. Nano Letters, 2004, 4(2): 197 - 204.

[67] YAMAMOTO A, KIDO T, GOTO T, et al. Dynamics of photoexcited carriers in ZnO epitaxial thin films. Applied Physics Letters, 1999, 75(4): 469 - 471.

[68] LEUNG Y, KWOK W, DJURIŠIC A, et al. Time-resolved study of stimulated emission in ZnO tetrapod nanowires. Nanotechnology, 2005, 16(4): 579.

[69] TANG Z K, WONG G K L, YU P, et al. Room-temperature ultraviolet laser emission from self-assembled ZnO microcrystallite thin films. Applied Physics Letters, 1998, 72(25): 3270 - 3272.

[70] KLINGSHIRN C. Properties of the electron-hole plasma in Ⅱ - Ⅵ semiconductors.

Journal of crystal growth, 1992, 117(1-4): 753-757.

[71] KLINGSHIRN C, HAUSCHILD R, FALLERT J, et al. Room-temperature stimulated emission of ZnO: Alternatives to excitonic lasing. Physical Review B, 2007, 75(11):115203.

[72] VERSTEEGH M A, VANMAEKELBERGH D, DIJKHUIS J I. Room-temperature laser emission of ZnO nanowires explained by many-body theory. Physical Review Letters, 2012, 108(15): 157402.

[73] NAKAMURA T, FIRDAUS K, ADACHI S. Electron-hole plasma lasing in a ZnO random laser. Physical Review B, 2012, 86(20): 205103.

[74] HENDRY E, KOEBERG M, BONN M. Exciton and electron-hole plasma formation dynamics in ZnO. Physical Review B, 2007, 76(4): 045214.

[75] SUN H, MAKINO T, TUAN N, et al. Stimulated emission induced by exciton-exciton scattering in ZnO/ZnMgO multiquantum wells up to room temperature. Applied Physics Letters, 2000, 77(26): 4250-4252.

[76] CHEN R, LING B, SUN X W, et al. Room temperature excitonic whispering gallery mode lasing from high-quality hexagonal ZnO microdisks. Advanced Materials, 2011, 23(19): 2199-2204.

[77] MATSUZAKI R, SOMA H, FUKUOKA K, et al. Purely excitonic lasing in ZnO microcrystals: Temperature-induced transition between exciton-exciton and exciton-electron scattering. Physical Review B, 2017, 96(12): 125306.

[78] WANG L, GILES N. Temperature dependence of the free-exciton transition energy in zinc oxide by photoluminescence excitation spectroscopy. Journal of Applied Physics, 2003, 94(2): 973-978.

[79] MUSA I, MASSUYEAU F, CARIO L, et al. Temperature and size dependence of time-resolved exciton recombination in ZnO quantum dots. Applied Physics Letters, 2011, 99(24): 243107.

[80] ZHAO Q X, YANG L L, WILLANDER M, et al. Surface recombination in ZnO nanorods grown by chemical bath deposition. Journal of Applied Physics, 2008, 104(7): 073526.

[81] LETTIERI S, AMATO L S, MADDALENA P, et al. Recombination dynamics of deep defect states in zinc oxide nanowires. Nanotechnology, 2009, 20(17): 175706.

[82] RICHTERS J P, WISCHMEIER L, RÜCKMANN I, et al. Surface excitonic recombination dynamics in ZnO nanowires. Physica Status Solidi c, 2009, 6(2): 560-563.

[83] CAO H, XU J Y, ZHANG D Z, et al. Spatial confinement of laser light in active random media. Physical Review Letters, 2000, 84(24): 5584.

[84] CAO H, ZHAO Y, HO S, et al. Random laser action in semiconductor powder. Physical

Review Letters, 1999, 82(11): 2278.

[85] YANG H Y, LAU S P, YU S F, et al. High-temperature random lasing in ZnO nanoneedles. Applied Physics Letters, 2006, 89(1): 011103.

[86] WANG D, SEO H, TIN C-C, et al. Lasing in whispering gallery mode in ZnO nanonails. Journal of Applied Physics, 2006, 99(9): 093112.

[87] DAI J, XU C X, ZHENG K, et al. Whispering gallery-mode lasing in ZnO microrods at room temperature. Applied Physics Letters, 2009, 95(24): 241110.

[88] WANG Y Y, QIN F F, LU J F, et al. Plasmon enhancement for Vernier coupled single-mode lasing from ZnO/Pt hybrid microcavities. Nano Research, 2017, 10(10): 3447 - 3456.

[89] CHEN A Q, ZHU H, WU Y Y, et al. Low-threshold whispering-gallery mode upconversion lasing via simultaneous six-photon absorption. Advanced Optical Materials, 2018, 6(17):1800407.

[90] RITCHIE R. Plasma losses by fast electrons in thin films. Physical Review, 1957, 106(5): 874.

[91] OKAMOTO K, NIKI I, SHVARTSER A, et al. Surface-plasmon-enhanced light emitters based on InGaN quantum wells. Nature Materials, 2004, 3(9): 601 - 605.

[92] KWON M K, KIM J Y, KIM B H, et al. Surface-plasmon-enhanced light-emitting diodes. Advanced Materials, 2008, 20(7): 1253-1257.

[93] LAI Y-Y, LAN Y-P, LU T-C. Strong light-matter interaction in ZnO microcavities. Light-Science & Applications, 2013, 2: e76.

[94] FRANKE H, STURM C, SCHMIDT-GRUND R, et al. Ballistic propagation of exciton-polariton condensates in a ZnO-based microcavity. New Journal of Physics, 2012, 14(1): 013037.

[95] BREWSTER M M, ZHOU X, LIM S K, et al. Role of Au in the growth and nanoscale optical properties of ZnO nanowires. Journal of Physical Chemistry Letters, 2011, 2(6): 586 - 591.

[96] LIN J M, LIN H Y, CHENG C L, et al. Giant enhancement of bandgap emission of ZnO nanorods by platinum nanoparticles. Nanotechnology, 2006, 17(17): 4391 - 4394.

[97] YOU J B, ZHANG X W, FAN Y M, et al. Surface plasmon enhanced ultraviolet emission from ZnO films deposited on Ag/Si(001) by magnetron sputtering. Applied Physics Letters, 2007, 91(23): 231907.

[98] LEE M-K, KIM T G, KIM W, et al. Surface plasmon resonance (SPR) electron and energy transfer in noble metal-zinc oxide composite nanocrystals. Journal of Physical Chemistry C, 2008, 112(27): 10079 - 10082.

[99] IM J, SINGH J, SOARES J W, et al. Synthesis and optical properties of dithiol-linked ZnO/gold nanoparticle composites. Journal of Physical Chemistry C, 2011, 115(21): 10518 - 10523.

[100] LAWRIE B J, HAGLUND R F, JR., MU R. Enhancement of ZnO photoluminescence by localized and propagating surface plasmons. Optics Express, 2009, 17(4): 2565 - 2572.

[101] LIN H Y, CHENG C L, CHOU Y Y, et al. Enhancement of band gap emission stimulated by defect loss. Optics Express, 2006, 14(6): 2372 - 2379.

[102] LU J, XU C, DAI J, et al. Plasmon-Enhanced Whispering Gallery Mode Lasing from Hexagonal Al/ZnO Microcavity. ACS Photonics, 2015, 2(1): 73 - 77.

[103] LU J, LI J, XU C, et al. Direct resonant coupling of Al surface plasmon for ultraviolet photoluminescence enhancement of ZnO microrods. ACS Applied Materials & Interfaces, 2014, 6(20): 18301 - 18305.

[104] HWANG Sung Won, SHIN Dong Hee, KIM Chang Oh, et al. Plasmon-enhanced ultraviolet photoluminescence from hybrid structures of graphene/ZnO films. Physical Review Letters, 2010, 105(12): 127403.

[105] ZHU Q X, QIN F F, LU J F, et al. Synergistic graphene/aluminum surface plasmon coupling for zinc oxide lasing improvement. Nano Research, 2017, 10(6): 1996 - 2004.

[106] LANGHAMMER C, YUAN Z, ZORIĆ I, et al. Plasmonic properties of supported Pt and Pd nanostructures. Nano Letters, 2006, 6(4): 833 - 838.

[107] TORMA P, BARNES W L. Strong coupling between surface plasmon polaritons and emitters: a review. Reports on Progress in Physics, 2015, 78(1): 013901.

[108] LIU R, FU X W, MENG J, et al. Graphene plasmon enhanced photoluminescence in ZnO microwires. Nanoscale, 2013, 5(12): 5294 - 5298.

[109] LIU Y, WILLIS R F, EMTSEV K V, et al. Plasmon dispersion and damping in electrically isolated two-dimensional charge sheets. Physical Review B, 2008, 78(20):201403.

[110] DING W, HSU L-Y, HEAPS C W, et al. Plasmon-coupled resonance energy transfer Ⅱ: exploring the peaks and dips in the electromagnetic coupling factor. Journal of Physical Chemistry C, 2018, 122(39): 22650 - 22659.

[111] WANG Y Y, QIN F F, LU J F, et al. Plasmon enhancement for Vernier coupled single-mode lasing from ZnO/Pt hybrid microcavities. Nano Research, 2017, 10(10):3447 - 3456.

[112] WANG Y Y, XU C X, LI J T, et al. Improved whispering-gallery mode lasing of ZnO microtubes assisted by the localized surface plasmon resonance of Au nanoparticles. Science

of Advanced Materials, 2015, 7(6): 1156-1162.

[113] LIN Y, XU C X, LI J T, et al. Localized surface plasmon resonance-enhanced two-photon excited ultraviolet emission of au-decorated zno nanorod arrays. Advanced Optical Materials, 2013, 1(12): 940-945.

[114] XU C, QIN F, ZHU Q, et al. Plasmon-enhanced ZnO whispering-gallery mode lasing. Nano Research, 2018, 11(6): 3050-3064.

[115] LIU X, GALFSKY T, SUN Z, et al. Strong light-matter coupling in two-dimensional atomic crystals. Nature Photonics, 2015, 9(1): 30-34.

[116] KAVOKIN A, MALPUECH G, LAUSSY F P. Polariton laser and polariton superfluidity in microcavities. Physics Letters A, 2003, 306(4): 187-199.

[117] CAO E, LIN W, SUN M, et al. Exciton-plasmon coupling interactions: from principle to applications. Nanophotonics, 2018, 7(1): 145-167.

[118] WEISBUCH C, NISHIOKA M, ISHIKAWA A, et al. Observation of the coupled exciton-photon mode splitting in a semiconductor quantum microcavity. Physical Review Letters, 1992, 69(23): 3314-3317.

[119] HOUDRE R, WEISBUCH C, STANLEY R P, et al. Measurement of cavity-polariton dispersion curve from angle-resolved photoluminescence experiments. Physical Review Letters, 1994, 73(15): 2043-2046.

[120] VAN VUGT L K, RUHLE S, RAVINDRAN P, et al. Exciton polaritons confined in a ZnO nanowire cavity. Physical Review Letters, 2006, 97(14): 147401.

[121] SUN L X, CHEN Z H, REN Q J, et al. Direct observation of whispering gallery mode polaritons and their dispersion in a ZnO tapered microcavity. Physical Review Letters, 2008, 100(15): 156403.

[122] LU J F, JIANG M M, WEI M, et al. Plasmon-Induced Accelerated Exciton Recombination Dynamics in ZnO/Ag Hybrid Nanolasers. ACS Photonics, 2017, 4(10): 2419-2424.

[123] OULTON R F, SORGER V J, ZENTGRAF T, et al. Plasmon lasers at deep subwavelength scale. Nature, 2009, 461(7264): 629-632.

[124] MA R-M, OULTON R F, SORGER V J, et al. Room-temperature sub-diffraction-limited plasmon laser by total internal reflection. Nature Materials, 2011, 10(2): 110-113.

[125] OULTON R F, SORGER V J, GENOV D. A, et al. A hybrid plasmonic waveguide for subwavelength confinement and long-range propagation. Nature Photonics, 2008, 2(8): 496-500.

[126] CHOU Yu Hsun, CHOU Bo Tsun, CHIANG Chih Kai, et al. Ultrastrong Mode

Confinement in ZnO Surface Plasmon Nanolasers. ACS Nano, 2015, 9(4): 3978 - 3983.

[127] CHOU Y-H, WU Y-M, HONG K-B, et al. High-Operation-Temperature Plasmonic Nanolasers on Single-Crystalline Aluminum. Nano Letters, 2016, 16(5): 3179 - 3186.

[128] CHOU Y-H, HONG K-B, CHUNG Y-C, et al. Metal for Plasmonic Ultraviolet Laser: Al or Ag. IEEE Journal of Selected Topics in Quantum Electronics, 2017, 23(6):1 - 7.

[129] LI H, LI J-H, HONG K-B, et al. Plasmonic Nanolasers Enhanced by Hybrid Graphene-Insulator-Metal Structures. Nano Letters, 2019, 19(8): 5017 - 5024.

[130] CHOU Y-H, HONG K-B, CHANG C-T, et al. Ultracompact Pseudowedge Plasmonic Lasers and Laser Arrays. Nano Letters, 2018, 18(2): 747 - 753.

[131] DAI J, XU C X, SUN X W. ZnO-microrod/p-GaN heterostructured whispering-gallery-mode microlaser diodes. Advanced Materials, 2011, 23(35): 4115 - 4119.

[132] CHU S, WANG G P, ZHOU W H, et al. Electrically pumped waveguide lasing from ZnO nanowires. Nature Nanotechnology, 2011, 6(8): 506 - 510.

[133] LU J F, XU C X, LI F T, et al. Piezoelectric effect tuning on ZnO microwire whispering-gallery mode lasing. ACS Nano, 2018, 12(12): 11899 - 11906.

[134] LU J F, YANG Z, LI F T, et al. Dynamic regulating of single-mode lasing in ZnO microcavity by piezoelectric effect. Materials Today, 2019, 24: 33 - 40.

[135] WIERSIG J. Hexagonal dielectric resonators and microcrystal lasers. Physical Review A, 2003, 67(2): 023807.

[136] QIAN F, LI Y, GRADEČAK S, et al. Multi-quantum-well nanowire heterostructures for wavelength-controlled lasers. Nature Materials, 2008, 7(9): 701 - 706.

[137] YANG Z, WANG D, MENG C, et al. Broadly defining lasing wavelengths in single bandgap-graded semiconductor nanowires. Nano Letters, 2014, 14(6): 3153 - 3159.

[138] LIU X, ZHANG Q, XIONG Q, et al. Tailoring the lasing modes in semiconductor nanowire cavities using intrinsic self-absorption. Nano Letters, 2013, 13(3): 1080 - 1085.

[139] LIU X, ZHANG Q, YIP J N, et al. Wavelength tunable single nanowire lasers based on surface plasmon polariton enhanced Burstein-Moss effect. Nano Letters, 2013, 13(11): 5336 - 5343.

[140] GHAFOURI-SHIRAZ H. Distributed feedback laser diodes and optical tunable filters. John Wiley & Sons, 2003.

[141] WANG Y Y, XU C X, JIANG M M, et al. Lasing mode regulation and single-mode realization in ZnO whispering gallery microcavities by the Vernier effect. Nanoscale, 2016,

8(37): 16631 - 16639.

[142] HODAEI H, MIRI M-A, HEINRICH M, et al. Parity-time-symmetric microring lasers. Science, 2014, 346(6212): 975 - 978.

[143] FENG L, WONG Z J, MA R-M, et al. Single-mode laser by parity-time symmetry breaking. Science, 2014, 346(6212): 972 - 975.

[144] GARGAS D J, MOORE M C, NI A, et al. Whispering gallery mode lasing from zinc oxide hexagonal nanodisks. ACS Nano, 2010, 4(6): 3270 - 3276.

[145] VEDAM K, DAVIS T. Pressure dependence of the refractive indices of the hexagonal crystals beryl, α-CdS, α-ZnS, and ZnO. Physical Review, 1969, 181(3): 1196.

[146] KIM M H, SCHUBERT M F, DAI Q, et al. Origin of efficiency droop in GaN-based light-emitting diodes. Applied Physics Letters, 2007, 91(18): 183507.

[147] YEH H J J, SMITH J S. Fluidic self-assembly for the integration of gaas light-emitting-diodes on si substrates. IEEE Photonics Technology Letters, 1994, 6(6): 706 - 708.

[148] IKEDA M, HAYAKAWA T, YAMAGIWA S, et al. Fabrication of 6h-sic light-emitting-diodes by a rotation dipping technique-electroluminescence mechanisms. Journal of Applied Physics, 1979, 50(12): 8215 - 8225.

[149] KENNES K, COUTINO-GONZALEZ E, MARTIN C, et al. Silver zeolite composites-based leds: a novel solid-state lighting approach. Advanced Functional Materials, 2017, 27(14): 1606411.

[150] CHANG C W, TAN W C, LU M L, et al. Electrically and optically readable light emitting memories. Scientific Reports, 2014, 4(1): 1 - 6.

[151] TSUKAZAKI A, OHTOMO A, ONUMA T, et al. Repeated temperature modulation epitaxy for p-type doping and light-emitting diode based on ZnO. Nature Materials, 2005, 4(1): 42 - 46.

[152] LIU W, GU S L, YE J D, et al. Blue-yellow ZnO homostructural light-emitting diode realized by metalorganic chemical vapor deposition technique. Applied Physics Letters, 2006, 88(9): 092101.

[153] SUN X W, LING B, ZHAO J L, et al. Ultraviolet emission from a ZnO rod homojunction light-emitting diode. Applied Physics Letters, 2009, 95(13): 133124.

[154] LIU J S, SHAN C X, SHEN H, et al. ZnO light-emitting devices with a lifetime of 6.8 hours. Applied Physics Letters, 2012, 101(1): 011106.

[155] HUANG J, CHU S, KONG J Y, et al. ZnO p-n Homojunction Random Laser Diode Based on Nitrogen-Doped p-type Nanowires. Advanced Optical Materials, 2013, 1(2):179 - 185.

[156] HWANG D K, KANG S H, LIM J H, et al. p-ZnO/n-GaN heterostructure ZnO light-emitting diodes. Applied Physics Letters, 2005, 86(22): 222101.

[157] ZHANG X M, LU M Y, ZHANG Y, et al. Fabrication of a high-brightness blue-light-emitting diode using a ZnO-nanowire array grown on p-GaN thin film. Advanced Materials, 2009, 21(27): 2767 - 2770.

[158] SHEN Y W, CHEN X, YAN X Q, et al. Low-voltage blue light emission from n-ZnO/p - GaN heterojunction formed by RF magnetron sputtering method. Current Applied Physics, 2014, 14(3): 345 - 348.

[159] YANG Z P, XIE Z H, LIN C C, et al. Slanted n-ZnO nanorod arrays/p - GaN light-emitting diodes with strong ultraviolet emissions. Optical Materials Express, 2015, 5(2):399 - 407.

[160] YOU D T, XU C X, QIN F F, et al. Interface control for pure ultraviolet electroluminescence from nano-ZnO-based heterojunction devices. Science Bulletin, 2018, 63(1): 38 - 45.

[161] LIU W, LI Z X, SHI Z L, et al. Symmetrical bi-heterojunction alternating current ultraviolet light-emitting diode. IEEE Electron Device Letters, 2020, 41(2): 252 - 255.

[162] MA X Y, PAN J W, CHEN P L, et al. Room temperature electrically pumped ultraviolet random lasing from ZnO nanorod arrays on Si. Optics Express, 2009, 17(16): 14426 - 14433.

[163] ZHU H, SHAN C X, ZHANG J Y, et al. Low-threshold electrically pumped random lasers. Advanced Materials, 2010, 22(16): 1877 - 1881.

第 8 章

Ga_2O_3 日盲深紫外探测器

8.1 引言

早在19世纪中后期，科学家们就开始注意到电磁波谱中可见光的短波方向的电磁波，并将波长在10～400 nm之间的范围称为紫外(UV)线区域。该区域共分为UVA(380～315 nm)、UVB(315～280 nm)、UVC(280～200 nm)和真空极紫外区VUV(200～10 nm)四部分。由于地球臭氧层对低于280 nm紫外光的吸收，大气层中几乎不含280 nm以下的紫外线，因此该波段的紫外光也被称为日盲光，这使工作在此波段的通信准确率极高。日盲紫外探测技术在高保密性的紫外通信、低虚警率的导弹预警和低探测极限的紫外单光子计数系统应用中具有不可替代的作用，同时在日盲紫外通信、导弹预警跟踪、火箭尾焰探测、量子信息、空间探测、高能物理、电晕探测、环境监察和生物医疗等军用与民用领域有着广泛的应用。

日盲深紫外探测器是将入射的深紫外光能量转变为电学信号的一种光电器件，目前研发的日盲紫外探测器主要利用半导体的量子光电效应来实现对紫外线的探测。其主要材料有$Al_xGa_{1-x}N$、$Zn_xMg_{1-x}O$、金刚石和Ga_2O_3这几种宽禁带半导体。在这几种材料中，$Al_xGa_{1-x}N$难以找到廉价的本征衬底，异质外延时容易导致晶格失配和异质外延层间应力，生长温度较高且外延难度较大。$Zn_xMg_{1-x}O$的主要缺点是当材料的带隙大于4.5 eV时，材料容易出现相分离的现象，进而难以得到单一的纤锌矿结构的$Zn_xMg_{1-x}O$。而金刚石因为制备成本较高和带隙单一(响应波段低于225 nm)，也不是日盲紫外探测器的最佳选择。Ga_2O_3的禁带宽度约为4.9 eV，其对应吸收边为240～280 nm，正好位于日盲区，并且可以通过进一步掺杂调节其带隙和光学吸收边；优异的化学稳定性、热稳定性和不断成熟的单晶制备工艺使Ga_2O_3逐渐成为一种制备日盲紫外光电探测器的理想材料，目前已经引起众多科研人员的关注。

我们研究组是最早从事Ca_2O_3日盲探测器研究的课题组之一，被美国空军研究实验室《氧化镓技术评估报告》[1]认为是日盲探测器研究领域中最活跃的研究组。本章主要以我们组的研究为基础，首先介绍Ga_2O_3材料的基本物性、常用制备方法以及探测器的基本原理与主要参数，重点介绍课题组在日盲探测器领域关于Ga_2O_3薄膜基金半金(MSM)、异质结以及肖特基光电二极管探测器的研究成果，主要涉及相关器件的光电表征与分析。

8.2　Ga_2O_3 及其探测器基本原理

8.2.1　Ga_2O_3 材料的物性与制备技术

Ga_2O_3作为一种典型的宽禁带半导体，其禁带宽度约为 4.9 eV，且具有五种同质异象变体(同质多晶体或变体)，即 $\alpha-Ga_2O_3$、$\varepsilon-Ga_2O_3$、$\beta-Ga_2O_3$、$\gamma-Ga_2O_3$和 $\delta-Ga_2O_3$，它们之间的转换条件已由图 8-1(a)给出，其余四种相的 Ga_2O_3在相应的条件下都会转变为 $\beta-Ga_2O_3$。$\beta-Ga_2O_3$具有最佳的热力学与化学稳定性，本章将着重介绍 $\beta-Ga_2O_3$ 日盲紫外探测器。$\beta-Ca_2O_3$ 光学吸收边约为 4.8 eV，如图 8-1(b)所示。

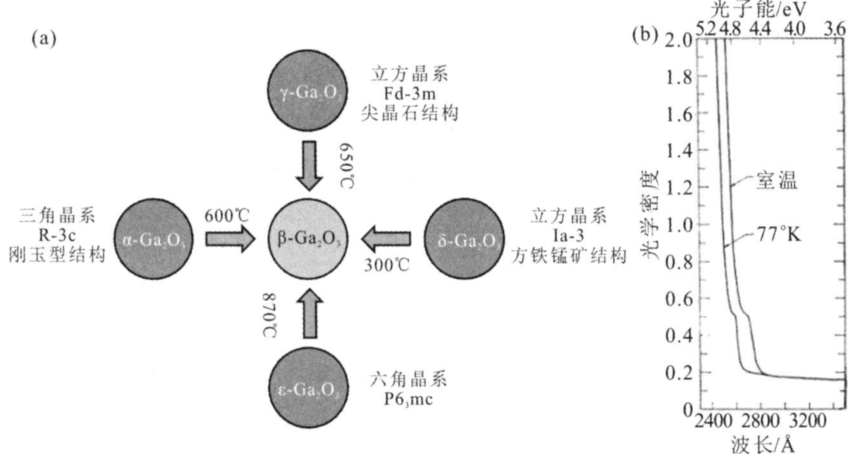

图 8-1　Ga_2O_3的五种同素异形体之间转换图及转换条件[2]以及纯 $\beta-Ga_2O_3$的吸收边[3]

Ga_2O_3 具有很高的巴利加优值与约翰逊优值，这表明 Ga_2O_3 这种半导体应用在低频直流器件中，在理论上是可以实现很低的直流损失的，此外适宜应用在高频、高功率器件中。最主要的是，Ga_2O_3的禁带宽度在 4.9 eV 左右，恰好在电磁波谱中的日盲紫外区域有着强吸收，因此极其适合用来制备日盲紫外探测器件[4-9]。Ga_2O_3的体单晶衬底可以通过类似于制备蓝宝石晶体的熔融方法生长，比如提拉法、导模法和浮区法等。目前，通过导模法生长的 2 英寸的 $\beta-Ga_2O_3$单晶衬底已经可以量产，4 英寸、6 英寸的 $\beta-Ga_2O_3$单晶衬底也已有

所报道[10]。Ga_2O_3薄膜也可以通过磁控溅射、金属有机化学气相沉积(MOCVD)、脉冲激光沉积(PLD)、分子束外延(MBE)和卤化物气相外延(HVPE)等技术制备。

8.2.2 探测器的主要性能参数

基于Ga_2O_3宽禁带半导体的日盲紫外光电探测器的工作原理是借助其带隙将入射光信号转变成电信号(通常是电流或者电压)。当半导体受到光子能量高于Ca_2O_3光学吸收边波长的紫外光的辐射时，价带中的部分电子吸收能量跃迁至导带产生非平衡载流子。非平衡载流子在外界偏压的作用下形成光电流并被外界电路读取。经过对探测器的长期研究探索，研究人员开发了一套成熟的探测器评估指标体系。这些用来衡量其探测性能的品质因子主要有：量子效率和光谱响应、光暗比、响应速度、线性、抑制比、信噪比、噪声等效功率和探测度等。下面将对这些品质因子进行介绍。

1. 响应度和外量子效率

响应度和外量子效率是表征探测器性能的重要参数指标，并且它们之间可以相互转换。其中量子效率是探测器首先应考虑的一个参量，外量子效率是指被收集到的形成光电流的电子-空穴对数与入射光子数之比，用符号η_{ext}来表示。响应度是反映光电探测器对某一波长的光信号的光电转换能力的一个重要依据，其定义为单位入射光功率作用到探测器后，探测器外电路中产生的光电流的大小，用字母R来表示。响应度越高，说明该器件的光电转换能力越强，同一光电探测器对不同波长光的响应度是不同的，光谱响应是指一定波长范围内探测器的响应度和入射光波长之间的关系，其数值为器件产生的光电流与入射光功率之比。同时，探测器的响应度还与施加在器件上的偏压有关，随着偏压升高，器件的响应度也会相应增大。外量子效率和响应度的计算公式如下[11]：

$$\eta_{ext}=\frac{I_{pn}/q}{P_{in}/h\nu}=\frac{I_{pn}}{q}\cdot\frac{h\nu}{P_{in}} \tag{8-1}$$

$$R=\frac{I_{ph}}{P_{in}}=\frac{q\eta_{ext}}{h\nu}=\frac{\eta_{ext}\lambda}{1.24}(\mathrm{A/W}),\ R=\frac{I_{pn}-I_d}{P_{in}\cdot S} \tag{8-2}$$

其中：I_{ph}为电流；q为电子电荷；$h\nu$为入射光子能量；P_{in}为入射光强；λ为入射光波长(nm)；I_d为暗电流。

2. 光电流、暗电流和光暗比

暗电流即对光电探测器施加一定的偏压，在黑暗环境下器件输出的电流

值。暗电流的大小主要取决于薄膜材料本身的电导率及偏压。较大的暗电流会带来较严重的噪声，因此我们希望光电探测器的暗电流要尽可能小。光电流即对光电探测器施加一定的偏压时，由某一波长的光辐射激发的光生载流子的定向运动引起的电流。光电流的大小主要取决于光功率、薄膜材料的光敏特性以及测试时所加偏压的大小，是评估光电探测器性能的重要依据。光暗电流比即光电流与暗电流的比值，在可接受的范围内，我们希望光暗电流比越大越好，因为更高的光暗电流比就意味着探测器在工作时具有更小的噪声。

3. 响应时间

响应时间和恢复时间是表示光电探测器瞬态特征的参数。它反映了探测器对快速变化的入射光信号的响应速度，即在施加以及移除光照的瞬间，探测器的输出电流的变化与光信号往往不是同步的，之间存在着一个延迟，即响应时间，用字母 τ 来表示。在移除光照的瞬间，探测器的输出电流满足：

$$i_{ph}(\mathrm{t}) = i_{ph0} \exp\left(-\frac{t}{\tau}\right) \tag{8-3}$$

式中，$i_{ph}(t)$、i_{ph0} 分别表示 t 时刻光电探测器的瞬时光生电流值和在光照消失瞬间光电探测器的光生电流值，依据该公式，下降时间为 $i_{ph}(t)$ 从最高点下降到 i_{ph0} 的 $1/e$ 所消耗的时间，用 τ_r 表示；同理，上升时间为 $i_{ph}(t)$ 从最低点上升到 i_{ph0} 的 $(e-1)/e$ 所消耗的时间，用 τ_d 表示。对于方波脉冲信号，探测器的上升时间（τ_r）和下降时间（τ_d）也对应于输出信号从 10% 到峰值的 90% 所用的时间。带宽反映了探测器的高频响应特性。在光电探测器的应用中我们通常希望光电探测器响应时间越短越好。

4. 信噪比、噪声等效功率和探测度

探测器可探测到的最小辐射功率主要受限于某种形式的噪声，这些噪声可能来源于探测器本身，也可能来源于外界的辐射扰动或后续的电子系统。一般来说，探测器的噪声可以分成辐射噪声和探测器内噪声两大类。辐射噪声包括信号扰动噪声和背景扰动噪声。信噪比（SNR）用于表征所需信号对于背景噪声的相对强度，其定义为有效信号功率与噪声功率之比，或其信号振幅的平方之比。

$$\mathrm{SDR(dB)} = 10\lg \frac{P_{\mathrm{signal}}}{P_{\mathrm{noise}}} \tag{8-4}$$

噪声等效功率和探测度是目前用来衡量探测器系统的噪声性能的两个重要相关参数。噪声等效功率（NEP）是探测器可探测到的最小光信号的量值。其大小可以用器件在单位信噪比下所需的入射光功率来计算。NEP 越小，探测器可探测到的信号越弱。探测度是噪声等效功率的倒数，用符号 D 表示。琼斯发现噪声等效功率和探测度都是探测器的有效面积 A 和放大器带宽 Δf 的平方根的函数，为了消除上述影响，提出了归一化探测率 D^*。噪声等效功率和探测度的公式分别如下[12]：

$$\mathrm{NEP}=\frac{\sqrt{\overline{I}_n^2}}{R}(\mathrm{Watt}) \tag{8-5}$$

$$D=\frac{1}{\mathrm{NEP}};\ D^*=D\cdot(A\cdot\Delta f)^{1/2} \tag{8-6}$$

式中：$\sqrt{\overline{I}_n^2}$ 为噪声电流的均方根；R 为器件的响应度；A 为探测器的有效面积；Δf 为放大器带宽。

总的来说，目前人们对探测器性能的基本要求为：高灵敏度、低噪声、大的带宽、高可靠性、价格便宜。根据不同用途的要求，各性能指标之间要兼顾折中，尤其增益和带宽是需要权衡的重要参数，以确定选用哪一类器件合适。

为了评估探测器的性能，了解器件的适用范围，需要通过测试并计算出探测器的主要参数。对探测器进行光电性能测试所需的主要设备有数字源表、光源、定时快门组件。在本课题组的测试平台中，我们主要使用 Keithely 2450 表和 Keithely 4200 半导体测试仪配合波长为 254 nm 的标准汞灯光源以及定时快门组件来实现对紫外光源的控制，由数字源表提供样品器件所需要的偏压且对日盲紫外探测器的输出电信号进行采集，该测试平台可以测试样品器件在有 254 nm 的紫外光照以及无紫外光照环境下的 $I-U$ 特性以及样品器件的响应时间，进一步计算出响应度、光暗电流比等性能参数，来评估日盲紫外光电探测器的性能。此外还通过紫外可见分光计分出不同波段的光，进而测试器件的光谱响应。

8.3 Ga_2O_3 日盲探测器

目前，国内外诸多研究单位都展开了对 Ga_2O_3 日盲紫外探测器的相关研究工作。一般来说，半导体光电探测器主要被分成以下三种结构：金属-半导体-金属(MSM)结构的光电导型探测器、肖特基势垒型探测器、异质结型光电探测器。不同的结构各有其优缺点，下面我们将分别介绍这三种器件结构 Ga_2O_3 基日盲探测器的制备与光电测试。

8.3.1 光电导型探测器

半导体材料中的电导率由于外加光源激发的光生载流子的产生而上升，依据这种光电导效应所制备的光电探测器为光电导型探测器[13]。图 8-2(a)为采用三指叉指电极的 β-Ga_2O_3探测器，指长 2800 μm，指间距为 200 μm[14]。图 8-2(b)为用来确定其波长吸收区域的紫外-可见光吸收光谱，明显可以看出，该器件在小于 250 nm 的波长范围的吸收强度远远大于波长大于 250 nm 的吸收强度，恰好其位于日盲紫外区的边缘；借助光学吸收方程[15]：

$$(\alpha h\nu)^2 = A(h\nu - E_g) \tag{8-7}$$

其中：α 是吸收系数；$h\nu$ 为入射的光子能量；E_g 为禁带宽度；A 为常数。

将式(8-7)中的$(\alpha h\nu)^2$ 与 $h\nu$ 的曲线中的线性区域进行线性外推，其与横坐标的交点即为 β-Ga_2O_3的禁带宽度，即入射光子足以激发 β-Ga_2O_3内部的光生载流子的最低能量。

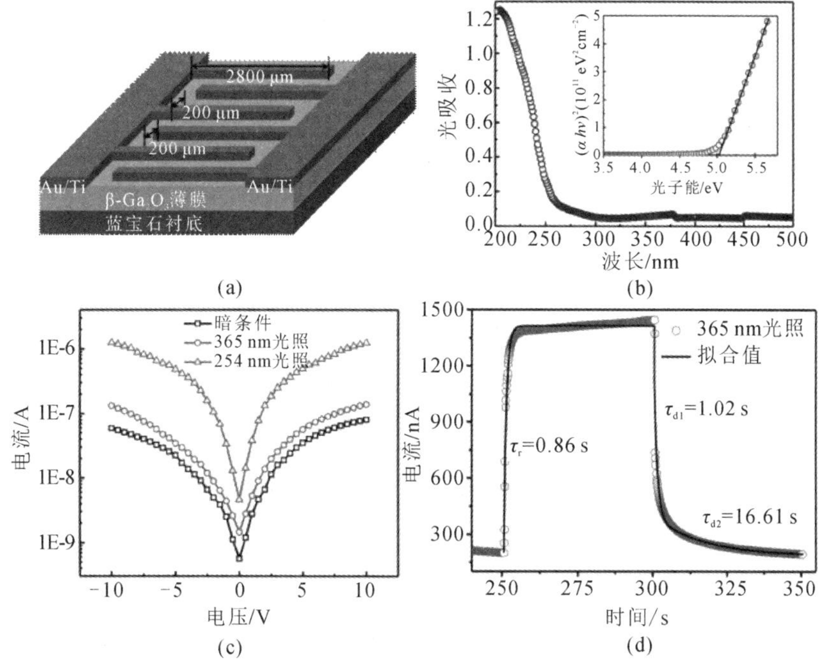

图 8-2 Ga_2O_3 金半金叉指电极日盲探测器

图 8-2(c)为在暗条件、254 nm 与 365 nm 紫外光照射下的电流-电压($I-U$)特征曲线。可以看出，该探测器在无光照

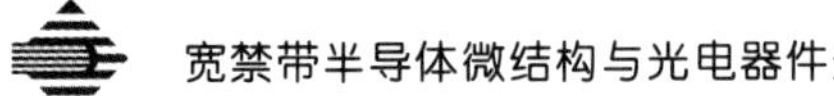

(Dark)条件下电流最小，且 365 nm 波长的光照使输出电流也很小，但是，在 254 nm 波长光照下的输出电流相比于无光照条件下提升明显，因为 Ga_2O_3 对这一波长光的吸收强度远大于 365 nm。测试在室温下进行。图 8－2(d)为 Ga_2O_3 探测器输出电流随时间变化的情况，从输出起始值上升到稳定值所需时间为 0.86 s，再从稳定值下降到输出起始值用时 1.21 s，即该探测器的上升和下降时间分别为 0.86 s 和 1.21 s。

图 8－3 所示为 β－Ga_2O_3 探测器中载流子输运机理图，实线代表光生载流子的产生，虚线代表载流子的复合。在入射的紫外光的激发下，载流子从价带(过程 1)和缺陷导带(过程 2) 跃迁至导带，光生电子-空穴得以生成。在入射的 254 nm 紫外光照射下，这一光生载流子行为主要以过程 1 的形式发生，而在入射的 365 nm 紫外光照射下，这一行为仅以过程 2 的形式发生，对于半导体的光激发，过程 1 是主要的途径。故而，在 254 nm 照射下的输出电流大于在 365 nm 照射下的输出电流。此外，一些光生载流子还有可能被 β－Ga_2O_3 薄膜中的俘获态捕捉。当入射光源关闭时，导带中的激发电子与空穴在 β－Ga_2O_3 中的复合中心 (过程 3)或者在带间湮灭过程(过程 4)复合。这一过程发生得很快，因此电流下降得很快。同时，被俘获的载流子也会被释放。

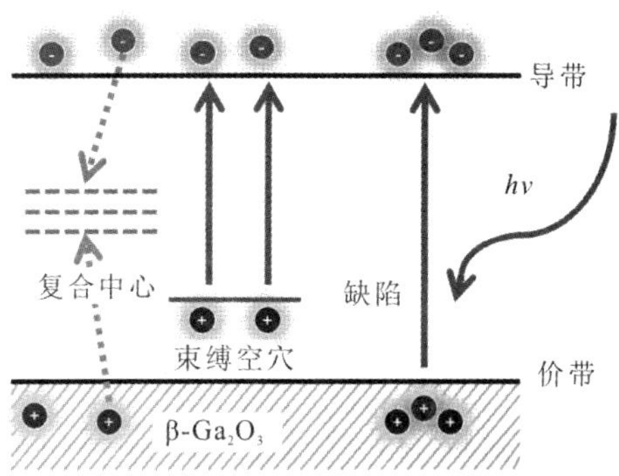

图 8－3　β－Ga_2O_3 探测器中载流子输运机理

对于本征氧化物半导体，关于用氧空位作为电子供体的研究由来已久，而且不可避免的是，作为导电性的主要原因，氧化物半导体仍然很难作为高绝缘材料。而且，氧空位的存在往往导致一种持续光电导现象，不利于应用到快速的实际光电响应装置。Mn 元素的掺杂可以作为一种方便可靠的方法来制备氧化物半导体器件专用高绝缘薄膜[16]。在 α－Al_2O_3(0001)衬底上生长了未掺杂和 Mn 掺杂的 β－Ga_2O_3，$(GaMn)_2O_3$ 外延薄膜采用 L－MBE 技术通过交替沉积 Ga_2O_3 和 Mn 薄膜获得。图 8－4(a)为 β－Ga_2O_3 和 $(GaMn)_2O_3$ 薄膜的(a)XRD 图，可以看出，对于 Ga_2O_3 和 $(GaMn)_2O_3$ 薄膜，除衬底峰外只有 Ga_2O_3 单斜的 $(\bar{2}01)$ 峰，这表明薄膜的生长是以一种稳定的方式进行的优选 $(\bar{2}01)$ 晶面取向。对于 $(GaMn)_2O_3$ 薄膜，这些峰的位置向与未掺杂的 Ga_2O_3 薄膜相比，2θ 值的移动表明晶格常数的增加，这可以归因于 Mn 和 Ga（Mn^{2+}、Mn^{3+} 和 Ga^{3+} 离子）之间的离子半径差异，其离子半径分别为 0.83、0.64 和 0.62 Å，Mn 掺杂浓度为 28.4 at%。图 8-4(b) 为 $\beta-Ga_2O_3$ 和 $(GaMn)_2O_3$ 薄膜的 RHEED 图，具有明亮清晰线状条纹的高能电子衍射图(RHEED)表明是单相的非常光滑的薄膜表面。

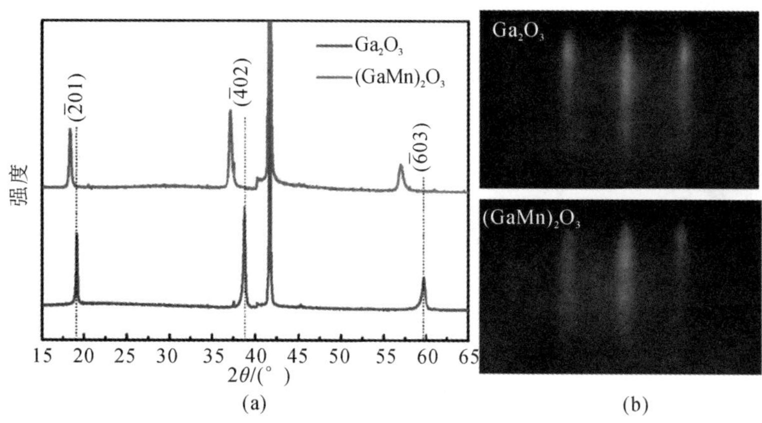

图 8-4　$\beta-Ga_2O_3$ 和 $(GaMn)_2O_3$ 薄膜的 XRD 和 RHEED 图

图 8-5(a)和(b)分别为 $\beta-Ga_2O_3$ 薄膜和 $(GaMn)_2O_3$ 薄膜的 $I-U$ 输出曲线。光电探测器暴露在 254 nm 波长的光照下，Ga_2O_3 和 $(GaMn)_2O_3$ 薄膜探测器的 $I-U$ 曲线的斜率在两种情况下都急剧增加。图 8-5(c)和(d)分别为 $\beta-Ga_2O_3$ 薄膜和 $(GaMn)_2O_3$ 薄膜随时间变化的电流输出。可以看出，光响应过程良好。τ_r 和 τ_d 分别是上升沿和衰减沿的时间常数。我们注意到电流上升和衰减过程都由两个分量组成，一个是快速响应分量，另一个是慢速响应分量。通常情况下，快速响应部分可归因于载流子浓度的快速变化，而慢响应部分是由 $\beta-Ga_2O_3$ 薄膜中存在氧空位等缺陷导致的载流子捕获与释放引起。例如，光输入功率为 150 $\mu W/cm^2$，电压为 10 V 时，衰减过程很快，$(GaMn)_2O_3$ 薄膜探测器的 τ_d 为 0.28 s，而 Ga_2O_3 光电探测器的衰减过程是缓慢的，由两部分组成分量，即 $\tau_{d1}=0.47$ s，$\tau_{d2}=6.87$ s。在相同电压，相同光强光照下 $(GaMn)_2O_3$ 薄膜探测器的响应速度要比 Ga_2O_3 光电探测器快得多。

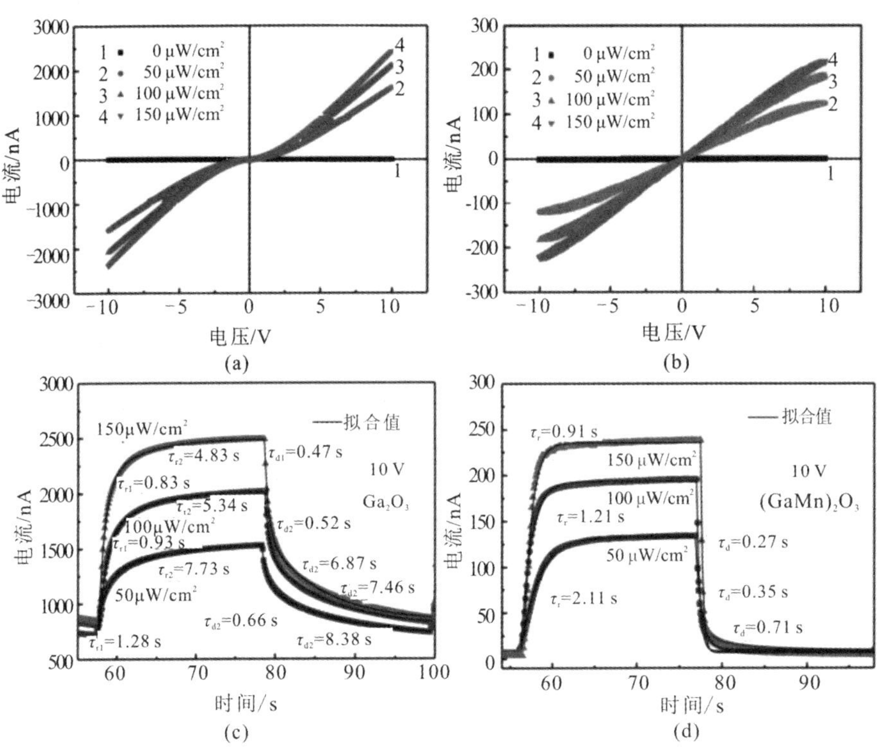

图 8-5 β-Ga_2O_3 薄膜和$(GaMn)_2O_3$ 薄膜的 $I-U$ 输出曲线以及随时间变化的电流输出

表面等离子体激元(SPP)是一种电磁波，由金属表面附近的电子振荡耦合而成，并被用来改善许多光电器件的光电性能[17-18]。图 8-6(a)、(b)和(c)分别为裸 β-Ga_2O_3 薄膜光电探测器、10 s 和 20 s(金纳米颗粒)AuNPs/β-Ga_2O_3 复合薄膜光电探测器的 $I-U$ 特性曲线。相应的探测器结构示意图原型如右下方插图所示。将波长为 254 nm 和 532 nm 的光作为光源，可以看到随着金纳米颗粒尺寸的增加，

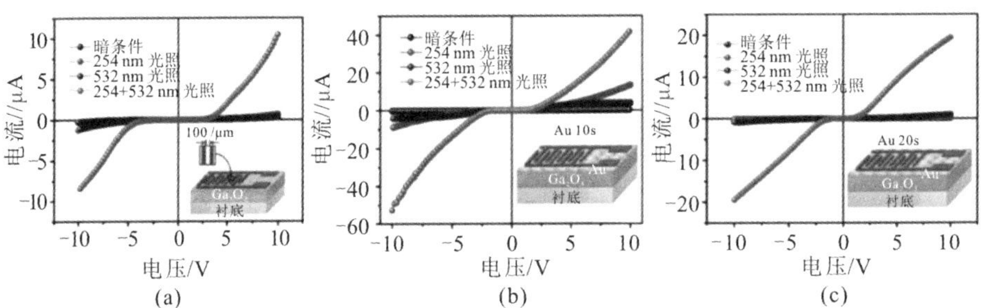

图 8-6 β-Ga_2O_3 薄膜、Au(10 s)/β-Ga_2O_3 薄膜和 Au(20 s)/ β-Ga_2O_3 薄膜的 $I-U$ 输出曲线

电流也增加。同时，在相同的 254 nm 和 532 nm 的光的照射下电流随着偏压的增大而上升。在 532 nm 波长光照射照度下，电流无显著性增长，表明 β－Ga_2O_3 薄膜对 532 nm 波长的光不敏感。

在 1 mW/cm^2 光强 254 nm 波长光照射、5 V 偏压下，不同厚度的 β－Ga_2O_3 薄膜的随时间变化的光响应如图 8－7(a)所示[19-20]。对于厚度为 90、180、270、303、360、450 和 540 nm 的 β－Ga_2O_3 来说，其光电流先增长后下降，303 nm 厚的 β－Ga_2O_3 薄膜输出的光电流最大。这主要是由于当薄膜厚度小于 303 nm 时，入射光不能完全被薄膜所吸收；而当薄膜厚度大于 303 nm 时，正负电极间的电场分布变得稀疏。对于制备的探测器而言，制备合适厚度的薄膜材料是实现优异性能器件的前提。图 8－7(b)显示了不同厚度 β－Ga_2O_3 薄膜紫外光电探测器的$(I_{photo}-I_{dark})/I_{dark}$。303 nm 厚 β－$Ga_2O_3$ 薄膜光电探测器的$(I_{photo}-I_{dark})/I_{dark}$高达 16 000，在紫外波段光电探测器有很好的潜在应用前景。

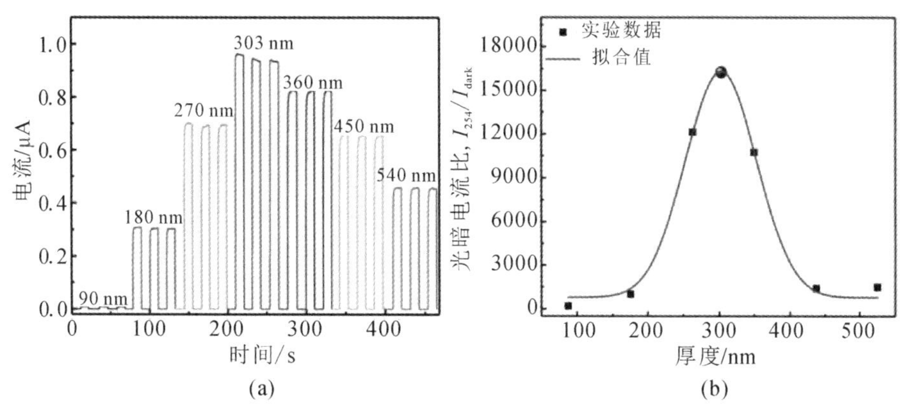

图 8－7　不同厚度的薄膜的随时间变化的电流输出和光暗电流比

欧姆与肖特基接触作为电子器件电极接触的两种基本形式，对于器件中的载流子输运过程起着重要的决定性作用。图 8－8(a)为在同样的 β－Ga_2O_3 薄膜上通过同样的微加工技术制备的欧姆与肖特基接触的探测器[21]，电极为边长为 400 μm 的方形电极，电极间距为 200 μm。图 8－8(b)为 β－Ga_2O_3 薄膜的 X 射线衍射图(XRD)，其为$(\bar{2}01)$取向的单晶薄膜。

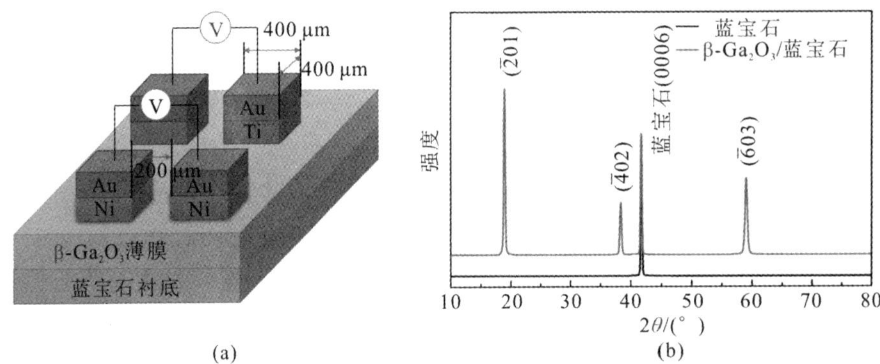

图 8-8　β-Ga_2O_3欧姆与肖特基接触探测器的示意图以及 β-Ga_2O_3的 X 射线衍射图

图 8-9(a)为 β-Ga_2O_3欧姆与肖特基接触探测器的线性电流-电压曲线。在暗条件下，肖特基接触器件的输出电流低于欧姆接触器件的输出电流。图 8-9(b)为在暗条件、365 nm 和 254 nm 波长光照下 β-Ga_2O_3欧姆与肖特基接触探测器的对数电流-电压曲线。可以看出，365 nm 入射光激发的输出电流相比于暗条件下的输出电流提升很少，但是在 254 nm 波长照射下，输出电流提升了 4 个量级，具体原因已在本章前面陈述过。值得注意的是，肖特基接触器件的光暗电流比更大，这在很大程度上得益于其较小的暗电流。

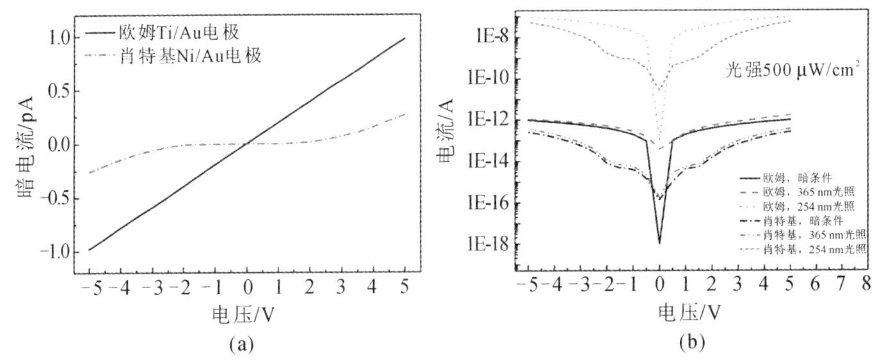

图 8-9　β-Ga_2O_3欧姆与肖特基接触探测器的线性电流-电压曲线以及对数电流-电压曲线

对于一个光电探测器而言，光电流随时间连续的周期性的开关过程是表征器件稳定运行的一种手段，Ga_2O_3 探测器亦是如此。图 8-10(a)、(b)分别为欧姆和肖特基接触 β-Ga_2O_3探测器的随时间变化的电流输出，器件展现了稳定且类似的变化过程。图 8-10(c)为两种器件的光电流与所施加电压的关系；随着施加

电压的增大，欧姆和肖特基接触器件分别以线性和整流的形式增长。此外，如图 8－11(a)和(b)所示，由于肖特基结界面势垒对于输运载流子的有效约束，肖特基接触器件的响应速度大于欧姆接触器件的响应速度，即肖特基接触器件的响应时间更短。

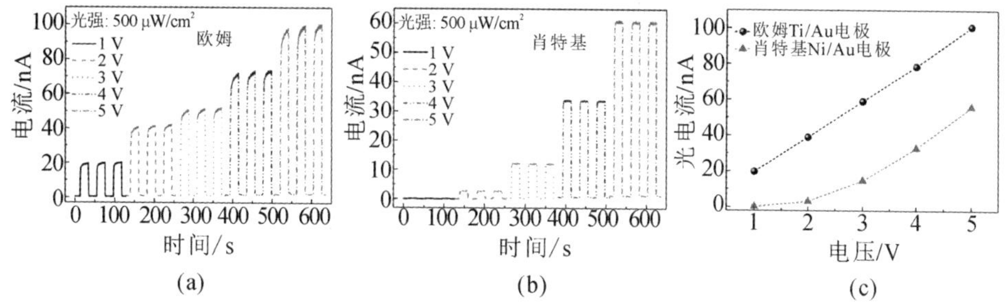

图 8－10　欧姆、肖特基接触器件的连续的随时间变化的光响应(入射光波长为 254 nm，光强为 500 μW/cm²)以及光电流随电压的变化关系

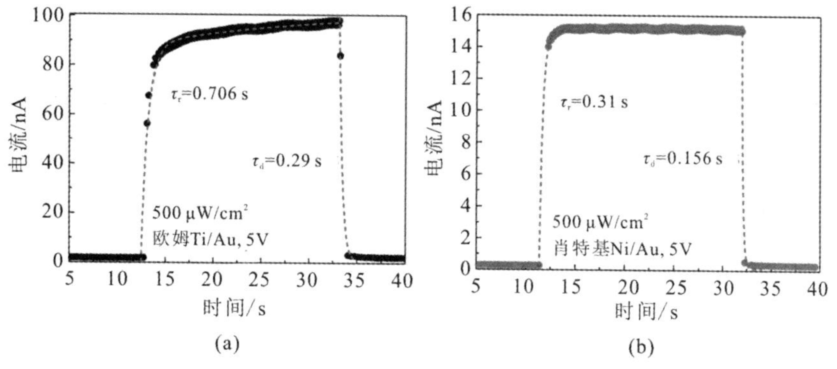

图 8－11　欧姆、肖特基接触器件的响应时间，包括上升时间与下降时间(入射波长为 254 nm，光强为 500 μW/cm²，偏置电压为 5 V)

8.3.2　肖特基势垒二极管型探测器

在上一节，讲述了具有对称势垒电极接触的 β－Ga_2O_3探测器，本节将讲解具有非对称势垒接触的 β－Ga_2O_3探测器的性能优势与具体光学、电学表征。将具有不同功函数的金属作为 β－Ga_2O_3 探测器的两个电极，对于固定的 β－Ga_2O_3电子亲和能来说，就在 β－Ga_2O_3的两端电极形成不同的金属-半导体界面势垒，即形成非对称势垒的 β－Ga_2O_3 肖特基势垒二极管型探测器。这类探测器的突出特点是暗电流低，光响应速度快[22]。下面以镍(Ni)－β－Ga_2O_3－钛

(Ti)结构的肖特基势垒二极管型探测器[23]为例进行说明，其基本器件结构如图8-12所示。Ni与Ti的金属功函数约为5.15 eV和4.33 eV[24]；非故意掺杂的β-Ga_2O_3的电子亲和能约为4.00 eV[25]；因此，依据肖特基-莫特原理[26-27]，当Ni与Ti作为接触电极沉积在β-Ga_2O_3的表面时，与β-Ga_2O_3分别形成约1.15 eV和0.33 eV的非对称势垒。

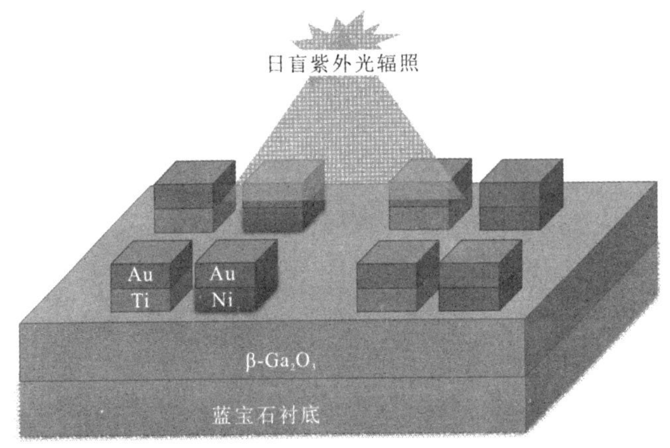

图8-12　非对称势垒的β-Ga_2O_3肖特基势垒二极管型探测器结构示意图

图8-13所示为非对称势垒的β-Ga_2O_3肖特基势垒二极管型探测器的光谱响应，测试波长范围为200～700 nm(从紫外到可见光范围)。这一测试的主

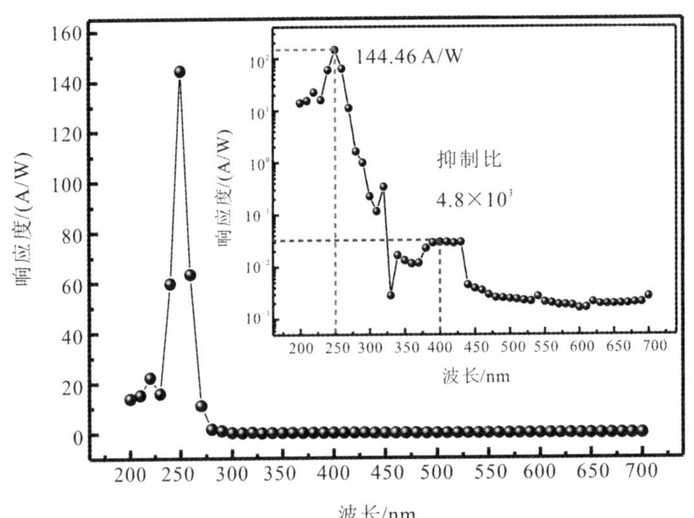

图8-13　非对称势垒的β-Ga_2O_3肖特基势垒二极管型探测器的光谱响应

要目的是测定器件的波长选择性，这是实现探测器精准探测范围的主要性能指标。β-Ga_2O_3 具有明显的日盲分辨能力，也就是说它在日盲区域的光响应度要远高于对其他波段光的响应。图 8-13 中所示的探测器对 250 nm 波长的日盲紫外光有着最高的光响应度，高达 144.46 A/W；相比于对可见光的光响应度而言，该器件展现了 4.8×10^3 的日盲/可见光选择入射比，即这里所制备的非对称势垒的 β-Ga_2O_3 肖特基势垒二极管型探测器对日盲与可见光的波长选择比超过 3 个量级。

如上面所说，非对称势垒的 β-Ga_2O_3 肖特基势垒二极管型探测器中的两端势垒大小不同，当这样的器件接入直流回路时，它的电学输出曲线应该也是非对称的，即具有整流效应，这一效应最早于 1874 年由德国科学家布莱恩在硫化物中发现。

图 8-14(a)是 β-Ga_2O_3 肖特基势垒二极管型探测器的线性电流-电压输出曲线。可以看出，无论是在暗条件还是光照条件下，该器件在正向和反向偏压下的输出电流大小是不一样的，是不对称的，说明这里所说的非对称势垒的β-Ga_2O_3 肖特基势垒二极管

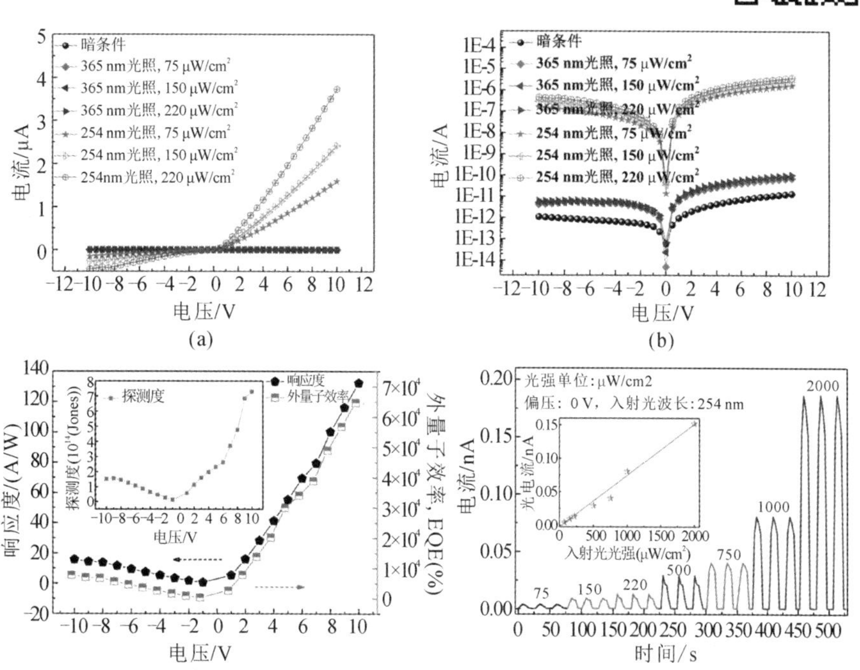

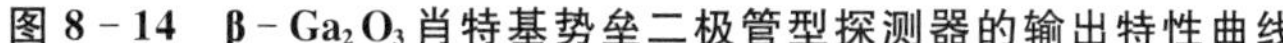
图 8-14　β-Ga_2O_3 肖特基势垒二极管型探测器的输出特性曲线

型探测器具有一定的整流效应，同时也验证了器件中非对称势垒的存在，它们在正向和反向偏压下对于载流子的约束能力是不一样的。

图 8-14(b)是 β-Ga_2O_3 肖特基势垒二极管型探测器的对数电流-电压输出曲线。可以看出，这个探测器的光电流比暗电流大 5 个量级，除了β-Ga_2O_3 材料对日盲紫外光的强吸收作用外，非对称的界面势垒对载流子的有效约束，使得在暗条件下得到较小的暗电流，这也是制备该类器件的关键目的之一。

图 8-14(c)是 β-Ga_2O_3 肖特基势垒二极管型探测器的光响应度、探测度与外量子效率随电压变化的示意图。可以看出，无论是在正向还是反向偏压下，更大的电压值会产生更高的光响应度、更大的探测度以及更高的外量子效率。在 10 V 偏压、220 μW/cm^2 的 254 nm 日盲紫外光照射下，该器件的光响应度、探测度和外量子效率分别为 132.3 A/W10^{14} Jones 和 64711%。

图 8-14(d)是 β-Ga_2O_3 肖特基势垒二极管型探测器在无外界能源驱动(零偏压)条件下随时间变化的电流输出。可以看到，在零偏压条件下该器件依然可以正常工作，在光照下输出的电流与光强具有线性相关关系，这种探测器被称为自供电型探测器，主要是内建电场有效分离电子-空穴对而导致的，具体机理将在下一节与异质结二极管型探测器一起讲解。

通常，测试探测器的光响应都是使用一个能够发出某波长光的照射灯(如 LED 灯)，但是一般又不能保证光源的波长纯净，而且在开关灯时都会出现一定的迟滞。这样，就会在标定探测器响应速度与响应时间时造成低估。如图 8-15(a)、(b)所示，这里采用高频激光作为光源，具体是使用波长为 248 nm 的 KrF 激光器作为辐射源，激光通量为 1 J/cm^2，频率为 5 Hz；而这样的高频快速激光导致输出信号快速开关，必须使用高频示波器对输出信号进行收集，

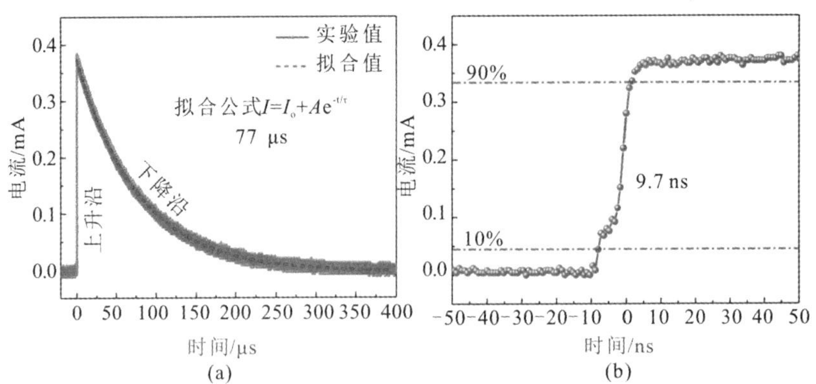

图 8-15　β-Ga_2O_3 肖特基势垒二极管型探测器的下降时间与上升时间(光源为 248 nm 的 KrF 激光，输出信号由取样频率为 2.5 GHz 的示波器收集)

这里使用的是 2.5 GHz 取样频率的示波器。通过计算可以得到器件的上升与下降时间分别为 9.7 ns 和 77 μs。

8.3.3　异质结二极管型探测器

基于 Ga_2O_3 制备的异质结探测器由于界面势垒的构建，可以有效地控制载流子的输运，展现出诸多优异性能，如低暗电流、强敏感度、高光响应度以及自供电等。图 8-16(a)和(c)分别为单层石墨烯/Ga_2O_3[28] 和p-Si/Ga_2O_3[29] 异质结日盲紫外探测器示意图；图 8-16(b)和(d)分别是单层石墨烯/Ga_2O_3 和 p-Si/Ga_2O_3 异质结日盲紫外探测器在不同偏压下的响应度与探测度示意图。可以看出，其器件的光响应度和探测度远远优于 Ga_2O_3 的多种探测器结果。而晶格适配度是制备异质结器件的理论基础，表8-1 为 Ga_2O_3 与其他半导体的失配度总结。下面将就 Ga_2O_3 异质结探测器的诸多性能改善与测试手段、数据表征和结果分析展开介绍。

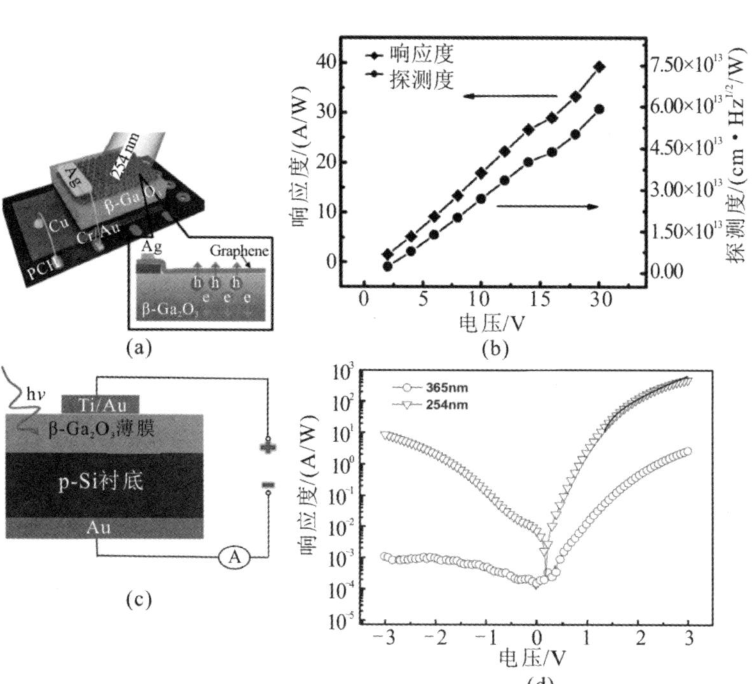

图 8-16　单层石墨烯/Ga_2O_3 和 p-Si/Ga_2O_3 异质结日盲紫外探测器在不同偏压下的响应度与探测度示意图

表 8-1　Ga_2O_3 与其他半导体的失配度

化学式	结构	晶面	晶格参数	超胞	超胞失配度		
Ga_2O_3	单斜(β)	$(\bar{2}01)$	a=14.97 b=3.09		1a×1b	1a×4b	1a×5b
GaN	纤锌矿 (六方晶系)	(001)	a=5.508 b=3.18	3a×1b	9.396% 2.83%		
ZnO	纤锌矿 (六方晶系)	(001)	a=5.628 b=3.25	3a×1b	11.34% 4.92%		
MgO	三斜 (P63/mmc)	(001)	a=5.198 b=3.0015	3a×1b	3.99% 3%		
MgO	立方 (Fm-3m)	(011)	a=4.31 b=3.047	4a×1b	13.17% 1.41%		
SiC	六方 (4H/6H)	(001)	a=5.33 b=3.078	3a×1b	6.38% 0.39%		
AlN	纤锌矿	(001)	a=5.418 b=3.128	3a×1b	7.89% 1.22%		
MoS_2	六方	(001)	a=5.484 b=3.166	3a×1b	9.01% 2.4%		
ZnS	立方 (闪锌矿)	(011)	a=5.409 b=3.825	3a×3b		7.72% 7.712%	
Si	金刚石	(011)	a=5.43 b=3.84	3a×3b		8.1% 7.29%	
Graphene (h-BN 也类似)	单层		a=2.46 b=4.26	6a×3b		1.42% 3.29%	
Al_2O_3	刚玉(α)	(001)	a=4.759 b=8.243	3a×2b			4.85% 6.28%
GaAs	闪锌矿	(011)	a=5.735 b=8.111	3a×2b			12.99% 4.76%
GaAs	闪锌矿	(111)	a=14.048 b=8.111	1a×2b			6.56% 4.76%

图 8－17(a)为 β－Ga_2O_3/Ga：ZnO 异质结的 XRD 扫描图，除 Ga：ZnO 衬底的(001)向衍射峰外，所有的衍射峰都为单斜结构的 β－Ga_2O_3 的($\bar{2}01$)取向。如图 8－17(a)的插图所示，明显的条纹状反射式高能电子衍射(RHEED)图案揭示了生长在 Ga：ZnO 上的 β－Ga_2O_3 薄膜的良好外延性质。高质量的 β－Ga_2O_3 与 Ga：ZnO 薄膜是制备良好性能探测器的基础。图 8－17(b)所示为典型的异质结构器件 β－Ga_2O_3/Ga：ZnO 异质结的整流特性及结构示意图[30]，其整流比超过 10^6，表明其具有优异的整流性能。为了检测形成的异质结探测器的深紫外光响应，使用 254 nm 和 365 nm 波长入射光，光强分别为 50 μW/cm^2 和 57 μW/cm^2 的紫外光垂直照射在器件表面。

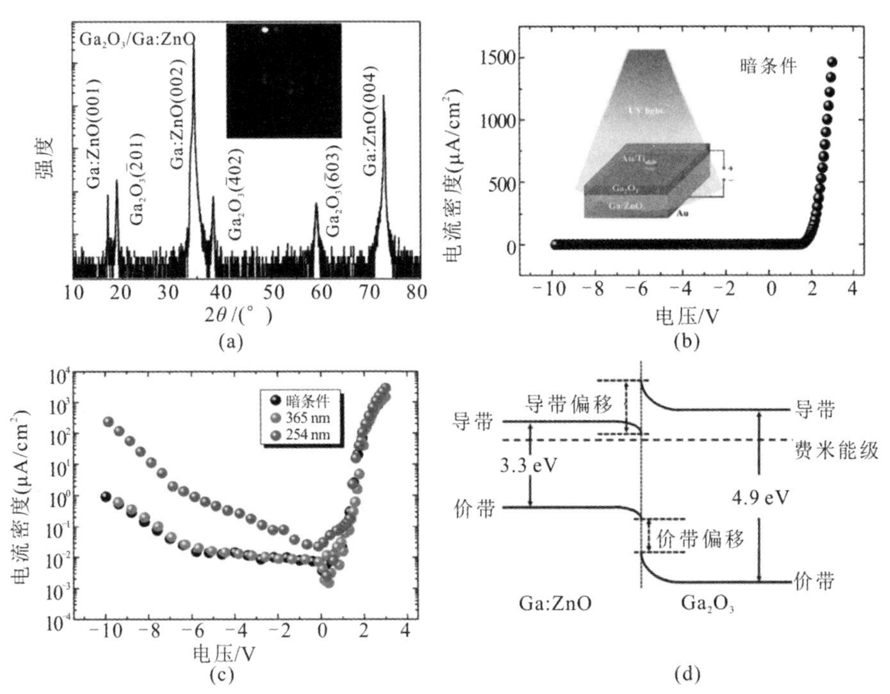

图 8－17　Ga_2O_3/Ga：ZnO 异质结的 X 射线衍射图、输出特性曲线和能带图

图 8－17(c)为暗条件、254 nm 和 365 nm 波长紫外光照射下的电流-电压对数输出曲线。当探测器在 254 nm 紫外光照射下时，光电流密度在宽电压范围内显著增加。施加 −10 V 反向偏压时，电流密度从 0.93 μA/cm^2 增加至 230 μA/cm^2，同时开关比达到了 255。相比之下，光电流密度在 365 nm 的紫外

光辐射下没有显示出显著的变化，这表明探测器对 254 nm 和 365 nm 有着良好的波长选择性。此外值得注意的是，在零偏压下，暗电流密度达到了 0.15 nA/cm^2 且光电流密度为 38.3 nA/cm^2，因此，该 $\beta-Ga_2O_3$/Ga∶ZnO 异质结可以应用于制作自供电的日盲深紫外光电探测器。为了更好地帮助读者理解自供电 $\beta-Ga_2O_3$/Ga∶ZnO 异质结的光电流产生和传输机制，给出图 8-17(d)所示的该异质结探测器的能带图。$\beta-Ga_2O_3$ 和 Ga∶ZnO 的禁带分别为 4.9 eV 和 3.3 eV。当异质结形成时，由于电子的漂移运动，在 $\beta-Ga_2O_3$/Ga∶ZnO 界面附近会形成一个空间电荷区，从而形成一个内建电场来平衡电子漂移。在 254 nm 的日盲深紫外光照射下，耗尽层内的电场可作为有效的内部驱动力来分离光生电子-空穴对，导致光电流增大。

为了检验所制备器件对波长的选择性，使用带氙灯单色器在零偏压下对 $\beta-Ga_2O_3$/Ga∶ZnO 异质结探测器进行测试，其光谱响应度(R_λ)在 220～500 nm 之间变化，如图 8-18(a)所示；当波长开始小于 310 nm 时，光响应显著增加。在 260 nm 处 R_λ 处于峰值，约为 0.76 mA/W。深紫外区域的 R_λ 值相对可见区域的抑制比达两个量级，表明该器件对日盲紫外光有良好的响应与波长选择比。为了评估 $\beta-Ga_2O_3$/Ga∶ZnO 异质结型光电探测器的响应速度，周期性开启和关闭紫外灯(光强为 50 $\mu W/cm^2$)，在零偏压下研究其随时间变化的光响应。定量分析电流密度的增加和下降过程涉及拟合光响应曲线的双指数弛豫方程，其类型如下：

$$J = J_0 + Ae^{-t/\tau_1} + Be^{-t/\tau_2} \tag{8-8}$$

其中：J_0 为稳态电流密度；A、B 为常数；t 为时间；τ_1、τ_2 为两个弛豫时间常数。

上升边和下降边通常由两个分量组成，一个是快响应分量，一个是慢响应分量。一般来说，快响应分量可以归因于载流子密度的快速变化，而慢响应分

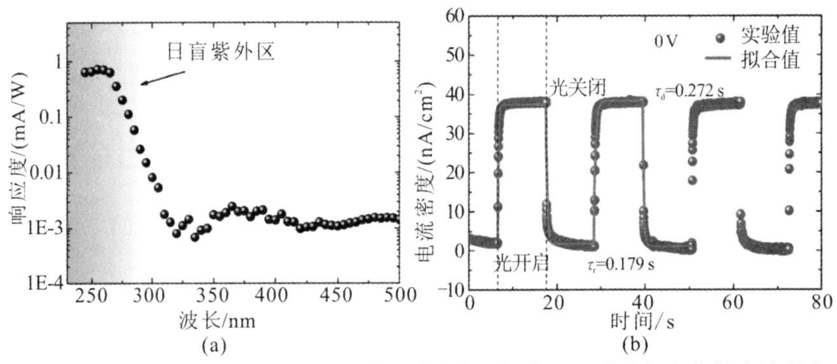

图 8-18 Ga_2O_3/Ga∶ZnO 异质结的光谱响应和零偏压下随时间变化的电流输出

量则是由于缺陷的存在导致载流子的捕获和释放。在零偏压下，异质结在多次照明循环后表现出几乎相同的和可重复的响应。如图 8－18(b)所示，J_{254} 瞬间电流密度从 0.15 nA/cm^2 到稳定值 38.3 nA/cm^2，并具有 0.179 s 的上升时间和 0.272 s 的下降时间。

此外，异质结型探测器在光响应上相比于单材料探测器来说也有一定的提升与改善作用[31]。图 8－19 显示了 Ga_2O_3/CuSCN 异质结探测器、Ga_2O_3 和 CuSCN 的金属-半导体-金属(MSM)器件这三种原型设备在施加 1 V 偏压，在 254 nm 波长的光强为 1000 μW/cm^2 的日盲紫外光照下的瞬态响应。显然，与 CuSCN 的 12 pA 和 Ga_2O_3 的 8 pA 相比，异质结器件显示出约为 2 nA 的超强光电流。此外，在 Ga_2O_3 单器件中观察到瞬态光电流的过冲行为，与 Ni/Au 电极 Ga_2O_3 基 MSM 光电探测器的报道相同[32]。光电流过冲表明光照后产生了大量瞬时积累的非平衡载流子，在非辐射跃迁与辐射跃迁的共同作用下部分非平衡载流子在被电场驱动分离至电极两侧前再次复合，样品的光电流开始降低，直到形成一个稳定的光电流。

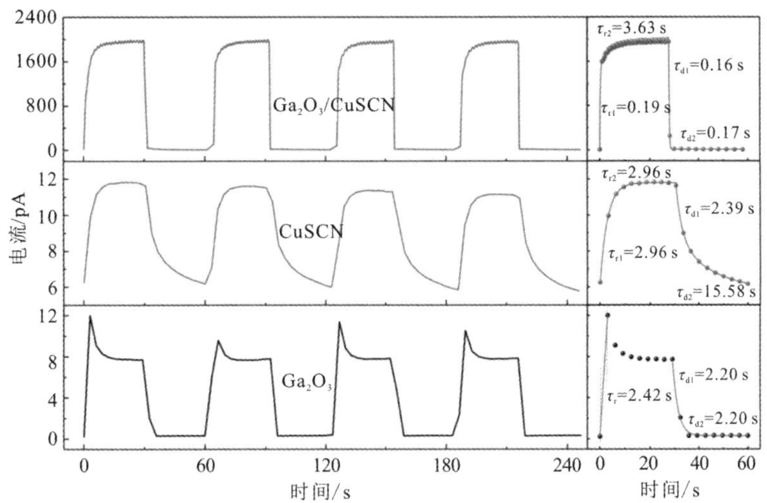

图 8－19 In－Ga_2O_3/CuSCN－In、In－CuSCN－In 和 In－Ga_2O_3－In 三种器件结构在 254 nm 波长紫外光照射下的瞬时光响应电流输出(光强为 1000 μW/cm^2，施加电压为 1 V)

对光响应进行更详细的比较，电流的上升和下降过程的定量研究可以使用二阶指数方程拟合时变光电流曲线来表示，如下所示：

$$I=I_0+A\mathrm{e}^{-t/\tau_1}+B\mathrm{e}^{-t/\tau_2} \tag{8-9}$$

其中，I_0 为稳态光电流；t 为时间；A 和 B 是常数；τ_1 和 τ_2 是两个弛豫时间常数。

此外，还采用 10%～90%增长(或衰减)定律对 Ga_2O_3 器件的过冲光电流进行了更好的上升时间拟合。上升边和下降边的时间常数分别表示为 τ_r 和 τ_d。上升和衰减时间的拟合结果如图 8－19 所示，Ga_2O_3/CuSCN 异质结光电探测器的上升时间(τ_{r1})和衰减时间(τ_{d1})分别为 0.19 s 和 0.16 s，比 CuSCN 和 Ga_2O_3 器件的上升时间和下降时间都短，说明 n－Ga_2O_3/p－CuSCN 异质结的构建可以有效提高响应速度。

为了进一步理解核壳异质结在提高光电性能方面的关键作用，给出 In－Ga_2O_3/CuSCN－In结构的能带图和光电机理示意图如图 8－20 所示。In－Ga_2O_3/CuSCN－In 异质结器件的能带能级位置为典型的Ⅱ型 n－Ga_2O_3/p－CuSCN异质结，该光电探测器的基本工作机理如下：

(1) 如图 8－20 所示，当 Ga_2O_3 和 CuSCN 形成 p－n 结时，由于电子的扩散运动，在界面处会形成空间电荷区，并产生内置电场，保持电子漂移运动和扩散运动之间的平衡。

(2) 在黑暗条件或无响应波段(例如 365 nm)的光照辐射下，异质结结构中载流子的严重短缺和 p－n 界面载流子扩散引起的电荷损耗得到了更高的势垒，这导致了超低电流和近似线性电流。

(3) 在日盲紫外辐射下，Ga_2O_3 的活性层中产生了大量的电子-空穴对，形成了合适的带隙，界面附近逐渐增大的光诱导载流子浓度缩小了耗尽区，从而降低了势垒高度，而在空间电荷区，导带上电子由 p 型 CuSCN 向 n 型 Ga_2O_3 转移，价带上光诱导空穴向相反方向移动，从而使载流子在内置电场的驱动下迅速分离。

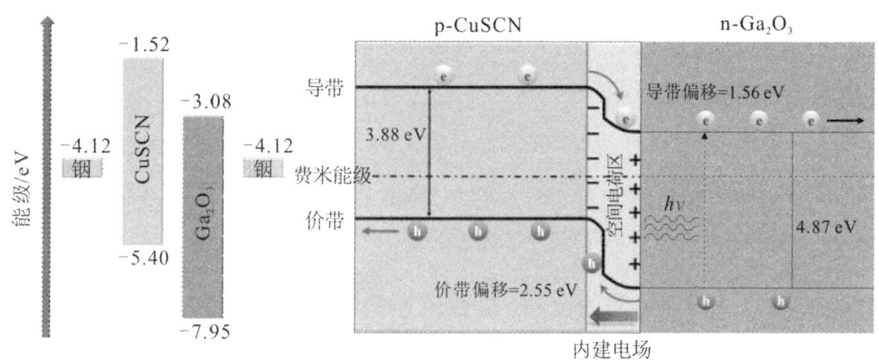

图 8－20　n－Ga_2O_3/p－CuSCN 异质结探测器的能带结构与工作机理

（4）同时，正向偏压对势垒和耗尽层的抑制会导致电荷载流子的迁移增强，而反向偏压对势垒和耗尽层宽度的促进导致了电荷载流子迁移的抑制，这有利于 n - Ga_2O_3/p - CuSCN 异质结在正向偏压下增强光电流的整流特性。

（5）此外，核-壳结构具有出色的光捕获能力，这种径向 p - n 结结构减小了光生少数载流子到集体电极的迁移距离，减少了电荷重组并改善了载流子聚集，从而进一步提高了光电流。

（6）最后，电子和空穴被铟电极收集，形成回路电流。

图 8 - 21(a)所示为用单色仪直接测量施加 5 V 偏压时 200～700 nm 范围内异质结光电探测器的光谱响应曲线。其峰值响应度位于 250 nm 处，这与 Ga_2O_3 的带隙(4.87 eV)正好对应。CuSCN 的禁带隙(3.88 eV)和吸收峰(303 nm)没有明显的响应峰，表明该异质结的光响应主要由 Ga_2O_3 主导。光谱响应在 270～280 nm 处有一个明显的截止波长，证明了该异质结器件确实可用作高波长选择比的日盲光电探测器。图 8 - 21(b)描绘了异质结光电探测器在空气环境室温的实验室中储存 1 个月后的 100 个循环开关性能。器件在开关状态之间的切换具有显著的稳定性和可重复性，甚至持续了 1 个月，与制备的器件相比，光电流几乎没有衰减。如此优异的稳定性和重现性得益于 Ga_2O_3 单晶片和 CuSCN 薄膜的优异化学耐久性。

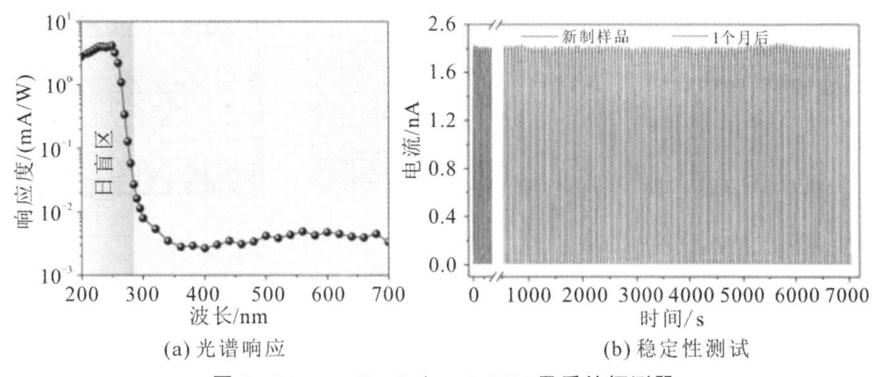

(a) 光谱响应　　(b) 稳定性测试

图 8 - 21　n - Ga_2O_3/p - CuSCN 异质结探测器

8.3.4　阵列探测器

图 8 - 22(a)为光电探测器阵列的结构示意图[33]。电极指宽 10 μm，长 500 μm，间隔 10 μm。水平电极线宽度为 50 μm，长度为 5000 μm，两条线之间

的距离为 1000 μm。通过热处理沉积 SiO_2 膜作为绝缘层，随后对绝缘层用光刻和反应离子刻蚀(RIE)等方法进行了图形化处理。图 8-22(b)所示为所制备微观结构的光电探测器装置。图 8-22(c)为器件被封装在双列直插式陶瓷封装中，因此光电探测器阵列和电路不受周围环境影响。

为了测量该光电探测器阵列，使用了一个 300 W 的氙灯作为激发光源，单色仪散射的光由一个校准仪来校准紫外增强硅二极管和光功率计，然后它被准直到光电探测器的正面。光电流随后被激活并由放大器记录。图 8-22(d)是光电探测器阵列的光谱响应图，可以看出，所制备的光电探测器在短波长范围内响应平坦，而在 250 nm 处出现了尖锐的区域，表明制作的 β-Ga_2O_3 光电探测器阵列对日盲区是强响应。图 8-22(e)显示了光电探测器阵列的 $I-U$ 输出曲线，清楚地表明光激发电流相比于暗电流显著增加了四个数量级，揭示了该器件的信噪比很高。在 365 nm 光照下测得的 $I-U$ 曲线没有显著增加，这表明光电探测器对 365 nm 的光不敏感。图 8-22(f)为随时间变化的输出电流，在光强为 200 $\mu W/cm^2$，偏压为 5 V 时，光电探测器的光电流随时间变化而出现周期性的开启和关闭。根据测量结果，暗电流大约为 1×10^{-11} A，光电流瞬间增加到稳定值，约为 1.15×10^{-6} A，光暗电流比约为 10^5。器件的可重复性说明了其良好的稳定性。

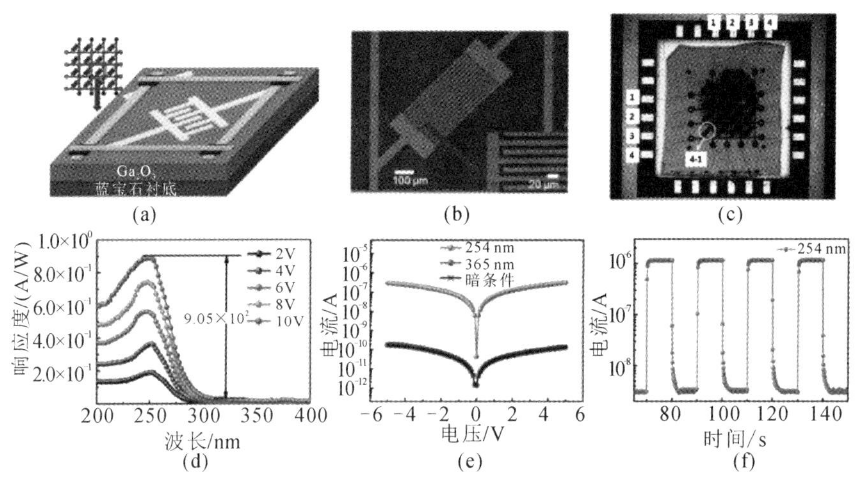

图 8-22　光电探测器阵列的结构、封装示意图以及输出特性曲线

光电探测器单元的均一性可以说明其在日盲探测器阵列应用中的可行

性[34]。该实验中薄膜的生长条件和第 4 章中 Ga_2O_3 薄膜的沉积条件相同，薄膜的沉积时间约为 2 h，通过椭偏仪测试薄膜的厚度约为 920 nm。沉积完薄膜后我们首先对制备的薄膜进行了表征分析，其测试结果如图 8-23 所示。从图 8-23(a)的 XRD 测试结果中可以看出，利用 MOCVD 在蓝宝石衬底上生长的 Ga_2O_3 薄膜在 18.92°、38.32° 和 58.96° 三处有着明锐的衍射峰，对比 PDF 卡片 (No. 43-1012)可知该衍射峰对应于 $\beta-Ga_2O_3$ 的($\bar{2}01$)、($\bar{4}02$)和($\bar{6}03$)三处晶面，衍射峰细长明锐，峰强度较高，说明薄膜的结晶质量较好。同样，薄膜的紫外-可见吸收光谱图如图 8-23(b)所示，从图中可以看出，该薄膜在可见光区域及 UVA、UVB 区域吸光度很低，在 UVC 波段产生明显的光学吸收，通过对 $(\alpha h\nu)^2-h\nu$ 关系曲线的处理，我们可以进一步得到该薄膜的光学带隙值为4.88 eV。

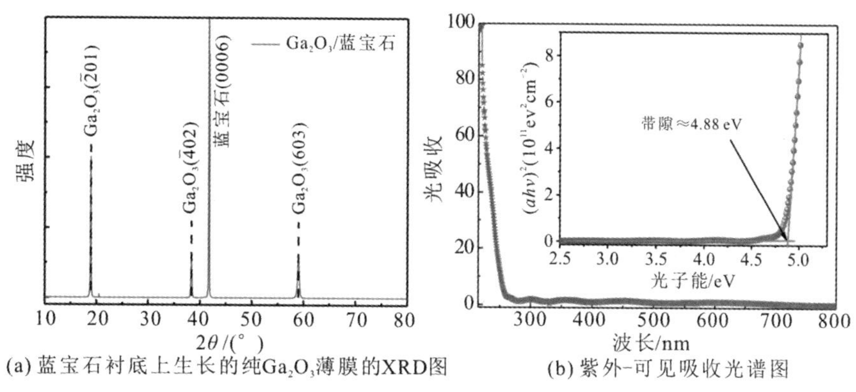

(a) 蓝宝石衬底上生长的纯 Ga_2O_3 薄膜的XRD图　　(b) 紫外-可见吸收光谱图

图 8-23　Ga_2O_3 薄膜的 $(\alpha h\nu)^2-h\nu$ 关系曲线

在沉积完 Ga_2O_3 薄膜后，我们利用微加工进一步制备 Ga_2O_3 探测器线列[35]，其器件在不同放大倍数下的光学显微图如图 8-24 所示。图中从左到右放大倍数依次增大，从图中可以看到，16×4 的线列探测器由长列导线和每行两侧对称的横导线组成。横导线中段区域连接有用于探测紫外辐照信号的探测器单元，探测器单元的指臂和横导线垂直相连接，横导线和列导线的线宽分别为 10 μm 和 20 μm，每个探测器单元中叉指的长度为 190 μm，宽度为 10 μm，相邻叉指之间的指间距为 20 μm，叉指边缘和指臂之间的间距为 10 μm，通过计算可以得到单个探测元的有效受辐照面积为 2.06×10^{-4} cm^2。为了增大探测器的单位面积像元数相邻两行的探测器像元交错排列，奇数行的像元排成一列，偶数行的像元排成另一列。右上图和右下图分别为器件局部的 100 倍放大图和 200 倍放大图，从图中可以看到，器件的叉指之间间隔完好，无明显缺陷和粘连，此外，由于线列中不需要用到绝缘层，也无需多次套刻，其微加工难度和工艺复杂程度较低，因此在器件制备的成本和成品率方面有着较大的优势。

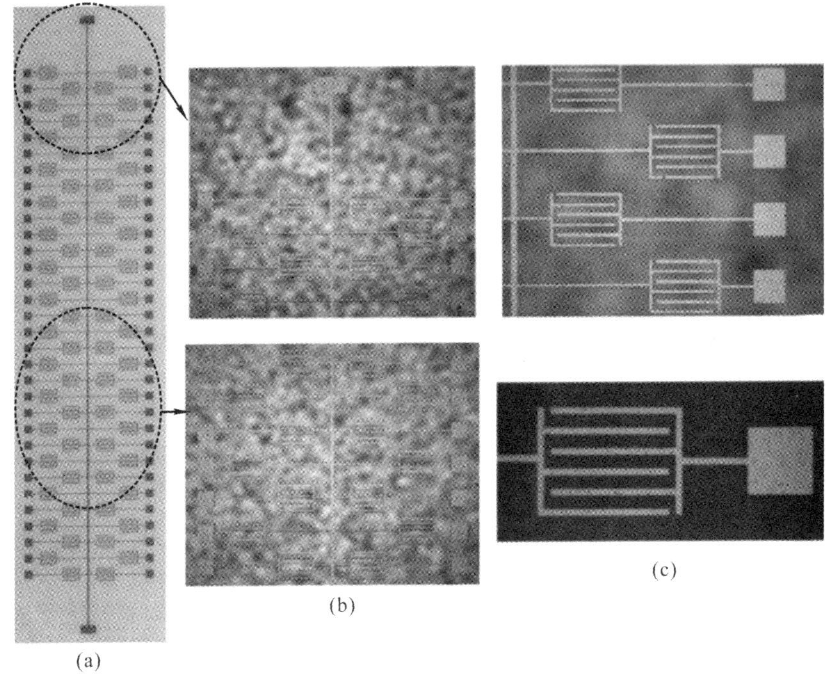

(a) 制备的器件成品的工业低倍显微镜图片；(b)、(c) 不同放大倍数下器件的光学显微镜图片

图 8-24　Ga_2O_3 探测器线列在不同放大倍数下的光学显微图

为了测试器件对日盲紫外区辐照的光电响应性能，我们首先利用 4200 半导体测试系统对器件中单个探测器单元在黑暗条件和光强从 200 $\mu W/cm^2$ 逐渐增大到 2000 $\mu W/cm^2$ 条件下的 $I-U$ 特性进行了测试，其测试结果如图 8-25(a)所示。从图中可以看到，在无外界光照的环境中，样品的电流随着电压的增大而线性增加，说明沉积的金属电极和 Ga_2O_3 薄膜之间有着较好的欧姆接触。当器件的外加偏压为 10 V 时，器件的暗电流为 1.88 pA，说明器件在黑暗条件下电阻值较大，器件本身的暗电流和噪声较低。随后，当器件受到光强为 200 $\mu W/cm^2$ 的 254 nm 的紫外灯照射后，器件的光电流得到了明显的提升，当器件偏压为 10 V 时，器件中的电流为 10.04 μA，其光暗比约为 5.34×10^6。此后，随着光强的增大，器件的光响应电流几乎呈线性增长，当光强达到

2000 μW/cm²时，器件在 10 V 偏压下的光电流增大到 57.5 μA，对应的光暗比为3.06×10⁷。根据式(8-2)，我们可以进一步算出器件在不同电压下的响应度，其结果如图 8-25(b)所示。从图中可以看到在 200 μW/cm² 的光强下，器件的响应度随着电压的增大从 2.36 A/W(0.1 V)逐渐增大至243.66 A/W(10 V)。随着光强的增加，器件的响应度逐渐降低至139.56 A/W，原因同样可能是较高的非平衡载流子浓度时Ga_2O_3薄膜中的自热效应[18]。

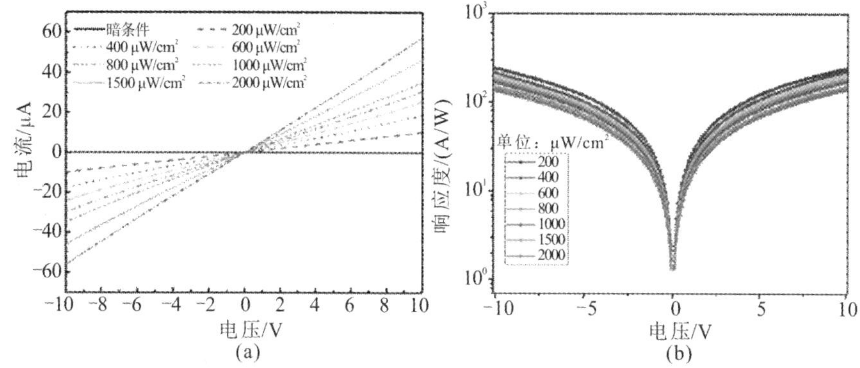

图 8-25　探测器在黑暗条件和不同 254 nm 光强下的线性 *I*-*U* 曲线以及在不同光强下的响应度-电压关系曲线

为了进一步检测样品的光电响应特性，我们继续测试了在恒定外加偏压和周期性开关的 254 nm 辐照条件下器件的动态响应电流-时间($I-t$)曲线，其结果如图 8-26 所示。

图 8-26(a)中展示了在光强为 1000 μW/cm² 的 254 nm 周期性辐照条件下，样品在不同正偏压和负偏压下的瞬态响应特性曲线图。从图中可以看到，在 2 V 偏压下，当波长为 254 nm 的紫外光照射到样品上时，器件的电流迅速上升到了 7.14 μA，且在后续的光照中保持稳定，当紫外灯关闭时，器件的光电流又立即降低，整个过程随着紫外灯的开/关而稳定循环。当我们改变样品的外界偏压时，器件在光照下的电流相应地出现了成比例的变化，且器件在各个外界偏压下均能保持稳定工作，这说明器件在各个外加偏压下均有着很好的光电瞬态响应性能。

图 8-26(b)中展示了在恒定外界偏压下样品在不同光强下的电流-时间曲线图。从图中我们同样可以看出，在不同光强下，器件均具有较快的响应速度和稳定的光响应特性，随着光强的增加，其光响应电流几乎呈线性增长，这说

明探测器性能在不同光强下具有较好的线性度。为了得到该探测元的响应速度，我们从该探测元在 10 V 偏压、1000 $\mu W/cm^2$ 光强测试条件下得到的 $I-t$ 曲线中抽取一个循环，并利用双指数弛豫方程(式(8-4))对该曲线的上升沿和下降沿进行了非线性拟合[20]，其拟合结果如图 8-26(c)所示。从图中可以看出，通过对曲线上升沿的拟合，可以得到该探测元对照射到薄膜表面的紫外辐射的响应时间为 $\tau_{r1}=0.23$ s、$\tau_{r2}=0.54$ s；通过对曲线下降沿的拟合，可以得到该探测元在紫外辐照关闭后的响应时间为 $\tau_{d1}=0.05$ s、$\tau_{d2}=0.15$ s。拟合后的曲线(红色虚线)和实验数据(深蓝色点线)之间重合得很好，说明拟合得到的响应时间即为器件的响应时间。因此，该探测元对外界紫外辐照开/关时的响应时间为 $\tau_r=0.23$ s 和 $\tau_d=0.05$ s。

最后我们测试了器件对外界紫外辐照产生光电响应的稳定性，图 8-26(d)为器件在 10 V、1000 $\mu W/cm^2$ 光照条件下的多次循环图，可以看到，在多次开/关循环后，器件依然具有很高的光响应特性，测试过程中器件的光响应电流始终保持稳定，说明该器件具有很好的稳定性。

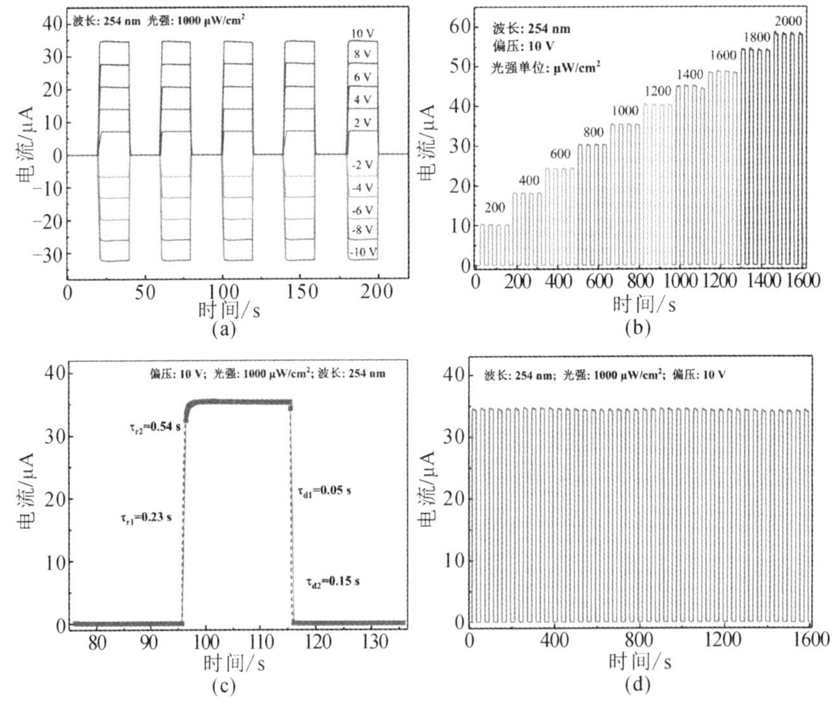

图 8-26　线列中单个探测元的光电响应特性($I-t$ 曲线)

在测试完该探测器单元对 254 nm 光照的光电响应性能后，依次对该 16×4 线列上所有探测元的光电性能进行了测试，其结果如图 8－27 所示。图中展示了各列探测元在 10 V 偏压和 1000 μW/cm² 光强测试条件下的光响应电流(红色点线)和对应的响应度(蓝色点线)，从中可以看到，各个探测器像元在该测试条件下的光响应电流在 35～45 μA 之间浮动，且响应度在 170～230 A/W 之间。这说明在该实验中制备的 Ga_2O_3 线列探测器各探测元的光电响应性能具有较好的均一性。

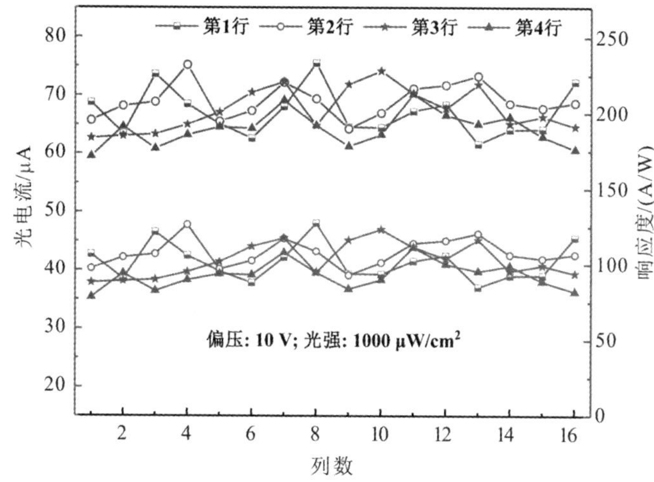

图 8－27　在 10 V 外加偏压和 1000 μW/cm² 的 254 nm 光照条件下，16×4 的线性阵列探测器中各列像元的响应电流和响应度

8.4　本章小结

本章首先介绍了日盲探测器的重要研究意义，并在当前研究背景下对比阐释了 Ga_2O_3 基日盲探测器在材料与器件制备上的突出优势；然后对 Ga_2O_3 的基本材料物性、Ga_2O_3 单晶衬底和薄膜的生长技术进行了简短但较为全面的介绍；再者，对探测器的主要性能参数作了具体的简述；最后，以光电导型、肖特基势垒二极管型和异质结二极管型的器件结构分类，具体介绍了探测器的制备、材料表征、电学测试、光学测试以及对测试数据的分析手段，这一部分包括对称势垒的欧姆或肖特基接触 Ga_2O_3 探测器、非对称势垒的金属-半导体肖

特基结型 Ga_2O_3 探测器和半导体-半导体异质结 Ga_2O_3 探测器，其中，后者还分为无机 p－n 结和有机-无机混杂结探测器。Ga_2O_3 作为一种典型的具有巨大潜力的材料，在日盲探测领域有着得天独厚的潜在优势，国际上对于 Ga_2O_3 材料及其相关器件的研究工作已经相当重视，目前，经过各大科研院所科研工作者十余年的努力，国内在这方面的研究也已经取得了丰硕的成果与进展，对于 Ga_2O_3 走向工业应用的舞台是有信心的。

参考文献

[1] BAYRAKTAROGLU B. Assessment of gallium oxide technology. 2017.

[2] ROY R, HILL V G, OSBORN E F. Polymorphism of Ga_2O_3 and the System Ga_2O_3—H_2O. J. am. chem. soc, 1952, 74(3): 719－722.

[3] TIPPINS H H. Optical Absorption and Photoconductivity in the Band Edge of $\beta-Ga_2O_3$. Physical. Review, 1965, 140(1A): A316－A319.

[4] 郭道友，李培刚，陈政委，等. 超宽禁带半导体 $\beta-Ga_2O_3$ 及深紫外透明电极、日盲探测器的研究进展. 物理学报，2019，68(7)：078501.

[5] GUO D, GUO Q, CHEN Z, et al. Review of Ga_2O_3 based optoelectronic devices. Mater. Today Phys., 2019, 11: 100157.

[6] LIU Z, LI P, ZHI Y, et al. Review of gallium oxide based field-effect transistors and Schottky barrier diodes [J]. Chin. Phys. B, 2019, 28(1):017105.

[7] 郭道友. 氧化镓光电探测与信息存储器件研究. 北京：北京邮电大学，2016.

[8] 崔尉. Ga_2O_3 外延薄膜生长与电场调控光电性能研究. 北京：北京邮电大学，2018.

[9] 赵晓龙. 掺杂 Ga_2O_3 薄膜晶相、载流子调控及日盲探测器件研究. 北京：北京邮电大学，2018.

[10] MASTRO M A, KURAMATA A, CALKINS J, et al. Perspective-opportunities and future directions for Ga_2O_3. ECS J. Solid State Sci. Technol., 2017, 6(5): P356－P359.

[11] RAZEGHI M, ROGALSKI A. Semiconductor ultraviolet detectors. J. Appl. Phys., 1996, 79(10): 7433－7473.

[12] FANG Y, ARMIN A, MEREDITH P, et al, Accurate characterization of next-generation thin-film photodetectors. Nat. Photonics, 2019, 13: 1－4.

[13] GARRIDO J A, MONROY E, IZPURA I, et al. Photoconductive gain modelling of GaN photodetectors. Semicond. Sci. Technol., 1998, 13: 563－568.

[14] GUO D Y et al. Fabrication of $\beta-Ga_2O_3$ thin films and solar-blind photodetectors by

laser MBE technology. Opt. Mater. Express, 2014, 4(5): 1067 - 1076.

[15] KUMAR S S, RUBIO E J, Noor-A-Alam M, et al. Structure, morphology, and optical properties of amorphous and nanocrystalline gallium oxide thin films. J. Phys. Chem. C, 2013, 117(8): 4194 - 4200.

[16] GUO D, LI P, WU Z, et al. Inhibition of unintentional extra carriers by Mn valence change for high insulating devices. Sci. Rep., 2016, 6(1): 24190.

[17] AN Y, CHU X, HUANG Y, et al. Au plasmon enhanced high performance $\beta-Ga_2O_3$ solar-blind photo-detector. Progress in Natural Science, 2016, 26(1): 65 - 68.

[18] 安跃华. Ga_2O_3 异质结及 Au 纳米颗粒复合增强的日盲紫外探测器研究. 北京: 北京邮电大学, 2017.

[19] WANG X, CHEN Z, GUO D, et al. Optimizing the performance of a $\beta-Ga_2O_3$ solar-blind UV photodetector by compromising between photoabsorption and electric field distribution. Opt. Mater. Express, 2018, 8(9): 2918 - 2926.

[20] 王霞. 自支撑氧化镓薄膜的生长与器件应用研究. 北京: 北京邮电大学, 2020.

[21] LIU Z, ZHI Y, LI S, et al. Comparison of optoelectrical characteristics between Schottky and Ohmic contacts to $\beta-Ga_2O_3$ thin film. J. Phys. D: Appl. Phys., 2020, 53(8): 085105.

[22] LIANG S, SHENG H, LIU Y, et al. ZnO Schottky ultraviolet photodetectors. J. Cryst. Growth, 2001, 225(2 - 4): 110 - 113.

[23] LIU Z, WANG X, LIU Y Y, et al. A high-performance ultraviolet solar-blind photodetector based on a $\beta-Ga_2O_3$ Schottky photodiode. J. Mater. Chem. C, 2019, 7(44): 13920 - 13929.

[24] MICHAELSON H B. The work function of the elements and its periodicity. J. Appl. Phys., 1977, 48(11): 4729 - 4733.

[25] MOHAMED M, IRMSCHER K, JANOWITZ C, et al. Schottky barrier height of Au on the transparent semiconducting oxide $\beta-Ga_2O_3$. Appl. Phys. Lett, 2012, 101(13): 132106.

[26] SCHOTTKY W. Zur halbleitertheorie der sperrschicht-und spitzengleichrichter. Z. Phys., 1939, 113(5 - 6): 367 - 414.

[27] MOTT N F. The theory of crystal rectifiers. Proc. R. Soc. A, 1939, 171(944): 27 - 38.

[28] KONG W, WU G, WANG K, et al. Graphene-β-Ga_2O_3 Heterojunction for Highly Sensitive Deep UV Photodetector Application. Adv. Mater., 2016, 28:10725 - 10731.

[29] GUO X C, HAO N H, GUO D Y, et al. $\beta-Ga_2O_3$/p - Si heterojunction solar-blind ultraviolet photodetector with enhanced photoelectric responsivity. J. Alloys Compd.,

2016, 660: 136 - 140.

[30] WU Z, JIAO L, WANG X, et al. A self-powered deep-ultraviolet photodetector based on an epitaxial Ga_2O_3/Ga:ZnO heterojunction. J. Mater. Chem. C, 2017, 5(34): 8688 - 8693.

[31] LI S, GUO D, LI P, et al. Ultrasensitive, Superhigh Signal-to-Noise Ratio, Self-Powered Solar-Blind Photodetector Based on n - Ga_2O_3/p-CuSCN Core-Shell Microwire Heterojunction. ACS Appl. Mater. Interfaces., 2019, 11: 35105 - 35114.

[32] OH S, KIM C-K, KIM J. High Responsivity β - Ga_2O_3 Metal-Semiconductor-Metal Solar-Blind Photodetectors with Ultraviolet Transparent Graphene Electrodes. ACS Photonics, 2018, 5(3): 1123 - 1128.

[33] PENG Y, ZHANGY, CHEN Z, et al. Arrays of Solar-Blind Ultraviolet Photodetector Based on-Ga_2O_3 Epitaxial Thin Films. IEEE Photonics Technol. Lett., 2018, 30(11):993 - 996.

[34] CHEN Y, LU Y, LIU Q, et al. Ga_2O_3 photodetector arrays for solar-blind imaging. J. Mater. Chem. C, 2019, 7(9): 2557 - 2562.

[35] ZHI Y, LIU Z, ZHANG S, et al. 16 × 4 Linear Solar-Blind UV Photoconductive Detector Array Based on β - Ga_2O_3 Film. IEEE Trans. Electron Devices, 2021, 68: 3435 - 3438.

第 9 章

掺镓 ZnO 光电性质与表征

9.1 引言

1907 年，Bädeker 首次报道了透明导电氧化镉(CdO)材料，开启了透明导电氧化物(Transparent Conductive Oxides，TCO)材料的研究与应用。目前，这类既透光又导电的氧化物材料在光电领域，包括太阳能制造、液晶显示器、有机和无机发光二极管、激光器、探测器、传感器等方面都有着广泛应用，尤其是应用于这些功能器件的电极制备方面。该类透明导电氧化物材料的电学、光学性能受到广泛关注，并成为人们目前开发和研究的重点材料之一。

自 1954 年 Rupprecht 率先研究了 In_2O_3 半导体材料之后，目前 ITO(又叫掺锡氧化铟，Sn：In_2O_3)已成为可见光范围内最有价值、适用范围最广的高透光率、低电阻率的电极材料，占据着绝大多数要求透明电极的光电子器件的市场份额。然而，随着光电子器件的应用越来越广泛，光电子器件的市场规模也在蓬勃发展，例如触屏 ITO 市场已从 2008 年的 34 亿美元升至 2013 年的 64 亿美元，短短 5 年间就几乎扩大了一倍，ITO 材料中所包含的主要金属元素铟 In 的价格也从最初只有几十美元/千克持续升高，2003 年 6 月达 140～170 美元/千克，2005 年 3 月已上升到 1010～1070 美元/千克，目前徘徊在 700～1000 美元/千克之间。其实地壳中 In 含量相当低，全球已探明的储量仅大约为 13 万吨。长期不断地开采使用正使得 In 在地球上的储量日益降低，再加上高纯度的铟原料提纯难度很大，使得 In 已然成为稀缺材料，强烈地影响 ITO 的稳定供应。为解决 In 短缺和提纯难度高的问题，寻找替代材料就自然成为一项热点课题。

目前半导体器件的透明导电薄膜电极材料一般由金属元素锌 Zn、镉 Cd、铟 In 和锡 Sn 的氧化物组成，虽然掺 In 的 CdO(In：CdO)、Cd_2SnO_4、$CdSnO_3$ 和 $CdIn_2O_4$ 等含 Cd 的透明氧化物的电阻率低，可作为透明导电薄膜电极材料，但是 Cd 的毒性使得它们失去了实用价值[1]。激子结合能为 60 meV 的 ZnO 材料是室温下禁带宽度为 3.37 eV 的直接带隙半导体，通常条件下生长出来的 ZnO 都展现出 n 型导电性，甚至有时 ZnO 可以是自由电子浓度高达 10^{20} cm^{-3} 的简并半导体，具有了可见光范围透明、导电性能更接近金属的特性。因此，成本低、环境友好的 ZnO 就成了透明导电材料中的研究中的新热点材料之一。

实验发现，非故意掺杂的 ZnO 的载流子浓度在 10^{17}～10^{20} cm^{-3} 之间，但

其薄膜电阻率较高，一般在 $10\sim10^{-2}$ Ω·cm[2]，可以通过掺杂Ⅲ族硼B、铝Al、镓Ga元素等其他施主杂质进一步降低电阻率，使之成为一种透明导电性良好的实用性材料[3, 10]，例如掺铝氧化锌(Al：ZnO)(AZO)的电阻率低至 10^{-5} Ω·cm，透光率达88%；Ga：ZnO(GZO)的电阻率可低至 1.4×10^{-4} Ω·cm[4]，可见光波段透光率超过90%[5]，B：ZnO和In：ZnO的电阻率也可低至 10^{-4} Ω·cm，透光率大于85%[3]，可与ITO材料相媲美。在上述掺杂元素中，Ga的离子和共价键的半径分别为0.62 Å和1.26 Å，与Zn原子的离子和共价键(0.74 Å和1.31 Å)非常相近，远小于Al离子和共价键(0.50 Å和1.26 Å)和In离子和共价键 (0.81 Å和1.44 Å)半径。同时，Ga-O的共价键长(1.92 Å)与Zn-O的共价键长(1.97 Å)也很接近[6]。因此，在ZnO的晶体结构中引入Ga产生的晶格畸变最小，也势必更加稳定，还可以规避AZO薄膜在成膜过程中因Al较高的化学活性而易氧化致使其电学性能变差的风险[2]。

除此之外，GZO还有着其他优良特性，包括易于图形化刻蚀、热稳定高，以及与玻璃、硅、蓝宝石、氮化镓甚至有机材料(PI、PET、PC)等衬底材料可紧密结合等。然而，在透明电极应用时如何制备出满足器件光电性能要求的GZO薄膜，并保证其长期稳定、可靠依然至关重要。目前制备GZO薄膜的方法多种多样，包括射频(RF)和直流(DC)溅射、脉冲激光沉积(PLD)、等离子体增强分子束外延(PEMBE)、金属有机化合物化学气相沉淀(MOCVD)、低压力化学气相沉积(LPCVD)、原子层沉积(ALD)、有机溶液沉积、液体旋涂等，每种制备方法所需要的控制参数和条件都不一样，例如，利用溅射、PLD、MBE等真空设备进行物理制备沉积GZO薄膜时，需要控制沉积速率、衬底温度、氧气偏压流量、氩气/氧气体流量比例、靶源与样品的距离、源(Ga、Zn)温度；而采用化学气相沉积和化学溶液法等化学制备GZO薄膜时，需要关注溶液组分的配比、携带气源的流量、反应温度、反应时间、旋涂速度等。无论采用何种制备技术和沉积条件，需与应用相结合，通过优化制备条件和方法，改善沉积GZO薄膜的微结构、化学组分配比等，以期获得较理想的高透光性、低电阻的GZO薄膜。

除上述提到的制备方法外，获得GZO薄膜的所需源材料也有多重选择，包括化学气相沉积和化学溶液法所用的多种类的液态源材料，各类真空以及非真空设备沉积使用的固体金属源(Zn、Ga)，或者ZnO、Ga_2O_3、ZnO+Ga_2O_3不同混合配比固体化合物源材料等。此外，无论GZO薄膜是化学方法制备还是物理手段获得，均可借助退火进一步改善薄膜性能，退火温度高低、气氛种类、时间长短调节着 GZO 薄膜中氧、锌和镓元素原有的状态，也改变着内部微观结构，或减小空位密度、升高替位数量，或元素的互扩散、原子聚集、原子脱附，伴随着多晶晶粒合并、颗粒尺寸长大、晶体缺陷降低等薄膜晶体质量的改变，种种此类变化无疑极大地影响着 GZO 薄膜的性能。

本章首先从介绍 GZO 薄膜材料的电学、光学特性开始，再讨论 GZO 功函数的效应，之后聚焦到实际 GZO 薄膜的制备和表征上，以典型的、最为常用的 GZO 溅射方法为例，详细讲述了溅射条件(溅射气压、溅射功率、溅射模式、衬底温度)、退火处理对 GZO 薄膜材料的微结构、化学组分变化的影响因素，总结制备条件与薄膜光电特性学之间的相互关系，最后给出 GZO 的应用实例。

9.2 掺镓 ZnO 光电的基本性质

9.2.1 掺镓 ZnO 的电学性质

GZO 薄膜材料是 n-型简并半导体，一般情况下，它的电阻率 ρ 依赖于载流子的浓度 n 和迁移率 μ，遵循下式原则：

$$\rho=\frac{1}{qn\mu} \tag{9-1}$$

其中 q 是电子电荷量。从上式中可以获知，电阻率 ρ 与载流子浓度 n 成反比关系，即增加材料自身的载流子数量可以有效地减低电阻率，增强材料的导电特性。

掺镓 ZnO 由以 ZnO 为主体材料掺入施主杂质 Ga 原子组成，因此，有必要首先了解主体的 ZnO 材料的电学性能。一般情况下，非故意掺杂的 ZnO 呈现出 n 型导电的特性，主要源于氧空位 V_O、间隙位置的 Zn_i原子和杂质氢 H。Özgür[2] 通过理论计算提出虽然氧空位的形成能低于 Zn 间隙 Zn_i的形成能，但离化能为 30 meV 的间隙位置的 Zn_i 原子作为浅施主杂质占着更主导的效应[11]。氧空位 V_O在导电特性中的作用非常复杂，其离化能为 100 meV，在低温下显现为中性，成为负二价的氧，既可以是双离化施主，为导带贡献两个自由电子，又可通过吸附形成 O_2^- 捕获中心，这个捕获中心提高了能量势垒，阻碍电子的进一步运动，降低了离化的杂质的散射迁移率。

杂质 H 嵌入 ZnO 材料中形成多重作用[12]：

(1) 位于原子结合键中心，占据间隙位置氢 H_i缺陷。

(2) 与氧空位 V_O 相互结合的 V_O- H 浅陷阱施主。

(3) H 在多晶颗粒之间晶界处及样品表面可以钝化悬挂键和锌空位 V_{Zn}，呈现为类受主态缺陷。

(4) 引入等离子体效应变更导电行为，有效地将载流子浓度从 1×10^{17} cm^{-3} 提升至 1×10^{22} cm^{-3}，电阻率从 5×10^{3} Ω·cm 降至 1×10^{-4} Ω·cm。

再讨论镓元素掺杂的效应，我们知道施主杂质镓的掺入主要是为了提高 ZnO 的 n 型导电能力，GZO 薄膜载流子浓度可以通过变动 Ga 杂质的浓度加以调节[4]，Ga 原子的有效并入，实现了电子浓度快速提升，可以从 1.33×10^{18} cm^{-3} 提升到 1.13×10^{20} cm^{-3}，Ga 在 GZO 中的作用表现为[3, 4, 8]：

(1) 作为浅施主为导带贡献自由电子，随着镓掺入的浓度逐渐提高，替代 Zn 占据晶格位置的 Ga 的数量持续增加，使得费米能级不断移向导带，甚至发生能带简并，提供了更多的自由电子，表现出更高的导电性能。然而不断地将大量的杂质原子镓掺入材料也将受到 ZnO 固体材料自身固溶度的影响和限制，出现占据间隙位置的情况，理论预期最大掺杂浓度约为 1.1×10^{21} cm^{-3}[13]，文献中报道的实验数值众多，且与理论预期有着一定的差异，甚至给出了载流子浓度高达 1.46×10^{22} cm^{-3} 的数值[8]。

(2) GZO 材料中存在着大量的 V_{Zn} 缺陷，同时高密度的缺陷也造成晶格扭曲，结构稳定性变差，妨碍了导电性能的提升，由于 Ga—O 键长小于 Zn—O 键长，因此杂质 Ga 的引入有效地阻挠了此类状况的发生，改善了导电特性。

(3) 以间隙位置存在于晶格之中缺陷状态的 Ga 无法起到施主的作用。

(4) 形成 Ga_{Zn}- V_{Zn} 和 Ga_{Zn}- O_i 复合性缺陷，呈现出受主行为，起到了补偿的效果。

式(9-1)还指出电阻率 ρ 与载流子迁移率 μ 有关，Honda[14] 和 Banerjee[15] 提出增加载流子迁移率也可以改善材料的导电特性，鉴于载流子浓度和迁移率二者之间服从 $\mu\propto n^{-\frac{2}{3}}$ 关系，需要通过优化平衡载流子浓度和迁移率才可获得更高的导电特性。载流子在传输的过程中不断地受到各种散射机制的影响，改变了载流子的迁移速率，这些散射主要来自晶格散射 μ_{ph}、离化杂质散射 μ_i 和多晶颗粒晶界缺陷散射 μ_g，总的迁移率 μ 则表现为

$$\frac{1}{\mu}=\frac{1}{\mu_{ph}}+\frac{1}{\mu_i}+\frac{1}{\mu_g} \tag{9-2}$$

对于宽带隙半导体，晶格散射 μ_{ph} 主要来自光学声子和声学声子，与杂质缺陷无关，仅依赖于温度的变化。在 ZnO 材料体系中，光学声子散射为极化场相互作用 μ_{po}，声学声子散射通过静电势垒 μ_{pe} 和晶格形变势垒 μ_{ac} 发挥功效，三

种声子散射遵从马西森定律[16-17]：

$$\frac{1}{\mu_{ph}}=\frac{1}{\mu_{po}}+\frac{1}{\mu_{ac}}+\frac{1}{\mu_{pe}} \tag{9-3}$$

在极性半导体中，源于离子键的特殊的属性，在晶格振动辅助的极化电场的作用下，电荷移动引起极化 LO 声子散射，Howarth-Sondheimer 给出了极化光学声子散射 μ_{po}[17]：

$$\mu_{po}=\frac{2^{3/2}\pi h^2(q^{T_{po}/T}-1)\chi(T_{po}/T)}{q(kT)^{1/2}m^{*3/2}(\varepsilon_1^{-1}-\varepsilon_0^{-1})} \tag{9-4}$$

其中，T_{po}是极化光学温度，ZnO 材料的 T_{po} 为 837 K，ε_1 是高频的介电常数。$T_{po}/T\geqslant 2.8$ 或者 $T\approx 0\sim 300$ K 时，代表着 Howarth-Sondheimer 数值函数 $\chi(T_{po}/T)$符合下列规律[17]：

$$\chi(T_{po}/T)=\frac{1}{1+\exp(-0.6T_{po}/T)} \tag{9-5}$$

随声子波矢增加的声学声子晶格振动造成带隙变化，受到晶格形变势垒作用，由声学声子带来的散射 μ_{ac}则为[17]

$$\mu_{ac}=\frac{\pi h^4 c_1}{2qkTm^{*5/2}E_1^2}E_f(n)^{-\frac{1}{2}} \tag{9-6}$$

其中，E_1 为声学势垒，c_1 是纵向弹性常数，费米能满足下面的公式[17]：

$$E_f(n)=\frac{h^2}{2m^*}(3^2 n)^{\frac{2}{3}} \tag{9-7}$$

最后，在没有空间反转对称的情况下，声子作用应力产生了电场而呈现出了静电势垒散射 μ_{pe}[17]：

$$\mu_{pe}(n,T)=\frac{2^{3/2}\pi h^2\varepsilon_o}{qkTm^{*3/2}p_{pe}^2}E_f(n)^{\frac{1}{2}} \tag{9-8}$$

离化杂质和带电载流子之间的静电力对离化杂质散射至关重要，离化杂质散射来源于库伦势垒的作用，依赖于样品的晶体质量，杂质掺入和杂质集聚、刃型位错、螺型位错、层错、线缺陷、点缺陷(空位、间隙原子)等各类缺陷形成了带电或中性复合中心，形成长距离库伦势垒，局域化带边能量的波动滋扰了电子的运动。当 GZO 材料中自身结构缺陷密度很高，特别是含有位错、层错线缺陷等缺陷情况时，它们将通过捕获 n 型材料导带中的电子引入受主中心，或表现为中性，或带有负电，产生耗尽区，阻碍了电子传输，降低了迁移率[2]。对于掺杂的 n 型 GZO 半导体，离化杂质散射 μ_i 可以为[16-17]

$$\mu_i=\mu_{io}(n)\frac{n}{Z^2 N_i} \tag{9-9}$$

其中，Z 是离化施主 N_D和受主 N_A的带电荷数，$N_i=N_D+N_A=2N_A+n$。

$$\mu_{io}(n)=\frac{24\pi^3\varepsilon_0^2h^3}{q^3m^{*2}}\frac{1}{\ln\left(1+\frac{3^{1/3}4\pi^{8/3}\varepsilon_0h^2n^{1/3}}{q^2m^*}\right)-\frac{\frac{3^{1/3}4\pi^{8/3}\varepsilon_0h^2n^{1/3}}{q^2m^*}}{1+\frac{3^{1/3}4\pi^{8/3}\varepsilon_0h^2n^{1/3}}{q^2m^*}}} \tag{9-10}$$

其中，ε_0 代表静电介电常数，h 是普朗克常数，m^* 为有效质量：

$$\frac{1}{m^*}=\frac{1}{m_e^*}+\frac{1}{m_h^*} \tag{9-11}$$

其中，m_e^* 和 m_h^* 分别为导带电子和价带空穴的有效质量，ZnO 的导带电子和价带空穴的有效质量分别是 $0.28m_0$ 和 $0.59m_0$[18]，有报道指出 m^* 的数值随载流子的浓度变化，当霍耳载流子浓度为 $1.02\times10^{21}\sim1.23\times10^{21}\ \text{cm}^{-3}$ 时，m^* 为 $0.40\sim0.46m_0$[19]，这些数值远远大于利用式(9-5)计算所获数值，有待于进一步探讨。

多晶颗粒晶界缺陷散射 μ_g 与晶体结构相关，透明导电的 GZO 分为单晶体和多晶体两种晶体结构，制备电极多数情况是利用了多晶体 GZO 材料。多晶体由很多的细小单晶颗粒组成，每个细小晶体颗粒均有着各自的表面，相邻的晶体颗粒之间还存有晶界，呈现表/界面效应，扰乱着载流子传输行为，这些晶体颗粒密度越高，干扰程度越严重，载流子迁徙受到这些晶体颗粒尺寸大小 L、颗粒内部单晶质量以及自由电子平均自由程 l_e $\left(l_e=\frac{h\mu}{2q}\sqrt[3]{\frac{3n}{\pi}}\right)$ 的影响。报道中 l_e 的数值存在一定的分歧，有结果表明 l_e 随着不同薄膜的厚度在 1～1.9 nm 范围内波动[5]，也会因为氧的加入在 3.8～5.2 nm 区间摇摆[13]。当 L 大于 l_e 时，由于声子、点缺陷、位错缺陷等在细小晶体颗粒的内部，所有的散射机制共同限定了 l_e 数值，晶体颗粒的内散射决定了碰撞频率 ω_c，散射表现为 $\mu_g=\frac{q}{m_e^*\omega_c}$，晶界难以搅扰载流子的输运过程，晶界散射几乎起不到主导作用[13]。当 L 相近 l_e 时，薄膜中载流子传输迁移将多次跨越晶体颗粒的界面，电子穿梭于众多晶体颗粒之间，晶体颗粒的晶界的密度更改了载流子的运动速率，牵制着它们的输运行为，迁移率由晶界散射决定[19]，晶界缺陷散射 μ_g 表述为[17]

$$\mu_g=\frac{q}{m^*}\frac{l_e}{\nu_{Fm}(n)}=\frac{q}{h}\frac{l_e}{(3\pi^2n)^{1/3}} \tag{9-12}$$

增大晶体颗粒的尺寸、减低晶界的密度、调整细小晶体颗粒的轴向等均可以改变 μ_g，改善导电性能。载流子浓度增加也会提高晶界陷阱中被捕获电子的数量，由此升高了能量势垒高度，加大了晶界区域内电子的阻拦作用[19]，Seto[20] 给出了一个在多晶半导体中载流子的输运特性受到多晶体晶界缺陷陷阱限制的模型。

确定散射机制的类别可借助变温的霍耳测试[4-5]，如果材料电阻率随温度升高而单调降低，即为拥有负阻效应的半导体特性；如果材料电阻率随温度变化而非单调变化，出现了先降低后升高的情况，在较低温下，重掺杂的简并半导体导电特性以弱局域化为主，随着温度升高转化为以声子散射为主，材料则具有了金属性的导电传输特征。薄膜晶体特别是多晶材料中含有众多缺陷，电子依照扩散而非弹道运动方式输运，极大地增加了电子被散射的随机性，电导率则可为[4]

$$\sigma=\sigma_B\left[1-\frac{c}{(k_f l_e)^2}\left(1-\frac{l_e}{l_i}\right)\right] \tag{9-13}$$

其中，σ_B 和 k_f 分别代表 Boltzmann 电导和费米波矢量，非弹性扩散长度 l_i($l_i=\sqrt{D_{diff}\tau_i}$)与扩散系数 D_{diff} 和温度相关[4]，随温度增加而减小。式(9-13)括号中表示由相干散射电子引起的载流子弱局域化，既受到缺陷的密度和种类的影响，也与掺入材料 Ga 的浓度有关。

由于散射导电机理不同而体现出来的材料电阻率随温度变化的上述两种情况，均可以在不同厚度以及不同 Ga 掺杂浓度的 GZO 薄膜上观察到[4,19]。薄膜厚度较薄时，GZO 薄膜与衬底之间存在着晶格失配，应力很大，引起晶格扭曲，产生位错等缺陷，导致材料自身的晶体质量下降，降低了导电能力[3]；而随着薄膜持续生长，厚度加厚，渐渐削弱了衬底失配的作用，应力逐步释放，缺陷减少，晶体颗粒长大，晶格和晶体质量得以改善，散射减弱，提高了导电特性[5,19]。适当重掺的 GZO 使得电子处于弱局域状态，发生简并后，形成了简并能带，可观察到类金属输运行为[4-5]，但是随着 Ga 浓度的进一步增加，替位和间隙位置的 Ga 数量增大，加剧了晶格的形变，载流子的输运行为也将随之发生变化。因此，薄膜材料的质量和载流子浓度决定着散射机制和导电能力。

为了提高 GZO 材料的导电性能，人们进行了各种各样的探索，包括优化薄膜厚度、选用不同制备方法和沉积条件、变化源配比、调整衬底材料、采用后高温退火处理等。有的研究人员指出，当薄膜厚度小于 110 nm 时，载流子的浓度基本保持不变，维持在 2.8×10^{20} cm^{-3}；当薄膜厚度大于 110 nm 后，载流子的浓度随着厚度增加而缓慢降低[16]。对于不同 Ga 配比的 GZO 薄膜而言，Ga 配比为 5%可以实现最低电阻率 1.4×10^{-4} Ω·cm[4]。如果在薄膜沉积过程中加入氧气，过度氧气即增强了对点缺陷 V_{Zn}的补偿，又通过扩散的方式到达晶体界和缺陷处，被吸附形成了 O_2^- 捕获中心，阻碍了电子的进一步传输，降

低了载流子的迁移率，出现导电变差的情况。例如采用磁控溅射制备时，氧气分压的增加就表现出这样类似的现象，使得载流子浓度从 7×10^{20} cm^{-3} 变为 4×10^{20} cm^{-3}。等离子辅助沉积的 GZO 薄膜的载流子浓度同样也展现出随着氧流量而改变的趋向。反之引入 H_2 会呈现出包括减少氧含量等复杂的作用，显著地将电阻率从 1.94×10^{-2} $\Omega\cdot cm$ 减低至 5.69×10^{-4} $\Omega\cdot cm$[12]。Yamada[21] 指出了经过退火处理，薄膜材料不仅更加均匀，而且也表现出以下特性：(1) 减弱了依赖于 c 轴长度的缺陷；(2) 沿 c 轴方向的降低晶体完整性的缺陷无法消除；(3) 点缺陷、间隙原子、空位、与 Zn 和 O 关联的位错、晶体颗粒尺寸和晶界等各类影响迁移率的缺陷得到了一定程度的调整。因此，也可通过优化退火条件包括退火的温度、气氛和时间等参数进一步改变材料微结构，获得良好的晶体质量、优异的导电性能。

此外，多个元素共同掺杂也是调节 GZO 材料电学特性手段之一，多元素共同掺杂的两种目的是[2, 22]：

(1) 提高 n 型导电性能，利用 H、F、Al、In 等元素与 Ga 共同掺杂，电阻率均可到达 10^{-4} $\Omega\cdot cm$ 量级，电子迁移率为 14～21 $cm^2/V\cdot s$，载流子浓度为 $10^{20}\sim10^{21}$ cm^{-3}。

(2) 获得 p 型材料。

虽然理论上实现 p 型材料的前提条件是以Ⅴ族元素替代氧或以Ⅰ族元素替代锌，但是在实际上Ⅰ族元素倾向于间隙位置成为施主而非替代形式的受主，Ⅴ族元素中氮不易形成 N_{Zn} 缺陷，而 P、As 易形成复杂补偿效应的类施主 P_{Zn}、As_{Zn} 缺陷[2]。Yamamoto 和 Yoshida[22] 提出利用 N、Ga 共掺杂获得 p 型材料，N－Ga 间强关联，共掺 N、Ga 不仅降低了受主能级，而且可将固溶度提升近 400 倍[2]；实验已证实在有 Ga 参与的前提下，ZnO 材料的中 N 为受主杂质，p 型载流子浓度可达 5×10^{19} cm^{-3}[23]。Ryu[24] 使用 GaAs 衬底沉积 ZnO 获得了 p 型材料，则是由于来自衬底的 As 作为掺杂源进入 ZnO 中，As 和 Ga 共同发挥了效用。磷-镓共同掺入 ZnO 时，如果磷占据了氧的位置，成了受主，氧减弱了氧空位生成概率，同样可以获得 p 型材料。

改变电阻率的另一个传统手段是采用离子注入技术，通过增加 N^+ 离子注入浓度的方法，将 GZO 薄膜的电阻率线性地从 1.2×10^{-3} $\Omega\cdot cm$ 升至 3.7×10^4 $\Omega\cdot cm$。但是在实现导电类型的转变方面，即便是利用浓度高达 4.5×10^{21} cm^{-3} 的 N^+ 离子注入也仅能起到补偿的效果，而无法得到 p 型材料。

9.2.2 掺镓 ZnO 的光学性质

作为透明导电材料的 GZO 除了上述导电特性外，光学透光性能是另一重要考虑指标。材料的透射率 T 遵守 $T=\frac{l}{l_0}=e^{-\alpha t}$ 表达式，与薄膜材料的厚度 t 有关，也取决于材料的吸收系数 α，随波长变化而波动。对于直接带隙的 GZO 半导体材料，透射窗口横跨波长范围非常宽广，可以从紫外光(UV)、可见光直到近红外光(IR)，其透明窗口宽度与载流子浓度、晶体结构(单晶、多晶、非晶)、薄膜的厚度直接相连。GZO 薄膜在近红外区域存在着电子气的等离子体共振效应，使得反射光增加，而在紫外波段由于获得足够能量的电子从价带直接跃迁到导带，在其禁带的带边存在强烈的光吸收，满足下列公式：

$$\alpha \propto (h\nu - E_g)^{1/2} \tag{9-14}$$

其中，E_g 是材料禁带宽度，$h\nu$ 是光子能量，通过对实验测试的透射曲线进行 $\alpha^2 \propto h\nu$ 拟合，即可获得薄膜材料的禁带宽度。

有学者认为对于重掺半导体而言，这种简单的方法不十分恰当，需要使用与电子-电子间互作用以及离化杂质散射相关的 Γ 参量加以修正[9]，也有的学者不赞同校正，为此众说纷纭。无论何种观点，材料的载流子浓度从以下几方面影响着光学能带宽度：

(1) 载流子浓度增加使得光学能带宽度展宽[18, 25]。对于半导体材料来说，通过测试 GZO 薄膜的透射谱可以观察到吸收截止边随掺入镓元素比例或退火温度变化而出现波动的趋势，当 GZO 薄膜吸收截止边蓝移(即向短波方向偏移)时[4, 25]，呈现出重掺 n 型半导体所特有的、著名的莫斯-布尔斯坦效应[26-27]：

$$\Delta E_g^{BM} = E_g - E_{go} = \frac{h^2 (3\pi^2 n)^{2/3}}{2m^*} \tag{9-15}$$

当导带以下的能级全部被占据时，莫斯-布尔斯坦效应的偏移量增加。对于 GZO 薄膜材料，已有报道从吸收谱曲线中推算的能带宽度 E_g 的数值在 3.25～4.05 eV 之间，变化范围很大，与掺镓比例、薄膜厚度和制备方法直接相关。也有研究人员提出仅从能带被填充的角度出发理解能带宽度随载流子浓度展宽还不十分准确，还存有其他的效应。

(2) 重掺杂自能量导致能带变窄[18, 25, 28]。由于载流子之间存在着库仑互作用力，每个有效电子与附近的空穴相互作用降低了电子的能量，使得导带向下产生偏移，掺杂浓度越高，自由载流子密度越大，偏移量扩展加剧；同样，被施主电子捕获的空穴吸引周围环绕电子数量越多，自身的能量下降越多，与带正电荷的施主离子相斥进一步加强，使得价带向上产生偏移，因此能带宽度

发生了改变[18]。在电子有效质量很小且屏蔽长度较大的情况下，n 型半导体材料内部存在着多子(电子-电子)之间、电子-空穴之间、电子-杂质之间的能量交换以及重掺杂质的互作用等多体效应，在不改变波矢 k 情况下由施主与导带重叠相伴的半导体-金属转变，加强了能带被占据的概率，使得重空穴、轻空穴能带靠拢，能带变窄[18]，表现为[28]：

$$\Delta E_g^{BGR}=K_1 n_e^{1/3}+K_2 n_e^{1/4}\left(\frac{m_e^*}{m_0}\right)+K_3 n_e^{1/2}\left(\frac{m_0}{m_e^*}\right)^{1/2}\left(1+\frac{m_h^*}{m_e^*}\right) \tag{9-16}$$

其中，参量 K_1、K_2 和 K_3 是系数，其数值分别为 2.66×10^8 eV · cm、8.53×10^7 eV · $cm^{3/4}$ 和 5.96×10^{12} eV · $cm^{3/2}$[18]。

综合上述 BM 效应和 BGR 效应，能带宽度的变化则为

$$\Delta E_g=\Delta E_g^{BM}+\Delta E_g^{BRG} \tag{9-17}$$

对于重掺的 GZO 薄膜来讲，体系非常复杂，准局域反镓金属与氧原子结合态与 ZnO 导带杂化，在一定程度引入局域化能级，而与导带相互作用，内部含有大量的 Ga_{Zn} 替位缺陷，调整晶格振动状态，禁带内杂质能级的并入形成带尾，而出现进入禁带的情况，有效质量变化 $m_{non}^*=m_0^*\sqrt{1+\frac{Ph^2(3\pi n)^{2/3}}{2\pi^3 m^*}}$(其中 P 为非抛物线性常数)[25]、能带非抛物线效应、与阳离子有关化学势效应和极性半导体的极性效应等也会影响晶格动力学，偏移能量势必进一步加强。此外，对于多晶 GZO 薄膜来说，掺入的 Ga 原子不仅仅是简单金属相或替位的半导体相，也将与氧结合出现氧化镓相，常态稳定的氧化镓单晶有着更宽(4.7 eV)的带隙。因此多晶材料内部并存 ZnO 与 Ga_2O_3 合金状态也变更着能带结构和材料的性能。

9.2.3　掺镓 ZnO 的功函数

制备半导体器件的接触电极时，非常关注材料功函数，其数值大小直接关系到电极与半导体接触势垒高度，影响着器件的功能与特性。因此，利用 GZO 薄膜作为接触电极时，需要了解 GZO 薄膜材料的功函数的数值以及改变功函数的各类影响因素。Ga 掺入 ZnO 中的浓度、GZO 制备方法、薄膜的处理条件以及生产批次等不同情况使得制备出的 GZO 薄膜表面和内部微结构存在着或多或少的差别，使得 GZO 功函数的数值在 3.3～5.3 V 的范围内起伏。借助不同的处理办法，通过去除表面的沾污、改善薄膜的晶体质量、更换 Ga 掺杂状态和数量、调整表面极性终端原子(氧、Ga/Zn)元素之间的化学配比等，均可

实现调节 GZO 薄膜的功函数的目的。例如 Ratcliff[29] 利用溅射在玻璃衬底上沉积了 GZO 薄膜，测试其功函数为 3.6 eV，再使用氩离子轰击、氢氧化钾腐蚀、碘化氢刻蚀以及氧离子反应等方法处理 GZO 的表面，将 GZO 薄膜的功函数分别调整到 3.3 eV、3.8 eV、3.9 eV 和 4.5 eV。利用退火温度的变化，将 GZO 薄膜的功函数从未退火的 4.34 eV 调节到 4.37 eV(退火温度 500℃)、4.65 eV(退火温度 600℃)、4.77 eV(退火温度 700℃)。

9.3 制备方法和条件对 GZO 薄膜材料性能的影响

选用气相沉积和液态方式均可以成功地制备出 GZO 薄膜，通过控制制备条件和退火参数，影响 GZO 薄膜的微结构，实现调整和改变光学和电学性能的效果，下面将分别给予详细的描述。

9.3.1 制备方法

1. 气相沉积法

气相沉积的方法有很多种类，包括 RF 和 DC 溅射、脉冲激光沉积(PLD)、分子束外延、等离子体增强分子束外延(PEMBE)等物理气相沉积，以及金属有机化合物化学气相沉淀(MOCVD)、低压力化学气相沉积(LPCVD)、原子层沉积(ALD)等化学气相沉积。这里我们以磁控溅射沉积方法制备 GZO 薄膜为重点，详细地描述和分析制备条件对 GZO 薄膜结构、化学组分配比等众多因素的影响，继而改变薄膜的光学透射率和电学特性。

1) 衬底效应

GZO 薄膜可以气相沉积在各种各样透明的和不透明的、柔软的和硬质的衬底之上，包括玻璃、硅、蓝宝石、GaN、$ZrO_2(Y_2O_3)$、$SrTiO_3$、$ScAlMgO_4$、陶瓷、柔性有机 PET 等。最常用的是在玻璃衬底上沉积 GZO 薄膜，其载流子浓度也可达到 6.38×10^{20} cm^{-3}，迁移率为 21.69 $cm^2/V\cdot s$，电阻率在 10^{-4} $\Omega\cdot cm$ 量级，透光超过 87%，甚至可达 95%。柔性衬底上的 GZO 的性能略显逊色，PET 上的 GZO 电阻率也可达到 1.3×10^{-3} $\Omega\cdot cm$，透光率在 93%。

当 GZO 沉积在异质材料衬底上时，晶格常数、热膨胀系数的差异会导致

两种材料间产生晶格失配，引入缺陷，使得GZO薄膜受到来自衬底的影响，例如Gabás[30]利用RF溅射在300℃情况下将GZO沉积在p-Si，发现在GZO与Si的界面处有3 nm的非晶过渡层，Zn和Ga不仅向衬底扩散，而且形成了硅锌化合物Zn-Si。利用MOCVD生长GZO外延薄膜，在(111)ZrO_2(Y_2O_3)和(111)$SrTiO_3$衬底上外延材料的质量高于蓝宝石衬底，而且(111)ZrO_2(Y_2O_3)衬底上生长的GZO薄膜中Ga含量可以超过7.5%，有了更高的固溶度；在蓝宝石衬底上生长时，Ga的含量则低于3%[10]。随着薄膜厚度的增加，衬底晶格失配和应力的作用减弱，缺陷密度降低，不仅薄膜的晶体颗粒尺寸增大[19]，而且晶体结构呈现出(002)主衍射峰强和FWHM以及包括(102)、(200)、(004)、(202)等各峰的比例变化的差别[5, 19]，迁移率提升了一个数量级，导电率到达$5.44\times^{-4}\Omega\cdot cm$[31]。

图9-1为同批次沉积在硅和蓝宝石衬底上GZO的$\theta/2\theta$ XRD谱图。观察到在蓝宝石上沉积的GZO薄膜的(002)衍射峰强高于在(100)硅上沉积的GZO薄膜，也可发现在蓝宝石上GZO薄膜拟合(002)峰位是34.43°，其半高宽(FWHM)为$\Delta_{(2\theta)}=0.368$，而在(100)硅上的GZO薄膜(002)峰位在34.36°，FWHM $\Delta_{(2\theta)}=0.418$，接近于玻璃上的GZO薄膜(002)峰位(34.36°)，但与FWHM $\Delta_{(2\theta)}=0.342$有所不同。比较蓝宝石、硅和玻璃三种衬底材料结构，蓝宝石为六方结构，硅为金刚石结构，玻璃为非晶材料。相对于GZO的晶格常数而言，蓝宝石上沉积的GZO薄膜，晶格结构和常数更为相近，GZO与衬底材料失配度更小些，所获薄膜的质量优异。当GZO薄膜沉积到非晶的玻璃上时，应力释放更加充分，获得GZO薄膜的质量比沉积在硅上的GZO薄膜更优。

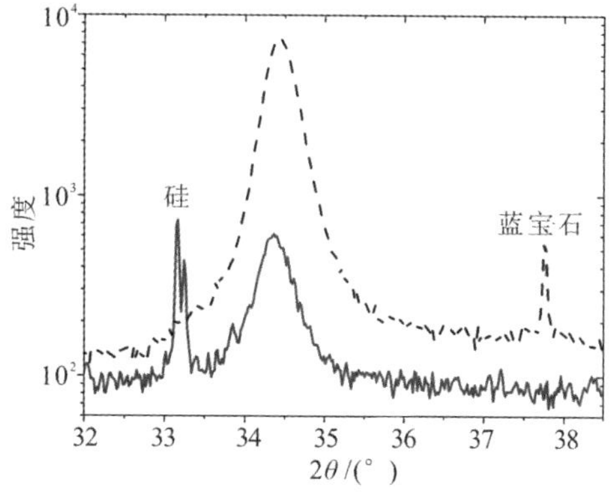

图9-1 同批次沉积在硅和蓝宝石衬底上GZO的$\theta/2\theta$ XRD谱图

2）磁控溅射沉积方法中射频溅射和直流溅射模式的影响

我们借助射频(RF)溅射和直流(DC)溅射两种不同原理的磁控溅射模式，在纯 Ar 气氛下，使用相同功率和气压，在石英衬底上沉积了 GZO 薄膜，在 RF 和 DC 两种模式下沉积的 GZO 薄膜内部 Zn 和 Ga 化学价态、Zn/Ga 比例和配位、氧和锌空位、金属缺氧态等微结构存在差异，致使电阻率分别为 9.4×10^{-4} Ω·cm 和 1.4×10^{-3} Ω·cm，载流子浓度分别为 7.5×10^{20} cm^{-3} 和 6.8×10^{20} cm^{-3}，迁移率分别是 8.7 cm^2/V·s cm^{-3} 和 7.9 cm^2/V·s。图 9-2 给出了两种沉积模式下制备的 GZO 薄膜的透射谱，二者的透射窗口区间范围明显不同，射频模式获得的 GZO 薄膜的透光率和透光波长范围远远大于直流模式所沉积的 GZO 薄膜。在紫外区域，RF 模式下沉积的 GZO 薄膜透射率明显偏高，300 nm 处的透射率超过 51%，且呈现出 300 nm 以下和 300 nm 以上两种吸收特性，而 DC 模式下沉积的 GZO 薄膜 300 nm 处的透射率仅为 6%，明显的吸收边仅出现在 300 nm；在红外区域，DC 模式下沉积的 GZO 薄膜的透射效果低于 RF 模式下沉积的 GZO 薄膜，反映出来自电子气的等离子体共振效应的差异，与电阻率的数据相吻合。

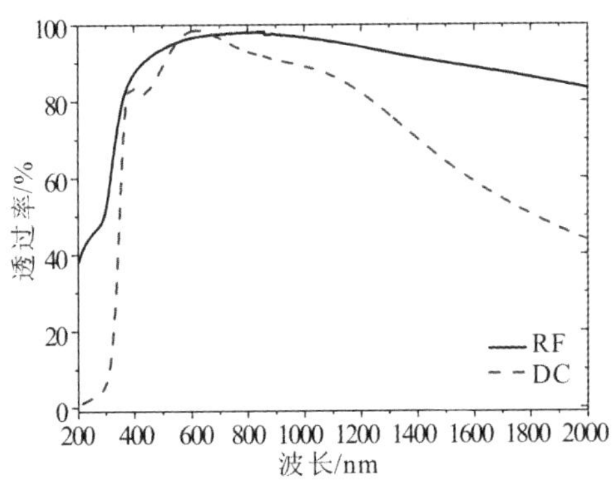

图 9-2　RF 和 DC 磁控溅射模式沉积的 GZO 薄膜的透射曲线

3）磁控溅射沉积方法中溅射功率的影响

图 9-3 给出了 GZO 薄膜透射率随不同 RF 溅射功率的变化曲线，在紫外波区间明显地出现了 200～300 nm 以及 300～370 nm 两个不同的吸收特性，依照式(9-14)所给出的禁带宽度与吸收系数 α 的关系式推算 GZO 材料的禁带宽度，可以明显地观察到随着功率的增加，禁带宽度先减小后增加的现象，这主要是来自重掺杂的效应，与红外区间的透射特性表现出来的等离子体效应

十分吻合。从不同溅射功率下沉积的 GZO 薄膜的 XRD 衍射谱中也可以清晰地观察到现主峰(002)的强度、峰位及其半峰宽(FWHM)的变化趋势，随着功率的增加，(002)的强度增加了近 4 倍，半峰宽 $\Delta_{(2\theta)}$ 也从 RF 溅射功率为 50 W 时的 0.68 减小到 RF 溅射功率为 70 W 时的 0.45，当 RF 溅射功率进一步提高至80 W，半峰宽 $\Delta_{(2\theta)}$ 为 0.51，略显增加，而且拟合 2θ 峰位也显示出同样的变化趋势，从 34.2°(50 W)、34.08°(60 W)偏移到 33.96°(70 W)、33.99°(80 W)。衍射峰位的改变反映了 GZO 薄膜沉积晶格常数 c 参数差别，既表明了应力改变，又代表了由于 Zn 和 Ga 原子半径的差异产生的 Ga^{3+} 替代 Zn^{2+} 而体现出来的晶格的失配程度，衍射峰强度的加强显示着晶体质量的提高，薄膜的载流子迁移率也因 RF 溅射功率提高从 4.8 $cm^2/(V \cdot s)$提升到 8.69 $cm^2/(V \cdot s)$，将电阻率从 6.38 $\Omega \cdot cm$ 大幅度降低至 2.47×10^{-3} $\Omega \cdot cm$。溅射功率的增加增了大颗粒尺寸、改善了薄膜的晶体质量和调整晶向。这些结果与其他的研究者的报道十分一致，在施加适当溅射功率的前提下，Ga_2O_3:ZnO 混合靶材中所含的 Zn、Ga、O 等元素，利用 Ga 和 Zn 自身的差异化的溅射溢出效率和饱和蒸发压实现 GZO 薄膜中 Zn:Ga 配比的控制[7]，不同 RF 溅射功率下 Ga:Zn 比例可以从 1.81 变化至 2.28。值得注意的是，Shinde[32] 提出在 ZnO 中约 2%的 Ga^{3+} 替代 Zn^{2+}，过度富足的 Ga 将占据间隙位置，成为中性缺陷，GZO 薄膜的电学和光学特性退变。

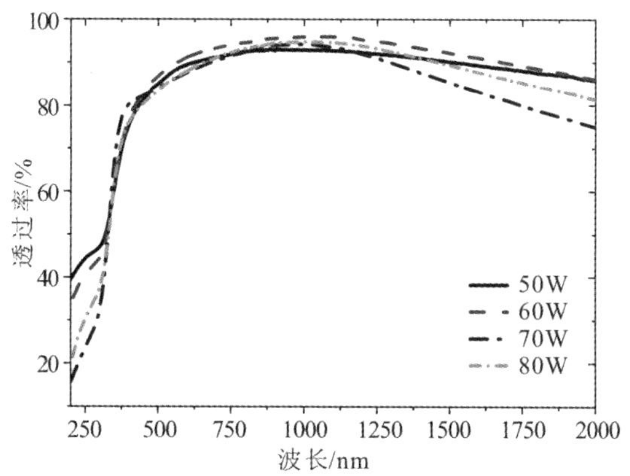

图 9-3　不同的磁控溅射功率对 GZO 薄膜的透射率的影响

4）磁控溅射沉积方法中工艺气体的影响

在溅射使用工艺气体方面，Kon[33] 比较了用 Ar、Ne 和 Kr 三种不同的惰性工艺气体制备 GZO 薄膜的特性，发现随着工艺气压的升高，三种溅射粒子的动能均降低，其中 Kr 的能量最低，Ne 作为工艺气体制备出的 GZO 薄膜质量最差，使用 Ar 溅射 GZO 靶材时可以获得最高的溅射速率。表 9－1 给出了对应条件下 GZO 薄膜的各项光电学特性和微结构参数。随着腔室内部工作气压的改变，载流子浓度从 $6.26\times10^{19}\ cm^{-3}$ 持续升高至 $4.63\times10^{20}\ cm^{-3}$，电阻率从 $3.1\times10^{-2}\ \Omega\cdot cm$ 降低至 $8.2\times10^{-4}\ \Omega\cdot cm$，明显地减少了两个数量级。光学透射率变化则相反，即随着气压的增加透过率降低，透射窗口的宽度也逐渐变窄，在紫外区间和红外波段显现得更加明显，250 nm 波长的透射率从 61％ 降低至 38％，2000 nm 波长的透射率从 98％ 降低至 83％。Cuong[34] 指出了工作气压降低时不仅 XRD 中(002)衍射峰强增加，多晶颗粒尺寸增大，而且薄膜中的 Ga 比例含量在 3.5％～4.4％范围内波动；Assunção[35] 报道了随着氩气流量的增加，沉积速率从 28 nm/min 降低至 18 nm/min，优化氩气压力可以获得 $2.6\times10^{-4}\ \Omega\cdot cm$ 优良的导电特性，近红外透射率也随之提高。

表 9－1　不同的磁控溅射气压下 GZO 薄膜的各项光电学特性

气压 mTorr	电阻率 $\times10^{-3}\ \Omega\cdot cm$	迁移率 $cm^2/(V\cdot s)$	载流子浓度 $\times10^{20}\ cm^{-3}$	透射率/％		XRD(002) FWHM $\Delta_{(2\theta)}$
				700 nm	500 nm	
1.8	56.2	3.7	0.4	95.2	93	1.01
2.2	4.1	6.4	2.3	95.9	90	0.65
2.6	2.7	6.3	2.0	93.3	87	0.63
3.2	1.8	4.8	4.4	92.3	85	1.01
3.9	3.5	2.7	3.4	90	82	0.84

采用溅射制备 GZO 薄膜时，除了使用惰性气体外，也可向腔室内通入其他种类的反应气体，其中氧气是重要的反应气体之一[36]。通过调节 Ar/O 比例改变着 GZO 薄膜的微结构、缺陷类型和表面平整性等，在缺氧环境下本征缺陷形成顺序为 $V_O>V_{Zn}>O_i$，而在富氧条件下本征缺陷则转换成为 $V_{Zn}>O_i>V_O$。氧的引入可以减少氧空位的数量，多晶颗粒晶界处的氧吸附含量也将提高，抑或产生 O_i、V_{Zn}、Ga_{Zn}等各类缺陷，环境的变化也将导致更为复杂的受主型缺陷 $Ga_{Zn}-V_{Zn}$、$Ga_{Zn}-O_i$，对本征缺陷起着补偿的作用；同时又将增强 Ga、Zn 金属原子的氧化反应，因为 Zn 离子比 Ga 离子更易与氧结合形成化学键，Zn:O:Ga 的配比变化($Zn^{2+}-(1+3y)O^{2-}-2yGa^{3+}$)，有实验数据显示低氧压沉积的 GZO

薄膜中 Zn 与 O 的配比为 1∶0.9，表现出更窄的透光窗口[36]；氧分压的增加适度地抑制了载流子和氧空位的产生，继而影响着载流子浓度和迁移率以及电学导电特性和光学的透光性能。

氢气是另外一种主要的溅射反应气体[12]。在薄膜制备过程中引入氢气，进入 GZO 薄膜内部和表界面 H 即可导致晶格膨胀出现形变、成为施主杂质或钝化悬挂键和带有负电荷的受主 V_{Zn}，也可出现氢与氧结合的情况，$H_2+O_2\rightarrow H_2O$ 的化学反应减少了表面和晶界处吸附的氧，降低了陷阱缺陷，减弱了载流子输运阻力，加强了载流子的迁移能力；同时也将使得 Zn 和 Ga 失去氧，出现了空位，再次引入了缺陷，有着复杂的效应。例如利用 DC 溅射沉积 GZO 薄膜，与纯氩气沉积的 GZO 薄膜相比，引入了氢气使得(002)峰随沉积温度增高而引起的偏移量远高于纯氩气沉积的 GZO 薄膜，通过优化 H_2/Ar 的比例，获得了载流子浓度为 1.177×10^{21} cm^{-3}、迁移率为 8.87 cm^2/V·s、电阻率低至 3.40×10^{-4} Ω·cm、透射率为 90.03%的 GZO 薄膜。

5) GZO 薄膜沉积衬底温度的作用

控制 GZO 薄膜沉积衬底温度也是影响薄膜的光学透射率和电导特性的重要参数之一。多数实验结果表明高温沉积薄膜载流子的迁移率明显高于低温情况，结晶质量更高。通过观察图 9-4 的 $\theta/2\theta$ XRD 谱图可以发现，随着沉积温度从室温增加到 400℃，(002)峰的变化规律表现为峰强先增加后减弱，与发表的研究结果相似。例如，吴芳[37]借助 RF 溅射获得了多晶的 GZO，观测到 XRD(002)峰强远远高于(101)峰，而且随着沉积温度从室温增到 300℃，(002)衍射峰强增加，半高宽(FWHM)降低，且峰位移动，内应力减小。Lee[6]发现 XRD(002)主衍射峰强度与(103)峰强比值从 100℃开始下降，衬底温度超过 300℃时产生了 Ga^{3+} 替位，500℃时晶向主衍峰从(002)转为(103)，XPS 中缺氧态随衬底温度增加稍有下降。当温度超过 400℃后，形成了更多氧空位、锌空位等深能级缺陷，造成晶体质量下降。在真空环境下沉积 GZO 薄膜，对于靶材料中所包含的元素 Zn、Ga、O 来说，在相同温度下，Zn 的蒸气压大于 Ga 的蒸气压，也就是说，随着衬底温度的升高，样品表面 Zn 挥发脱离样品的概率持续增加，远远大于样品表面 Ga 脱离样品的概率，薄膜中 Ga 的含量增大，例如 300℃ 沉积的薄膜中 Ga 的含量高于低温沉积的两倍。适度地提高衬底温度，增大 GZO 薄膜中的 Ga 含量，有利于更多 Ga 原子获得能量替代 Zn 原子的晶格位置，增加载流子浓度，而迁移率的提高主要源于晶体质量改善，晶体颗粒尺寸的增大，表面更加平整。

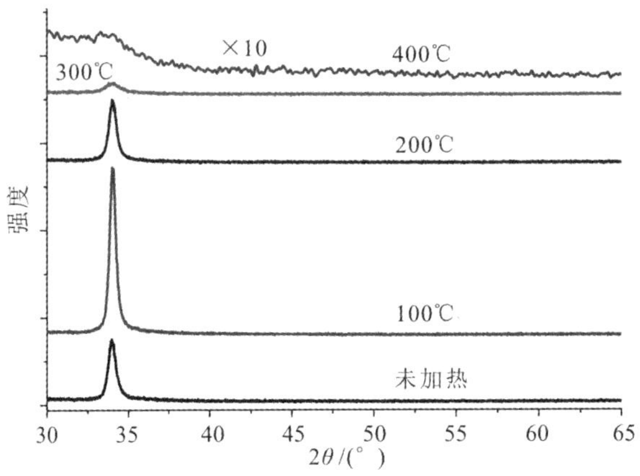

图 9－4　不同衬底温度沉积的 GZO 薄膜的 $\theta/2\theta$ XRD 谱图

采用气相沉积的方法制备 GZO 薄膜除上述提及的众多沉积条件的影响之外，靶材的元素配比对 GZO 薄膜的特性依然起着重要的作用。靶材中 Ga∶Zn 比例的不同使得 GZO 薄膜中的含 Ga 量发生改变，这不仅导致光学禁带宽度因靶材各元素比例的变化在 3.58～3.74 eV 范围内波动，而且对薄膜缺陷的类型、载流子浓度、电阻率、透光率等产生了影响。

2. 溶液制备法

溶液法制备 GZO 是一种低温经济的方法，常用于聚甲基丙烯酸酯(PMMA)、聚碳酸酯(坚硬透明塑料)、PC、PI、PET 等(<130℃)柔性衬底中。一般来讲，低温制备的薄膜的晶体颗粒尺寸多为纳米尺度，高于 400℃的退火温度不适用于这些有机柔性衬底和玻璃衬底，低温获得的 GZO 的电阻率和透光性略逊色于真空方法和化学气相沉积获得的 GZO 薄膜。已有很多的文献报道了如何利用溶液的方法制备 GZO，这里我们简单地总结溶液法制备 GZO 的基本的工艺过程和步骤。

1) *溶液准备*

制备 GZO 薄膜的溶液包含以下两类原料：

(1) Zn 和 Ga 源材料，包括醋酸锌、硝酸锌、硝酸锌水合物、乙酰基丙酮镓、硝酸镓、硝酸镓水合物、GaN_3O_9 等。

(2) 辅助试剂，包括异丙醇、乙醇胺、乙醇，甘油、三乙醇胺、乌洛托品、氨水、柠檬酸钠等。

溶液的配制过程是：首先将含有 Zn 和 Ga 的固体物质加入溶剂均匀搅拌，

在加热或室温下溶解，分别获得仅含有 Zn 或 Ga 物质的溶液；再添加辅助试剂，调节溶液的黏度和功能性；其次按照 Ga:Zn 配比需求，控制溶液内 Zn 和 Ga 的物质含量，配制既含 Zn 又含 Ga 物质的溶液。溶液准备过程中除均匀搅拌和加热外，还可以调控溶液的 pH 值，通过调整配制溶液浓度、时间和温度，选择和控制后期 GZO 成膜时晶体颗粒的尺寸、合适的 Ga:Zn 配比，完成溶液的准备。

2）在衬底上制备 GZO 薄膜

采用溶液法在衬底上获得 GZO 薄膜可以采用以下几种方式：

（1）将衬底材料浸入配制好的溶液中，等待 GZO 薄膜沉积成膜。

（2）旋转衬底，将配制好的溶液滴落并旋涂于衬底表面。

（3）衬底静止放置，将配制好的溶液滴涂覆盖到衬底上面。

（4）借助工具和设备喷涂至衬底表面等。

比较上述几种制备方法，旋涂方式比浸润沉积、滴涂、喷涂等方式更容易获得性能均匀、厚度一致的薄膜，水平放置的衬底上薄膜的整体均匀性优于衬底倾斜放置。GZO 薄膜成膜的机理随着液体的流动性、涂覆(沉积)量、涂覆速度、涂覆时间、涂覆方式和停留时间、环境温度等参数的不同而改变[38]，影响着 GZO 薄膜的成膜厚度一致性、均匀性、重复性和薄膜质量，进而改变着薄膜的光学和电学特性，例如采用从上至下或由下而上的等离子喷涂方式获得的 GZO 薄膜的厚度、致密度、平整度、多晶体的晶向和峰强等均有差别，倾斜放置顺流式沉积的薄膜更厚且均匀性更差，随倾斜角度加大变得更加严重，使薄膜特性呈现出一定的波动性，载流子浓度为 $4.15\sim8.71\times10^{20}$ cm^{-3}，迁移率为 $3.47\sim8.32$ $cm^2/(V\cdot s)$，电阻率波动范围是 $8.7\sim45.8\times10^{-4}$ $\Omega\cdot cm$，差别可达几个数量级，透射率则是 85%～88.7%。

3）退火处理

为了提升薄膜的性能指标，溶液法制备的 GZO 还需进行一定的温度处理。不同衬底材料的耐受温度存在着差异，应根据衬底材料的要求，评估 GZO 薄膜成膜的情况，选择不同的退火温度、退火气氛、退火时间和升降温速度等工艺参数进行进一步处理，优化 GZO 薄膜的特性。

9.3.2　退火处理

GZO 薄膜一般为多晶体材料，其晶体颗粒的大小与制备条件直接相关，

为了提高材料自身的晶体质量，借助退火时高温效应，提供利于原子/粒子移动的能量，一方面可以将间隙位置的Ga原子迁徙至晶格Zn^{2+}位置实现原子的替位完成掺杂，另一方面可以有助于微细晶粒合并，增大晶粒尺寸，消除薄膜内部各类空位、间隙原子、晶粒的缝隙，提高薄膜致密性和质量。退火温度、气氛和时间等条件决定着薄膜的化学价态、缺陷浓度、微结构、晶体质量、散射效应和光电特性，下面将详细地加以讨论和说明。

1. 退火温度的影响

图9-5给出了利用原子力显微镜(AFM)测试的溅射GZO薄膜在氧气环境下退火前后的样品表面结果，从图中可以观察到退火前后表面粗糙度和晶体颗粒尺寸的变化。退火之前薄膜表面的平整度Rq是1.0 nm，其晶体的晶粒尺寸最小；使用400℃退火温度后，薄膜的表面平整度Rq降低至0.58 nm，表面

(a) 未退火 Rq=1.0 nm　(b) 400℃ Rq=0.58 nm

(c) 550℃ Rq=0.66 nm　(d) 700℃ Rq=0.72 nm

图9-5　GZO薄膜不同退火温度下的AFM图

变得更加平滑，粗糙度得以改善；随着退火温度的进一步升高，薄膜的表面粗糙度逐渐增加，550℃时表面平整度 Rq 为 0.66 nm，700℃时表面平整度 Rq 达到 0.72 nm。高温退火时薄膜中的原子获得能量继而产生扩散和迁移，薄膜内部结晶程度和质量发生变化，样品经历过的退火温度越高，越能够加剧薄膜中众多微小晶粒的合并，晶粒尺寸长大，晶界数量降低，表面状态也因晶粒加大而变得更加粗糙，与此同时薄膜材料内缺陷密度降低。

从图 9－6 所示的室温条件测试的 PL 谱线中同样可以观察到退火改善薄膜质量的现象。样品退火前后均出现了多个主要的荧光发光峰，分别来自 3.05 eV带边跃迁的 406 nm 主峰、与 Ga 相关的束缚激子线 437 nm 次峰、Zn 和 Ga 原子半径差异带来的 510 nm 深能级缺陷峰以及与氧空位和氧间隙相关的 650～700 nm 峰。未退火的样品表现出非常宽广的发光峰带(500～850 nm)，最高峰强位于 650～700 nm 处，且其强度高于带边 406 nm 发光峰 I_{406nm} 和 437 nm次峰 I_{437nm}，510 nm 深能级缺陷峰没有显现。经过 550℃高温退火之后，各个发光峰的相对强度发生了明显的改变，I_{406nm} 强度已经高于样品缺陷发光峰的强度，即比值 $I_{650\sim700nm}/I_{406nm}$ 下降；进一步升高退火温度至 700℃，650～700 nm峰明显减低，近乎消失，同时 510 nm 处发光峰更加明显，呈现出 Ga 掺杂而带来的晶格变化所产生的深能级缺陷的影响，更多杂质 Ga 占据了晶格的位置，起到了掺杂作用，同时在氧气氛下随着退火温度的增加，显著地抑制了来自氧空位和氧间隙缺陷能级的发光，提高了薄膜的晶体质量。

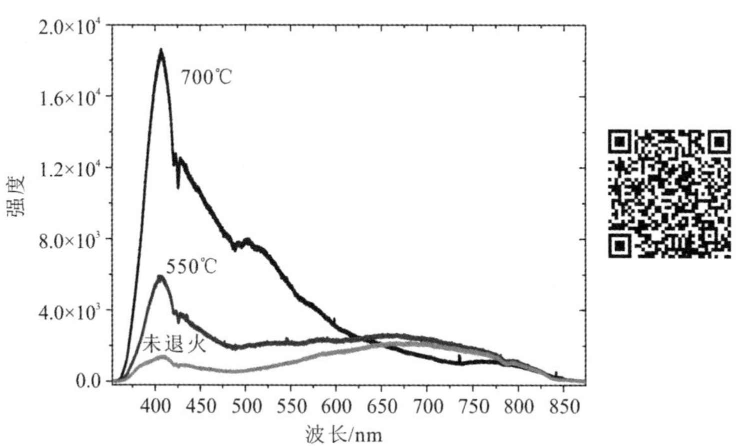

图 9－6　室温条件测试的 GZO 薄膜在硅衬底上退火前后的 PL 谱线

图 9-7 为室温条件测试的不同退火温度处理情况下的 XPS O 1s 谱线以及 700℃退火的 1021.6 eV 的 Zn 2p 谱线。退火前后样品的 O 1s 均可以解析为来自与 Zn^{2+} 对应的 O^{2-} 纤锌矿相 530.0 eV 的 P_{O-I} 峰、由掺入的杂质 Ga 提供两个电子的缺氧态相 530.8 eV 的 P_{O-II} 峰以及表面吸附的 O/OH 或 C-O/C-OH 等物质 531.9 eV 的 P_{O-III} 峰。通过 GZO 样品 P_{O-III}、P_{O-II}、P_{O-III} 比值的变化可以了解和分析物质和结构的变化规律。随着退火温度的增加 $P_{O-III}/P_{O-I}+P_{O-II}+P_{O-III}$ 降低，表面吸附逐渐降低；再观察比值 P_{O-I}/P_{O-II} 的变化趋势，发现温度大于 700℃ 后 GZO 薄膜的该比值最高，也就是说退火温度越高越容易发生氧化反应，薄膜中所包含的金属物质 Zn、Ga 氧化，同时缺氧态相进一步氧化，更多地转变为 O^{2-} 纤锌矿相，氧空位明显减少。无论是 AFM、XRD 还是 PL 和 XPS 等，实验结果均表明高温退火改善了晶体质量，降低了缺陷密度，继而提高了载流子的迁移率和寿命，减低了电阻率，提升了 GZO 薄膜的电学性能。

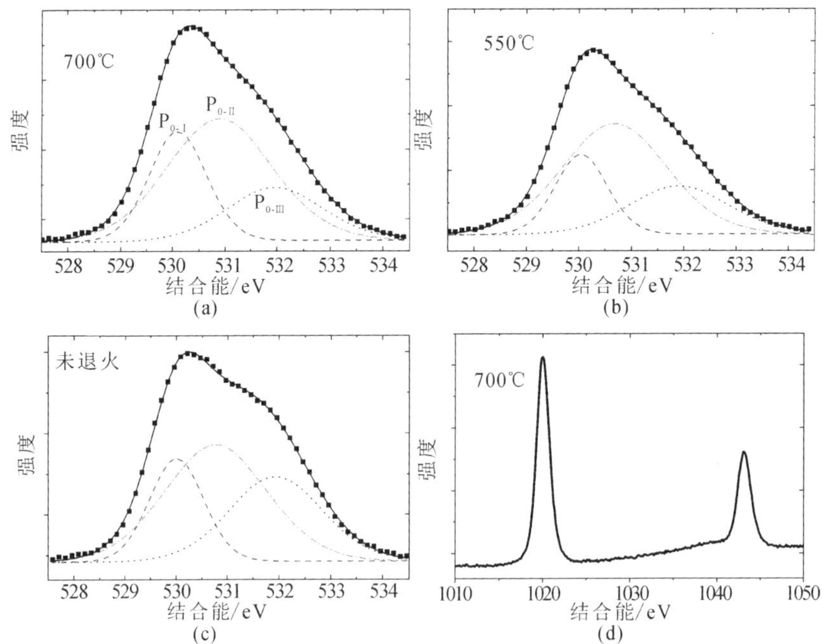

图 9-7　不同退火温度处理的 GZO 薄膜的高分辨的 XPS O 1s 曲线和 700℃退火的 Zn 2p 曲线

2. 退火气氛的作用

退火气氛环境分为三类：真空条件，氩气等惰性环境，氧气、氢气、氮气、Zn 等活性反应气氛。GZO 薄膜材料对退火温度和气氛环境十分敏感，特别是非晶或者多晶体 GZO 薄膜由众多微小的晶体颗粒组成，各个晶体颗粒表界面有众多悬挂键，晶粒之间也有可能存在缝隙，势必吸附着氧、氢氧、氢气、碳等各类物质，在高温下，无论是真空环境还是气氛环境，始终会发生着 $Zn \xrightarrow{O} ZnO_{1-x} \xrightarrow{O} ZnO$、$Ga \xrightarrow{O} Ga(Zn)O_{1-x}$、$ZnO_{1-x} \xrightarrow{O} ZnO$ 等氧化反应，或是 $ZnO \xrightarrow{H} ZnO_{1-x} + H_2O$、$ZnO_{1-x} \xrightarrow{H} Zn + H_2O$、$Ga(Zn)O_{1-x} \xrightarrow{H} Ga + H_2O$ 等还原反应，各类化学反应和结构的调整改变了本征的施主型缺陷氧空位 V_O、锌间隙 Zn_i 等电子的主要贡献者的浓度，以及其他缺陷的数量[16]，例如真空退火薄膜载流子浓度从 4×10^{16} cm^{-3} 变为 7×10^{18} cm^{-3}。重要的是气氛下的高温退火为薄膜提供了更加充足的反应环境条件，薄膜内部元素与外界所提供的气体物质发生的化学反应势必进一步加强。

例如氧环境下高温处理，充足的氧环境有助于更加有效、高速地进行氧化反应，使得间隙位置金属原子(Zn_i、Ga_i)氧化而湮灭，缺氧相转变为配位标准的氧化相，本征的受主型缺陷锌空位 V_{Zn} 也将部分被氧填充，使得受主型的缺陷或被湮灭，载流子浓度从 2.29×10^{19} cm^{-3} 减小到 4.48×10^{17} cm^{-3}。

同样，当环境供给了氢气、Zn 等物质，还原反应增强，过量的 Zn 并入加强了 Ga 成为施主的活化率，补充了锌空位 V_{Zn}，减少了本征的受主型缺陷锌，形成了间隙位置施主型缺陷 Zn_i[39]，在 Zn 环境下退火平均透光率从＞85％降低到 70％～80％。氢加入时，发生了 $H_2 + O_2 \rightarrow H_2O$ 反应，使得配位标准的氧化相失去氧，继而转变为缺氧相，影响着 V_O^+/V_O^{++} 数量，引入了间隙位置原子 Zn_i、Ga_i，产生了施主缺陷，调节了薄膜的电子浓度，在 H_2/Ar 环境下退火薄膜的电阻值出现超过 40％的改变，在 N_2/H_2 环境下退火 GZO 薄膜的电阻率从 10 Ω · cm 降低至 7×10^{-4} Ω · cm，呈现出数量级的变化幅度[39]，薄膜的电学和光学性能发生变化。

退火的成效与前期 GZO 薄膜的制备条件也有着密切的关联，例如同样是利用氩气溅射沉积 GZO 薄膜之后再进行真空下退火工艺流程，有研究者给出薄膜的电阻率从 1.13×10^{-3} Ω · cm 改善到 5.4×10^{-4} Ω · cm，降低一个数量级的实验结果；也有报道指出薄膜电阻率从未退火的 8.85×10^{-4} Ω · cm 调整到退火后的 2.17×10^{-4} Ω · cm[39]，退火处理对电阻率改变十分有限。我们知道溅射制备薄膜可以使用的气体多种多样，既可使用 Ar、O、Ne 和 Kr 等单一种气体，也可以采用混合的 Ar/O、Ar/H、Ar/N 等条件沉积薄膜，差异化的气氛条件带来了不同的薄膜微结构，表现为薄膜内部以及表面吸附的物质的含量不相同，在退火时这些物质将扩散、反应，发挥着特定的作用。

9.4 GZO 薄膜的应用

GZO 薄膜材料有两大主要应用：首先是作为透明电极，被广泛应用于平面显示、触摸屏、太阳能电池、发光器件(发光二极管、激光器)、光探测器等各类光电器件中，一般要求透明率大于 80%，薄膜方块电阻越低越好；其次是作为紫外吸收层，应用于制作紫外探测器件。

9.4.1 透明电极的应用

1. 在平面显示器中的应用

在平面屏幕显示中，GZO 在控制单元和颜色显示两方面发挥着重要作用。采用透明导电 GZO 作为源、漏透明电极，在 TFT 阵列控制单元中，实现了饱和迁移率 13.5 $cm^2/(V\cdot s)$，开关比 3.56×10^7，亚阈值电压斜率 0.43 V/decade；有机场效应晶体管(OTFT)阈值电压可以从 −12.4 V 改善到 −7.7 V。在红-绿-蓝三色过滤颜色显示阵列，利用 GZO 薄膜电极可实现横向电场型液晶的开启和关断时间分别为 17.5 ms 和 18.0 ms，对比度为 1100∶1，改善了光色的显示效果。GZO 作为低价透明导电电极已经在 20 英寸大尺寸电视屏幕中使用，在显示领域有着巨大的竞争潜力。

2. 在发光器件中的应用

对于半导体发光二极管(LED)而言，为提高 LED 电光转换效率必须同时考虑光学和电学两个方面因素。LED 使用 GZO 为电极，提高了光进出的总通量，同时还有利于减小横向扩展电阻，降低了工作电压，减弱了功率损耗，GZO - LED的光输出是传统的金属 Ni/Au - LED 的两倍，高出 ITO - LED25%，展现出 4700 A/cm^2更加均匀光输出，显著增强了器件的光电转换效率。在半导体 LED 中可以采用多种方法制备和优化 GZO 透明电极，例如 MOCVD 制备的 GZO - LED 在 350 mA 的注入电流下的输出功率达 256.51 mW，比 ITO - LED 增强了 21.5%；与商业化的 ITO - LED 相比，原子层沉积制备的 GZO - LED 在 20 mA 下的光输出增加了 15%，如果结合表面图形化的 GZO，可进一步提升 30%的光输出；通过溅射调节 GZO 透明薄膜电极制备条件可使得 LED 的开启电压从 4.9 V 降低至 3.0 V。

GZO 用在有机 LED 器件中同样彰显出优异的性能，在 100 cd/m^2时实现

了发光效率 0.2 lm/W，结合优化结构进一步提升器件性能指标，例如采用双层透明电极的有机发光二极管 OLED 在 10 mA/cm^2 下发光可达 3640 cd/m^2，高于单层透明电极的 1.5 倍；反转结构的有机发光二极管(iOLED)的开启电压为 1.9 V，在 1000 mA/cm^2 发光 7800 cd/m^2，最高电流效率为 0.78 cd/A，利用光子晶体增强了旋涂正电极的 GZO 的有机发光二极管，电流效率约为 120%，功率效率约为 136%。

3. 在太阳能电池中的应用

GZO 透明导电电极可应用于各类薄膜电池，包括非晶硅、多晶硅、CIGS、CdTe、钙钛矿、染料电池(DSSC)、有机材料等非晶硅电池。以 GZO 为背接触的平面型和粗化型两类电池的短路电流 I_{SC} 分别达到了 14.47 mA 和 14.92 mA，粗化型的非晶硅 GZO 背接触电池的效率为 9.36%，高出平面型非晶硅电池的效率(4.5%)。以 GZO 为减反窗口的 Cu(In,Ga)Se_2 薄膜电池的效率也可达 10.8%，而使用 GZO－ITO 复合电极的 n－i－p 钙钛矿薄膜电池的效率为 9.67%，远高于仅使用 ITO 电极的效率(5.25%)。

4. 在探测器中的应用

高透光率的 GZO 可使用到各种类型的探测器中，显著提高光电器件的转换效率。例如，对于不同电极材料同样电极尺寸的背对背结构紫外探测器而言，采用传统的 Ni/Au 金属电极的紫外探测器的最高 350 nm 波长光探测响应的数值为 0.11 A/W，且随着光波长变短光探测响应值逐渐下降。然而，使用 GZO 薄膜为电极的探测器显现出非常新奇的特性，不仅保持着 350 nm 波长 0.12 A/W 响应数值，而且随光波长变短光探测响应值逐渐上升，最高光探测响应在 250 nm 波长处，数值达 0.38 A/W，呈现出深紫外增强的效果。GaN 衬底上 GZO 透明电极与 Ni/Au 金属电极的紫外探测器的光响应特性的比较如图 9－8 所示。

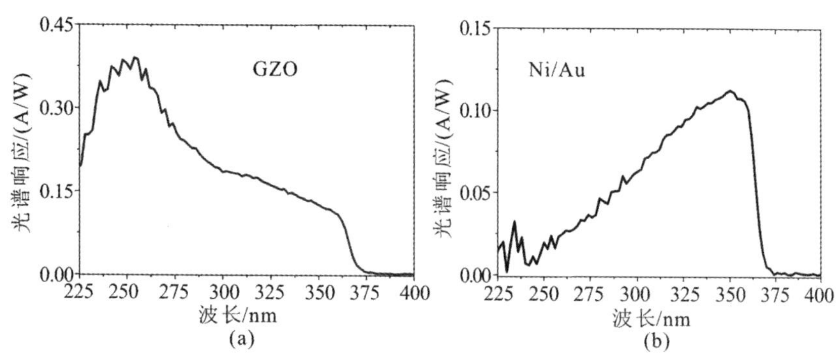

图 9－8　GaN 衬底上 GZO 透明电极与 Ni/Au 金属电极的紫外探测器的光响应特性的比较

9.4.2 探测器的应用

以 GZO 薄膜为光电响应功能层在紫外探测器制备方面有着众多的实例，例如旋涂法制备 GZO 薄膜紫外探测的开关比为 6，溅射法获得的非对称电极结构 GZO 薄膜紫外探测的内外量子效率分别为 22.5%和 37.4%，零偏压下光电响应 0.058 A/W，将 GZO 沉积在玻璃衬底制备出探测器的光电响应可达 0.23 A/W，加入 ZnO 的缓冲层后可进一步将光电响应从 406 A/W 提升至 1125 A/W，利用 p-GaN 上 GZO 纳米棒可实现 365 nm 光电响应 46.2 A/W。利用图形化硅衬底使得 GZO 薄膜探测器的 370 nm 处探测响应达到 0.18 A/W，比平面硅上的 GZO 薄膜探测器 370 nm 处探测响应增强了 2.5 倍[40]。在蓝宝石上沉积 GZO 制备紫外探测器，在经过 900℃退火处理后，发现了新颖的电压调制的效应。图 9-9 显示了测试的光电响应的曲线，在低的工作偏压情况下，光探测的最高响应在 370 nm 波长处，而随着施加电压增加，器件对短波长的光电响应也逐渐增强，当施加在器件的工作电压大于 3 V 以后，器件对短波长(深紫外)的光电响应明显地超过了近紫外的光电响应，探测的最高响应转移到深紫外 290 nm 波长处，呈现深紫外增加的光探测效应，光电响应随着电压的增加持续增强，性能表现得更加突出，实现了近紫外光探测和深紫外光探测双波段的探测[41]。

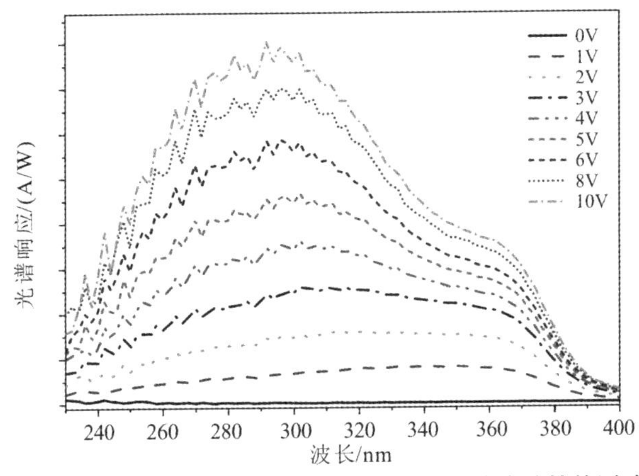

图 9-9　蓝宝石上制备的电压调制的紫外探测器光响应特性的测试结果[41]

9.5　本章小结

本章描述了GZO薄膜材料电学、光学的物理机制，总结了气相沉积和液态制备GZO薄膜的光电特性，详细介绍了衬底材料、溅射模式、溅射气体和衬底温度等制备条件与GZO薄膜特性的关联，叙述了液态制备GZO薄膜的原材料和工艺步骤，讨论了退火温度和气氛等处理条件的作用和内在机理影响效果，最后给出了GZO薄膜在透明电极和紫外探测领域的应用实例。

参考文献

[1]　MINAMI T Transparent conducting oxide semiconductors for transparent electrodes, Semicond. Sci. Technol., 2005, 20(4): S35 - S44.

[2]　ÖZGÜR Ü, ALIVOV Y I, LIU C, et. al A comprehensive review of ZnO materials and devices, J. Appl. Phys., 2005, 98(4): 041301.

[3]　MINAMI T, SATO H, NANTO H, et. al Group Ⅲ Impurity Doped Zinc Oxide Thin Films Prepared by RF Magnetron Sputtering, Jpn. J. Appl. Phys., 1985, 24(10): L781 - L784.

[4]　BHOSLE V, TIWARI A, NARAYAN J, Electrical properties of transparent and conducting Ga doped ZnO, J. Appl. Phys., 2006, 100(3): 033713.

[5]　LI Y, HUANG Q, BI X The change of electrical transport characterizations in Ga doped ZnO films with various thicknesses, J. Appl. Phys., 2013, 113(5): 053702.

[6]　LEE Deuk Hee, KIM Kyoungwon, CHUN Yoon Soo et. al Substitution mechanism of Ga for Zn site depending on deposition temperature for transparent conducting oxides, Curr. Appl. Phys., 2012, 12(6): 1586 - 1590.

[7]　MANDALAPU L J, XIU F X, YANG Z, et. al Ultraviolet photoconductive detectors based on Ga-doped ZnO films grown by molecular-beam epitaxy, Solid-State Electron., 2007, 51(7): 1014 - 1017.

[8]　PARK S-M, IKEGAMI T, EBIHARA K Effects of substrate temperature on the properties of Ga-doped ZnO by pulsed laser deposition, Thin Solid Films, 2006, 513(1 - 2): 90 - 94.

[9]　WALSH A, SILVA J L F Da, WEI S H Multi-component transparent conducting oxides:

progress in materials modelling, J. Phys. : Condens. Matter. , 2011, 23(33): 334210.

[10] KAUL A R, GORBENKO Y O, BOTEV A N, et. al MOCVD of pure and Ga-doped epitaxial ZnO, Superlattice Microst. , 2005, 38(4 - 6): 272 - 282.

[11] LOOK D C, HEMSKY J W, SIZELOVE J R, et. al Residual native shallow donor in ZnO, Phys. Rev. B, 1999, 82(12): 2552 - 2555.

[12] ZHU D L, WANG G J, JIA F, et. al Study of H-related defects in Ga-doped ZnO thin films deposited by RF magnetron sputtering in Ar+H_2 ambient, Mat. Tech. , 2017, 32(7): 424 - 429.

[13] YAMAMOTO I, SAKEMI T, AWAI K, et. al Dependence of carrier concentrations on oxygen pressure for Ga-doped ZnO prepared by ion plating method, Thin Solid Films, 2004, 451: 439 - 442.

[14] HONDA S, WATAMORI M, OURA K, The effects of oxygen content on electrical and optical properties of indium tin oxide films fabricated by reactive sputtering, Thin Solid Films, 1996, 281: 206 - 209.

[15] BANERJEE R, DAS D, BATABYAL AK, et. al Charcterization of tin doped indium oxide-films prepared by electron-beam evaporation, Solar Engergy Materials, 1986, 13(1):11 - 23.

[16] LOOK D C, LEEDY K D, TOMICH D H, et. al Mobility analysis of highly conducting thin films: Application to ZnO, Appl. Phys. Lett. , 2010, 96(6): 062102.

[17] LOOK D C, LEEDY K D, VINES L, et. al Self-compensation in semiconductors: The Zn vacancy in Ga-doped ZnO, Phys. Rev. B, 2011, 84(11): 115202.

[18] SERNELIUS B E, BERGGREN K F, JIN Z C, et. al Band-gap tailoring of ZnO by means of heavy Al doping, Phys. Rev. B, 1988, 37(17): 10244 - 10248.

[19] YAMADA T, MAKINO H, YAMAMOTO N, et. al Ingrain and grain boundary scattering effects on electron mobility of transparent conducting polycrystalline Ga-doped ZnO films, J Appl. Phys. , 2010, 107(12): 123534.

[20] SETO J, The electrical properties of polycrystalline silicon films, J. Appl. Phys. , 1975, 46(12): 5247 - 5254.

[21] YAMADA Y, KADOWAKI K, KIKUCHI H, et. al Positional variation and annealing effect in magnetron sputtered Ga-doped ZnO films, Thin Solid Films, 2016, 609: 25 - 29.

[22] YAMAMOTO T, YOSHIDA H K, Control of valence states in ZnO by codoping method, Materials Research Society Symposium Proceedings, 2000, 623: 223 - 234.

[23] JOSEPH M, TABATA H, KAWAI T, p-type electrical conduction in ZnO thin films by Ga and N codoping, Jpn. J. Appl. Phys. Part 2, 1999, 38(11A): L1205-L1207.

[24] RYU Y R, ZHU S, LOOK D C, et. al Synthesis of p-type ZnO films, J. Crystal

Growth, 2000, 216(1-4): 330-334.

[25] LU J G, FUJITA S, KAWAHARAMURA T, et. al Carrier concentration dependence of band gap shift in n-type ZnO: Al films, J. Appl. Phys., 2007, 101(8): 083705.

[26] BURATEIN E, Anomalous optical absorption limit in InSb, Physics Review, 1954, 93(3): 632-633.

[27] MOSS T S, The Interpretation of the Properties of Indium Antimonide, Proc. Phys. Soc. London Sect. B, 1954, 67(418): 775-782.

[28] JAIN S C, MCGREGOR J M, ROULSTON D J, Band-gap narrowing in novel Ⅲ-Ⅴ semiconductors, J. Appl. Phys., 1990, 68(7): 3747-3749.

[29] RATCLIFF E L, SIGDEL A K, MACECH M R, et. al Surface composition, work function, and electrochemical characteristics of gallium-doped zinc oxide, Thin Solid Films, 2012, 520: 5652-5663.

[30] Gabás M, OCHOA-MARTINEZ E, NAVARRETE-ASTORGA E., et. al Characterization of the interface between highly conductive Ga:ZnO films and the silicon substrate, Appl. Surf. Sci. 2017, 419: 595-602.

[31] PUGALENTHI A S, BALASUNDARAPRABHU R, GUNASEKARAN V, et. al Effect of thickness on the structural, optical and electrical properties of RF magnetron sputtered GZO thin films, Mat. Sci. Semicon. Proc., 2015, 29: 176-182.

[32] SHINDE S S, SHONDE P S, OH Y W, et. al Structural, optoelectronic, luminescence and thermal properties of Ga-doped zinc oxide thin films, Appl. Surf. Sci., 2012, 258(24): 9969-9976.

[33] KON M, SONG P K, MITSUI A, et. al Crystallinity of Gallium-Doped Zinc Oxide Films Deposited by DC Magnetron Sputtering Using Ar, Ne or Kr Gas, Jpn. J. Appl. Phys. 2002, 41:6174-6179.

[34] CUONG H B, LEE C-S, JEONG S-H, et. al Realization of highly conductive Ga-doped ZnO Film with abnormally wide band-gap using magnetron sputtering by simply lowering working pressure, Acta Mater., 2017, 130: 47-55.

[35] ASSUNÇÃO V, FORTUNATO E, MARQUES A, et. al Influence of the deposition pressure on the properties of transparent and conductive ZnO:Ga thin-film produced by r. f. sputtering at room temperature, Thin Solid Films, 2003, 427(1-2): 401-405.

[36] CLATOT J, CAMPET G, ZEINERT A, et. al Room temperature transparent conducting oxides based on zinc oxide thin films, Appl. Surf. Sci., 2011, 257(12): 5181-5184.

[37] WU F, FANG L, PAN Y J, et. al Effect of substrate temperature on the structural, electrical and optical properties of ZnO: Ga thin films prepared by RF magnetron sputtering, Physica E 2010, 43: 228-234.

[38] CHEN W K, HUANG J C, CHEN Y C, et. al Deposition of highly transparent and conductive Ga-doped zinc oxide films on tilted substrates by atmospheric pressure plasma jet, J. Alloy. Compd., 2019, 802: 458-466.

[39] LEE C S, LEE B T, JEONG S H, In-depth study on defect behavior and electrical properties in Ga-doped ZnO films by thermal-treatment under different chemical equilibrium, J. Alloy. Compd., 2020, 818: 152892.

[40] WANG R X, WU C Y, PENG Q, et. al Multi-Effects on the characteristics of Ga-doped ZnO film metal-semiconductor-metal ultraviolet photodetectors, Semicond. Sci. Technol., 2020, 35(1): 015007.

[41] WANG R X, YNG L C, XU S J, et. al Bias-voltage Dependent Ultraviolet Photodetectors Prepared by $GaOx+ZnO$ Mixture Phase Nanocrystalline Thin Films, J. Alloy. Compd., 2013, 566: 201-205.

第 10 章

半导体及光伏器件中局域化载流子的光电过程表征

10.1 引言

在过去的数十年发展中，半导体光伏器件的效率纪录不断被刷新。其中的磷化铟镓(GaInP)三元化合物，作为重要的直接带隙半导体材料，极大地促进了高效光伏产业的发展。目前，基于磷化铟镓的多节太阳能电池的转换效率已经超过32%，已广泛应用于太空系统。

理解光伏器件中载流子的产生、输运以及中途复合等过程的物理机制，对于进一步提高器件效率至关重要。而载流子的寿命，尤其是少数载流子的寿命，是决定光伏器件效率的一个重要参数。因此，深入研究决定载流子寿命的主要物理机制，将为改进器件设计、提高光电转换效率提供重要的指导。

然而，由于光伏器件复杂的多层结构，要无损地测量其内部的载流子动力学过程一直是个具有挑战性的课题。近年来，一些光电和光谱学的表征手段被引入光伏器件的研究中，并取得了不少新的研究成果。

本章将介绍一些新颖的光电表征手段，包括电致发光(Electroluminescence, EL)、时间分辨光致发光(TRPL)以及时间分辨光电流(Time-resolved Photocurrent, TRPC)；并且探讨应用这些表征手段研究光伏器件中载流子复合动力学等的方法。同时，针对载流子的运动机制，特别是瞬态的动力学过程，建立了相应的物理模型，并用来分析讨论光伏器件中的载流子复合动力学过程。这些表征方法、物理模型以及载流子动力学过程和机制研究，将为基于磷化铟镓及其他半导体材料的光伏器件的未来发展提供重要的支撑。

半导体材料和纳米结构的发展日新月异，从航天器中的太阳能电池到手机中的显示屏，半导体材料都有广泛的应用[1-10]。然而，与半导体材料及其在器件中应用的发展速度相比，对这些新材料体系中光电现象的基本理解还显不足[11-14]。得益于实验技术的进步，非接触式的光电表征方法也为探索新型半导体材料中的物理学提供了巨大潜力[15-24]。

磷化铟镓($Ga_xIn_{1-x}P$)是重要的半导体材料，通常被用于制造太阳能电池和发光器件[25-26]。在常温下，GaP与InP的禁带宽度分别为2.25 eV和1.27 eV，通过改变Ga/In成分的含量，$Ga_xIn_{1-x}P$的禁带宽度可以在1.27～2.25 eV之间调节，赋予该材料极大的灵活性，因而广泛应用于各种半导体器件[26-29]。

在Ⅲ-Ⅴ族合金中，局部 Ga 和 In 原子分布在交替的{111}晶格面上，从而形成局部超晶格状结构，也称为“畴”结构。这种 CuPt 型排序降低了晶格对称有序度，并可能强烈改变合金的电子和光学性能。由此产生的明显后果包括带隙减小、价带分裂和光学各向异性[30]。众所周知，Ⅲ-Ⅴ族合金中的 CuPt 型有序性会受到Ⅴ/Ⅲ比例、生长时衬底温度和生长速率等生长条件的显著影响。通过改变生长条件可以获得不同程度的长程有序度。在特定的生长条件下，合金只能获得一定程度的有序性，这意味着整个合金晶格并不具有相同的有序性。其结果是，GaInP 合金中包含具有不同有序度的畴的统计分布，这种畴的统计分布已通过空间分辨的光致发光测量得到证实[31]。具体来说，Ga/In 组分分布不均匀，造成了一些区域的 InP(GaP)成分富集，而 GaP(InP)成分减少，导致 $Ga_xIn_{1-x}P$ 形成长程的无序结构。而在较小的区域内，Ga/In 有可能按照比例均匀生长，则会形成有序的畴状结构，这就造成了 $Ga_xIn_{1-x}P$ 的局部有序结构。

在局部有序的 $Ga_xIn_{1-x}P$ 结构中，有序结构往往被包围在随机无序的区域中。而长程有序 Ga/In 组分的随机分布，就会引入安德森局域化(Anderson localization)[32]。而在有序的畴结构中，载流子可以自由传输。对于局部有序 GaInP 的偏振发光谱的研究显示，局域态和非局域态同时存在于这一材料体系内[33]。而莫特转变(Mott transition)有可能发生在两种电子态之间[34]。因此，局部有序 GaInP 材料为我们用光学方法验证莫特转变提供了一个绝佳的平台。

各种缺陷(例如缺陷、杂质、成分波动、晶格畸变等)导致的实际晶体固体中的载流子局域化是一种普遍存在的现象[35-39]。载流子局域化和相关现象的科学意义以及对材料系统的电、磁和光学性质的深远影响，仍然是人们广泛关注的课题。随着基于 In/Ga 合金的发光二极管的迅速发展，最近由结构缺陷引起的载流子局域化效应已得到越来越多的关注[36,40-41]。例如，合金无序而导致的局部载流子可以产生有效的发光和异常的热力学行为[42]。

为了解释与载流子局域化相关的这些异常的发光行为，人们已经进行了许多尝试。其中由我们课题组(徐士杰教授课题组)研发的局域态集体 (Localized-State Ensemble，LSE)荧光模型得到了较广泛的应用[43-45]，已经被收入德国斯普林格出版社出版的两部著名经典教科书 *Semiconductor Optics* 及 *The Physics of Semiconductors*的修订版中。该模型根植于一个新推导出来的针对可区分局域化载流子的分布函数，不仅能定量地再现不同材料系统局域化载流子集体荧光的荧光峰的S形温度依赖，而且还解释了荧光峰宽度的V形温度依赖性，深刻阐释了局域化载流子集体荧光的特性。但该模型的早期版本仅适用于稳态发光，为了分析诠释局域态载流子的瞬态或时间分辨的发光，我们进一步成功地将LSE模型拓展到了定量分析局域态载流子的温度依赖的时间分辨光致发光(TRPL)[46]。

同时，我们还发展了一个针对掺杂半导体中少数载流子的温度相关时间分辨光电流(TRPC)的普适性模型[47]。该模型首次建立了TRPC与TRPL寿命之间的解析关系，可以对包括GaInP基太阳能电池测得的温度相关的TRPC数据进行定量分析。预期这些物理模型以及载流子复合动力学过程的研究可能会对半导体光电器件的设计和器件物理产生重要而深远的影响。

10.2 光致发光与电致发光

光致发光(PL)是光谱学的一个重要表征手段，它一般使用能量大于带隙的光源激发半导体或其他发光固体材料，使价带中电子通过吸收光子能量而被激发到导带。当被激发到导带的电子跃迁回到价带的时候，电子所改变的能量以光子的形式释放，形成所谓光致发光。

电致发光(EL)的原理与PL相似，主要的不同点是EL使用电能来激发样品发光。这里将要讨论的电致发光是半导体p-n结中的电荷注入引起的发光。在外接电压驱动下，电子和空穴将分别从两极注入p-n结中，这些注入的电子和空穴中的一部分可在p-n结的耗尽区进行辐射复合，从而发生电致发光。

这里我们以GaInP太阳能电池中的p-n结为例，探讨电致发光表征在光伏器件中的应用[42]。

在这项研究中，测试所用的GaInP光伏器件是通过低压金属有机化学气相沉积(MOCVD)技术生长在p-型GaAs衬底上的。该光伏器件的详细层结构如图10-1(a)所示。GaInP基层(base layer)的厚度为756 nm，而发射层的厚度为70 nm。在先前的研究工作中，我们已经表明红色发光主要源于GaInP基层。

在15 mA的恒定注入电流下，对GaInP电池进行了不同温度的EL测量。

测得的 EL 光谱如图 10－1(b)所示。当温度低于 20 K 时，仅观察到一个以 641 nm为中心的宽峰(标记为峰 1)；当温度高于 20 K 时，位于峰 1 高能侧的另一个峰(标记为峰 2)变得可见；在 30 K 时，峰 2 的中心波长在 630 nm 处，而且其峰位随温度升高而逐渐红移；在10～50 K的温度范围内，峰 1 在 EL 光谱中占主导地位，但其强度随温度升高而迅速下降，并在约 80 K 处发生淬灭，取而代之，峰 2 在较高温度下成为主导发光。

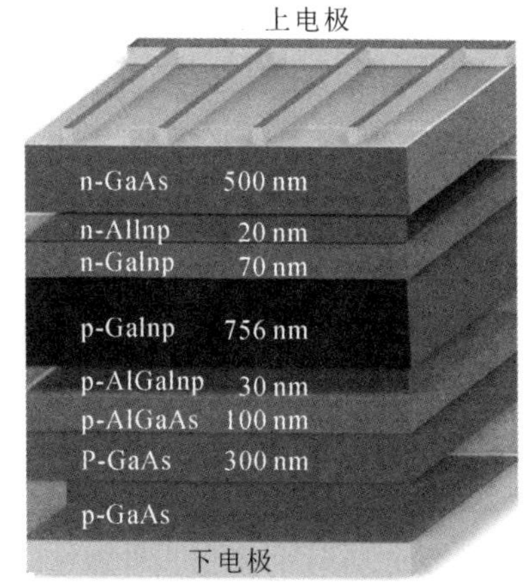

(a) GaInP光伏器件的结构细节示意图

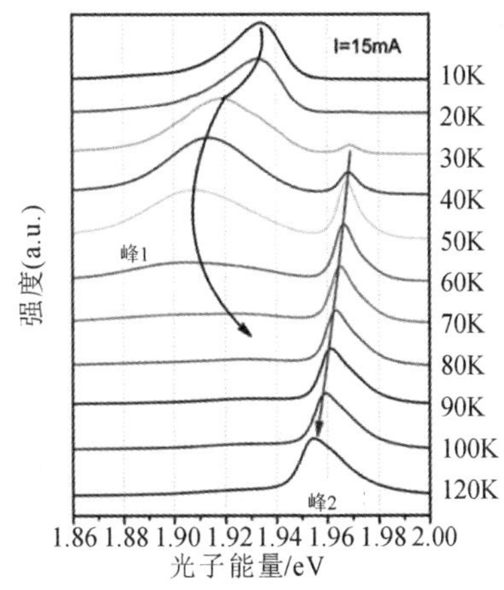

(b) 在不同的温度和15 mA的恒定注入电流下，样品的实测EL光谱

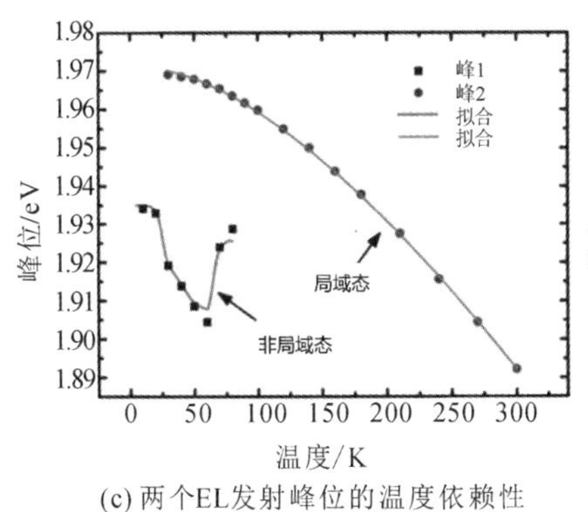

(c) 两个EL发射峰位的温度依赖性

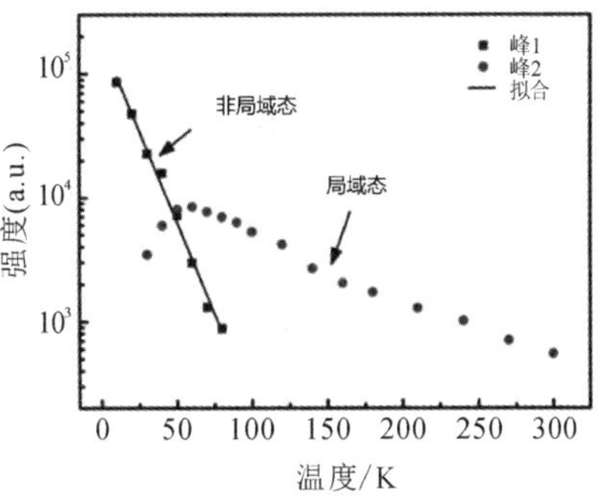

(d) 峰1和峰2的积分强度与温度的关系(半对数刻度)

图 10－1　电致发光的温度依赖

除了两个发光峰的相对强度发生显著变化之外，它们的线形还显示出随着温度升高而出现的有趣变化。例如，峰 1 在低温下呈现出不对称的线形，并具

有长的低能尾巴，显示出局域化态集体发光的典型特征。相比之下，峰 2 在高温下显示出不对称的线形，并展现出长的高能尾巴，而在温度＜60 K 时则显示出对称的线形。为了进一步研究两个发射峰的光谱，观察它们的峰位与温度的关系，如图 10－1(c)所示。峰 2 的峰位的温度变化遵循 Varshni 经验公式描述的红移趋势，红色实线即 Varshni 经验公式所描述的红移规律。然而，峰 1 的峰位则表现为 V 形演化，先是红移，然后再蓝移。光谱特征的这些巨大差异表明，两个发光峰可能源自性质相异的两种不同的电子态。我们前面讨论过，GaInP 合金中的自发性局部有序可导致局部原子有序畴嵌入剩余的无序区域内。这些由交替的 InP/GaP 单层超晶格状结构组成的局部有序域可能具有不同的有序度以及尺寸，导致具有较宽能量分布的局部扩展态。需要注意的是，与全无序区域的带隙相比，这种局部扩展态却具有较低的带隙。另一方面，在 Ga 和 In 原子完全随机波动的其余无序区域中可能形成另一种电子态。

根据安德森局域化的概念，在无序区域中形成的第二种电子态应为局域态[32, 39, 42,52-53]。在具有直接带隙的 GaInP 合金中，占据两种不同的电子态的载流子辐射复合可能会产生两个分离的发光带，且可能具有非常不同的特性，包括不同的峰值能量(中心波长)、光谱线形乃至偏振状态。正如引言部分所述，我们已经测量了来自 GaInP 外延层的光致发光信号的偏振，明确表明发射光谱包含完全偏振和完全非偏振两部分，这两部分分别来自载流子在有序畴以及在剩余的全无序区域的辐射复合。此外，这两个荧光偏振分量除了具有不同的峰值位置和线形之外，还表现出非常不同的温度依赖性。在这一节中，我们将探讨基于 GaInP 光伏电池中载流子从超晶格状扩展态到安德森型局域态转换的电致发光证据。

为了定量解释通常观察到的局域化载流子的发光对温度的异常依赖性，我们(徐士杰课题组)发展出了一个通用模型，即局域态集合(LSE)发光模型[43-45]。根据该模型，具有高斯型态密度(DOS)的局域态载流子的发光光谱为

$$I \propto \rho(E) \cdot f(E,T) = \rho_0 \mathrm{e}^{-(E-E_0)^2/2\sigma^2} \cdot \frac{1}{\mathrm{e}^{(E-E_a)/k_B T} + \tau_{tr}/\tau_r} \qquad (10-1)$$

其中：$\rho(E)=\rho_0 \mathrm{e}^{-(E-E_0)^2/2\sigma^2}$，表示由于能量空间中局域态的分布而导致的高斯型 DOS；E_0 是高斯型 DOS 的中心能级位置；E_a 是特征能量水平；k_B 是玻尔兹曼常数；$\tau_{tr}(\tau_r)$ 代表载流子从局域态逃逸(辐射复合)的时间常数。

式(10－1)中的第二部分或许可理解为一个针对可区分局域化载流子的分布函数，当$\frac{\tau_{tr}}{\tau_r}=1$时，这个分布函数在形式上就和费米-狄拉克分布函数完全相同。通过求解式(10－1)右侧相对于温度的最大值，获得了局域化态集体荧光的峰位能量，再考虑理想半导体禁带宽度随温度升高而单调红移的 Varshni 经验公式，最终可以将局域态载流子集体荧光的发光峰位能量写为

$$E(T)=\left(E_0-\frac{\alpha T^2}{\theta+T}\right)-x\cdot k_B T \tag{10-2}$$

其中：θ 是德拜温度；α 是 Varshni 参数；x 是一个无量纲的温度依赖参数；可以通过数值求解以下公式得出

$$x\mathrm{e}^x=\left[\left(\frac{\sigma}{k_B T}\right)^2-x\right]\left(\frac{\tau_r}{\tau_{tr}}\right)\mathrm{e}^{(E_0-E_a)/k_B T} \tag{10-3}$$

应用上述的 LSE 模型拟合峰 1 的峰位的 V 形温度依赖，拟合曲线如图 10－1(c)所示。获得最佳拟合所使用的参数是$E_0=1.935$ eV，$\alpha=6.989\times10^{-2}$ meV/K，$\theta=450$ K，$E_a=1.956$ eV，$\tau_{tr}/\tau_r=3.684\times10^{-2}$，$\sigma=26.0$ meV。而峰 2 的峰位的温度依赖性则遵循 Varshni 公式所描述的趋势[45]，如图 10－1(c)中的实线所示。用 Varshni 公式得出的最佳拟合参数是 $E_0=1.971$ eV 和 $\alpha=0.659$ meV/K。

显而易见，载流子从退局域化态(局部超晶格或有序畴)到安德森局域化态的转移是一个与温度有关的动态过程。至少在一定温度范围内，这种载流子转移将导致峰 1 强度的快速衰减和峰 2 强度的相应增加。如图 10－1(d)所示，峰 1 强度呈现出快速的指数衰减，而峰 2 强度首先增大，在 60 K 时达到最大值，然后随着温度进一步升高经历较慢的指数衰减。

如图 10－2(a)所示，我们固定温度于 50 K 而仅仅改变注入电流，例如从 0.6 mA 逐渐增加到 15.0 mA，测量光伏器件的 EL 谱，以期进一步研究两个发光带。正如预期和观察到的，峰 1 和峰 2 的强度都随注入电流的增加而增加，反映参与发光的载流子浓度在增加的物理机制。然而，两个峰对注入电流的依赖性则非常不同。对于峰 1，其强度增长的同时，峰位会出现明显的蓝移，这表明存在典型的电子态填充效应。这种态填充效应可能导致吸收边和发光峰出现明显的 Burstein-Moss 偏移[54]。与峰 1 的表现不同，峰 2 的峰值位置和线宽则基本不随注入电流增加而改变。峰 2 这些不寻常的行为以及比峰 1 窄得多的线宽表明，

峰 2 的电子态能量分布更窄，而态密度更高。

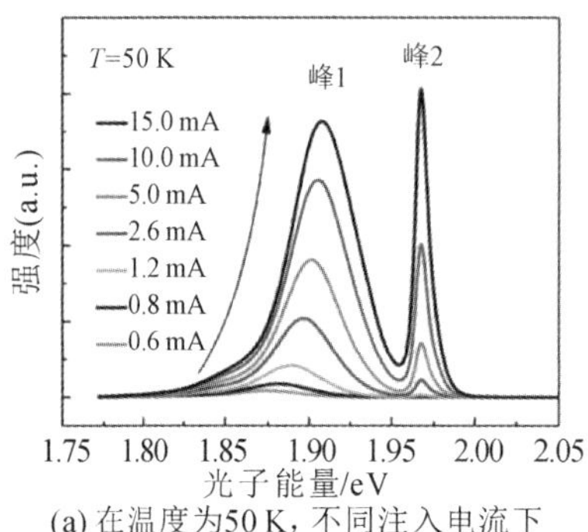

(a) 在温度为50 K，不同注入电流下测得的电池的EL光谱

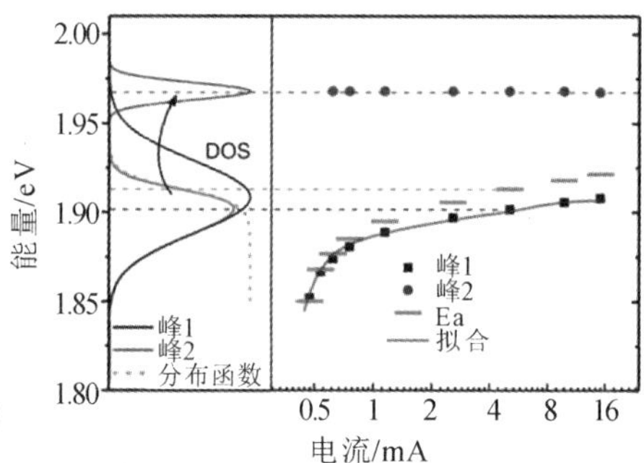

(b) 计算得到的态密度(DOS) (左)和不同注入电流下EL光谱中两个峰位的变化(右)。以注入电流为5 mA 为例，LSE模型的分布函数(虚线) 和计算的发光光谱(实线) 已标出

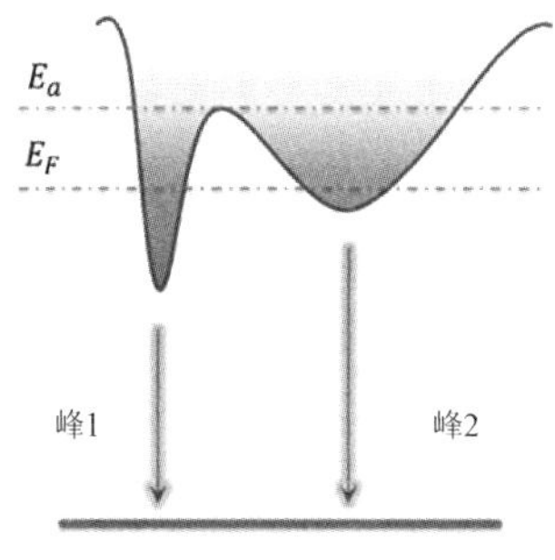

(c) 两个发光峰的能带示意图

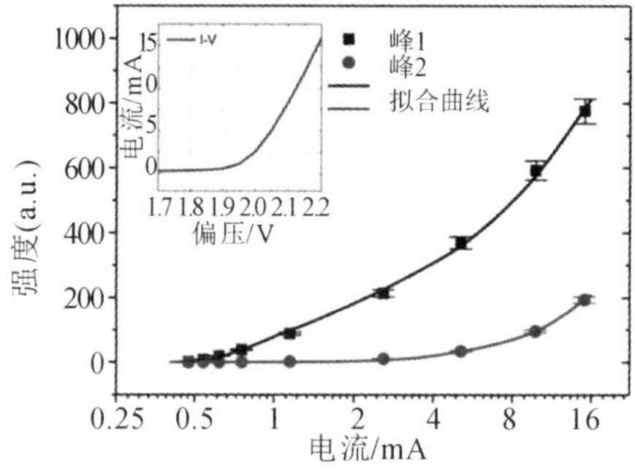

(d) 峰1和峰2的积分强度与注入电流的关系(半对数刻度)

图 10－2　电致发光的 2 个峰位演化

我们知道，改变注入电流会导致器件内载流子浓度的改变，因而影响到局域化载流子的准费米能级，也就是 LSE 模型中的 E_a。从两个发光带的强度分布以及图 10－2(a)所示的它们随注入电流的演化，可以证明大多数电注入载流子首先被局域在第一类电子态(局部原子有序超晶格区域)，然后进行辐射复合，产生发光峰 1。随着注入电流的增加，将有越来越多的载流子被注入器件，并占据更多的电子态。根据众所周知的 Pauli 不相容原理，这将导致载流子的准费米能级的增加，从而推高发光峰位，这就是我们所观察到的发光峰 1 的峰位随注入电流增加而发生蓝移的物理原因。使用 LSE 模型可以很好地分析峰 1 的峰位随注入电流的变化。如图 10－2(b)右侧所示，实线代表 LSE 模型对峰 1 位置的拟合曲线，理论拟合曲线与实验数据之间符合得相当好。拟合中采用的可调参数 E_a 也以短实线绘制在图 10－2(b)的右侧，可见随着注入电流的增加

E_a 在持续增加，代表了器件内载流子的浓度在随注入电流的增加而持续增加。图 10－2(b)的左侧还显示了峰 1 的态密度分布曲线(黑色实线)。为了更清楚地了解 LSE 发光模型的应用，LSE 发光模型中的分布函数(绿色虚线)也表示了出来。此外，我们也在图 10－2(b)的左栏中，绘制了在 5 mA 的注入电流下局域化载流子的理论发光谱(蓝色实线)。

为了进一步验证在我们感兴趣的注入电流下大多数注入的载流子确实被第一类电子态捕获，我们在正向偏置下测量了光伏电池的 $I-U$ 特性，结果如图 10－2(d)所示。显然，电池的 $I-U$ 曲线显示了 p－n 结的典型整流特性。同时，峰 1 和峰 2 的积分 EL 强度也显示在图 10－2(d)中。在测量范围内，峰 1 始终比峰 2 占优势，而且其强度的变化紧密地遵循注入电流的趋势。这些数据进一步证明，产生峰 1 发光的第一类电子态(由局部原子有序域形成的局部扩展态)捕获了大多数注入的载流子。

在用 LSE 模型推导了峰 1 的一些关键参数之后，我们现在或可对峰 2 进行一些深入讨论。如图 10－2(a)所示，尽管峰 2 的强度随注入电流的增加而增加，但其具有一个几乎恒定的峰位(1.968 eV)且维持较窄的线宽(约为 9 meV)。正如前面所指出的，峰 2 源自无序域相关的安德森型局域态的辐射复合。与峰 1 相比，峰 2 的积分强度与注入电流的相关性相对较弱，这是因为峰 2 的发光主要受载流子从第一类电子态到第二类电子态的热传递支配。根据 LSE 模型，载流子的热转移过程可以用 $\frac{\rho(E)\cdot f(E,T)}{\tau_{tr}}e^{(E-E_c)/k_BT}$ 来定量描述。因此，峰 2 的积分强度可以描述为

$$I_2 \propto N_{\text{Activation}} \propto \int_{-\infty}^{\infty}\rho(E)\cdot f(E,T)\cdot e^{(E-E_c)/k_BT}\mathrm{d}E \tag{10-4}$$

其中：$E_c=1.931$ eV，是从拟合中获得的在 50 K 的迁移率边。

根据 Mott 的理论，迁移率边定义为将非晶态材料(或掺杂半导体)中的局部和非局部状态分开的能量值[34]。通常而言，能量较低的载流子在空间上是固定的，并且仅通过热激活迁移；而能量较高的载流子则具有一定的迁移率。因此，迁移率边被认为是将两种类型的局部电子状态分开的特征能量值。如图 10－2(d)所示，理论拟合结果与实验数据吻合良好。

根据上述实验数据以及 LSE 模型的模拟结果，我们现在可以建立一张较准确的物理图像来描述部分有序 GaInP 合金中载流子的局域化分布、辐射复合以及热迁移等。如图 10－2(c)所示，在 p 型轻掺杂 GaInP 合金中，有两种不

同的电子态共存。在低温下，大多数电注入载流子被由局部原子有序畴所引起的电子态捕获，其中一些载流子以辐射复合方式产生 EL 峰 1。随着注入电流的增加，载流子占据这些电子态中的准费米能级将上升，导致峰 1 出现明显的布尔斯坦-莫斯蓝移（Burstein-Moss blueshift），更多的载流子会从这些局部扩展电子态热转移到安德森型局域态，从而导致 EL 峰 2 强度增强。

10.3 时间分辨光致发光模型与应用

在本章第一节中介绍的光致发光（PL）实际上指的是时间积分光致发光（Time-resolved Photoluminescence，TIPL），也称之为稳态光致发光（Steady-state photoluminescence）。样品是在恒定的光激发条件下发光，因此 TIPL 是一种准平衡的光谱，并没有体现出载流子时间演化的有关信息。

与 TIPL 不同，时间分辨光致发光（TRPL）又称之为瞬态荧光（Transient Photoluminescence），携带载流子随时间演化的信息，可用于研究发光材料中载流子的动态过程。为了观察光致发光随时间的演变，必须使用脉冲光源或电脉冲来激发样品，这样或可测量到某一波长随时间的演化曲线。目前，已有多种技术可以进行 TRPL 或 TREL 测量，后者用电脉冲来激发发光样品。最强大的一种测量 TRPL 的技术是条纹相机（Streak camera），条纹相机与飞秒脉冲激光光源配合使用，测量系统的时间分辨率已可达 1 ps 以下。此外，还有克尔门以及上转换荧光等其他技术。

对于局域化载流子包括激子发光的稳态光谱，前面几节中我们已用 LSE 模型进行了分析和计算，对于局域化载流子稳态发光的峰位、峰形、强度等随温度等的变化有了较深刻的理解，也获得了一些决定局域化载流子稳态发光的关键型物理因素（参数）的定量值。但对于局域化载流子发光的瞬态过程对温度、能量（波长）等参数的依赖，则缺少定量理解。主要原因是，以前没有一个合适的理论模型来对局域化载流子发光的时间分辨光谱进行定量描述。我们知道，不同于一般统计意义上的全同费米子或玻色子，局域化载流子都是可区分的，它们携带不同的能量，占据不同的局域化电子态，每一个对于发光的贡献都不相同。在稳态 LSE 模型中，一个与局域化载流子非辐射复合和辐射复合时间常数之比相关的分布函数起了决定性作用。在局域化载流子发光的瞬态过程中，我们可以想象其荧光时间常数或寿命一定是一个能量或波长的函数，而

且还是一个温度的函数。图 10－3(a)是用条纹相机技术实验测得的 InGaN/GaN 量子阱的 TRPL 光谱的二维图像，明显地显示出荧光寿命对能量的强依赖性[55]。下面将描述我们最近在稳态 LSE 模型基础之上发展出来的时间分辨光谱普适性模型[46]。在该模型中，除了证明局域化载流子在某一具体能量的发光强度随时间衰减仍然遵循单指数下降规律之外，还推导出了其有效发光寿命和非辐射复合寿命随温度和能量变化的解析表达式，并通过运用该模型定量解释文献中所发表的几种材料系统的时间分辨发光实验数据，显示了其通用性和准确性。

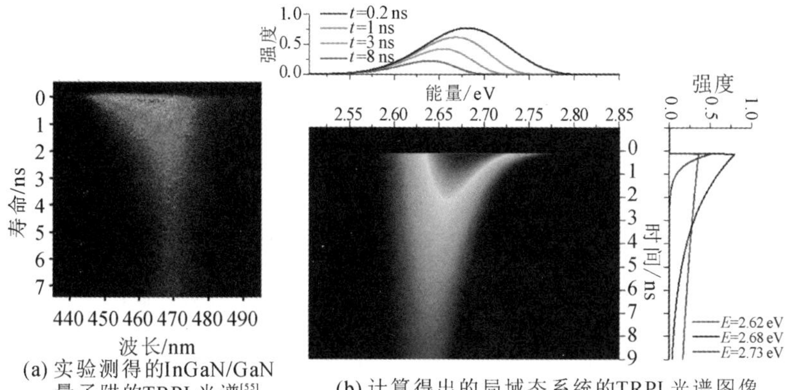

(a) 实验测得的InGaN/GaN量子阱的TRPL光谱[55]

(b) 计算得出的局域态系统的TRPL光谱图像

图 10－3　TRPL 二维光谱

对于局域化态具有态密度(DOS)为 $\rho(E)$ 的发光系统，可以用以下偏微分方程来描述激发载流子浓度的时间演化[43-45]：

$$\frac{\partial N(E,T,t)}{\partial t}=G+\gamma_c N'\eta-\frac{N(E,T,t)}{\tau_{tr}}e^{\frac{E-E_a}{k_B T}}-\frac{N(E,T,t)}{\tau_r} \qquad (10-5)$$

其中：G、N'、γ_c 以及 η 分别代表由于光激发、电注入等引起的载流子的产生率、热活化载流子的总数、热活化载流子的再捕获系数以及再捕获效率；E_a 仍然是代表材料的一个独特的能量，其值取决于具体材料；τ_{tr} 和 τ_r 是表征局域化载流子热活化和辐射复合的两个时间常数，后一常数的倒数代表产生荧光的概率。

假设重新捕获效率与未占用的局域态数量成正比[56-57]，即

$$\eta=\frac{N(E,T,t)e^{(E-E_a)/k_B T}}{\int_{-\infty}^{+\infty}N(E',T,t)e^{(E'-E_a)/k_B T}dE'} \qquad (10-6)$$

在这样的假设以及脉冲激发条件下，速率方程(10-6)或可重写为

$$\frac{\partial N(E,T,t)}{\partial t}=G(E,t)-(1-\gamma_c)\frac{N(E,T,t)}{\tau_{tr}}\mathrm{e}^{\frac{(E-E_a)}{k_B T}}-\frac{N(E,T,t)}{\tau_r} \quad (10-7)$$

将式(10-8)简化为

$$\frac{\partial N(E,T,t)}{\partial t}+P(E,T)N(E,T,t)=G(E,t) \quad (10-8)$$

其中

$$P(E,T)=\frac{(1-\gamma_c)\mathrm{e}^{\beta(E-E_a)}}{\tau_{tr}}+\frac{1}{\tau_r} \quad (10-9)$$

上式中 $\beta=1/k_B T$。

偏微分方程(10-8)的一个解为

$$N(E,T,t)=\rho(E)\mathrm{e}^{-P(E,T)\cdot t}\int g(t)\mathrm{e}^{P(E,T)\cdot t}\mathrm{d}t \quad (10-10)$$

对于脉冲激发，载流子产生项或可写成表达式：$G(E,t)=g(t)\rho(E)$，其中 $g(t)$ 表达为

$$g(t)=g_0\mathrm{e}^{\frac{-(t-t_0)^2}{2\sigma_t^2}} \quad (10-11)$$

式中：g_0 是一个常数；t_0 代表高斯型脉冲的中心时间；σ_t 则是控制载流子激发产生过程的一个重要参数。最终局域化载流子的发光强度随时间的变化可以表示为

$$I_L(E,T,t)=\frac{N(E,T,t)}{\tau_r}\propto\rho(E)\cdot\left\{\mathrm{erf}\left[\frac{(t-t_0)-\sigma_t^2/\tau_L}{\sqrt{2}\sigma_t}\right]+1\right\}\mathrm{e}^{-(t-t_0)/\tau_L} \quad (10-12)$$

其中

$$\tau_L(E,T)=\frac{1}{P(E,T)}=\frac{\tau_r}{1+\frac{\tau_r}{\tau_{tr}}(1-\gamma_c)\mathrm{e}^{\frac{E-E_a}{k_B T}}} \quad (10-13)$$

或者写为

$$\frac{1}{\tau_L(E,T)}=\frac{1}{\tau_r}+\frac{1}{\tau_{tr}}(1-\gamma_c)\mathrm{e}^{\frac{E-E_a}{k_B T}} \quad (10-14)$$

式(10-13)或式(10-14)给出了局域化载流子集体荧光的时间常数随能量及温度等变化的解析表达式。很显然，当热激活的局域化载流子的再捕获率 $\gamma_c=1$ 时，局域化载流子的荧光寿命 τ_L 就等于其辐射复合寿命 τ_r。这是因为在本模型中，局域化载流子的热激活逃逸是载流子非辐射复合的唯一渠道。$\gamma_c=1$ 意味着所有局域化载流子都最终参与了辐射复合。

实际上，式(10-13)可进一步简化为

$$\tau_L = \frac{\tau_r}{1 + e^{\alpha(E - E_m)}} \tag{10-15}$$

这个简洁表达式已广泛使用于文献中，其中E_m是一个特定的能量，由Oueslati等人定义，在该能量处载流子辐射复合速率等于传输速率[58]。α是一个模型参数，单位为能量倒数。请注意，我们的模型不但考虑了荧光时间常数随发光能量的变化，还考虑了温度效应。因此，式(10-13)或式(10-14)给出了一个普适性的针对局域态载流子集体荧光时间常数的定量描述。

如图10-3(b)所示，我们用这个模型模拟了局域化载流子的时间分辨PL光谱计算出的TRPL光谱，并绘出了一个二维图像。图像上图显示了在不同几个延迟时间下的理论PL光谱，注意荧光谱谱峰随时间的红移现象，这是由于位于较高能位的局域化载流子有较高的热化逃逸。图像右图则显示了三个不同光子能量处的发光强度随时间的衰减曲线。很显然，理论TRPL光谱在随时间的演化上表现出十分独特有趣的变化趋势。例如，发光寿命显示出对能量的明显依赖性，并且发光光谱显示出对延迟时间的有趣的依赖性，即在延迟时间的早期峰位所展现出的快速红移和在较高能量下的快速衰减。这些理论预测的变化趋势和实验光谱测量到的结果是相吻合的。

此外，我们知道荧光时间常数不单单由载流子的辐射复合时间常数决定，它同时还受非辐射复合时间常数制约，通常可写为$\tau_L^{-1} = \tau_{nr}^{-1} + \tau_r^{-1}$。利用这个等式，可以导出以下的表达式：

$$\tau_{nr}(E, T) = \frac{\tau_{tr}}{1 - \gamma_c} e^{-(E - E_a)/k_B T} \tag{10-16}$$

以上物理量可以被认为是局域化载流子的有效非辐射复合时间。这个公式说明，局域化载流子的有效非辐射复合时间对温度和能量表现出明显的指数依赖性，对有效荧光发光寿命起着重要作用。如图10-3(b)所示，Narukawa等人测得的InGaN多量子阱局域化激子的非辐射寿命与温度的关系可以用这个公式进行定量解释[59]。

现在我们将该模型应用于Satake等人测量的单层InGaN合金的时间分辨光致发光数据[60]。在这种InGaN三元合金中，局域化激子的自发辐射是最主要的发光机制。从图10-4(a)可以看出，理论与实验之间取得了很好的一致性。

除了GaInP、InGaN等三元合金以外，通常用于制造蓝绿色LED的InGaN/

GaN 核心量子阱也具有很强的局域化发光效应。Okamoto 等人通过实验测量了 InGaN/GaN 量子阱中不同能量处和不同温度下局域化载流子的光致发光寿命[55]。图 10－4(c)、(d)中的方块和圆点是他们的实验数据。从图上我们可以看到，荧光寿命无论是随能量变化还是随温度变化，理论和实验都吻合良好。这再一次说明我们所发展理论模型的普适性和准确性。在图 10－4(d)中还可以清楚地看出，理论模型对实验所测到的局域化载流子非辐射复合寿命温度依赖性的阐释。图中的计算曲线采用τ_r＝16.557 ns，虚线是理论有效非辐射寿命τ_{nr}，实线则是理论发光寿命。对于局域化载流子，其辐射复合寿命τ_r在低温区域通常不会随温度而改变。在高温区域，τ_{nr}则显著变短，并主要决定着发光的总体寿命。

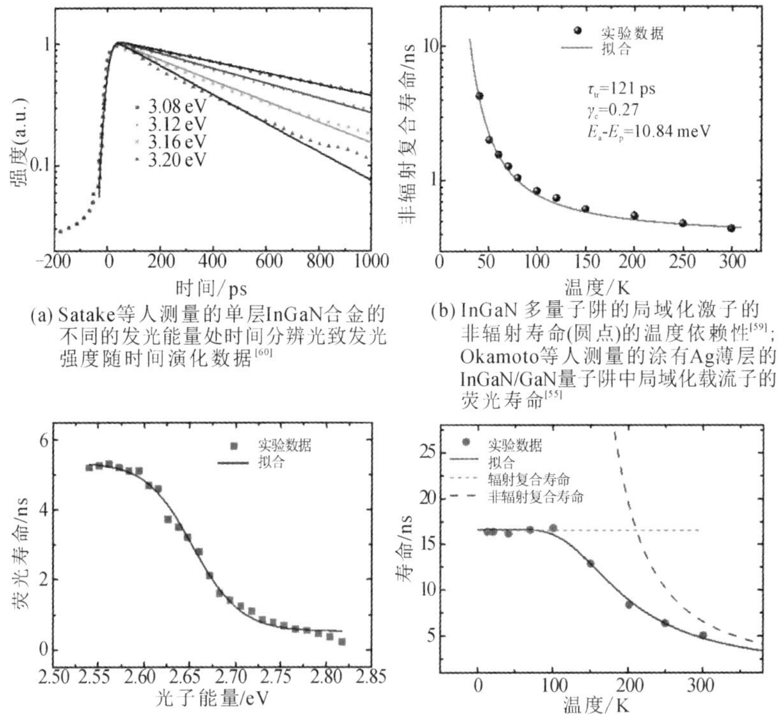

(a) Satake等人测量的单层InGaN合金的不同的发光能量处时间分辨光致发光强度随时间演化数据[60]

(b) InGaN 多量子阱的局域化激子的非辐射寿命(圆点)的温度依赖性[59]；Okamoto等人测量的涂有Ag薄层的InGaN/GaN量子阱中局域化载流子的荧光寿命[55]

(c) 室温下的不同能量处的荧光寿命

(d) 固定能量但不同温度时的荧光寿命

图 10－4　TRPL 光谱的能量和温度依赖

综上所述，我们建立了一种局域化载流子时间分辨发光的解析模型，成功地将 LSE 模型拓展到了时间分辨荧光谱。该模型能够定量描述局域化载流子的色散热力学行为，主要由局域化载流子的有效发光寿命和非辐射复合寿命的解析表达式构成。这个模型的建立及应用使我们对局域化载流子的时间分辨发

光过程，尤其是对发生在半导体及器件中局域化载流子的这些动态过程的温度和能量依赖性有了前所未有的深刻理解。

10.4　时间分辨光电流模型及应用

与 TRPL 相类似，时间分辨光电流（TRPC）也是一个时间的函数，也可用于研究半导体和光电器件中光生载流子的时间演变动态过程。但 TRPC 测量的是电流随时间的演化曲线。与发光所不同的是，光生载流子必须抵达电极处才能测到电流信号。因此，可以预计，即使对于同一个样品，TRPL 和 TRPC 可能表现出不同的时间常数。作为激发光源，短脉冲光也被用于实际的 TRPC 测量中。

当前 TRPL 和 TRPC 两种实验技术经常用于探测半导体以及光电器件中载流子的寿命[61-62]。实验表明，在给定的半导体或器件中，测得的 TRPL 和 TRPC 信号可能显示出不同的时间和温度依赖性[63]。由于代表着载流子中途辐射复合损失过程，所以发光对光伏电池是一个负面影响过程。然而，光电流与光伏器件的电输出功率呈正相关，因此，光电流过程对光伏电池而言为正面影响。研究光伏器件中载流子的时间分辨动力学过程时，TRPC 可能代表了一种更为直接和重要的技术，因为其时间常数和光伏器件的光电转换效率关联最直接。但是，就我们所知，目前似乎没有关于半导体中载流子时间分辨光电流信号的理论模型的报道，这使得我们对于影响光电器件中光电流寿命的物理原因尚未有深刻的理解，这也在一定程度上阻碍了光伏等光电器件的进一步设计与发展。

这里我们试图为掺杂半导体中少数载流子的温度相关的 TRPC 建立一个普适模型，并对发生在光伏器件中的载流子复合及输运过程进行认真的探讨[47]。

我们从 p 型掺杂半导体中与空间和时间相关的少数载流子浓度开始分析。为简单起见，少数载流子浓度的空间分布仅在一维方向上考虑，如 x 方向，在获得结果后不难扩展到三维中。假设半导体被均匀激发并且电场在 x 方向上均匀分布。载流子的这种浓度分布 $N(x,t)$ 可以用连续性偏微分方程描述[64]

$$\frac{\partial N(x,t)}{\partial t}=D\frac{\partial^2 N}{\partial x^2}+\mu E\frac{\partial N}{\partial x}+G-\frac{N}{\tau} \tag{10-17}$$

式中：D 表示载流子（电子）的扩散系数；μ 为电子的迁移率；E 为施加的电场；τ 为少数载流子（电子）的寿命；G 则是由外部激发所产生的载流子生成项。假设生成项可写成 $G(x,t)=X(x)\cdot g(t)$，则式（10－17）的一种可能的解或可以写成关于空间坐标 x 和时间 t 的两个独立函数的积：

$$N(x, t)=AX(x) \cdot n(t) \tag{10-18}$$

$$X(x) \propto \mathrm{e}^{-ax} \tag{10-19}$$

式(10-18)中的 A 是一个无量纲常数，而式(10-19)中的 a 则是一个具有长度倒数单位的常数，它表征少数载流子的垂直空间分布。常数 A 和 a 可以通过特定的空间边界条件来确定。这里我们只考虑时间函数 $n(t)$，它可以用以下公式来求解

$$\frac{\mathrm{d}n(t)}{\mathrm{d}t}=a^2 Dn-a\mu En+g-\frac{n}{\tau} \tag{10-20}$$

上述方程的一个解可以写为

$$n(t) = \mathrm{e}^{-Pt} \cdot \left(\int g\mathrm{e}^{Pt}\mathrm{d}t + C\right) \tag{10-21}$$

其中

$$P=\frac{1}{\tau}+a\mu E-\mathrm{a}^2 D \tag{10-22}$$

我们知道在时间分辨的测量中都使用脉冲激发。脉冲激发所产生载流子的时间相关函数可表述为式(10-11)。在这种高斯型脉冲激发下，少数载流子浓度的解可以写成

$$n(t)=\sqrt{\frac{\pi}{2}}\sigma_t g_0 \left\{\mathrm{erf}\left[\frac{t-(t_0+\sigma_t^2 P)}{\sqrt{2}\sigma_t}\right]+1\right\}\mathrm{e}^{\sigma_t^2 P^2/2+(t_0-t)P} \tag{10-23}$$

其中 erf 表示高斯误差函数。

根据电流密度的定义[64]有

$$J_{\mathrm{pc}}(t)=\rho(t) \cdot v_{\mathrm{d}} \tag{10-24}$$

其中：$\rho(t)=qn(t)$代表电荷密度；v_{d}是载流子的平均漂移速度。

假设平均漂移速度保持恒定，光电流密度随时间的变化可表示为

$$J_{\mathrm{pc}}(t) \propto \left\{\mathrm{erf}\left[\frac{(t-t_0)-\sigma_t^2/\tau_{\mathrm{pc}}}{\sqrt{2}\sigma_t}\right]+1\right\}\mathrm{e}^{-(t-t_0)/\tau_{\mathrm{pc}}} \tag{10-25}$$

这里σ_t是控制上升过程的参数，与材料和激发条件有关；而τ_{pc}是控制光电流衰变过程的参数；t_0是系统的参考时间。上式中光电流密度的衰减寿命可表达为

$$\frac{1}{\tau_{\mathrm{pc}}}=\frac{1}{\tau}+a\mu E-a^2 D \tag{10-26}$$

使用爱因斯坦关系 $D=\frac{\mu k_{\mathrm{B}} T}{q}$，式(10-26)可以重写为

$$\frac{1}{\tau_{\mathrm{pc}}}=\frac{1}{\tau}+a\mu E-a^2\frac{\mu k_{\mathrm{B}} T}{q} \tag{10-27}$$

在上式中，τ 可以是少数载流子的 PL 寿命。如果是这样，我们就可以建立 PL

和 PC 寿命之间的明确关系：

$$\frac{1}{\tau_{pc}}=\frac{1}{\tau_{pl}}+a\mu E-a^2\frac{\mu k_B T}{q} \tag{10-28}$$

局域态载流子的 PL 寿命在前面的章节中已经推导出来，如式(10－13)或(10－14)所表达。从式(10－28)可知，光电流的有效寿命除了和载流子的荧光寿命有关外，还是少数载流子扩散系数或迁移率的函数以及电场的函数。这些依赖都是可预测的，因为少数载流子的光电流除了和其荧光寿命有关外，一定是和控制输运的有关参数有关。当电场 $E=0$ 或很小时，少数载流子的扩散系数和迁移率可表示为

$$D=\frac{1}{a^2}\left(\frac{1}{\tau_{pl}}-\frac{1}{\tau_{pc}}\right) \tag{10-29}$$

$$\mu=\frac{q}{a^2 k_B T}\left(\frac{1}{\tau_{pl}}-\frac{1}{\tau_{pc}}\right) \tag{10-30}$$

这些公式说明，当我们能测量到少数载流子的荧光寿命以及光电流寿命时，或许可以确定少数载流子的扩散系数与迁移率。还有一个重要的结论是，当电场为零或很小时，TRPC 的时间常数要比 TRPL 的时间常数长。这一理论预测已被图 10－5 所示的实验所证实。

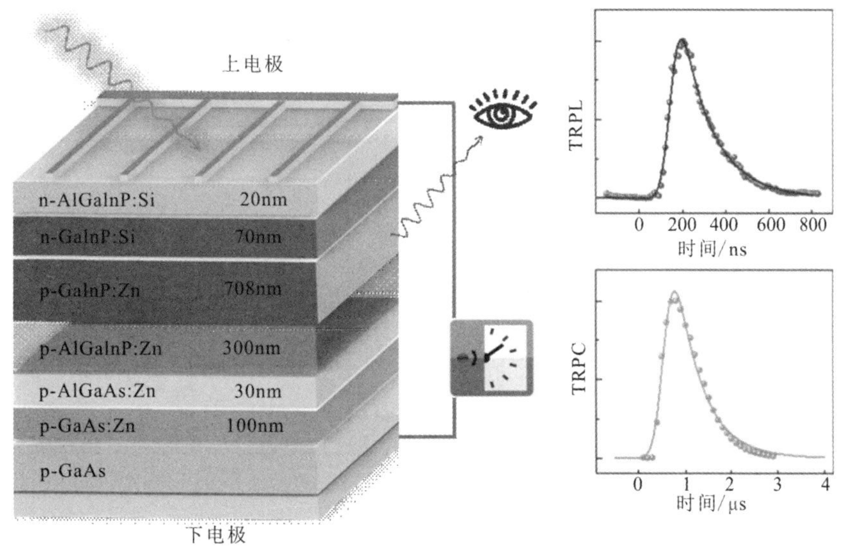

图 10－5　GaInP 太阳能电池的结构及时间分辨光致发光和时间分辨光电流测量示意图

光电流的有效寿命要远长于光致发光的寿命，而且两个寿命对温度的依赖性不同。例如，$T<100$ K 时，光电流有效寿命会随着温度的升高而迅速下降，

但当温度超过 100 K 后，光电流有效寿命趋于饱和(约 550 ns)。光致发光的寿命则是在温度低于 100 K 时变化较小，而当温度高于 100 K 时出现较快下降。

图 10－6 所示为使用 PL 和 PC 有效寿命数据绘制 $\ln\left(\frac{1}{\tau_{pl}}\right)$ 和 $\ln\left(\frac{1}{\tau_{pl}}-\frac{1}{\tau_{pc}}\right)$ 或者 $\ln(a^2D)$ 关于 $1000/T$ 的 Arrhenius 图。显然，100 K 是少数载流子的 PL 寿命和 PC 寿命变化趋势改变的一个关键温度。对于扩散系数，100 K 也是一个关键温度。在低于这个温度范围内，扩散系数随着温度的升高而缓慢下降，但当高于这个温度时，其会随着升温而显著增加。

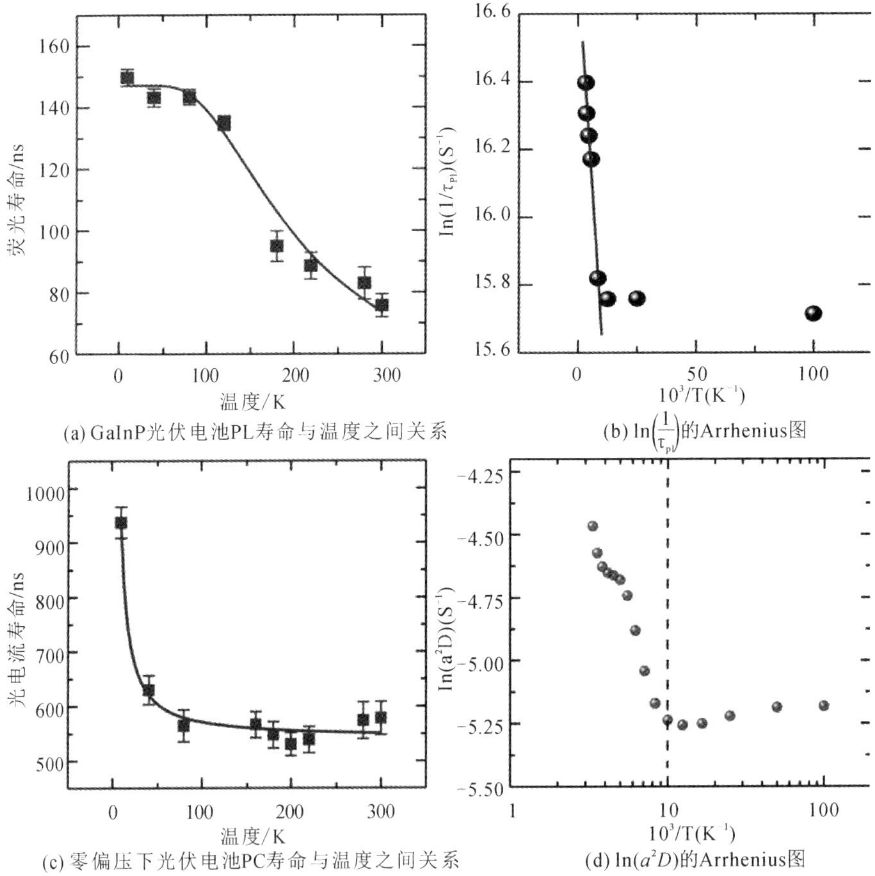

(a) GaInP光伏电池PL寿命与温度之间关系

(b) $\ln\left(\frac{1}{\tau_{pl}}\right)$的Arrhenius图

(c) 零偏压下光伏电池PC寿命与温度之间关系

(d) $\ln(a^2D)$的Arrhenius图

图 10－6　时间分辨光致发光和时间分辨光电流分析

根据相关研究，多数载流子浓度随温度的变化可能是导致上述少数载流子现象的关键因素。在温度小于 100 K 的低温区域，杂质的热电离将是一个主要

的物理过程。在我们所研究的 GaInP 电场样品中，基区是 p -型掺杂的。因此，在该低温区域，空穴浓度可能随着温度的升高而呈指数增加。光电流寿命的温度依赖性可以简单表示为[65]

$$\tau_c \propto \frac{1}{n_h} \propto e^{(E_f - E_v)/kT} \tag{10-31}$$

其中：E_v和E_f分别是价带和导带准费米能级；n_h是多数载流子浓度。

如图 10-6(c)所示，光电流寿命的温度依赖性可以通过式(10-31)很好地再现，实线即是理论拟合线。一个相当小的能量差$E_f - E_v = 0.47$ meV 在拟合中得到，这意味着空穴浓度对低温电离区的温度变化非常敏感，当温度升高到超过 100 K 时，绝大多数 p -型杂质完成电离。当温度再升高时，空穴浓度已基本不再变化，表现出不再对温度敏感。结果如图 10-6(c)所示，少数载流子电子的光电流寿命趋于平稳。

10.5　本章小结

我们将针对局域化载流子集体荧光的稳态 LSE 模型，拓展到了脉冲激发下的瞬态情况，获得了时间分辨光荧光的解析理论表示式，并成功地应用于定量分析文献中所发表的多种材料的实验数据，对相关时间分辨光电子过程获得了前所未有的深刻认识。此外，还发展了一种温度和电场依赖的半导体中少数载流子瞬态光电流的通用模型，并将其成功用于定量解释 GaInP 单结光伏电池的温度和反向偏压相关的时间分辨光电流；还导出了半导体中少数载流子的光电流和光荧光寿命之间分析关系，并获得了光电流寿命与其他关键参数，例如扩散系数等。这一通用模型或将对深刻理解半导体光电子器件的内部光电子物理过程以及对半导体光电器件设计及性能改善产生重大影响。

参考文献

[1]　BARRIGÓN E, HEURLIN M, ZHAO X B, et al. Synthesis and applications of Ⅲ-Ⅴ nanowires. Chemical Reviews, 2019, 119(15), 9170-9220.

[2]　GREEN M A, DUNLOP E D, HOHL-EBINGER J, et al. Solar cell efficiency tables (version 55). Progress in Photovoltaics: Research and Applications, 2020, 28(1), 3-15.

[3] YANG Q L, KRUK S, XU Y H, et al. Mie-resonant membrane huygens'metasurfaces. Advanced Functional Materials, 2020, 30(4), 1-7.

[4] Arab H, MohammadNejad S, KhodadadKashi A, et al. Recent advances in nanowire quantum dot (NWQD) single-photon emitters. Quantum Information Processing, 2020, 19(2), 44.

[5] KWAK D H, RAMASAMY P, LEE Y S, et al. High-performance hybrid InP QDs/black phosphorus photodetector. ACS Applied Materials & Interfaces, 2019, 11(32), 29041-29046.

[6] SIYUSHEV P, NESLADEK M, BOURGEOIS E, et al. Photoelectrical imaging and coherent spin-state readout of single nitrogen-vacancy centers in diamond. Science, 2019, 363(6428), 728-731.

[7] WANG L G, ZHOU H P, HU J N, et al. A Eu^{3+}-Eu^{2+} ion redox shuttle imparts operational durability to Pb-I perovskite solar cells. Science, 2019, 363(6424), 265-270.

[8] YANG Z Y, ALBROW-OWEN T, CUI H X, et al. Single-nanowire spectrometers. Science, 2019, 365(6457), 1017-1020.

[9] RONG X, WANG M Q, GENG J P, et al. Searching for an exotic spin-dependent interaction with a single electron-spin quantum sensor. Nature Communications, 2018, 9(1), 739.

[10] LONG G K, JIANG C Y, SABATINI R, et al. Spin control in reduced-dimensional chiral perovskites. Nature Photonics, 2018.

[11] LI X M, RUI M, SONG J Z, et al. Carbon and graphene quantum dots for optoelectronic and energy devices: a review. Advanced Functional Materials, 2015, 25(31), 4929-4947.

[12] NAGL A, HEMELAAR S R, SCHIRHAGL R. Improving surface and defect center chemistry of fluorescent nanodiamonds for imaging purposes—a review. Analytical and Bioanalytical Chemistry, 2015, 407(25), 7521-7536.

[13] VELDHUIS S A, BOIX P P, YANTARA N, et al. Perovskite materials for light-emitting diodes and lasers. Advanced Materials, 2016, 28(32), 6804-6834.

[14] KANG X, CHONG H B, ZHU M Z. Au25(SR)18: The captain of the great nanocluster ship. Nanoscale, 2018, 10(23), 10758-10834.

[15] WANG Y T, CHEN M H, LIN C T, et al. Use of ultrafast time-resolved spectroscopy to demonstrate the effect of annealing on the performance of P3HT:PCBM solar cells. ACS Applied Materials & Interfaces, 2015, 7(8), 4457-4462.

[16] HOFFMAN D P, ELLIS S R, MATHIES R A. Characterization of a conical intersection in a charge-transfer dimer with two-dimensional time-resolved stimulated raman spectroscopy.

The Journal of Physical Chemistry A, 2014, 118(27), 4955 - 4965.

[17] HUXTER V M, OLIVER T A A, BUDKER D, et al. Vibrational and electronic dynamics of nitrogen-vacancy centres in diamond revealed by two-dimensional ultrafast spectroscopy. Nature Physics, 2013, 9(11), 744 - 749.

[18] MUKAMEL S. Principles of nonlinear optical spectroscopy. Oxford University Press, 1995.

[19] SHAH J. Ultrafast spectroscopy of semiconductors and semiconductor nanostructures. Springer-Verlag Berlin Heidelberg, 1999.

[20] ULBRICHT R, HENDRY E, SHAN J, et al. Carrier dynamics in semiconductors studied with time-resolved terahertz spectroscopy. Reviews of Modern Physics, 2011, 83(2), 543 - 586.

[21] Richter J M, Federico B, DE ALMEIDA CAMARGO F V, et al. Ultrafast carrier thermalization in lead iodide perovskite probed with two-dimensional electronic spectroscopy. Nature Communications, 2017, 8(1), 1 - 7.

[22] OKUDA T. Recent trends in spin-resolved photoelectron spectroscopy. Journal of Physics Condensed Matter, 2017, 29(48).

[23] GRISCHKOWSKY D, KEIDING S, VAN EXTER M, et al. Far-infrared time-domain spectroscopy with terahertz beams of dielectrics and semiconductors. Journal of the Optical Society of America B, 1990, 7(10), 2006.

[24] JOYCE H J, WONG-LEUNG J, YONG C K, et al. Ultralow surface recombination velocity in InP nanowires probed by terahertz spectroscopy. Nano Letters, 2012, 12(10), 5325 - 5330.

[25] GU J, YAN Y, YOUNG J L, et al. Water reduction by a P-$GaInP_2$ photoelectrode stabilized by an amorphous TiO_2 coating and a molecular cobalt catalyst. Nature Materials, 2016, 15(4), 456 - 460.

[26] CORDOBA C, ZENG X L, WOLF D, et al. Three-dimensional imaging of beam-induced biasing of InP/GaInP tunnel diodes. Nano Letters, 2019, 19(6), 3490 - 3497.

[27] KING R R, LAW D C, EDMONDSON K M, et al. 40% Efficient metamorphic GaInP/GaInAs/Ge multijunction solar cells. Applied Physics Letters, 2007, 90(18), 183513 - 183516.

[28] YUAN X M, LI L, LI Z Y, et al. Unexpected benefits of stacking faults on the electronic structure and optical emission in wurtzite GaAs/GaInP core/shell nanowires. Nanoscale, 2019, 11(18), 9207 - 9215.

[29] POLMAN A, KNIGHT M, GARNETT E C, et al. Photovoltaic materials: present efficiencies and future challenges. Science, 2016, 352(6283), aad4424 - aad4424.

[30] HORNER G S, MASCARENHAS A, FROYEN S, et al. Photoluminescence-

excitation-spectroscopy studies in spontaneously ordered $GaInP_2$. Physical Review B, 1993, 47(7), 4041 - 4043.

[31] SMITH S, CHEONG H M, FLUEGEL B D, et al. Spatially resolved photoluminescence in partially ordered $GaInP_2$. Applied Physics Letters, 1999, 74(5), 706 - 708.

[32] SU Z C, NING J Q, DENG Z, et al. Transition of radiative recombination channels from delocalized states to localized states in a gainp alloy with partial atomic ordering: a direct optical signature of mott transition? Nanoscale, 2016, 8(13), 7113 - 7118.

[33] NING J Q, XU S J, DENG Z, et al. Polarized and non-polarized photoluminescence of $GaInP_2$ alloy with partial CuPt-Type atomic ordering: ordered domains vs. disordered regions. Journal of Materials Chemistry C, 2014, 2(30), 6119.

[34] MOTT N. The mobility edge since 1967. Journal of Physics C: Solid State Physics, 1987, 20(21), 3075 - 3102.

[35] CHOMETTE A, DEVEAUD B, REGRENY A, et al. Observation of carrier localization in intentionally disordered GaAs/GaAlAs superlattices. Physical Review Letters, 1986, 57 (12), 1464 - 1467.

[36] SCHÖMIG H, HALM S, FORCHEL A, et al. Probing individual localization centers in an InGaN/GaN quantum well. Physical Review Letters, 2004, 92(10), 106802.

[37] GLUSAC K, KÖSE M E, JIANG H, et al. Triplet excited state in platinum-acetylide oligomers: triplet localization and effects of conformation. The Journal of Physical Chemistry B, 2007, 111(5), 929 - 940.

[38] ROATI G, D'ERRICO C, FALLANI L, et al. Anderson localization of a non-interacting bose-einstein condensate. Nature, 2008, 453(7197), 895 - 898.

[39] SCHWARTZ T, BARTAL G, FISHMAN S, et al. Transport and anderson localization in disordered two-dimensional photonic lattices. Nature, 2007, 446 (7131), 52 - 55.

[40] WANG Y J, XU S J , LI Q, et al. Band gap renormalization and carrier localization effects in InGaN/GaN quantum-wells light emitting diodes with si doped barriers. Applied Physics Letters, 2006, 88(4), 041903.

[41] LI Z, KANG J J, WANG B W, et al. Two distinct carrier localization in green light-emitting diodes with InGaN/GaN multiple quantum wells. Journal of Applied Physics, 2014, 115(8), 083112.

[42] Z. C. Su, S. J. Xu, R. X. Wang, et al. Electroluminescence probe of internal processes of carriers in GaInP single junction solar cell. Solar Energy Materials and Solar Cells, 2017, 168(September 2017), 201 - 206.

[43] Q. Li, S. J. Xu, W. C. Cheng, et al. Thermal redistribution of localized excitons

and its effect on the luminescence band in InGaN ternary alloys. Applied Physics Letters, 2001, 79(12), 1810 - 1812.

[44] LI Q, XU S J, XIE M H, et al. A model for steady-state luminescence of localized-state ensemble. Europhysics Letters (EPL), 2005, 71(6), 994 - 1000.

[45] LI Q, XU S J, XIE M H, et al. Origin of the "s-shaped"temperature dependence of luminescent peaks from semiconductors. Journal of Physics: Condensed Matter, 2005, 17(30), 4853 - 4858.

[46] SU Z C, XU S J. A generalized model for time-resolved luminescence of localized carriers and applications: dispersive thermodynamics of localized carriers. Scientific Reports, 2017, 7(1), 13.

[47] SU Z C, XU S J. Effective lifetimes of minority carriers in time-resolved photocurrent and photoluminescence of a doped semiconductor: modelling of a GaInP solar cell. Solar Energy Materials and Solar Cells, 2019, 193(December 2018), 292 - 297.

[48] GAO X Q, ZHANG X W, DENG K, et al. Excitonic circular dichroism of chiral quantum rods. Journal of the American Chemical Society, 2017, 139(25), 8734 - 8739.

[49] LI J W, HANEY P M. Optical spintronics in organic-inorganic perovskite photovoltaics. Physical Review B, 2016, 93(15), 1 - 9.

[50] ODENTHAL P, TALMADGE W, GUNDLACH N, et al. Spin-polarized exciton quantum beating in hybrid organic-inorganic perovskites. Nature Physics, 2017, 13 (9), 894 - 899.

[51] XU Z Y, LU Z D, YANG X. P, et al. Carrier relaxation and thermal activation of localized excitons in self-organized inas multilayers grown on GaAs substrates. Physical Review B, 1996, 54(16), 11528 - 11531.

[52] SOUKOULIS C M , ECONOMOU E N. Electronic localization in disordered systems. Waves in Random Media, 1999, 9(2), 255 - 269.

[53] LAGENDIJK A, VAN TIGGELEN B, DIEDERIK S. Wiersma. Fifty years of anderson localization. Physics Today, 2009, 62(8), 24 - 29.

[54] CHAKRABORTY P, DATTA G, GHATAK K. The simple analysis of the burstein-moss shift in degenerate n-type semiconductors. Physica B: Condensed Matter, 2003, 339(4), 198 - 203.

[55] OKAMOTO K, NIKI I, SCHERER A, et al. Surface plasmon enhanced spontaneous emission rate of InGaN/GaN quantum wells probed by time-resolved photoluminescence spectroscopy. Applied Physics Letters, 2005, 87(7), 071102.

[56] ZWILLER V, PISTOL M E, HESSMAN D, et al. Time-resolved studies of single semiconductor quantum dots. Physical Review B, 1999, 59(7), 5021 - 5025.

[57] MAIR R A, LIN J Y, JIANG H X, et al. Time-resolved photoluminescence studies of $In_xGa_{1-x}As_{1-y}N_y$. Applied Physics Letters, 2000, 76(2), 188 - 190.

[58] OUESLATI M, BENOIT C, ZOUAGHI M. Resonant raman scattering on localized states due to disorder in $GaAs_{1-x}P_x$. Physical Review B, 1988, 37(6), 3037 - 3041.

[59] NARUKAWA Y, KAWAKAMI Y, FUJITA S, et al. Dimensionality of excitons in laser-diode structures composed of InGaN. Physical Review B, 1999, 59(15), 10283 - 10288.

[60] SATAKE A, MASUMOTO Y, MIYAJIMA T, et al. Localized exciton and its stimulated emission in surface mode from single-layer $In_xGa_{1-x}N$. Physical Review B, 1998, 57(4), R2041 - R2044.

[61] PRECHTEL L, SONG L, MANUS S, et al. Time-resolved picosecond photocurrents in contacted carbon nanotubes. Nano Letters, 2011, 11(1), 269 - 272.

[62] WANG Y T, CHEN M H, LIN C T, et al. Use of ultrafast time-resolved spectroscopy to demonstrate the effect of annealing on the performance of P3HT:PCBM solar cells. ACS Applied Materials & Interfaces, 2015, 7(8), 4457 - 4462.

[63] AHRENKIEL R K, JOHNSTON S W, KUCIAUSKAS D, et al. Dual-sensor technique for characterization of carrier lifetime decay transients in semiconductors. Journal of Applied Physics, 2014, 116(21), 214510.

[64] YUAN J. S, LIOU J J. Semiconductor device physics and simulation. Springer US: Boston, MA, 1998.

[65] WOLPERT D , AMPADU P . Managing temperature effects in nanoscale adaptive systems. Springer New York: New York, NY, 2012,15 - 33.

第 11 章

InGaN/GaN 纳米线量子点的荧光特性与表征方法

11.1 引言

相较于传统的平面结构量子点，InGaN/GaN 纳米线量子点有效地减小了侧向应力，大大降低了位错密度和极化电场，可获得优异的发光效果，不仅可以通过控制纳米线量子点的组分、尺寸等改变直接带隙，还可使发光光谱跨越整个可见光范围。基于 InGaN/GaN 纳米线量子点的光电器件具有较高的量子效率和较低的阈值电流等优秀性能[1, 2]。近年来，随着对纳米线量子点的探索不断深入，关于该结构的特性和应用研究取得了一系列的进展。

首先，高质量、小尺寸、生长点位可控的 InGaN/GaN 纳米线量子点生长工艺，是制备高性能器件的前提。2016 年，Deng Hui 教授团队实现了对 InGaN/GaN 纳米线量子点的位置和尺寸的有效控制，通过自上而下方法制造了 90×90、直径 30 nm、长度 230 nm 的 InGaN/GaN 量子点阵列。随后使用该阵列制备了电泵浦 InGaN/GaN 纳米线量子点单光子发射二极管，实现了对 InGaN/GaN 纳米线量子点的芯片级集成[3]。同年，Tim J. Puchtler 等人利用自组装的方法，首次实现了在 GaN 纳米线侧壁上的 m 平面量子点的生长，并缓和了平面应变，从而减少缺陷并提高了从纳米线端部提取光的效率。在对 InGaN 量子点的单光子发射的研究中，发现这些量子点显示出非常短的复合寿命(最低可至 170 ps)、高度的线性极化和反聚束效应[4]。

在单根纳米线上加载不同量子点实现单根白光发射，并将全色彩 LED 集成到芯片上制成智能照明、投影、显示等设备已经成为现实[5]。2016 年，Mi Zetian 教授团队制备了 Al 隧道结集成的 InGaN/GaN 纳米线量子点发光二极管，其中的 Al 隧道结解决了传统 GaN 基隧道结设计中出现的不理想的光吸收和高压损耗的问题。该器件电阻小、空穴注入率高，开启电压只有 2.9 V，可以实现在可见光和深紫外光谱范围内低电阻、高亮度发光二极管[6]。同年该课题组又进行了全彩的 InGaN/GaN 纳米线量子点发光二极管研究。通过选择性区域外延纳米线，制作了直径不同的 InGaN/GaN 纳米线量子点阵列，展示了具有几乎覆盖整个可见光谱的多色单纳米线 LED 阵列。器件的开启电压进一步下降至 2 V，反向偏置下的泄漏电流可忽略不计[5]。2020 年，Nguyen Hieu P T. 教授团队展示了使用 InGaN/GaN 纳米线量子点加上两个额外的 InGaN 量子阱的高效率白色 LED。使用电耦合的 InGaN 量子阱可以减少泄漏到 p-GaN 段中的

电子，增强有源区捕获电子的能力，并消除有源区外部产生的光，所得纳米线量子点白光发光二极管的内量子效率约为 58.5%，具有相当稳定的白光发射[7]。

除了微纳结构 LED 之外，InGaN/GaN 纳米线量子点还在激光二极管[8]、光伏器件[9]和探测器[10]等多个领域展现出优异特性。2019 年，Masaya Notomi 教授团队通过精细控制 InGaN/GaN 纳米线量子点的位置、几何形状、尺寸和宏观尺度，制作了 10×10、直径 300 nm、长度 4 μm 的不同几何形状的 InGaN/GaN 纳米线量子点。实现了同一晶片上单独支持基于 Fabry-Perot 共振的室温激光的纳米线阵列，为基于纳米线的光子和极化子纳米激光器在紫外和可见范围内发射的集成阵列开辟了道路[11]。同年，Anthony Aiello 等人测量并分析了可见光(波长约 550 nm)InGaN / GaN 纳米线圆盘阵列光电导检测器的特性。通过等离子辅助分子束外延将纳米线阵列生长在(001)硅衬底上，并通过应变弛豫形成单个细长的量子点。在 300 W/cm^2 激发条件下，室温下于 565 nm 处观察到光致发光峰，线宽约为 280 meV。同时器件表现出非常大的增益(3 V 偏压下可达 10^3 以上)，这种器件有望用于基于 InGaN 盘内子带间跃迁的硅基红外(IR)检测器[10]。

在工艺水平和器件性能提高的同时，对量子点发光机理的研究也在不断推进，其研究成果扩展了荧光发光的应用，同时也为工艺和器件的改进提供理论的指导。2017 年，罗毅教授团队通过紫外光电子能谱(UPS)的定量测量，描述了在涂覆有不同介电层的纳米线中 InGaN/GaN 量子点中的能带弯曲效应。并且通过时间分辨光致发光(PL)，研究了它们的钝化机理。证明电介质层的沉积有效地改变了纳米线的表面状态，从而减弱或增强了表面附近的能带弯曲，使得钝化后的纳米线发光强度显著提高[12]。同年，Cameron Nelson 等人使用频域非线性光谱法，结合低温和室温条件，对沿着极性 c 轴生长在硅衬底上的 GaN 纳米线(DINW)中的发红光的 InGaN 圆盘进行了一系列测量，发现 GaN 纳米线中的 InGaN 盘的非线性吸收光谱中存在强烈的共振，在低温下衰减速率为微秒量级，显示出与非线性信号有关的动力学主要由亚稳态陷阱主导。在削弱非共振本底(non-resonant background)和亚稳态陷阱的共同影响后，该结构可在未来光学应用中有所贡献[13]。

近年来，由于 InGaN/GaN 纳米线量子点异质结构突出的优势，基于量子光学的应用也取得了相当大的进展。纳米线量子点异质结构具有高的光子收集率，可设计制备纠缠光子对发射器，广泛应用于量子信息处理和量子密码方案等[14]，推动了量子光学领域迅速发展[15]。2020 年，Md Rezaul Karim Nishat

等人使用全配置交互(Full Configuration Interaction，FCI)方法和10带紧束缚模型(10-band ($sp^3 s^*$-spin) tight-binding model)计算了InGaN/GaN纳米线量子点器件的激子能量和精细结构分裂(Fine Structure Splitting，FSS)。双激子态的FSS会破坏光子对的纠缠特性，需要将其消除；而非极性m平面结构具有较低的内建电场，表现出极小的FSS(在10 μeV范围内)，这使它成为研制可用于量子密钥分配(QKD)的纠缠光子对发生器(Entangled Photon Pair Generator，EPPG)的最佳候选[16]。

本章系统介绍了InGaN/GaN纳米线量子点荧光特性与表征方法。首先介绍纳米线量子点的基本发光特征，包括不同生长条件对荧光发光波长的影响和不同测量温度下荧光的衰减特性；其次介绍纳米线量子点受表面态影响的发光特征，介绍能带弯曲模型、表面态钝化方法和表征手段；接着讨论纳米线量子点的局域态发光特性，并对比不同表面处理对局域化分布的影响；最后提出对未来纳米线量子点的发展展望。

11.2 InGaN/GaN纳米线量子点的荧光特性

本节以InGaN/GaN纳米线量子点作为对象，重点介绍该结构的荧光特征。其生长方法是在Si(111)衬底上，利用等离子体辅助分子束外延(Plasma-assisted Molecular Beam Epitaxy，PAMBE)技术进行生长。图11-1(a)为扫描电子显微镜(SEM)图像，可见硅片衬底上均匀排列的纳米线，平均高度约为300 nm，密度约

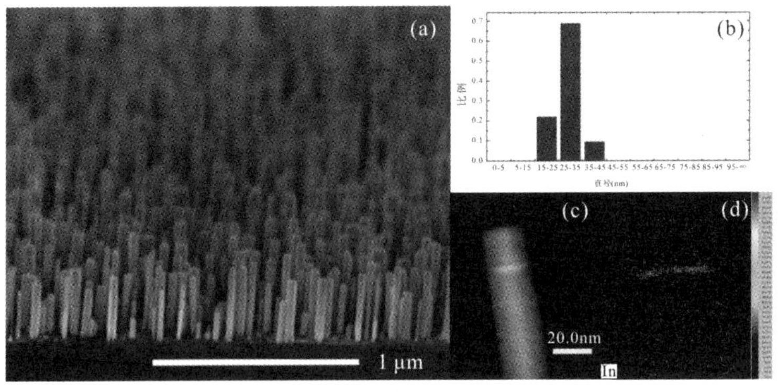

图11-1 InGaN/GaN纳米线量子点的SEM截面视图和单根纳米线HAADF-STEM图像[17]

为 10^{10} cm^{-2}。从图 11－1(b)中可以看出大部分纳米线的直径为 25～35 nm。图 11－1(c)、(d)分别是扫描透射显微镜的高角环形暗场像(High-Angle Annular Dark Field Scanning Transmission Electron Microscope，HAADF-STEM)及原位的 X 射线能谱(Energy Dispersive Spectrometer，EDS)。其中高亮区域表示 InGaN 量子点，厚度约为 2 nm，从图中可见 In 组分分布均匀[17]。

11.2.1　InGaN /GaN 纳米线量子点光谱与生长条件的关系

在生长过程中，调节 In 组分和生长温度等条件可以控制 InGaN/GaN 纳米线量子点的发光波段。变温的光致发光(PL)系统可用于测量 InGaN/GaN 纳米线量子点的荧光光谱，其中激发波长为 325 nm，光谱仪的聚焦长度为 550 mm，最小分辨率为 0.5 nm。图 11－2(a)、(b)分别为不同 In∶Ga 组分比例和不同生长温度条件下制备的纳米线量子点的荧光光谱对比图。图中展示的纳米线直径基本相同，光谱测量在 10 K 的低温条件下进行。由此可见，通过调控材料组分和生长温度，InGaN/GaN 纳米线量子点展现出不同的发光波长，便于实现不同应用。

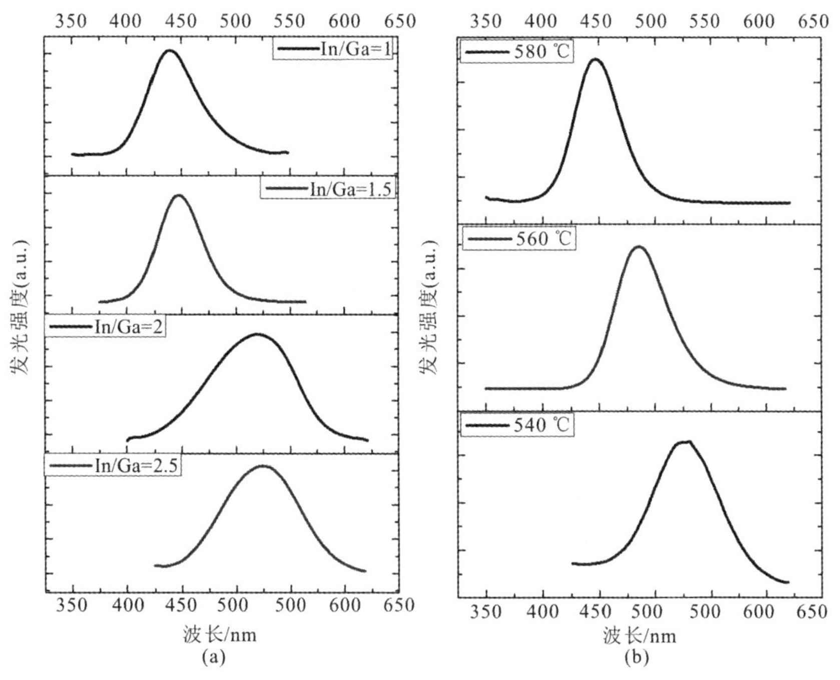

图 11－2　不同 In 组分和不同生长温度对纳米线量子点的荧光发光影响

11.2.2 InGaN/GaN 纳米线量子点光谱与测量温度的关系

通过变温荧光光谱可观察荧光随温度的不同变化趋势，在微观上对应着热效应对载流子复合的影响。如图 11-3 所示，InGaN/GaN 纳米线量子点温度从 10 K 升高到 300 K 的过程中，荧光强度逐渐下降，谱线宽度逐渐展宽，峰位逐渐红移。10 K 时发光峰位为 448 nm，300 K 时发光峰位逐渐移到 458 nm，这种峰位随温度升高而呈现单调红移的特性符合 Varshni 公式描述的能带收缩规律。

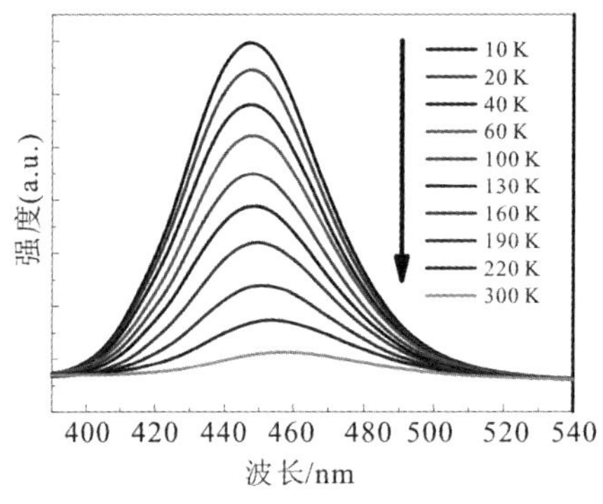

图 11-3　纳米线量子点变温 PL 谱

通过统计分析荧光积分强度的衰减规律，即 Arrhenius 衰减曲线，可以分析载流子复合过程受到热能影响的变化规律。根据图 11-3 荧光峰的积分强度随温度的变化趋势，画出光谱积分强度随温度的衰减曲线，如图 11-4 所示。

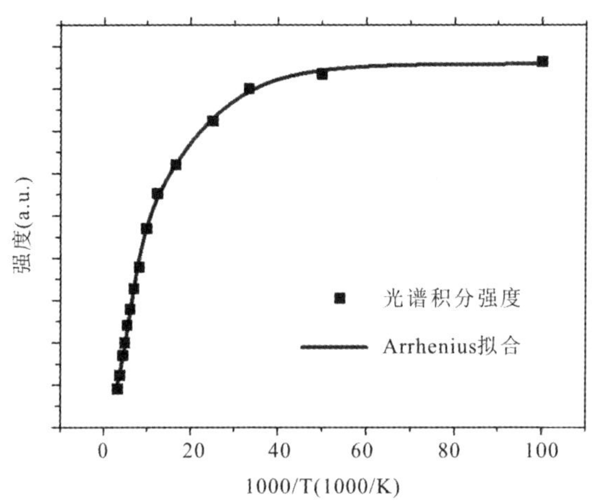

图 11-4　纳米线量子点变温 PL 荧光积分强度衰减曲线和 Arrhenius 拟合

如图 11－4 所示，黑色散点为实验得到的各个温度下发光峰的积分强度，随着样品温度的升高，荧光积分强度(数据点从右至左)逐渐下降。通常认为低温下辐射效率接近 100％，随着样品温度升高，非辐射复合中心会被热能激活，导致量子点发光强度下降。通过 Arrhenius 拟合(实线)可以得到非辐射复合中心的热激活能，分析非辐射复合中心的来源，拟合公式如下：

$$I(T)=\frac{I_0}{1+A_1\exp\left(-\frac{E_1}{k_B T}\right)+A_2\exp\left(-\frac{E_2}{k_B T}\right)} \tag{11-1}$$

拟合的确定系数为 0.998，说明实验结果与模型相符。由 Arrhenius 拟合可知，随着温度升高，发光强度的衰减包含两种通道，A_1和 A_2分别代表两个指数过程的前置系数，E_1和 E_2分别代表两个通道的热激活能，I_0代表 $T=0$ K 时的荧光积分强度，k_B为玻尔兹曼常数。关于两种非辐射中心的来源可作如下分析，从能量大小来看，E_1为 7.8 meV，E_2为 48.2 meV，这两个激活能都远小于量子阱的势垒能量，可能与缺陷、势能波动、组分波动和界面效应有关，通常较小的 E_1被认为来源于样品的界面效应[18]，而能量值较大的 E_2往往被归结为位错的作用[19-20]。然而，纳米线量子点由于结构特点不存在位错缺陷[21]，同时考虑到纳米线的表面存在大量表面态，因此 E_2可能的来源是纳米线表面缺陷。在计算内量子效率(Internal Quantum Effciency，IQE)时，一般使用室温下与低温下的发光强度积分比值。经过计算，该纳米线量子点的荧光发光内量子效率约为 10％，因此减少纳米线量子点表面态数量，将是提高量子点荧光内量子效率的关键。关于纳米线量子点的表面缺陷表征和调控机制的内容将在下一节详细讨论。

11.3　InGaN/GaN 纳米线量子点受表面态影响的发光特性

11.3.1　表面态对荧光发光的影响机制

纳米线尺寸小、表面积/体积比大，存在大量悬挂键和多种非故意掺杂缺陷，同时制备过程中可能造成表面损伤，这些存在于纳米材料表面的能态都可以称为表面态。表面态通常在荧光发光过程中作为非辐射复合中心，导致荧光发光强度降低且热稳定性变差，使荧光在较高的温度作用下淬灭。除此之外，表面态费米能级钉扎效应还会导致纳米线表面附近几十纳米范围处于耗尽区，进而造成纳米线表面能带弯曲[12]，如图 11－5 所示。

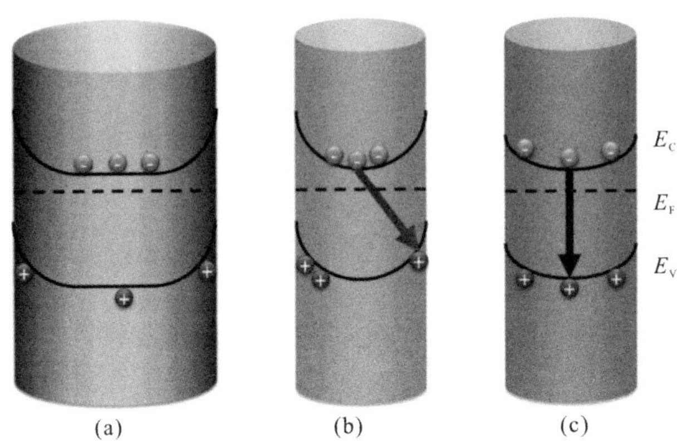

图 11－5　GaN 基纳米线能带弯曲示意图

图 11－5 展示了不同条件下的纳米线表面能带弯曲情况，(a)为直径较大的纳米线，(b)和(c)代表不同能带弯曲程度的直径较小的纳米线。图中标示了带负电的电子和带正电的空穴在能带上的分布，箭头代表复合跃迁过程。导带(E_C)、价带(E_V)和费米能级(E_F)的位置不具有绝对意义。大量表面态的存在导致表面特性发生一系列改变，例如表面自由电荷的耗尽[22]、空间电荷分离、费米能级在表面钉扎[23]等。由于 GaN 基纳米线的带电特性，表面态会造成能带向上弯曲。如图 11－5(a)所示，对于直径大于 80 nm 的纳米线，能带弯曲只发生在表面附近区域，而靠近中心的位置类似正常体材料，费米能级位置由载流子的浓度决定。对于直径更小的纳米线，耗尽区占据了纳米线全部区域，如图 11－5(b)所示。本文中的 InGaN/GaN 纳米线量子点直径小于 30 nm，能带弯曲现象显著并且整根纳米线处于耗尽区中。这种情况下产生的光生载流子，电子倾向留在纳米线中央的导带底部，而空穴则倾向聚集在纳米线外侧的价带顶部，造成电子和空穴波函数在空间上分离。最终导致载流子复合发光效率下降，跃迁能量减小(倾斜箭头)，PL 光谱中表现为发光红移。而当表面态减少后，如图 11－5(c)所示，能带弯曲现象减弱，载流子被重新分布，电子和空穴的波函数交叠积分增加，辐射效率提高，跃迁能量增大(竖直向下箭头)，PL 光谱中表现为发光蓝移。下一小节将讨论常见表面态的钝化方法及其作用机理。

11.3.2　表面态的钝化方法及钝化后荧光特性

常见的纳米线表面钝化方法通常需要改变纳米线表面形貌。为了保证纳米线量子点的形貌特征不受钝化影响，此处选取超薄介质薄膜包覆的方法，选取 GaN 基材料常用的氮化硅(SiN_x)、氧化硅(SiO_2)和氧化铝(Al_2O_3)三种钝化材料，对纳米线表面进行包覆处理并对比效果。经过多次实验，优化了钝化层生长条件和薄膜厚度，最终设定钝化材料沉积厚度为 20 nm 左右，包覆于纳米线的钝化层径向厚度小于 10 nm，以确保纳米线量子点的形貌特征不被改变。其中 Al_2O_3 薄膜沉积所使用的是原子层沉积(Atomic Layer Deposition，ALD)方法，衬底温度为 200℃，使用三甲基铝(Tri Methyl Aluminum，TMA)和水作为前驱体做 200 次生长循环。SiN_x 和 SiO_2 薄膜沉积使用的是等离子体增强的化学气相沉积(Plasma Enhanced Chemical Vapor Deposition，PECVD)，衬底温度为 300 ℃。图 11-6 为未钝化和钝化纳米线量子点在扫描电镜下观察的形貌对比，为了清晰展示纳米线的边缘，这里特意选取纳米线较为稀疏的部分。

图 11-6　未钝化纳米线(a)～(c)和氧化铝钝化纳米线(d)～(f)的扫描电镜对比图

图 11-6 为集群纳米线和单根纳米线钝化前后的形貌对比。其中(a)和(d)为集群纳米线，(b)和(e)为单根纳米线，(c)和(f)分布是(b)和(e)的背散射图，图(b)、(c)、(e)和(f)共用一个标尺。钝化层为 20 nm 的氧化铝薄膜，对比上下两幅图片可以看出钝化效果。在背散射图中，图片亮度差异对应不同材料，表面较暗的部分为包覆的钝化层，内部较亮的部分为 GaN 纳米线。从表面包覆的效果看，钝化层径向厚度小于 10 nm，从电镜中看纳米线直径没有明显变化，确保原量子点的三维限制效应和纳米线的尺寸效应保持不变。

钝化前后的荧光表征方法与纳米线量子点的基础荧光表征相同，为了准确对比荧光强度，需要保证测量过程中的光路条件完全一致。这里使用的荧光激发波长为 405 nm，在同一光路下对比低温(10 K)和室温(300 K)的光致发光谱，如图 11-7 所示。

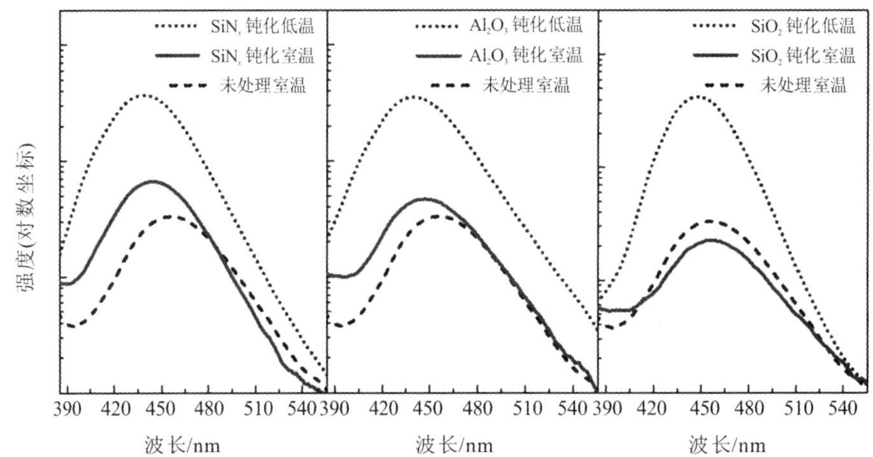

图 11-7　SiN_x、Al_2O_3 和 SiO_2 三种钝化前后 PL 光谱的对比[12]

光谱的详细参数信息见表 11-1。

表 11-1　纳米线量子点钝化前后荧光峰位和内量子效率

	发光峰位(RT)	发光峰位(LT)	内量子效率
未钝化	457.5 nm	447.5 nm	10.23%
SiN_x 钝化	445 nm	439 nm	19.23%

续表

	发光峰位(RT)	发光峰位(LT)	内量子效率
Al_2O_3钝化	449 nm	440 nm	14.88%
SiO_2钝化	458 nm	447 nm	7.39%

图 11-7 和表 11-1 展示了纳米线量子点集群在不同钝化材料作用下的荧光信息，包括室温和低温的不同测量条件下的光谱图。点线代表低温(Low Temperature，LT)下的光谱，实线代表室温(Room Temperature，RT)下的光谱，虚线代表未钝化样品室温下的光谱。为了方便对比强度，纵坐标使用对数坐标。以室温下未钝化(as-grown RT)的 PL 谱为标准，可以明显地看到 SiN_x 和 Al_2O_3钝化后的荧光发光强度增强，而且发生了明显的蓝移。而 SiO_2钝化样品发光强度没有增强，也没有发生蓝移。考虑到钝化材料带来的折射率和出光效率的改变，我们使用传输矩阵的方法计算了不同钝化材料包覆情况下的透射率。在钝化薄膜厚度仅为 20 nm 以下时，不同钝化薄膜对光提取效率的影响在 1%以内。因此图中发光强度的改变应主要由不同材料对表面的调控效果决定。此外，本实验经过多次重复验证，不同发光波长的纳米线量子点均得到一致性的结果。

表 11-1 中的内量子效率(Internal Quantum Efficiency，IQE)是根据目前常用的计算方法得出的，即认为在低温下非辐射中心被冻结，载流子不参与非辐射复合，效率近似为 100%。因此 IQE 即为室温荧光积分强度与低温的比值，IQE 可以作为衡量纳米线量子点发光性能的重要指标。使用 SiN_x钝化的量子点其内量子效率提高了一倍，说明钝化手段有效地减少了非辐射复合，提高了荧光发光性能。

此外，通过表面包覆的钝化工艺只影响纳米线表面区域，根据荧光的变化可以进一步分析得到表面态以及表面调控在发光复合中的作用机理。由钝化前后的荧光对比可见，使用 Al_2O_3和 SiN_x钝化的纳米线量子点荧光不仅强度增强，而且发生明显蓝移。其原因除了表面态数量减少，还与能带弯曲程度降低有关。如图 11-5 所示，能带弯曲的修复伴随着跃迁能量增大，在本实验中蓝移最高可以达到 70 meV。同时电子与空穴波函数交叠积分增加，有利于辐射复合，发光强度增强。而 SiO_2 钝化的样品发光峰位没有明显变化，说明钝化材料对能带没有明显的修复作用，所以 PL 表现出的发光增强和峰位移动完全匹配能带弯曲的变化趋势。下一节将结合实验对能带修复理论和表面能带调控作用机制加以证明和定量表征。

11.3.3 纳米线量子点的表面能带弯曲表征

研究纳米结构的表面需要借助表面敏感的表征手段，因此为了表征纳米线表面能带弯曲特性，本书使用紫外光电子能谱（Ultraviolet Photoemission Spectroscopy，UPS）作为探测手段。UPS 利用紫外光激发材料内电子发射，通过收集和扫描电子能量谱线可推断材料内价电子结构，其探测深度在 1～3 nm 之间，对样品表面极为敏感。本实验使用的 UPS 集成在 Kratos Axis Ultra DLD 的 X-射线光电子能谱上，激发源能量为 21.22 eV 的 He I 谱线，本底真空在 10^{-10} Torr 以下，用金衬底为费米能级位置作标定，扫描范围 −2～23 eV，分辨率为 0.025 eV。为了对比不同钝化材料对纳米线表面的调控作用，本实验选取的 UPS 测试样品包括未钝化纳米线和包覆超薄钝化层的纳米线样品[12]，不同表面能带结构的 UPS 测试结果如图 11-8 所示。

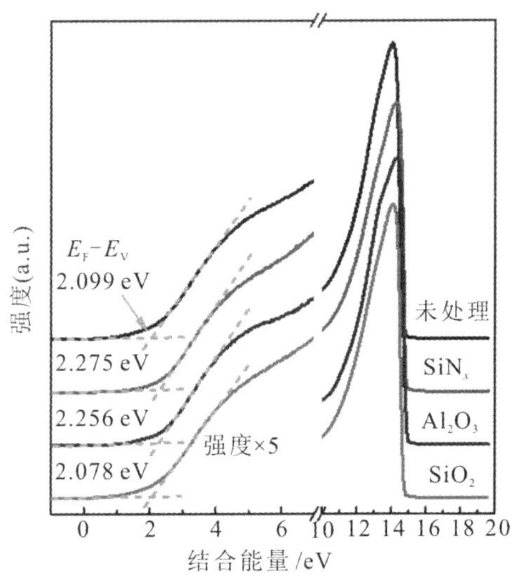

图 11-8 未钝化和钝化后的纳米线样品的 UPS 谱[12]

图 11-8 为不同纳米线在 He 光源辐照下，出射电子的能量分布图，谱线在纵向经过平移。为了清晰展示左侧截止的位置，左侧截止边的强度放大了 5 倍。横坐标对应不同价电子的束缚能，其中左侧谱线截止边能量，即图中上升段的反向延长线（虚线）与水平线（虚线）的交点位置，对应费米能级到价带的能量差（E_F-E_V）[24]。由于不同表面处理的能带弯曲程度不同，所以费米能级相对于价带的能量差也有区别。如图 11-5 所示，由于费米能级钉扎效应，能带弯曲较大的纳米线，费米能级靠近价带顶，即 E_F-E_V 数值较小；而能带弯曲较小的纳米线，E_F-E_V 数值较大。所以从 UPS 谱的低能侧截止边可以推断出纳米线表面能带弯曲的情况。对于未钝化样品，费米能级到价带能量约为 (2.099 ± 0.050)eV。而包覆了不同钝化薄膜的纳米线样品，能级的相对位置相对于未钝化样品发生了移动。SiN_x 和 Al_2O_3 包覆的样品 E_F-E_V 数值变大，意味着纳米线表面能带弯曲幅度减少，即能带变“平”。而 SiO_2 包覆的样品 E_F-E_V 数值变小，说明能带弯曲幅度增大。

11.3.4 表面钝化对荧光寿命的影响

纳米线量子点的表面态数量和能带弯曲问题同样影响到荧光发光的动力学特征。时间分辨光致发光（TRPL）可以反映量子点在超快脉冲激发下，荧光寿命随时间的衰减曲线，对应不同表面调控下载流子复合寿命。本实验使用的 TRPL 的激发光源为钛蓝宝石激光器（Ti：Sapphire laser），脉冲宽度为 170 fs，重复频率为 80 MHz。选取激发波长为 405 nm，目的是只激发 InGaN 量子点发光，而避免激发 GaN 纳米线的本征发光。使用单光子雪崩探测器收集信号，分辨率为 50 ps。图 11-9 为荧光强度随时间的衰减曲线，为了清晰展示差异，谱线在纵坐标上经过平移[12]。由于 InGaN/GaN 纳米线量子点存在极化等作用，因此衰减趋势并不符合单指数衰减[25]。为了得到荧光的寿命值，这里采取扩展指数模型（Stretched Exponential Model），表达式如下：

$$I(t)=I_0\exp\left[-\left(\frac{t}{\tau}\right)^{\beta}\right] \tag{11-2}$$

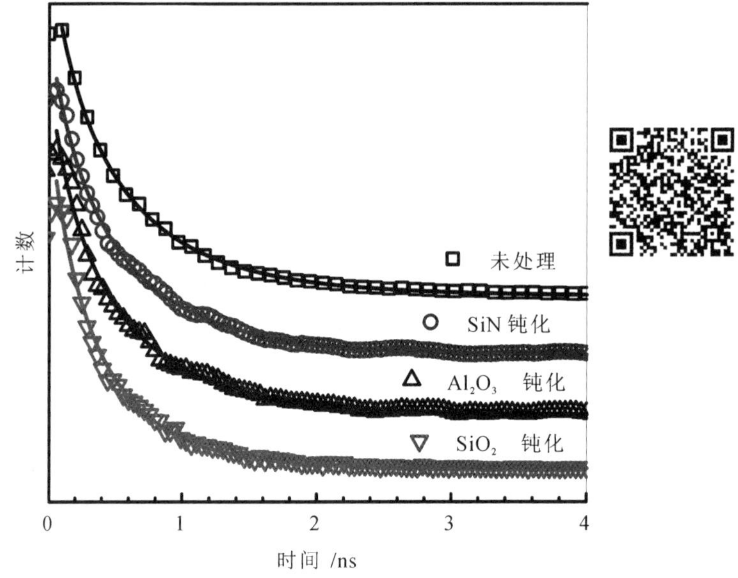

图 11－9　未钝化和不同钝化的纳米线量子点 TRPL 谱

其中，I_0代表 $t=0$ 时的光子计数，τ 为载流子的荧光寿命。表达式中引入了一个弯曲因子 β 来解释非指数衰减，其大小与量子点中的极化电场大小有关[25]。根据拟合结果 β 取值在 0.8 左右代表量子点中的极化电场较小，这是因为在纳米线生长过程中轴向应力被释放。拟合结果见表 11－2。

表 11－2　不同表面处理的纳米线量子点载流子寿命及辐射复合寿命和非辐射复合寿命

	τ	τ_r	τ_{nr}
未钝化	439 ps	4294 ps	489 ps
SiN_x钝化	460 ps	2392 ps	570 ps
Al_2O_3钝化	454 ps	3065 ps	533 ps
SiO_2钝化	341 ps	4618 ps	368 ps

表 11－2 中所列出使用扩展指数模型拟合得到的 τ 是由 TRPL 结果通过扩展指数模型拟合得到的纳米线量子点荧光寿命。辐射复合寿命 τ_r 和非辐射复合 τ_{nr} 可以由以下公式得到：

$$\frac{1}{\tau}=\frac{1}{\tau_r}+\frac{1}{\tau_{nr}},\ \eta_{in}=\frac{\tau_{nr}}{\tau_r+\tau_{nr}} \tag{11-3}$$

其中 η_{in}为内量子效率，可参考表 11 - 1 的实验数据。

由计算结果可以看出，相对于未钝化的纳米线量子点，SiN_x和 Al_2O_3钝化后的荧光辐射复合寿命变短而非辐射复合变长，而 SiO_2钝化表现出相反的变化趋势，再次验证了能带弯曲理论。SiN_x和 Al_2O_3的表面处理使纳米线表面能带变平，电子空穴波函数的交叠积分增大，复合效率增大，所以辐射复合寿命变短。同时因为表面态的减少，非辐射中心数量减少导致非辐射复合的寿命变长，其中 SiN_x钝化在表面态数量减少方面更加有效。相反地，SiO_2钝化过程可能引入了不同的非辐射中心，未达到理想效果。

11.4　InGaN/GaN 纳米线量子点的局域态发光特性

局域化分布会影响到纳米线量子点载流子复合方式、荧光寿命、量子效率等，其中一个明显的标志是荧光的发光峰值随温度的特殊线型变化，其中包含 S 型移动、V 型移动等。并且对纳米线量子点表面进行处理之后，量子点的局域态发光发生了明显变化，可见局域态分布方式表现出显著的表面依赖特性。本节选取的纳米线量子点是由单层量子阱结构经过 top-down 刻蚀方法制备得到的，在刻蚀过程中由于量子限制效应的增强以及应力的释放等作用，量子点的荧光发光波长与原本量子阱存在差异，但二者都会受到局域态分布的影响。本节将对纳米线量子点的局域化荧光特性进行阐述。

11.4.1　表面调控对纳米线量子点局域态发光的影响

为了展示纳米线量子点局域态发光特性，这里选取 top-down 方法制备的纳米线量子点以及经过不同表面处理的纳米线量子点，通过对比荧光光谱峰位随温度的变化趋势，分析其中局域态分布的差异。图 11 - 10(a)为纳米线量子点的电子显微镜图片，纳米线高度约 120 nm，直径 30 nm，阱层 2 nm。图 11 - 10(b)为纳米线量子点的制备和不同表面处理的示意图。量子阱刻蚀制备纳米线量子点的方法详见参考文献[26]，强碱腐蚀量子点(EQD)和表面包覆氧化铝钝化量子点(PQD)的表面处理方法详见参考文献[27]。

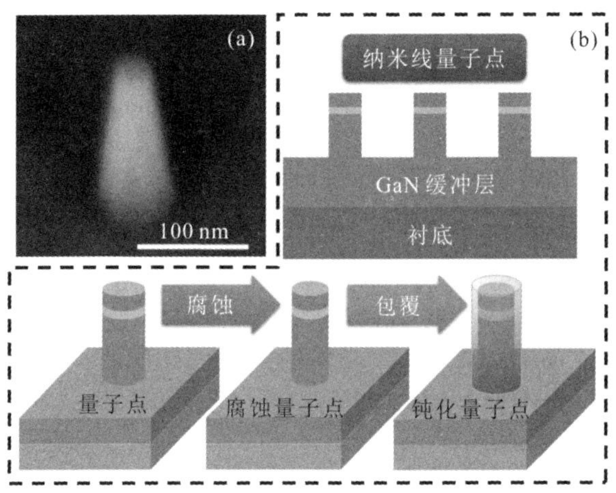

图 11-10　纳米线量子点制备示意图[27]

图 11-11 展示了 top-down 方法制备的量子点(QD)、碱溶液腐蚀之后的纳米线量子点(EQD)和钝化后纳米线量子点(PQD)的荧光光谱，PL 测量温度为10 K。按照荧光发光峰位置，光谱图可以分成两个部分，位于 3.263 eV [28]附近的紫外发光峰来自 GaN 的本征发射，能量较低的两个小峰为本征发光的声子伴线(Phonon Replica)；位于 2.8～2.9 eV 附近的蓝色荧光带来自 InGaN 量子点的发光，是本节要讨论的重点。

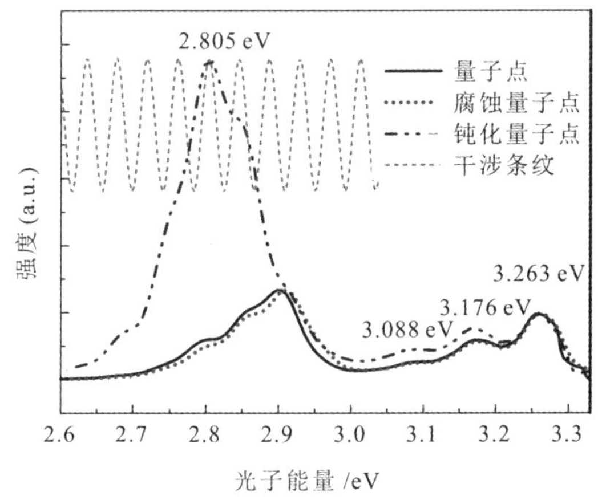

图 11-11　纳米线量子点(QD、EQD 和 PQD)的荧光光谱

对于未进行表面处理的量子点(QD)，其发射峰(实心曲线)位于 2.901 eV 处，与生长时的 2.737 eV 的单量子阱相比产生蓝移，这种峰值能量的移动主要是量子约束效应的增加和自顶向下蚀刻引起应力释放的结果[26]。量子点经过 KOH 溶液进一步湿腐蚀后，其发射强度与之前相比几乎没有改变，仅仅是荧光峰位置发生略微蓝移，这与量子限制效应的进一步增加相一致。最后，表面经过 Al_2O_3 钝化后的量子点(PQD)的光谱与其他两条谱线明显不同，发射强度增加了 5 倍，发光峰位出现明显红移，这可能与包覆层的应力变化有关。图 11－11 所示的发射峰中出现的精细结构归因于 PL 发射和衬底反射的干涉条纹(Interference Fringes)[29-30]。图中虚线表示从缓冲层的厚度以及 PQD 峰的轮廓计算出的干涉条纹干扰分布，该条纹可通过拟合加以去除，以便更准确地定位荧光发光峰值。

表面处理除了会影响低温下荧光特性，更重要的是改变载流子的局域化方式。InGaN 量子点内的载流子受热能的驱动，在不同能态之间重新分布，在变温 PL 光谱中表现为荧光峰位随温度的异常变化趋势。这里对不同表面处理的 InGaN 量子点在 10～300 K 温度范围分别进行了 PL 测量，图 11－12 展示了量子阱(QW)、量子点(QD)、腐蚀量子点(EQD)和钝化量子点(PQD)，这四种量子结构在 10～300 K 温度范围内表现出不同的温度依赖性。图中 x 轴代表测量温度，y 轴表示荧光峰附近能量区间，所有荧光光谱经过归一化处理，不同亮

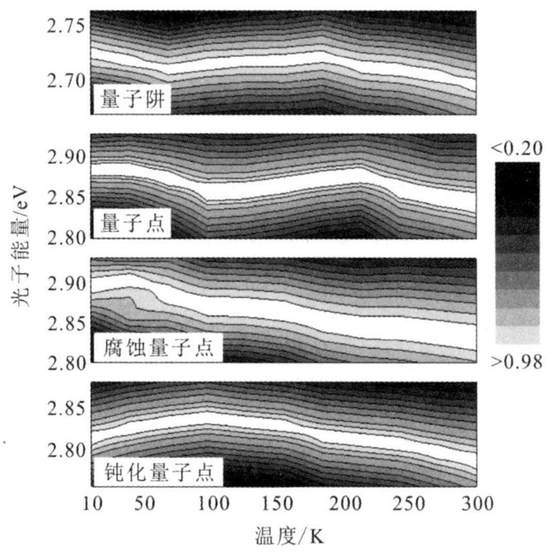

图 11－12　四种量子结构的荧光峰位移动趋势图[27]

度对应光谱相对强度。白色代表荧光峰强度(归一化强度>0.98)，白色色带随温度的移动趋势展现了荧光峰随温度的变化趋势。此处为了更准确地标定荧光峰位，已经对每条原始光谱线的干涉条纹进行了拟合去除操作。

由图 11-12 所示四种荧光峰位随温度的移动趋势可知，它们都不符合传统半导体的能带收缩理论(Varshni)，说明这些量子结构的载流子复合特性以局域态发光为主。首先，量子阱(QW)荧光峰展现出随温度的 S 型位移，即先红移(光子能量变小)后蓝移(光子能量变大)，与之前报道的 GaN 基材料一致[29]，这是局域化效应的典型结果。QD 的荧光发光波长虽然与 QW 不同，但其荧光峰仍表现为 S 型的移动趋势，表明 QD 的载流子尽管受到更强的量子限制效应仍然受到类似的局域化分布影响。EQD 的峰位移动却不遵循 S 型趋势，EQD 的荧光峰在 100～200 K 的温度范围区间没有出现蓝移，而是进一步红移，这意味着 EQD 中的载流子具有不同的局域态分布，即使它们在低温下具有非常相似的 PL 光谱(图 11-11)。经过 Al_2O_3 钝化之后的 PQD 又显示出另一种全新的峰位移动形式，在温度较低阶段便开始发生显著蓝移，随后逐渐红移。

11.4.2 描述局域态发光特性的 LSE 模型

为了量化地解释局域态荧光光谱中的特殊现象，徐士杰教授等人提出了局域态电子系统(Localized-State Ensemble，LSE)模型[31]。考虑一个任意的局域态集合系统，其态密度分布 $\rho(E)$ 为高斯型，态密度分布的峰值所对应的能量用 E_0 表示。当此系统受到外部激发如光照射或者电注入时，局域态中会有载流子占据，其占据水平能级用 E_a 表示。所以在绝对零度时，所有低于能级 E_a 的局域态都被载流子所占据，发生辐射复合即荧光和热逃逸。如果逃逸的载流子不再回到原来的局域态或者被其他的局域态重新俘获的话，就形成非辐射复合过程，导致荧光的减弱甚至淬灭。而逃离出局域态的载流子被其他的局域态重新俘获，载流子可以通过这样的过程在不同的局域态之间实现转移，这将导致载流子在局域态中重新分布。

载流子逃离出局域态的概率与载流子所在局域态的能量和能级 E_a 的能量差以及环境温度密切关联。根据速率方程，可以推导出局域态电子系统(LSE)中载流子随能量的分布 $n(E, T)$ 等于局域态密度 $\rho(E)$ 和一个分布函数 $f(E, T)$ 的乘积

$$n(E, T)=\rho(E)\cdot f(E, T) \tag{11-4}$$

其中，$n(E, T)$ 本质上描述了荧光谱的谱形。这个分布函数为

$$f(E, T)=\frac{1}{e^{(E-E_a)/k_B T}+\tau_{tr}/\tau_r} \tag{11-5}$$

其中，E_a-E 为载流子逃逸出局域态所需要克服的势垒；k_B 是玻尔兹曼常数，$1/\tau_r$ 是载流子辐射复合速率，$1/\tau_{tr}$ 是局域化载流子的企图逃逸速率，这种分布类似于费米-狄拉克分布。

荧光的峰位可以通过 $n(E, T)$ 确定，考虑到完美半导体的禁带宽度随温度的变化关系可以用 Varshni 经验公式来表达，最终荧光谱峰位位置随温度变化的关系如下：

$$E(T)=E_0-\frac{\alpha T^2}{\theta+T}-x\cdot k_B T \tag{11-6}$$

其中，E_0 是温度为 0 K 时局域态分布的中心能量；第二项是温度对半导体材料能带带隙宽度的影响，α 是 Varshni 系数，θ 是材料的 Debye 温度；第三项是载流子系综在局域态中重新分布所带来的修正，其中 x 是无量纲系数，它的具体值由对以下非线性方程进行数值求解得到：

$$x e^x=\left[\left(\frac{\sigma}{k_B T}\right)^2-x\right]\left(\frac{\tau_r}{\tau_{tr}}\right)e^{(E_0-E_a)/k_B T} \tag{11-7}$$

上面的方程有且只有一个解，解的范围在 $0<x<\left(\frac{\sigma}{k_B T}\right)^2$ 之间。在温度较高的区域，近似解为 $x\approx\left(\frac{\sigma}{k_B T}\right)^2$，则峰位随温度变化公式变为

$$E(T)=E_0-\frac{\alpha T^2}{\theta+T}-\frac{\sigma^2}{k_B T} \tag{11-8}$$

上式即 Eliseev 等人提出来的带尾态模型[32]，是本模型在高温区的近似。因此 LSE 模型具有更宽的适用范围，可以拟合全温度段的荧光峰位变化。这一模型除了可以拟合荧光峰位变化，还可以得到光谱半峰宽、光强积分强度和寿命等参数随温度的变化规律。这一模型在分析局域态的光谱特性上取得了巨大成功，量化了局域态的分布参数、逃逸速率和载流子填充等信息，为理解局域化这一抽象的概念提供了定量的数据支持。

值得注意的是，模型中 E_a-E_0 是一个至关重要的参数，它的大小和符号实质性地决定了荧光谱峰位随温度的变化关系。我们把 $E_a-E_0>0$ 和 $E_a-E_0<0$ 划分成两种情况，对应两种物理系统。

图 11－13 为两种情况下高斯形状的局域态态密度分布 $\rho(E)$、分布函数 $f(E, T)$ 和载流子分布 $n(E, T)$。其中阴影部分 $n(E, T)$ 对应着载流子荧光发光情况，温度变化使图中分布函数 $f(E, T)$ 发生变化。$E_a-E_0>0$ 情况下，随

着温度升高载流子分布 $n(E, T)$ 向较小的态密度移动，若不考虑能带收缩和声子散射等因素，局域态发光会导致峰位红移，伴随高能侧光谱线型变窄。而另外一种 $E_a - E_0 < 0$ 的情况，在 0 K 时载流子分布的阴影部分处于态密度较小的位置，随温度升高载流子分布 $n(E, T)$ 向较小的态密度移动，对应着局域态发光峰位蓝移，而高能侧的谱线会明显展宽。本章中分别把 $E_a - E_0 > 0$ 情况下引起发光红移的局域态中心和 $E_a - E_0 < 0$ 情况下引起蓝移的局域态中心称为红中心和蓝中心。

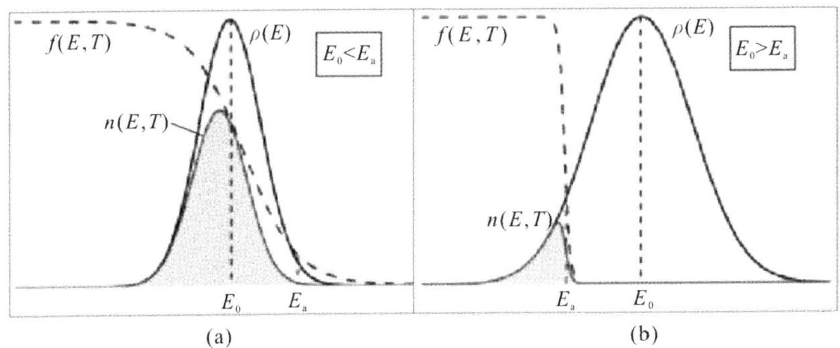

图 11-13　局域态影响下的态密度分布[31]

11.4.3　表面调控对载流子局域分布的作用机制

为了解释图 11-13 中不同量子点展现出的局域化发光差异，并定量说明不同表面处理对量子点局域分布的作用机制，我们应用 LSE 模型对上述结果进行系统分析，以阐明局域化效应背后的物理机理。通过对实验数据的拟合，可得到载流子分布函数(Distribution of DOS)等一系列重要参数，如图 11-14 所示。

图 11-14(a)～(d)展示了用 LSE 模型计算荧光峰位随着温度移动趋势的拟合结果，黑色小方块表示每个温度下的峰值能量，实线表示 LSE 模型拟合结果。图(c)中的虚线表示传统 Varshni 峰位移动趋势。四种量子结构的不同移动趋势与模型的计算结果高度吻合，表 11-3 列出了所涉及的拟合参数。图 11-14(e)～(h)是根据拟合结果绘制的载流子局域化分布图，其中局域化分布函数(DOS 分布函数)为高斯线型，E_0 代表高斯线型中心值，σ 代表线型的展宽宽度，E_a 下方的阴影区域代表局域态载流子所填充的能量位置。根据填充能级(E_a)的值与分布函数中心(E_0)之间的相对关系，可将荧光峰位移动情况分为两种，一种是 $E_a < E_0$ 的情况，以 QW、QD 和 PQD(图 11-14(a)、(b)、(d))为

代表；另一种是 $E_a > E_0$ 的情况，如 EQD(图 11－14(c))。

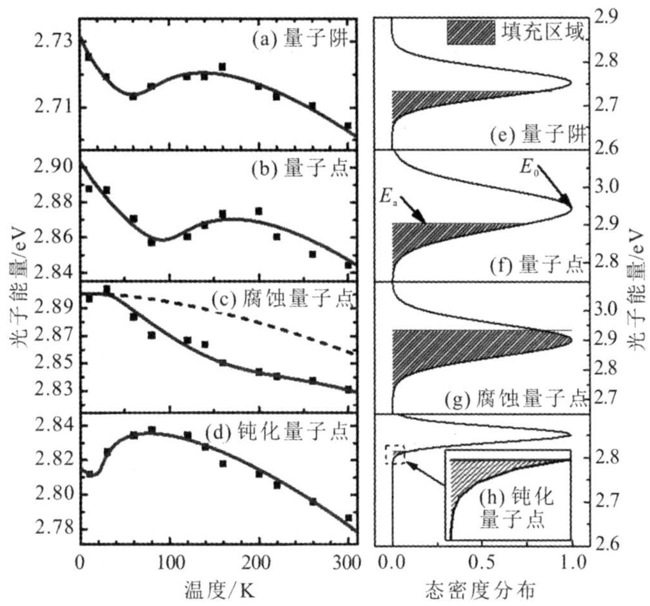

图 11－14　荧光峰位拟合及局域化态密度分布函数信息

首先分析第一种情况，在温度 $T < 80$ K 的初始阶段，由于带隙收缩，载流子遵循传统能带收缩理论出现红移。而随着温度从 80 K 升高到 180 K，处于局域态的载流子在热能的驱动下被激活，逐渐远离原本的能级位置，即载流子经历去局域化(de-localization)过程。而逃逸的载流子将根据态密度(DOS)分布重新分配，在 $E_a < E_0$ 的情况下，态密度分布中心 E_0 位于更高的能量状态，导致载流子更多地分布到能量更高的能级，对应 PL 光谱发生蓝移，直至全部载流子在热激活作用下脱离原本局域态能级。当温度继续升高至接近室温的阶段，荧光峰位再次受到能带收缩效应的支配，出现红移。这三个阶段组成了局域化发光特有的峰位随温度的 S 型变化趋势。

然而，对于 EQD 的载流子分布情况，$E_a > E_0$，即第二阶段热激活载流子根据 DOS 重新分配到能量更低的能态，对应 PL 光谱发生红移。因此，除了能带收缩产生的红移影响之外(如图 11－14(c)中的虚线所示)，EQD 荧光峰位发生了进一步红移，直至全部载流子被激活。

最后分析 PQD 的峰位移动方式，尽管拟合结果显示其与 $E_a < E_0$ 的情况一致(图 11－14(h))，但是 PQD 载流子分布更加集中，这就导致即使处于低温，载流子仍迅速发生热激活，S 型移动的第一阶段直接被跳过，荧光峰位的移动

主要包含两个阶段，这与常规的 S 型移动略有不同。

表 11-3　四种局域化荧光光谱的 LSE 拟合参数

	E_0/eV	σ/meV	E_a/eV	E_0-E_a/meV	τ_r/τ_{tr}
QW	2.752	15.7	2.733	19.2	100
QD	2.944	26.3	2.904	39.8	735
EQD	2.901	27.1	2.934	−33.2	332
PQD	2.852	8.6	2.816	37.0	42

在深入理解四种局域态载流子分布函数和复合发光特征之后，我们可以推断不同表面处理对量子点发光的作用机理。由 top-down 干法刻蚀方法制备得到的 QD，其尺寸在变小的过程中应力释放同时量子限制效应增加，这两方面都会导致禁带宽度增加，E_a 和 E_0 明显变大。同时 QD 在制备过程中引入了大量表面刻蚀损伤、缺陷等表面态，它们构成了荧光发光复合过程中新的载流子"捕获中心"，在局域化模型中可以被认为是产生新的局域化能级，因此 QD 样品的 DOS 分布较宽(σ，26.3 meV)。另外，通常情况下 GaN 基材料受表面态影响会造成表面能带向上弯曲[33-35]，11.3 节有过详细讨论，受此影响 E_a 和 E_0 也相应发生变化，局域化载流子的分布范围被扩展到更高的能量水平。

对于表面经过碱溶液腐蚀的 EQD，由于其表面的部分刻蚀损伤被去除或修复，表面态数量在 QD 基础上有所减少，相应的向上弯曲的能带结构逐渐恢复变平[12]，因此载流子的局域态 DOS 分布中心(E_0)从 2.944 eV 向下移动到 2.901 eV。同时，碱溶液的腐蚀使量子点尺寸减小，应力被进一步释放，E_a 的位置与 QD 相比略有上升。这两方面的综合结果导致 EQD 中 E_0 减小，E_a 增加，出现 $E_a > E_0$ 的局域态分布形式，这是 EQD 与其他三个样品的最主要区别。

表面经过 Al_2O_3 钝化的 PQD 表面态数量进一步减少，能带弯曲现象大幅减弱，可参考 11.3 节内容。这使得原本处于较高能级处的能态消失，大部分载流子分布返回到较低能级。因此，载流子局域化分布函数的展宽 σ 变小(由 27.1 meV减小至 8.6 meV)，局域中心 E_0 值减小(从 2.901 eV 降至 2.852 eV)。根据光谱结果，Al_2O_3 包覆层增加了纳米柱的应力，并且 E_a 移至较低的能级，导致 E_0 和 E_a 之间的关系回到 $E_a < E_0$ 的情况。

表 11-3 中的最后一个参数 τ_r/τ_{tr} 是与复合效率有关的时间常数。在 LSE 模型中，τ_r 表示载流子辐射复合寿命，τ_{tr} 表示载流子热活逃逸的寿命，该寿命与非辐射复合的寿命 τ_{nr} 成正比[36]，即 τ_r/τ_{tr} 项与 τ_r/τ_{nr} 成正比。因此由量子点

内量子效率的计算公式 $\eta = 1/(1+\tau_r/\tau_{nr})$ 可知，较小的 τ_r/τ_{tr} 对应着较大的内量子效率。根据表 11－3 的拟合结果，PQD 的 τ_r/τ_{tr} 值最小时对应最高内量子效率 η，这与图 11－12 所示的 PL 强度实验结果完全吻合。其物理机理是表面态数量的减少导致 τ_{nr} 变得更长；同时能带弯曲程度减弱，电子空穴波函数交叠积分增加，载流子辐射复合寿命 τ_r 变短。

11.5　本章小结

具有微腔耦合结构的纳米线量子点是微纳光电子、量子光学、量子通信和生物医疗等领域的重点研究对象。为了实现这些应用，必须要提高量子点的发光效率以优化器件性能，其中纳米结构的表面态调控问题普遍困扰量子点性能，特别是钝化的作用机理仍然不清楚。

11.3 节对 InGaN/GaN 纳米线量子点的表面钝化作用机理进行了系统的研究，使用了几种不同的介质材料对纳米线量子点进行了超薄的表面包覆处理，并确保不改变纳米线量子点本身的尺寸优势和量子限制效应。表面态费米能级钉扎导致 InGaN/GaN 纳米线量子点的能带上升弯曲，使纳米线全部处于耗尽区中，且载流子空间分离。表面钝化处理除了会改变纳米线表面态的数量和性质，能带弯曲也会发生相应的变化。通过系统的光谱实验对比，发现 SiN_x 和 Al_2O_3 钝化后纳米线量子点荧光发光变强，内量子效率分别增加了 87.98% 和 45.45%，且发光峰位蓝移，辐射复合寿命变短。这些都对应着纳米线表面能带弯曲减弱，意味着电子空穴波函数交叠积分增大，跃迁能量变大，辐射复合效率提高。为了量化表征表面能带弯曲程度，本文使用紫外光电子能谱表征不同表面处理的纳米线表面，证明了表面调控可以有效地修复能带弯曲现象，这一结果也验证了表面能带调控的物理理论模型。因此合理的表面钝化处理不但可以减少表面态的数量，也可以改善纳米线表面能带结构。这一发现揭示了表面调控的作用机理，为提高纳米线器件性能提供了定量的评测手段。传统钝化的作用也随之被拓宽，除了减少表面缺陷外，也可以对纳米结构表面起到修饰和能带调节的效果。

11.4 节讨论了 InGaN/GaN 纳米线量子点中荧光发光的局域化效应，以普遍适用的 LSE 理论模型为出发点，对比了不同表面处理的量子点荧光发光特征。系统分析了 top-down 刻蚀方法制备的 InGaN/GaN 量子点(QD)以及经过碱溶液腐蚀的量子点(EQD)和经 Al_2O_3 钝化处理的量子点(PQD)在荧光发光方面的差异。借助 LSE 模型，荧光发光峰与温度变化关系中体现出的载流子局域化 DOS 分布函数等关键物理参数可以由准确计算得到。其中 E_a 和 E_0 的差异决定了载流子的重新分布方式，决定了载流子在变温荧光光谱中的复合方式。除了本书提及的内容之外，LSE 模型还可以定量描述荧光半高宽(FWHM)和强度随温度变化的趋势[37]。因此，量子点中的载流子局域化发光特性可以被准确地量化解释并用于分析量子点器件的发光性能。另一方面，讨论了不同表面处理方式对量子点局域态荧光的影响，发现不同表面处理虽然对纳米线量子点的表面形貌影响很小，却显著改变了荧光发光方式。这些常见的表面处理包括干法刻蚀、湿法腐蚀和表面薄膜包覆等技术工艺等，影响着纳米结构器件的性能，研究它们的作用机制将是突破器件性能瓶颈的关键。

InGaN/GaN 纳米线量子点因其优秀的发光性能，在制备高效 LED 以及照明和显示应用方面取得巨大成功。此外，特殊的结构使得其在制备微纳激光器和量子激光器方面拥有很大潜力，其中纳米线既可以作为微腔也可以充当增益介质。同时量子点具有能级分立特性，可作为理想单光子源，GaN 基材料具有超高的量子复合效率，其单光子源的亮度超过 10^6 计数每秒[38-39]，其较大的激子结合能便于实现稳定的室温发射甚至高温发射[40-41]。东京大学 Arakawa 团队制备出的 GaN/AlGaN 纳米线量子点结构将单光子发射的工作温度提升至 350 K[40]。通过调整元素组分，发光波长可覆盖紫外到红外波段，大幅扩展了单光子发射的波长范围[42-43]。InGaN/GaN 纳米线量子点波长较短，有利于减小发射器和接收器望远镜的尺寸[44]。另一方面，GaN 基量子点定位生长工艺，保障量子点易于实现电注入操作[45]以及与其他光电器件的集成[46]，易于制备片上集成的微纳有源光电子器件。

需要注意的是，实现上述光电子应用对器件光学、电学性能提出了极高的要求，然而目前 GaN 基量子点的制备工艺还不成熟，仍需对缺陷、位错和表面态等加以调控。在发光机理层面上仍有部分问题尚未解决，因此为了更有效地提高量子点的光电性能，还需要对载流子复合发光特性进行深入研究。

在荧光表征方面，单个量子点的定位光学测量正在面临挑战，多种实际应用都需要对亚波长尺寸的量子点进行准确定位和成像，分析发光光谱和荧光寿命，因此超高分辨率的显微光路、高精度位移台和灵敏的单光子探测系统都是未来量子点荧光表征必不可少的重要工具。更完善的光学系统和先进的表征手段也会推进量子点荧光领域更快发展。

参考文献

[1] WU Y, LIU B, LI Z, et al. Synthesis and properties of InGaN/GaN multiple quantum well nanowires on Si (111) by molecular beam epitaxy. Physica Status Solidi (a). 2020, 217(7), 1900729.

[2] BARRIGÓN E, HEURLIN M, BI Z, et al. Synthesis and applications of Ⅲ-Ⅴ nanowires. Chemical reviews. 2019, 119(15), 9170 - 9220.

[3] ZHANG L, TENG C H, KU P C, et al. Site-controlled InGaN/GaN single-photon-emitting diode. Applied Physics Letters. 2016, 108(15), 153102.

[4] PUCHTLER T J, WANG T, REN C X, et al. Ultrafast, polarized, single-photon emission from m-plane ingan quantum dots on gan nanowires. Nano Lett. 2016.

[5] RA Y H, WANG R, WOO S Y, et al. Full-color single nanowire pixels for projection displays. Nano Letters. 2016, 16(7): 4608 - 4615.

[6] SADAF S M, RA Y H, SZKOPEK T, et al. Monolithically integrated metal/semiconductor tunnel junction nanowire light-emitting diodes. Nano letters. 2016, 16(2), 1076 - 1080.

[7] JAIN B, VELPULA R T, BUI H Q T, et al. High performance electron blocking layer-free InGaN/GaN nanowire white-light-emitting diodes. Optics Express. 2020, 28(1),665 - 675.

[8] ZHAO C, ALFARAJ N, SUBEDI R C, et al. Ⅲ-Nitride nanowires on unconventional substrates: From materials to optoelectronic device applications. Progress in Quantum Electronics. 2018, 61, 1 - 31.

[9] CHATTERJEE U, PARK J H, UM D Y, et al. Ⅲ-Nitride nanowires for solar light harvesting: A review. Renewable and Sustainable Energy Reviews. 2017, 79, 100x - 1015.

[10] AIELLO A, HOQUE A K M H, BATEN M Z, et al. A High-Gain Silicon-based InGaN/GaN Dot-in-Nanowire Array Photodetector. Acs Photonics. 2019.

[11] SERGENT S, DAMILANO B, VÉZIAN S, et al. Subliming GaN into ordered nanowire arrays for ultraviolet and visible nanophotonics. ACS Photonics. 2019, 6(12),3321 - 3330.

[12] WANG Z L, HAO Z B, YU J D, et al. Manipulating the band bending of InGaN/GaN quantum dots in nanowires by surface passivation. The Journal of Physical Chemistry C. 2017, 121(11), 6380 - 6385.

[13] NELSON C, DESHPANDE S, LIU A, et al. High-resolution nonlinear optical spectroscopy of InGaN quantum dots in GaN nanowires[J]. Journal of the Optical

Society of America B. 2017, 34(6): 1206.

[14] WANG X, XU L, JIANG Y, et al. Ⅲ-Ⅴ compounds as single photon emitters. Journal of Semiconductors. 2019, 40(7), 071906.

[15] WANG T, OLIVER R, TAYLORR. Non-polar nitride single-photon sources. Journal of Optics. 2020, 22(7), 073001.

[16] NISHAT M R K, AHMED S S. Atomistic modeling of fine structure splitting in InGaN/GaN dot-in-nanowire structures for use in entangled photon pair generation. IEEE Journal of Quantum Electronics. 2019, PP(99): 1-1.

[17] YAN X E, HAO Z, YU J, et al. MBE growth of AlN nanowires on Si substrates by aluminizing nucleation. Nanoscale research letters. 2015, 10(1), 1-7.

[18] ZHENG X H, CHEN H, YAN Z B, et al. Influence of the deposition time of barrier layers on optical and structural properties of high-efficiency green-light-emitting InGaN/GaN multiple quantum wells. Journal of Applied Physics. 2004, 96(4), 1899-1903.

[19] CHO Y H, GAINER G H, FISCHER A J, et al. "S-shaped" temperature-dependent emission shift and carrier dynamics in InGaN/GaN multiple quantum wells. Applied Physics Letters. 1998, 73(10), 1370-1372.

[20] HAO M, ZHANG J, ZHANG X H, et al. Photoluminescence studies on InGaN/GaN multiple quantum wells with different degree of localization. Applied Physics Letters. 2002, 81(27), 5129-5131.

[21] BOURRET A, BARSKI A, ROUVIERE J L, et al. (1998). Growth of aluminum nitride on (111) silicon: microstructure and interface structure. Journal of Applied Physics, 83(4), 2003-2009.

[22] CALARCO R, MARSO M, RICHTER T, et al. Size-dependent photoconductivity in MBE-grown GaN-nanowires. Nano Letters. 2005, 5(5), 981-984.

[23] LÜTH H. Solid surfaces, interfaces and thin films. Berlin: Springer. 2001.

[24] KLEIN A, SÄUBERLICH F, SPÄTH B, et al. Non-stoichiometry and electronic properties of interfaces. Journal of Materials Science. 2007, 42(6), 1890-1900.

[25] JAHANGIR S, MANDL M, STRASSBURG M, et al. Molecular beam epitaxial growth and optical properties of red-emitting ($\lambda = 650$ nm) InGaN/GaN disks-in-nanowires on silicon. Applied Physics Letters. 2013, 102(7), 071101.

[26] HU Y, HAO Z, LAI W, et al. Nano-fabrication and related optical properties of InGaN/GaN nanopillars. Nanotechnology. 2015, 26(7), 075302.

[27] WANG Z L, HAO Z B, YU J D, et al. Surface-induced carrier localization and recombination characteristics in InGaN/GaN quantum dots in nanopillars. The Journal of Physical Chemistry C2019, 123(9), 5699-5704.

[28] MORKOC H. Handbook of GaN Materials and Devices. Springer, Berlin. 2007.

[29] HOLM R T, MCKNIGHT S W, PALIK E D, et al. Interference effects in luminescence studies of thin films. Applied optics. 1982, 21(14), 2512 - 2519.

[30] NAMVAR E, FATTAHI M. Interference effects on the photoluminescence spectrum of GaN/$In_xGa_{1-x}N$ single quantum well structures. Journal of Luminescence. 2008, 128(1), 155 - 160.

[31] LI Q, XU S J, XIE M H, et al. A model for steady-state luminescence of localized-state ensemble. EPL (Europhysics Letters). 2005, 71(6), 994.

[32] ELISEEV P G. The red σ 2/kT spectral shift in partially disordered semiconductors. Journal of Applied Physics. 2003, 93(9), 5404 - 5415.

[33] SABUKTAGIN S, RESHCHIKOV M A, JOHNSTONE D K, et al. Band bending near the surface in GaN as detected by a charge sensitive probe. MRS Online Proceedings Library Archive. 2003, 798.

[34] CHEVTCHENKO S, NI X, FAN Q, et al. Surface band bending of a-plane GaN studied by scanning Kelvin probe microscopy. Applied physics letters. 2006, 88 (12), 122104.

[35] PENG L H, SHIH C W, LAI C M, et al. Surface band-bending effects on the optical properties of indium gallium nitride multiple quantum wells. Applied physics letters. 2003.

[36] SU Z, XU S. A generalized model for time-resolved luminescence of localized carriers and applications: dispersive thermodynamics of localized carriers. Scientific Reports. 2017, 7(1), 13.

[37] BAO W, SU Z, ZHENG C, et al. Carrier localization effects in InGaN/GaN multiple-quantum-wells LED nanowires: luminescence quantum efficiency improvement and "negative" thermal activation energy. Scientific reports. 2016, 6, 34545.

[38] HOLMES M J, ARITA M, ARAKAWA Y. Ⅲ-Nitride quantum dots as single photon emitters. Semiconductor Science and Technology. 2019, 34(3), 033001.

[39] WANG X, XU L, JIANG Y, et al. Ⅲ - Ⅴ compounds as single photon emitters. Journal of Semiconductors. 2019, 40(7), 071906.

[40] BERHANE A M, JEONG K Y, BODROG Z, et al. Bright room-temperature single-photon emission from defects in gallium nitride. Advanced Materials. 2017, 29(12),1605092.

[41] ZHOU Y, WANG Z, RASMITA A, et al. Room temperature solid-state quantum emitters in the telecom range. Science Advances. 2018, 4(3), eaar3580.

[42] HOLMES M J, KAKO S, CHOI K, et al. Single photons from a hot solid-state

emitter at 350 K. ACS photonics. 2016, 3(4), 543 - 546.

[43] WANG T, PUCHTLER T J, ZHU T, et al. Polarisation-controlled single photon emission at high temperatures from InGaN quantum dots. Nanoscale. 2017, 9(27), 9421 - 9427.

[44] TSAO J Y, CHOWDHURY S, HOLLIS M A, et al. Ultrawide-Bandgap Semiconductors: Research Opportunities and Challenges. Advanced Electronic Materials. 2018, 4 (1), 1600501.

[45] CHEN Y, ZHANG J, ZOPF M, et al. Wavelength-tunable entangled photons from silicon-integrated Ⅲ-Ⅴ quantum dots. Nature communications. 2016, 7(1), 1 - 7.

[46] HOLMES M J, ARITA M, ARAKAWA Y. Ⅲ-Nitride quantum dots as single photon emitters. Semiconductor Science and Technology. 2019, 34(3), 033001.

[47] BHATTACHARYA P, FROST T, JAHANGIR S, et al. Ⅲ-Nitride quantum dots for optoelectronic devices. Molecular Beam Epitaxy: Materials And Applications For Electronics And Optoelectronics. 2019, 211 - 231.

[48] SPRINGBETT H P, GAO K, JARMAN J, et al. Improvement of single photon emission from InGaN QDs embedded in porous micropillars. Applied Physics Letters. 2018, 113(10), 101107.

第 12 章

ZnO 单晶及微纳结构非线性光学性质表征

12.1 引言

本章介绍 ZnO 的非线性光学性质，讨论其非线性光学性质在光谱中的表现。主要涉及 ZnO 单晶(未掺杂样品和离子注入样品)和微纳结构(亚毫米尺寸的中空柱状样品和纳米四足状样品)中的二次谐波的产生、双光子吸收特性以及由此导致的一些有趣的光学现象，如自吸收效应导致的带边发光减弱甚至消失、载流子复合寿命的变化等。所使用的实验方法主要为变温和常温下的稳态和瞬态荧光光谱。本章所提及的主要实验结果是在香港大学物理系徐士杰教授的激光光谱实验室完成的，同时参考了本领域中其他研究组的相关成果(2000 年左右至近期的报道的研究成果)。由于篇幅及个人研究领域所限，未涉及生长过程中故意掺杂的 ZnO、ZnO 复合结构以及 ZnO 功能纳米结构(如在医学成像中的潜在应用等)等领域。这些领域中的基础和应用研究也与 ZnO 的非线性光学性质相关。当然，高质量的 ZnO 单晶作为研究其基本物理性质的理想载体，成了本章讨论的主要对象。最后对 ZnO 非线性光学性质的研究作出一些展望，希望为对本领域感兴趣的读者提供参考。

12.2 非线性光学性质简介

非线性光学性质一般包括光学谐波产生(二次谐波/三次谐波等)、混频(和频/差频，谐波是一种特殊的和频)、频率上转换、多光子吸收、受激拉曼散射等，它们都是光与物质相互作用的表现形式。本章采用半经典的理论描述，结合光子的概念和光场中的电矢量及其在介质中的极化场来描述二次谐波产生、多光子吸收等几种典型的非线性光学现象。

12.2.1 二次谐波的产生

作为一种基本的非线性光学现象，二次谐波产生在激光器发明之初就被观察到了[1]。简单地来讲，二次谐波产生的过程就是光与物质相互作用时两个相干光子(同频率、相位)泯灭产生一个倍频光子，如图 12-1 所示，其中中间态 1 和 2 为虚能态，并不与任何实际的能级相关。

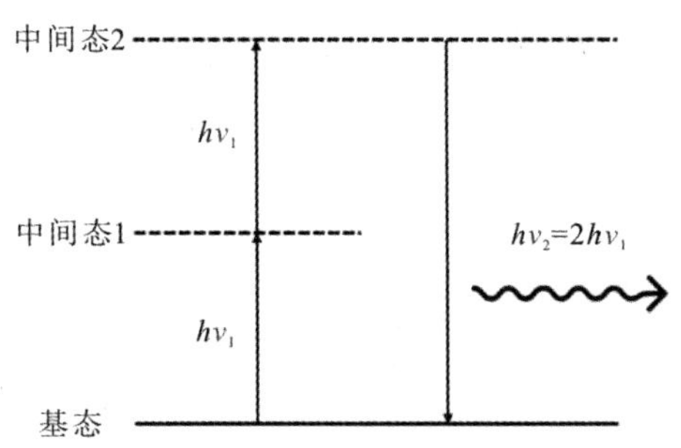

图 12-1　二次谐波产生过程示意图

这是一个简化之后的物理图像，认为介质原子/分子在中间态停留的时间无穷短。图中已经考虑到了能量守恒，此外还要考虑到动量守恒，即相位匹配条件：

$$\boldsymbol{k}_2=\boldsymbol{k}_1+\boldsymbol{k}_1 \tag{12-1}$$

相位匹配对二次谐波的产生效率有非常重要的影响。在实际应用中，考虑到基频光(ν_1)和倍频光(ν_2)在介质中的折射率不同，一般会采取特定的入射角度以及介质中的双折射现象来实现高效的二倍频输出。在实验研究中，有时在不严格满足相位匹配的条件下也能观察到二次谐波的产生，这里主要指的是实验设计上不是严格的透射式或者反射式的光路布局。下面讨论在这种实验条件下 ZnO 中的二次谐波产生现象。

用完整的量子理论来描述二次谐波产生等非线性光学行为比较复杂，这里我们将从介质在光场下的极化行为的经典理论出发，对二次谐波的产生进行一些定量/半定量的简化描述。介质在电磁波(光场)的辐照下产生的极化强度与电矢量的关系可由如下表达式给出：

$$\begin{aligned}P(\boldsymbol{r},t)&=\varepsilon_0\chi^{(1)}E(\boldsymbol{r},t)+\varepsilon_0\chi^{(2)}E^2(\boldsymbol{r},t)+\varepsilon_0\chi^{(3)}E^3(\boldsymbol{r},t)+\cdots\\&=P^{(1)}(\boldsymbol{r},t)+P^{(2)}(\boldsymbol{r},t)+P^{(3)}(\boldsymbol{r},t)+\cdots\end{aligned} \tag{12-2}$$

其中：ε_0 为介电常数；$E(\boldsymbol{r},t)$表示入射光的电矢量；$\boldsymbol{r}$ 为位置矢量；$\chi^{(n)}$ 为 n 阶极化率，比如$\chi^{(1)}$为一阶线性极化率，$\chi^{(2)}$为二阶非线性极化率等。上式也可写为积分形式并通过傅里叶变换到($\boldsymbol{k}$, ω)[2]。其中$\chi^{(2)}$为三阶张量，具有 3×3×3 个分量。在一些文献中，d 张量也被经常使用，它们之间的关系是 $d_{ijk}=d_{xyz}=\frac{1}{2}\chi_{ijk}^{[2]}$。对于缺乏中心对称性的晶体材料，$\chi^{[2]}$不为零，材料中能产生二次谐波。本章主要讨论六方纤锌矿结构的 ZnO 晶体，属于 C_{6v}^4空点群/空间群($6mm$ 或者 $P6_3mc$)(如图 12-2 所示)。不同的写法来源于不同的分类方式，但它们

对应的晶体结构是一样的，都不具有中心对称性，所以六方纤锌矿结构的 ZnO 可以产生有效的二次谐波。

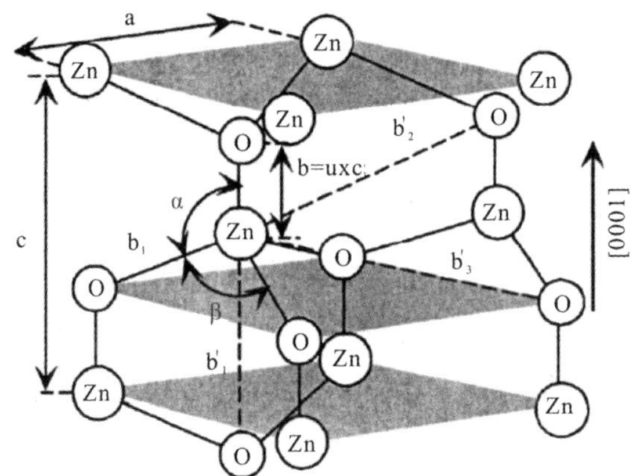

图 12-2 六方纤锌矿 ZnO 的结构示意图[3]

对于沿着 c 轴生长的 ZnO 材料，根据结构的对称性，其二阶极化率张量可以简化为一个 3×6 的矩阵，而且其只有 4 个独立的非零元素[4]（也见有写为 5 个独立的非零元素[5]），即$\chi_{xzx}^{(2)}=\chi_{yzy}^{(2)}$，$\chi_{xxz}^{(2)}=\chi_{yyz}^{(2)}$，$\chi_{zxx}^{(2)}=\chi_{zyy}^{(2)}$（或认为$\chi_{zxx}^{(2)}$与$\chi_{zyy}^{(2)}$不相等）和$\chi_{zzz}^{(2)}$。但是在通常情况下，基频和倍频光都远离 ZnO 的共振频率（禁带宽度能量），这时运用 Kleinman 对称性条件可以进一步消减独立非零元素的个数到 2 个，即$\chi_{xzx}^{(2)}=\chi_{yzy}^{(2)}=\chi_{xxz}^{(2)}=\chi_{yyz}^{(2)}=\chi_{zxx}^{(2)}=\chi_{zyy}^{(2)}$和$\chi_{zzz}^{(2)}$[4]。有时为了简化写法，会把$\chi_{xyz}^{(2)}$或者$\chi_{ijk}^{(2)}$的后两个角标根据 $xx=1$，$yy=2$，$zz=3$，$yz=zy=4$，$xz=zx=5$，$xy=yx=6$ 写为 1～6 的数字，从而使写法更简洁。在这里为了保留原始的信息，采用 3 个角标的写法。在后续的小节里会讨论 ZnO 单晶中的二次谐波产生以及离子注入对其的影响，还将介绍一些 ZnO 微纳结构中的二次谐波，特别是表面/界面所起到的作用。

12.2.2 双光子/多光子吸收引致的光致发光

另一个引人关注的非线性光学现象是 ZnO 中的双光子/多光子吸收以及其引起的发光现象。双光子的吸收过程和图 12-1 所示的二次谐波产生过程类似，都是在两个相干光子的参与下进行的，其主要不同点是，双光子吸收的结果是电子跃迁到一个真实的激发态能级（如图 12-3 所示）。图中未考虑这些过程中的动量守恒、杂质/缺陷能级、激子效应等。

由于双光子/多光子吸收时激发光子远离材料的共振能量，因此吸收效率

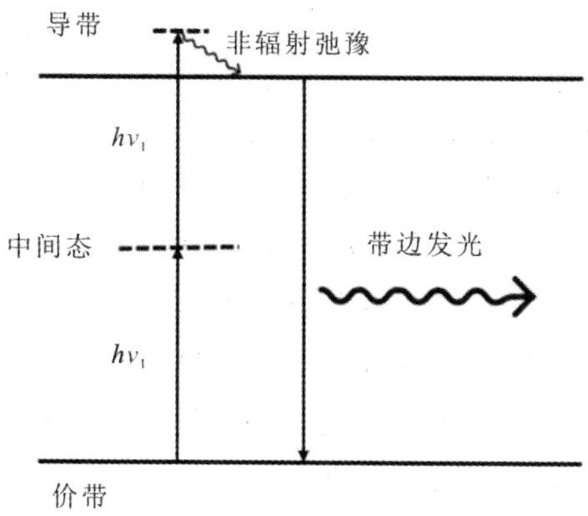

图 12-3　双光子吸收及其引起的带边发光示意图

往往很低。为了观察双光子/多光子吸收以及其引起的发光现象，通常要使用高能量/功率的激光进行激发，而且双光子/多光子吸收往往会和二次谐波产生同时发生。当双光子能量接近材料的共振能量时，还会发生二次谐波共振增强效应[6-7]。本章主要讨论双光子能量远离 ZnO 共振能量的情况。在这种情况下，激光(或者类似的光源发出的光)在介质中传播时的衰减规律(即吸收情况)可以用下面的公式唯象描述[8]：

$$\frac{\mathrm{d}I(z)}{\mathrm{d}z}=-\alpha I(z)-\beta I^2(z)-\gamma I^3(z)-\cdots \tag{12-3}$$

其中，$I(z)$为沿着 z 轴传播的光强；α、β、γ 分别为介质的单光子、双光子以及三光子吸收系数。

一般来讲，高价非线性吸收系数要显著小于低价(非)线性吸收系数，这将导致一个有趣的现象：双光子/多光子吸收可以发生在相对远离样品表面的内部空间，从而提供了一种通过光学手段无损探测样品内部信息的方法，比如探测样品内部的杂质/缺陷能级信息、电子-声子互作用过程等。12.5小节将讨论 ZnO 在双光子/多光子激发下的发光行为。

12.3　ZnO 单晶和薄膜中的二次谐波产生

12.3.1　ZnO 单晶的二阶非线性极化率

在观察 ZnO 单晶或者薄膜样品中二次谐波产生的实验中，通常采用的实验光路有两种，即透射式[4, 9-10]和反射式[11-16]。大部分透射式和反射式的实验中，其光路可以简单地理解为大家熟悉的几何光学模式。在考虑相位匹配的情况下，进行变入射角或者偏振控制的实验，可以通过对实验数据的拟合得到相应的二阶非线性极化率。比如 Cao H. 等人在透射模式下测试了 ZnO 薄膜在不同入射角的脉冲光(1064 nm，10 Hz)激发时的二次谐波产生现象(见图 12－4)，并通过拟合二次谐波的相对强度与入射角的关系，获得了 ZnO 薄膜的二阶非线性极化率(未考虑符号时)：$\chi_{zxx}^{(2)} \approx 3.6$ pm/V 和$\chi_{zzz}^{(2)} \approx 13.4$ pm/V[4]。图中"＋"代表 s－p 偏振模式，点代表 p－p 偏振模式(第一个字母表示基频光的偏振方向，第二个字母表示倍频光的偏振方向，其中 s 表示偏振方向与入射平面垂直，p 表示偏振方向与入射平面平行)。

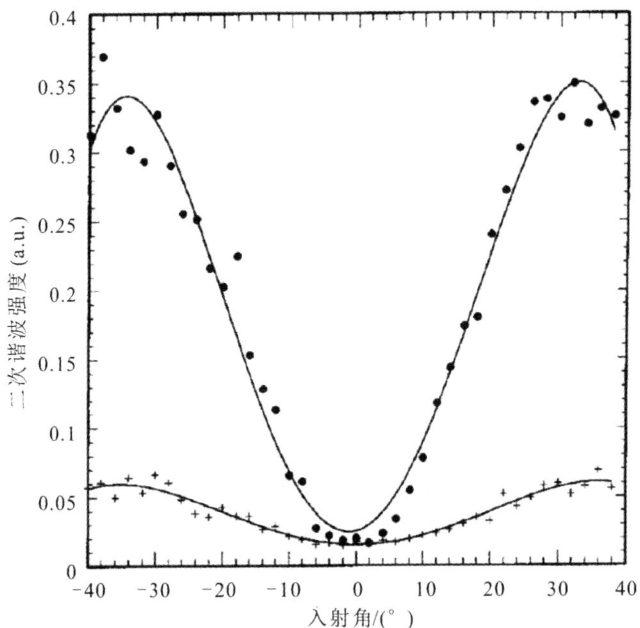

图 12－4　ZnO 薄膜中二次谐波的强度与入射角的关系[4]

当然，应该注意到，使用相同的方法从不同样品中得到的二阶非线性极化率的值往往不同。它们与样品的生长方式和条件、晶格完整性、杂质缺陷等因素有关。Wang G. 等人也通过类似的方法测定了 ZnO 单晶的二阶非线性极化率：

$$\chi_{zxx}^{(2)} = 1.36 \text{ pm/V}, \quad \chi_{zzz}^{(2)} = -14.31 \text{ pm/V}$$

其中，符号的认定是通过拟合偏振依赖(改变入射光偏振方向)的二次谐波相对

强度获得的[10]。另一方面，反射式的测量方式常常被用来研究 ZnO 薄膜的表面特性以及其中的晶界信息[12-14]。比如 Kuang Yao Lo 等人通过测试和分析 ZnO 薄膜在特定偏振设定时的二次谐波产生信号研究了薄膜表面的 3*mm* 对称性结构[13]。如前文中提到，通常情况下 ZnO 晶体具有 6*mm* 的对称性结构，而这种对称性结构在 s－s 偏振模式下的二次谐波为零。但是 ZnO 的理想的极性表面具有 3*mm* 对称性结构，这一表面贡献会使得二次谐波在 s－s 偏振模式下可能被观察到。Huang Yi Jen 和 Kuang Yao Lo 等人使用相同的方法研究了 ZnO 薄膜中的晶界取向性，其二次谐波产生的测试结果如图 12－5 所示。

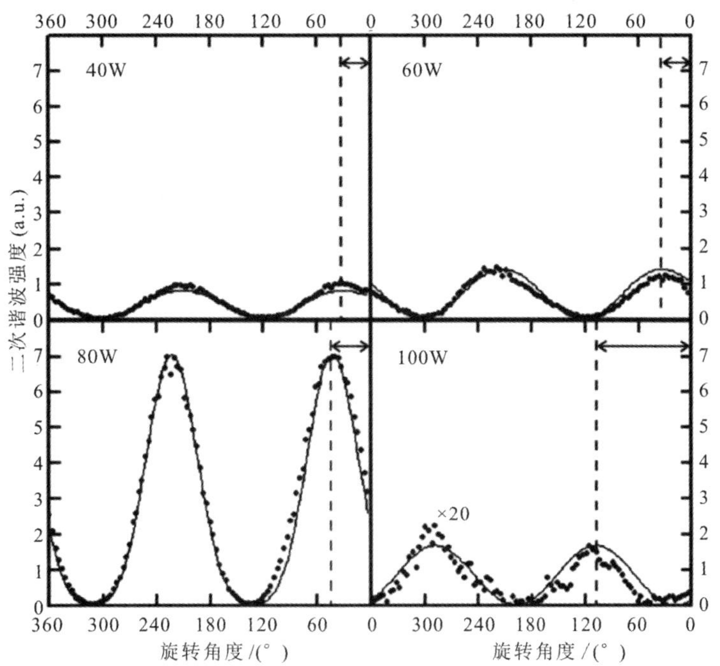

图 12－5　在不同射频功率下溅射生长的 ZnO 薄膜中 s－s 偏振模式下的二次谐波产生的相对强度[14]

其结果也表明(111)取向的硅衬底上通过射频溅射法生长的 ZnO 薄膜具有[$\bar{1}$10]的取向，这与 X 射线衍射的结果一致[14]。

12.3.2　表/界面对二次谐波产生的影响

研究界面效应对二次谐波产生的影响时，我们在(亚)毫米级的 ZnO 空心柱中观察到了明显的二次谐波产生的增强效应，并将其归结于基频光在外表面和内表面的多次反射而加强的表面/界面贡献[16]。这一过程所运用的光路配置

和对比测试结果如图 12-6 所示。

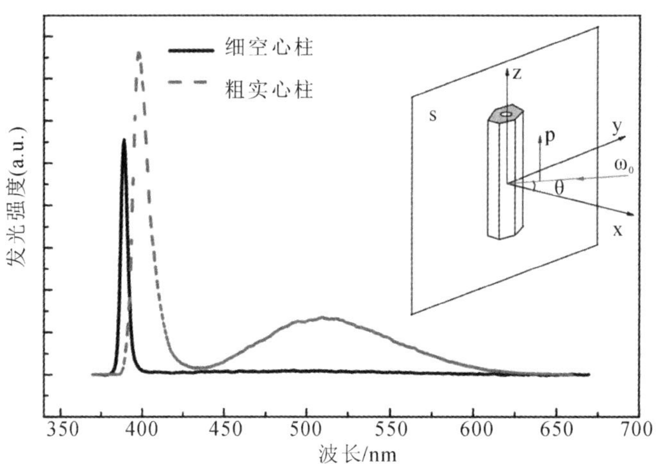

图 12-6　常温下 ZnO 空心柱(实线)和实心柱(虚线)在双光子激发下的光谱[16]

这里使用的是波长为 774 nm，重复频率为 82 MHz 的飞秒脉冲激光作为激发光/基频光，物镜置于样品前方，主要收集沿 x 方向(具有一定的发散角)发出的光信号。我们发现 ZnO 实心柱在双光子激发下产生了带边(声子影响下，以及自吸收效应，在后续双光子吸收中讨论)荧光信号(约 397 nm)，而空心柱中则产生了很强的二次谐波信号(387 nm)。二次谐波与激发功率的关系如图 12-7 所示。

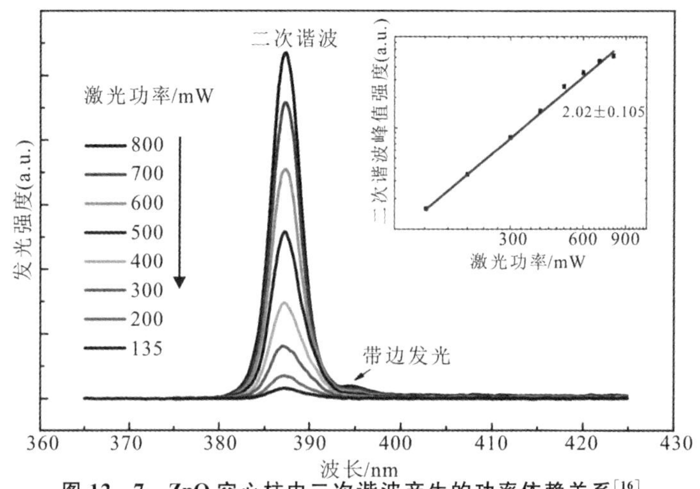

图 12-7　ZnO 空心柱中二次谐波产生的功率依赖关系[16]

通过对二次谐波信号的积分强度进行功率依赖拟合(参见图 12-7 中右上角的插图),发现其功率依赖系数十分接近理想值 2。对比实心柱样品中以带边发光为主的光谱信号,发现空心柱中的二次谐波的增强效应主要来自基频光在空心柱的外表面和内表面间的多次反射,并在传播过程中持续产生二次谐波信号,部分信号沿着 x 轴(或临近方向)从样品中发出并被收集、探测到。在实心柱样品中则没有这种多次反射现象。另一个需要提及的因素是在这一实验中,二次谐波的能量高于带边发光峰的能量,所以二次谐波在样品中产生后可能被再次吸收,但是在空心柱样品中,因为二次谐波的显著增强及样品相对较小的尺寸,这一效应在实验观测中并不明显。我们也对样品中的光致发光信号进行了偏振依赖的测试和拟合,其结果如图 12-8 所示。

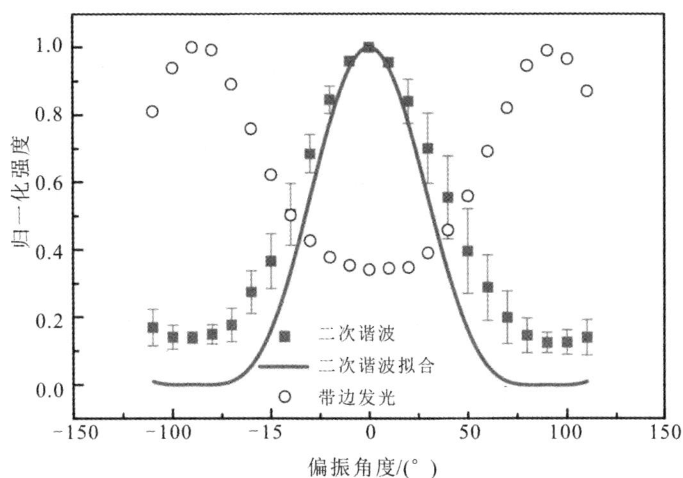

图 12-8　常温下 ZnO 空心柱中二次谐波产生信号和带边发光信号的偏振依赖测试及拟合结果[16]

这里我们采用了一个半定量的简化模型来拟合二次谐波产生信号的偏振依赖结果[17-18]:

$$I_{SHG} \propto [P^{(2)}(\omega=2\omega_0)]^2 \tag{12-4}$$

其中:$P^{(2)}(\omega=2\omega_0)=\chi^{(2)}_{ijk}E_jE_k$;$\chi^{(2)}_{ijk}$ 为 ZnO 的二阶非线性极化率;E 为电场矢量。运用 Kleinman 对称性条件之后其两个独立的非零张量元素为

$$\chi^{(2)}_{zxx}=1.36\ \text{pm/V},\ \chi^{(2)}_{zzz}=-14.31\ \text{pm/V}^{[10]}$$

考虑实验中的入射角(~26°)和图 12-6 右上角插图中的入射方向、偏振方向(φ)和晶轴方向的几何关系,可以写出:

$$P^{(2)}(\omega=2\omega_0)\propto(0.26\sin^2\varphi-14.3\cos^2\varphi) \tag{12-5}$$

通过这一表达式对图 12－8 中的二次谐波产生信号进行拟合的结果如图中实线所示，实验数据和理论预测符合得比较好。从图 12－8 中的结果我们也发现，在此实验条件下 ZnO 中二次谐波产生和带边发光存在着一定的竞争效应，类似的效应在 ZnO 纳米柱中也被观测到[19]。

12.3.3 缺陷/杂质对二次谐波产生的影响

另一方面，ZnO 中二次谐波的产生也被用来研究样品的结构以及其中的缺陷/杂质信息。前文已经提及通过二次谐波产生研究 ZnO 薄膜中的晶界分布和取向等信息[12, 14]，二次谐波也被用于分析生长条件/方法对薄膜样品晶体质量的影响并常常与 X 射线衍射的结果相互印证[20]。我们研究了离子注入对 ZnO 单晶样品中二次谐波产生的影响，并分析了因离子注入而在样品中产生的准界面/晶界的情况[16]。所采用的实验方法与图 12－6 描述的类似，不同之处是这里的单晶样品为厚度为 5 mm 的块状样品，收集的光信号是沿着样品的 c 轴方向的。

我们对比研究了分别注入 He、Zn、Cu 离子的样品以及未进行离子注入的原样品，并测试了退火对样品中二次谐波产生的影响。所获得的典型的二次谐波产生信号如图 12－9 所示，这里采用的激发光/基频光波长为 840 nm。可见，在这一波长激发时($h\nu_2=2h\nu_1<E_g$)，带边发光仍然比较明显。如果采用的激发光/基频光的能量使得二次谐波信号的能量大于带边发光峰(396 nm 附近)的能量，在实验配置下，由于再吸收效应，二次谐波信号几乎观察不到。因此，在利用样品中的二次谐波产生信号分析其性质时，要选择合适的激发光/基频光波长或者光子能量。另一个需要提及的点是，这里观察到的带边发光信号也可能来自双光子吸收及其导致的光与物质相互作用中的强拉比振动过程[21]。

从图 12－9 中可以看出，He 离子和 Zn 离子的注入会明显增强 ZnO 单晶中的二次谐波产生信号，而 Cu 离子的注入对二次谐波产生几乎没有影响(离子在物质中的扩散模型 TRIM 显示 Cu 离子只是聚集在离 ZnO 表面数十纳米的范围内，而 Zn 离子和 He 离子则存在于表面内几百纳米的区域)。同时，退火处理会在一定程度上减弱这种增强效应。基于此实验结果，并结合 X 射线衍射和摇摆曲线的测试和拟合，我们提出有效的离子注入会在晶体表面附近引入一层/多层准界面，从而提供额外的界面贡献以增强二次谐波的产生效率。通过考虑离子注入区域的应力分布来拟合样品的摇摆曲线(主峰和多个卫星峰)确认了表面附近准界面的形成[15]。

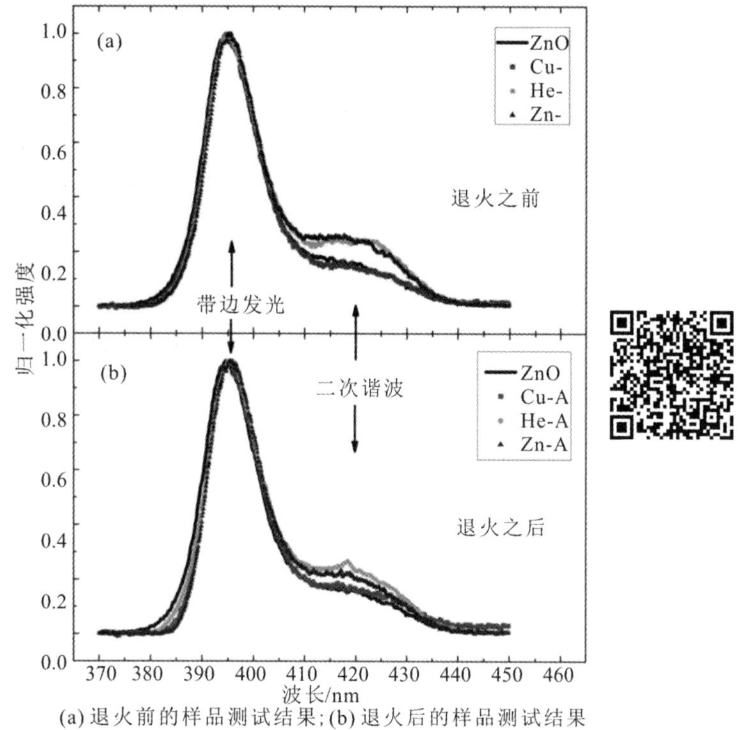

(a) 退火前的样品测试结果；(b) 退火后的样品测试结果

图 12-9　离子注入的 ZnO 单晶样品在双光子/多光子激发下的带边发光和二次谐波产生光谱[15]

我们在这里简短地归纳了 ZnO 单晶中二次谐波产生的物理过程和实验结果，并讨论了利用二次谐波产生来研究样品中的表面、界面、晶界等重要性质的一些成果。简单地讲，ZnO 中的二次谐波产生不仅仅来自其缺乏中心对称性的体结构以及杂质/缺陷等对晶体结构的破坏，还需要考虑各种边界效应，而且这种边界效应在 ZnO 微纳结构中更为明显。

12.4　ZnO 微纳结构中的二次谐波现象

12.4.1　ZnO 纳米线中的二次谐波产生

在 ZnO 的现有及潜在应用中，ZnO 微纳结构的非线性光学性质对其在纳米结构光电器件、太阳能电池、双光子成像等领域的应用至关重要[5, 22-24]。ZnO 微

纳结构的表面积/体积比较大，所以在研究和测试其中的二次谐波产生时往往发现显著增强的二次谐波信号，可比于或者强过 ZnO 薄膜或者单晶样品[5, 6, 25-32]。这类结构充分证明了表面/界面在二次谐波产生中所起的重要作用。张春峰等人观察到了 ZnO 纳米线中增强的二次谐波产生信号，如图 12 - 10 所示[21]。

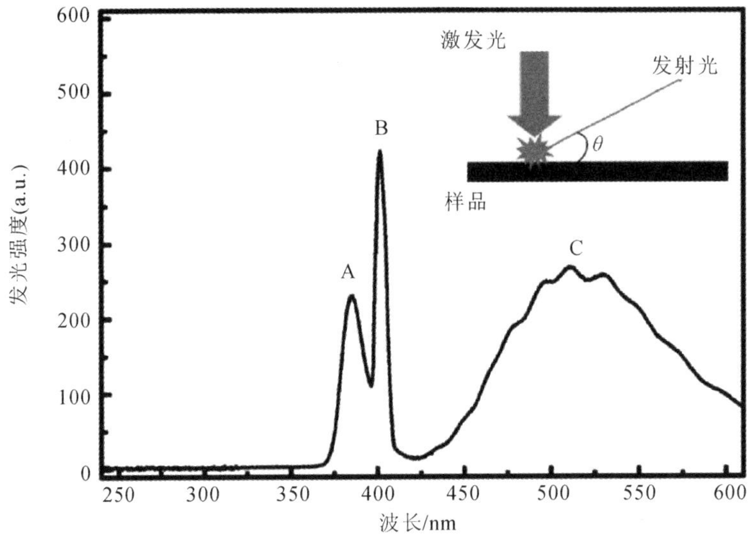

图 12 - 10　ZnO 纳米线在 806 nm 的飞秒激光激发下的光谱[21]

图 12 - 10 中 A 峰为带边发光，B 峰为二次谐波信号，C 宽峰为杂质能级发光。对比图 12 - 9 中的 ZnO 单晶结果，可知纳米线中的二次谐波信号的相对强度显著高于带边发光的强度，尽管它们都起源于双光子过程(见文献中的详细讨论)。这一点也通过不同激发光波长下的光谱得以佐证(见图 12 - 11)。

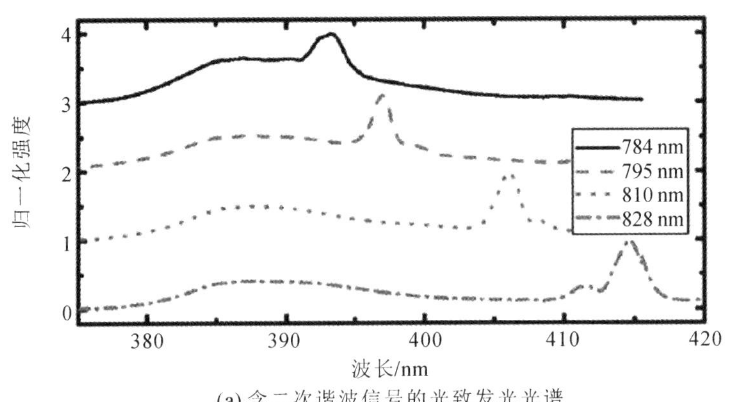

(a) 含二次谐波信号的光致发光光谱

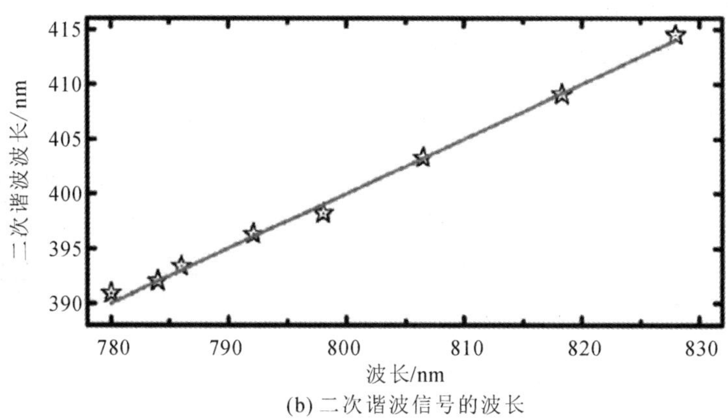

(b) 二次谐波信号的波长

图 12－11　ZnO 纳米线在不同波长的飞秒光激发下的二次谐波产生信号[21]

从图 12－11 中可以看出，在所测试的激发光波长范围内，二次谐波的信号强度一直高于带边发光的强度。这为 ZnO 纳米线材料在非线性光学领域的应用提供了一些指导。

12.4.2　ZnO 纳米四足结构中的二次谐波产生

人们在另一种 ZnO 的纳米结构中也发现了不同寻常的二次谐波产生信号，即 ZnO 纳米四足结构[26, 28, 31]，如图 12－12 所示。

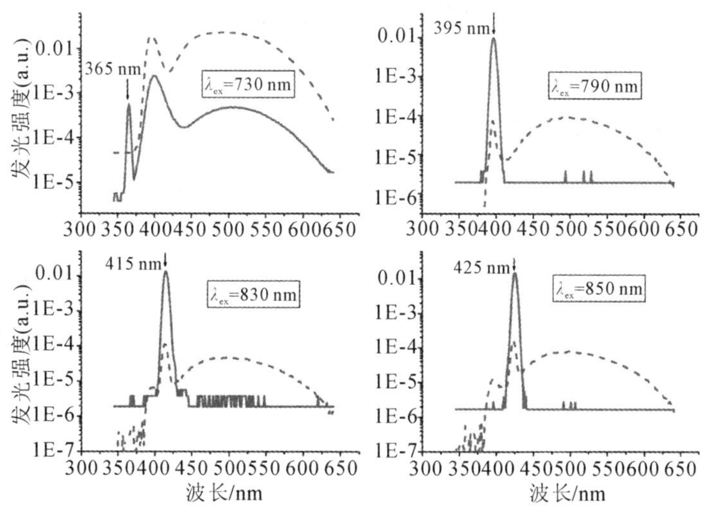

图 12－12　ZnO 纳米四足结构(实线)和体材料(虚线)在双光子/多光子激发下的发光谱[26]

光谱中包含二次谐波产生信号(激发光波长依赖)、带边发光信号(395 nm 附近)和杂质/缺陷发光宽峰。从图 12-12 中可以清晰地看出，即使是在双光子激发条件下$\left(\lambda_{ex}=730\ \text{nm},\ E_g>h\nu_1>\frac{E_g}{2}\right)$，ZnO 纳米四足结构中也能观察到明显的二次谐波信号(365 nm)。当激发光/基频光能量接近或低于 $E_g/2$ 时，ZnO 纳米四足结构的光谱信号以二次谐波为主，其他信号几乎完全消失。更加详细的变激发光/基频光波长或者光子能量的测试结果如图 12-13 所示。

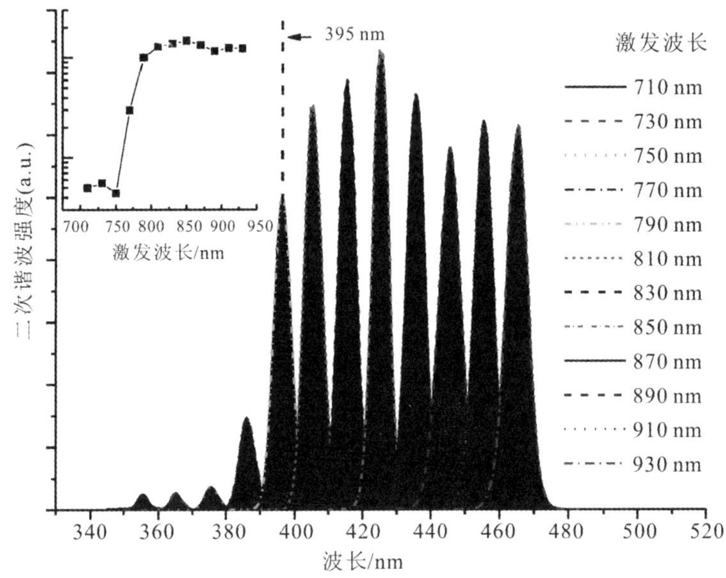

图 12-13　ZnO 纳米四足结构在不同激发光/基频光照射时的二次谐波产生情况[26]

从图 12-13 左上角的插图中可以明显地看出，二次谐波强度随激发光/基频光波长的增加(或光子能量的降低)显著增强，并在带边发光能量附近发生跳跃。这一现象产生的原因主要有两个：纳米四足结构众多表面处的结构不对称性和光场的不连续性(突变)而产生的局域化的表面(二阶)非线性极化率；另一方面，当激发光/基频光的光子能量低于 $E_g/2$ 时，因多光子吸收导致的带边发光显著减弱，对二次谐波信号的自吸收效应也削弱了。

从上面的讨论中可以总结出，ZnO 微纳结构中由于其明显增加的表面结构会引入额外的(二阶)非线性极化率，从而增强其中的二次谐波产生效率。在 ZnO 纳米/微米厚度的薄膜中甚至是多晶结构中，晶粒界面处也会有类似的表

面/界面增强效应，这也是这类样品在体贡献减弱之后，依然可以测试到可观的二次谐波产生信号的原因[5]。另一方面，在对 ZnO 中的二次谐波产生进行实验测试时往往不可避免地会发生因双光子/多光子吸收而导致的发光现象，下一节对此进行讨论。

12.5　ZnO 在双光子激发下的光谱表现和自吸收现象

12.5.1　ZnO 中双/多光子吸收引致的光致发光光谱

从前面的两节中我们发现，ZnO 在比较强的飞秒光激发下，不仅会产生二次谐波，还会发出由双光子/多光子吸收导致的荧光[15, 16, 21, 26]。下面详细讨论 ZnO 中的双光子/多光子吸收所产生的荧光，并考虑其中可能发生的自吸收现象。图 12-3 展示了简化的双光子吸收以及其导致的发光过程。多光子的吸收过程与其类似。在实际测试和数据分析中，还要考虑 ZnO 中强的激子效应(大的激子结合能，60 meV)、激子-声子相互作用以及因双光子/多光子较大的穿透深度而变得更加显著的自吸收效应，当然，这种自吸收效应在单光子激发下也能被观测到[33]。ZnO 单晶在双光子/多光子激发下的光致发光光谱如图 12-14 所示。

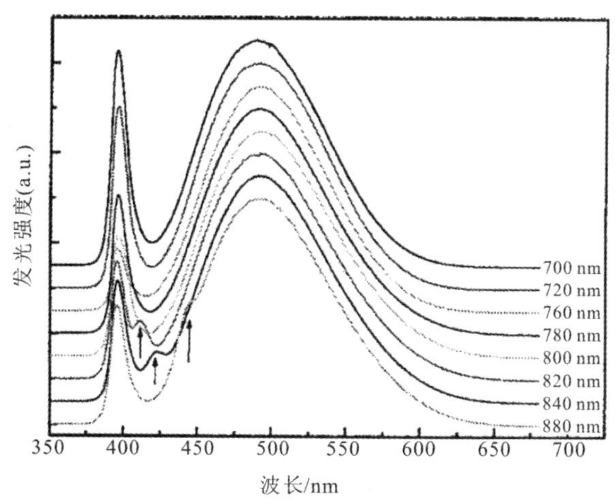

图 12-14　常温下 ZnO 单晶在不同波长的飞秒光激发下的光致发光光谱[34]

不同于上一节中讨论的 ZnO 微纳结构，在 ZnO 单晶中，当激发光光子能量(或者对应的波长)大于 $E_g/2$(小于 E_g)时，几乎观察不到样品中的二次谐波产生的信号；而当激发光光子能量逐渐降低(波长增加)时，二次谐波产生的信号慢慢变得明显(如图 12-14 中箭头指示)。通过详细测试 395 nm 附近的带边发光峰对激发光功率/能量的依赖关系，可以确定实际发生的多光子过程，如图 12-15 所示。

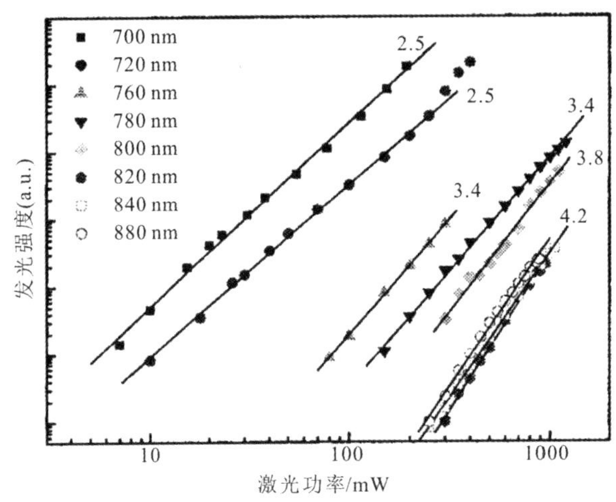

图 12-15　在不同波长的飞秒光激发下 ZnO 中带边发光强度随激发光功率的变化规律[34]

理论上讲，双光子和三光子吸收导致的发光过程的功率依赖系数应该分别为 2 和 3。这里通过拟合获得的功率依赖系数与理论值的偏差可能来自杂质/缺陷能级的影响，以及常温下带边发光受到的声子过程和自吸收效应的影响。期间我们也进行了不同激发光波长下带边发光的自相关共线干涉测量实验，通过分析干涉图样，发现在 720 nm 激发下信号/背景比几乎与双光子吸收过程的理论值(8∶1)一致，类似地，在 778 nm 激发下信号/背景比几乎与三光子吸收过程的理论值(32∶1)一致，这之间的波长激发下则发现双光子和三光子过程同时存在[34]。

12.5.2　ZnO 中双/多光子激发下的自吸收现象

我们知道，常温下 ZnO 单晶的禁带宽度为 3.37 eV，考虑到其中的激子结合能 60 meV，对应的发光峰应该在 375 nm 附近。我们观察到的常温下 ZnO 的光致发光峰(即带边发光，单光子激发下，比如 325 nm 激发)往往会向长波长方向偏移少许，这主要是常温时强的电子/激子-声子相互作用导致的(一阶声子伴线，相对于激子峰能量红移 72 meV 左右)。但是，这种现象在双光子/

多光子激发下变得更加显著，或者说其物理来源发生了根本的变化[33, 35]。如图 12－16 所示，低温下 ZnO 单晶在单光子和双光子激发下的光致发光光谱区别不太明显，自吸收效应主要发生在激子(束缚激子和自由激子)本身的共振能量附近，即 369 nm 或 3.36 eV 附近。而随着温度的上升，这一效应变得越来越明显，并且自吸收边界也从激子区向声子伴线(即低能端)移动(如图 12－16(c)所示)。导致这一现象的主要原因是随着温度的升高，自由激子发光逐渐主导所测试的光谱范围，更加重要的是激子-声子相互作用也随着温度的上升显著增强，这使得双光子激发下(激发光光子因其小的吸收系数而可以有效穿透到样品内部深入的区域)，样品内部产生的光致发光光子因自吸收效应无法到达样品表面从而被探测到。这一综合过程可以在图 12－16(b)所示的随温度变化的光谱中清晰地反映出来。

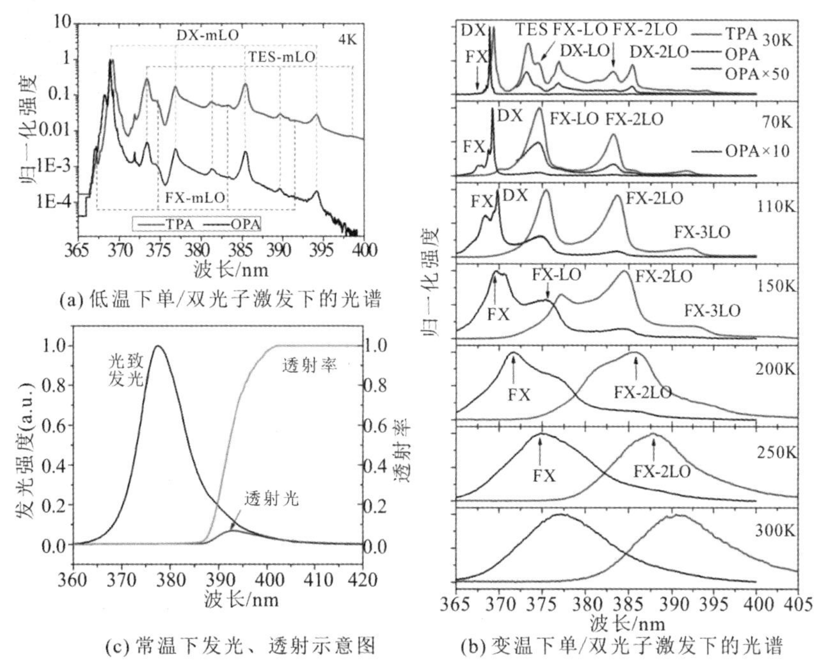

图 12－16　ZnO 单晶在单光子(OPA)和双光子(TPA)激发下的光致发光光谱[33]

为了进一步验证这种自吸收效应，我们进行了单光子激发下(325 nm)正面激发侧面探测(并改变激发光聚焦点到侧表面的距离)的光致发光光谱测试，变温情况下的实验结果正如上面讨论的那样，自吸收边界随着温度的上升逐渐红移向长波长一侧[33]。前文中提到当双光子能量接近激子(或者说带边发光、自吸收边界)的能量时，会发生显著的二次谐波产生的增强效应[6, 7, 24]，这一增强效应主要来自双光子荧光和二次谐波产生这两个不同过程的共振现象。我们也测试了 ZnO 实心柱在双光子激发下(730 nm)侧面激发正面探测(并改变激发光聚焦点到正表面的距离)的光致发光光谱，如图 12－17 所示。

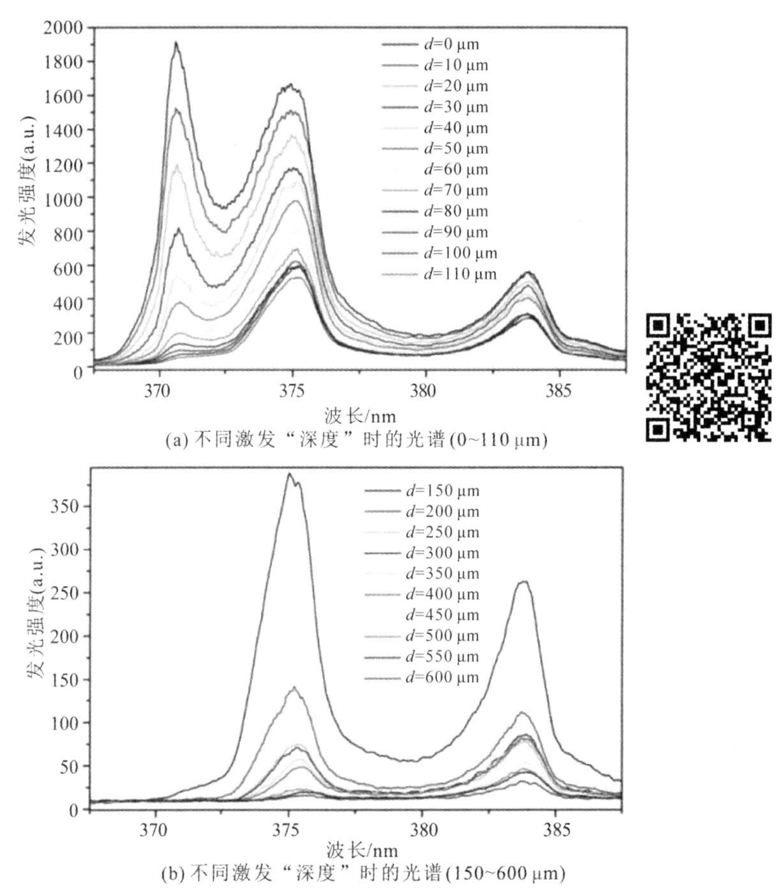

(a) 不同激发“深度”时的光谱(0~110 μm)

(b) 不同激发“深度”时的光谱(150~600 μm)

图 12－17　低温(4.15 K)下不同激发深度位置时 ZnO 实心柱在双光子激发下的光致发光光谱[35]

从图 12－17 中可以清楚地观察到，当激发位置逐渐远离样品上表面时，光致发光光谱的高能侧逐渐发生红移，即这一能量范围的光子发生越来越明显的自吸收效应，从而无法从样品表面出射并被收集探测到。可以预见，当温度升高时，因电子/激子-声子相互作用的增强，这种自吸收效应会进一步影响带边附近甚至是声子伴线处的发光，使得在双光子/多光子激发下观测到的光谱与期望的带边发光(即通常的单光子激发下的光致发光光谱)产生明显的区别

(如图 12-16(b)所示)。

可以预见，单光子/双光子激发下 ZnO 的发光机制不同，其发光峰对应的(非)辐射符合的寿命也可能不同。钟永春等人测试了 ZnO 四足纳米结构在单光子和双光子激发下声子伴线的时间分辨光致发光光谱，通过单指数衰减曲线拟合，发现常温时两种激发条件下的寿命差别很小(17.3 ns 和 16.7 ns)，低温下(10 K)分别为 2.1 ns 和 3.0 ns[28]。导致这一结果的主要原因是此 ZnO 四足纳米结构样品中含有很少的表面缺陷态，从而没有观察到明显的非辐射复合。对 ZnO 单晶样品进行单光子和双光子激发下声子伴线的时间分辨光致发光光谱测试(25 K 低温下)的结果显示，其衰减曲线对应的寿命分别约为 0.7 ns 和 1.4 ns，揭示出在不同的激发条件下 ZnO 体材料中存在着不同的复合机制。类似的结果也在 GaN 自支撑样品中被观察到[36]。

12.6　ZnO 及其他宽禁带半导体材料非线性光学性质研究展望

上文中讨论的 ZnO 中的二次谐波产生和双光子/多光子激发下的光谱性质，也会在其他宽禁带半导体(比如 GaN)中发生[18, 36-42]。GaN 薄膜在双光子/多光子激发下的光谱如图 12-18 所示。

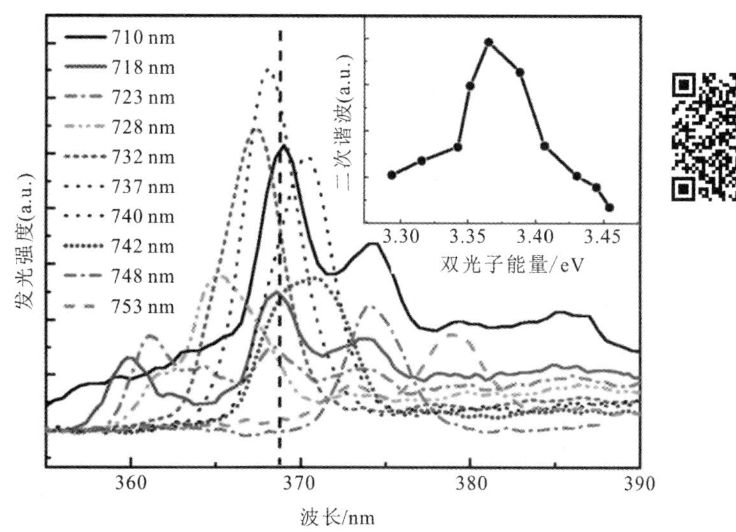

图 12-18　常温下 GaN 薄膜在不同波长的飞秒光激发下的带边发光和二次谐波产生的信号[18]

在双光子激发下$\left(E_g > h\nu_1 > \frac{E_g}{2}\right)$，GaN 薄膜中可以观察到清晰的二次谐波产生信号，其带边发光峰在 367 nm 附近。相对于单子激发下的光致发光光谱，这一带边发光也发生了红移，这种现象产生的原因与图 12－16(b)所示的情况类似，主要来自 GaN 对带边发光的自吸收效应[36]。当进一步增加激发光的波长，达到二次谐波与带边发光开始共振的能量时，二次谐波产生会显著增强(见图 12－18 右上角插图)；若再进一步增加激发光波长$\left(h\nu_1 > \frac{E_g}{2}\right)$，二次谐波产生仍然可以被观察到，只是效率有所下降，但是因三光子吸收过程的吸收效率显著下降，故带边发光几乎从光谱中消失。我们也对二次谐波产生的信号进行了偏振依赖的测试并对实验结果进行了拟合(详情与图 12－8 及其后的讨论类似)，其结果与二次谐波的理论预测一致[18]。我们在 InGaN/GaN 量子阱中也观察到了明显的双光子荧光，如图 12－19 所示。

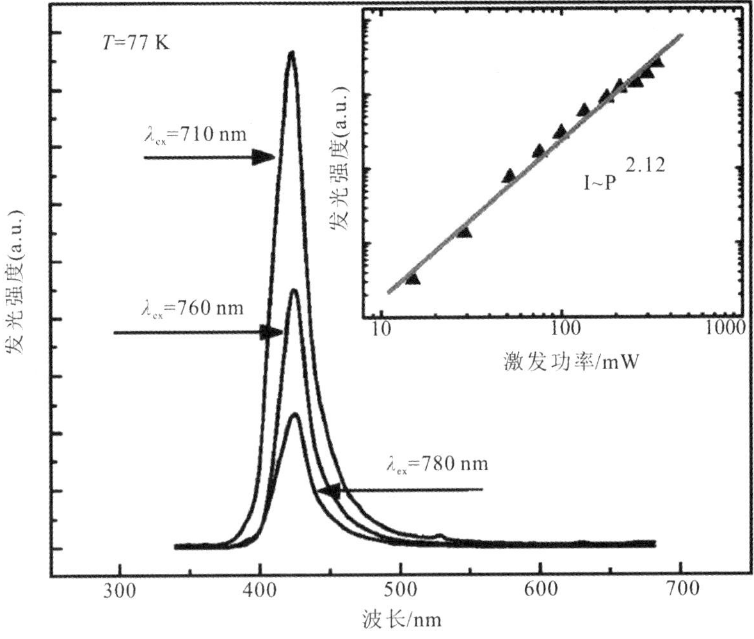

图 12－19　低温下(77 K)InGaN/GaN 量子阱在不同波长的飞秒光激发下的光致发光光谱[40]

从图中可以清晰地观察到 InGaN/GaN 量子阱中由于双光子吸收导致的 425 nm 处的发光峰。图中右上角的插图展示了 InGaN/GaN 量子阱在 760 nm 的飞秒光激发下 425 nm 发光峰的积分强度随激发光功率的变化情况，其指数

拟合所获得的功率依赖系数为 2.12，非常接近理想值 2。为了进一步验证样品中的双光子吸收现象，我们也进行了自相关共线干涉测量实验，通过分析干涉图样，所获得的信号/背景比约为 6.6，与理论值 8 接近[40]。

12.7　本章小结

通过以上的总结和分析，可以看出双光子/多光子吸收现象普遍存在于 ZnO、GaN 等宽禁带半导体中，包括其体材料、薄膜和各种形式的微纳结构。在测试双光子/多光子吸收所导致的荧光时，因其吸收系数低或者说吸收效率低(相对于单光子吸收而言)，往往要采用比较强的相干光源(比如飞秒激光)进行激发。同时，低的吸收系数也意味着激发光在样品中会有较大的穿透深度，双光子/多光子吸收的区间范围比较大，整个区间中由辐射复合产生的光子可能因样品的再次吸收/自吸收效应而无法从样品表面出射而被探测到。另一方面，在双光子/多光子吸收的同时往往伴随着可观的二次谐波产生现象，而且这两种机制一方面会形成竞争(都在消耗激发光子)，另一方面当它们的能量发生共振时($2h\nu_1 \approx E_g$ 或者 $2h\nu_1 \approx E_{edge}$，即带边发光能量)又会显著增强二次谐波的产生。这种共振增强效应在微纳结构或者具有额外的表面/界面的结构中尤为明显，这类结构因其来自表面/界面的贡献，本身也可能产生比体材料强得多的二次谐波。

ZnO 作为一种具有大的激子结合能的宽禁带半导体材料，在光电子器件、半导体激光器、太阳能电池、双光子成像等领域有着广泛的应用前景。但是在部分应用领域中需要稳定的、低成本的 p 型掺杂 ZnO，在这一方面目前的进展有限，从而制约了 ZnO 材料在异质结或者二极管、晶体管等领域的应用。当然，这并没有限制 ZnO 通过掺杂等手段与其他本半导体材料进行结合形成电子器件、光电子器件等。本章中所讨论的 ZnO 的非线性光学性质也具有可观的应用前景，比如双光子成像以及 ZnO 纳米结构在医疗诊断中的应用[43-45]。进一步拓展这些应用范围离不开对 ZnO 材料非线性光学性质全面深刻的理解，比如二次谐波产生和双光子吸收发生近共振时的增强机制、微纳结构中的双光子/多光子过程的详细认定、双光子/多光子荧光的偏振特性等，都是需要研究的方向。

另一方面，本章提及的实验方法和手段也适用于研究其他材料的非线性光学性质。比如钙钛矿材料中的双光子荧光[46]和二维材料中的二次谐波产生[47]。非线性光学性质作为光学方面的一个重要分支，在物理学、材料学等学科以及其他交叉学科中具有非常重要的地位。

参考文献

[1] FRANKEN P A, WEINREICH G, PETERS C W, HILL A E, Generation of Optical Harmonics. Phys. Rev. Lett. 1961, 7(4): 118.

[2] 钱士雄，王恭明. 非线性光学. 上海：复旦大学出版社，2002.

[3] OZGUR U, ALIVOV Y I, LIU C, et al. A comprehensive review of ZnO materials and devices. J. Appl. Phys. 2005, 98(4): 041301.

[4] CAO H, WU J Y, ONG H C, et al. Second harmonic generation in laser ablated zinc oxide thin films. Appl. Phys. Lett. 1998, 73(5): 572 - 574.

[5] LARCIPRETE M C, CENTINI M. Second harmonic generation from ZnO films and nanostructures. Appl. Phys. Rev. 2015, 2(3): 031302.

[6] PRASANTH R, VAN VUGT L K, VANMAEKELBERGH D A M, GERRITSEN H C. Resonance enhancement of optical second harmonic generation in a ZnO nanowire. Appl. Phys. Lett. 2006, 88(18): 181501.

[7] LAFRENTZ M, BRUNNE D, RODINA A V, et al. Second-harmonic generation spectroscopy of excitons in ZnO. Phys. Rev. B 2013, 88(23): 235207.

[8] 郝光生. 非线性光学与光子学. 上海：上海科学技术出版社，2018.

[9] WANG G, KIEHNE G T, WONG G K L, et al. Large second harmonic response in ZnO thin films. Appl. Phys. Lett. 2002, 80(3): 401 - 403.

[10] WANG G, WONG G K L, KETTERSON J B. Redetermination of second-order susceptibility of zinc oxide single crystals. Appl. Optics 2001, 40(30): 5436 - 5438.

[11] DAI D C, XU S J, SHI S L, et al. Observation of both second-harmonic and multiphoton-absorption-induced luminescence in ZnO. IEEE Photonic Tech. Lett. 2006, 18(13 - 16): 1533 - 1535.

[12] LO K Y, LO S C, CHU S Y, et al. Analysis of the growth of RF sputtered ZnO thin films using the optical reflective second harmonic generation. J. Cryst. Growth 2006, 290(2): 532 - 538.

[13] LO K Y, HUANG Y J, HUANG J Y, et al. Reflective second harmonic generation from ZnO thin films: A study on the Zn-O bonding. Appl. Phys. Lett. 2007, 90(16):161904.

[14] HUANG Y J, LO K Y, LIU C W, et al. Characterization of the quality of ZnO thin films using reflective second harmonic generation. Appl. Phys. Lett. 2009, 95(9):091904.

[15] ZHENG C C, XU S J, NING J Q, et al. Ion-implantation induced nano distortion layer and its influence on nonlinear optical properties of ZnO single crystals. J. Appl. Phys. 2011, 110(8): 083102.

[16] ZHENG C C, XU S J, NING J Q, et al. Inner surface enhanced femtosecond second harmonic generation in thin ZnO crystal tubes. J. Appl. Phys. 2011, 109(1): 013528.

[17] SHEN Y R. The Principles of Nonlinear Optics. Hoboken, N. J.: Wiley-Interscience, 2003.

[18] YANG H, XU S J, LI Q, et al. Resonantly enhanced femtosecond second-harmonic generation and nonlinear luminescence in GaN film grown on sapphire. Appl. Phys. Lett. 2006, 88(16): 161113.

[19] DAI J, ZENG J H, LAN S, et al. Competition between second harmonic generation and two-photon-induced luminescence in single, double and multiple ZnO nanorods. Opt. Express 2013, 21(8): 10025 - 10038.

[20] LARCIPRETE M C, PASSERI D, MICHELOTTI F, et al. Second order nonlinear optical properties of zinc oxide films deposited by low temperature dual ion beam sputtering. J. Appl. Phys. 2005, 97(2): 023501.

[21] ZHANG C F, DONG Z W, YOU G J, et al. Femtosecond pulse excited two-photon photoluminescence and second harmonic generation in ZnO nanowires. Appl. Phys. Lett. 2006, 89(4): 042117.

[22] LOOK D C. Recent advances in ZnO materials and devices. Mat. Sci. Eng. B 2001, 80(1 - 3): 383 - 387.

[23] MA T, WANG Y, TANG R, et al. Pre-patterned ZnO nanoribbons on soft substrates for stretchable energy harvesting applications. J. Appl. Phys. 2013, 113(20): 204503.

[24] PROTTE M, WEBER N, GOLLA C, et al. Strong nonlinear optical response from ZnO by coupled and lattice-matched nanoantennas. J. Appl. Phys. 2019, 125(19):193104.

[25] ZHANG X Q, TANG Z K, KAWASAKI M, et al. Second harmonic generation in self-assembled ZnO microcrystallite thin films. Thin Solid Films 2004, 450(2): 320 - 323.

[26] SHI S L, XU S J, XU Z X, et al. Broadband second harmonic generation from ZnO nano-tetrapods. Chem. Phys. Lett. 2011, 506(4 - 6): 226 - 229.

[27] DJURISIC A B, LEUNG Y H. Optical properties of ZnO nanostructures. Small 2006, 2(8 - 9): 944 - 961.

[28] ZHONG Y C, WONG K S, DJURISIC A B, et al. Study of optical transitions in an individual ZnO tetrapod using two-photon photoluminescence excitation spectrum. Appl. Phys. B 2009, 97(1): 125 - 128.

[29] CHEN S L, STEHR J, REDDY N K, et al. Efficient upconversion of photoluminescence via two-photon absorption in bulk and nanorod ZnO. Appl. Phys. B 2012, 108(4): 919 - 924.

[30] HAN X B, WANG K, LONG H, et al. Highly Sensitive Detection of the Lattice Distortion in Single Bent ZnO Nanowires by Second-Harmonic Generation Microscopy. ACS Photonics 2016, 3(7): 1308 - 1314.

[31] ZHAO J, FAN J T, LIU W, et al. Ultra-Broadband Second-Harmonic Generation in ZnO Nano-Tetrapod With Over-One-Octave Bandwidth. IEEE Photonic Tech. Lett. 2019, 31(3): 250 - 252.

[32] WANG R Q, WANG F, LONG J, et al. Polarized second-harmonic generation optical microscopy for laser-directed assembly of ZnO nanowires. Opt. Lett. 2019, 44(17): 4291 - 4294.

[33] YE H G, SU Z C, TANG F, et al. Extinction of the zero-phonon line and the first-order phonon sideband in excitonic luminescence of ZnO at room temperature: the self-absorption effect. Sci. Bull. 2017, 62(22): 1525 - 1529.

[34] DAI D C, XU S J, SHI S L, et al. Efficient multiphoton-absorption-induced luminescence in single-crystalline ZnO at room temperature. Opt. Lett. 2005, 30(24): 3377 - 3379.

[35] WANG X R, YU D P, XU S J. Determination of absorption coefficients and Urbach tail depth of ZnO below the bandgap with two-photon photoluminescence. Opt. Express 2020, 28(9): 13817 - 13825.

[36] ZHONG Y, WONG K S, ZHANG W, et al. Radiative recombination and ultralong exciton photoluminescence lifetime in GaN freestanding film via two-photon excitation. Appl. Phys. Lett. 2006, 89(2): 022108.

[37] WANG H, WONG K S, FOREMAN B A, et al. One- and two-photon-excited time-resolved photoluminescence investigations of bulk and surface recombination dynamics in ZnSe. J. Appl. Phys. 1998, 83(9): 4773 - 4776.

[38] SUN C K, LIANG J C, WANG J C, et al. Two-photon absorption study of GaN. Appl. Phys. Lett. 2000, 76(4): 439 - 441.

[39] TODA Y, MATSUBARA T, MORITA R, et al. Two-photon absorption and multiphoton-induced photoluminescence of bulk GaN excited below the middle of the band gap. Appl. Phys. Lett. 2003, 82(26), 4714 - 4716.

[40] LI Q, XU S J, LI G Q, et al. Two-photon photoluminescence and excitation spectra

of InGaN/GaN quantum wells. Appl. Phys. Lett. 2006, 89(1): 011104.

[41] NOOR A S M, TORIZAWA M, MIYAKAWA A, et al. Simultaneous observation of single-and two-photon excitation photoluminescence on optically quenched wide-gap semiconductor crystals. Appl. Phys. Lett. 2008, 93(17): 171107.

[42] GODIKSEN R H, AUNSBORG T S, KRISTENSEN P K, et al. Two-photon photoluminescence and second-harmonic generation from unintentionally doped and semi-insulating GaN crystals. Appl. Phys. B 2017, 123(11): 270.

[43] KACHYNSKI A V, KUZMIN A N, NYK M, et al. Zinc oxide nanocrystals for nonresonant nonlinear optical microscopy in biology and medicine. J. Phys. Chem. C 2008, 112(29): 10721 - 10724.

[44] BREUNIG H G, WEINIGEL M, KONIG K. In Vivo Imaging of ZnO Nanoparticles from Sunscreen on Human Skin with a Mobile Multiphoton Tomograph. Bionanoscience 2015, 5(1): 42 - 47.

[45] RAGHAVENDRA A J, GREGORY W E, SLONECHI T J, et al. Three-photon imaging using defect-induced photoluminescence in biocompatible ZnO nanoparticles. Int. J. Nanomed. 2018, 13: 4283 - 4290.

[46] CAO Z L, LV B H, ZHANG H C, et al. Two-photon excited photoluminescence of single perovskite nanocrystals. J. Chem. Phys. 2019, 151(15): 154201.

[47] STIELM T, SCHNEIDER R, KERN J, et al. Supercontinuum second harmonic generation spectroscopy of atomically thin semiconductors. Rev. Sci. Instrum. 2019, 90(8): 083102.

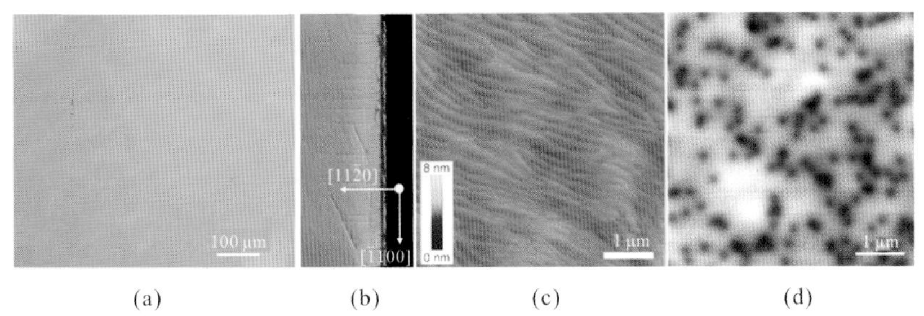

(a) (b) (c) (d)

图 2-3 Si 衬底 GaN 外延片的光学显微镜图、表面 AFM 图和 CL 图

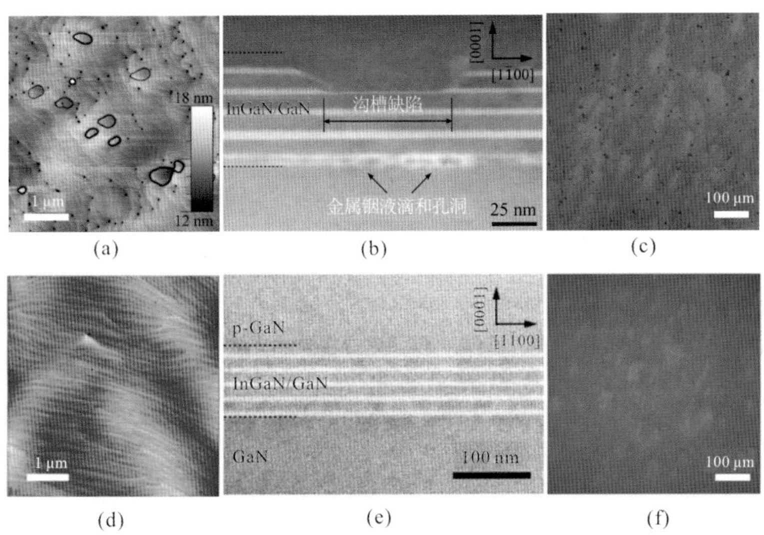

(a) (b) (c)

(d) (e) (f)

图 2-9 InGaN 量子阱有源区的形貌、结构及发光性质表征

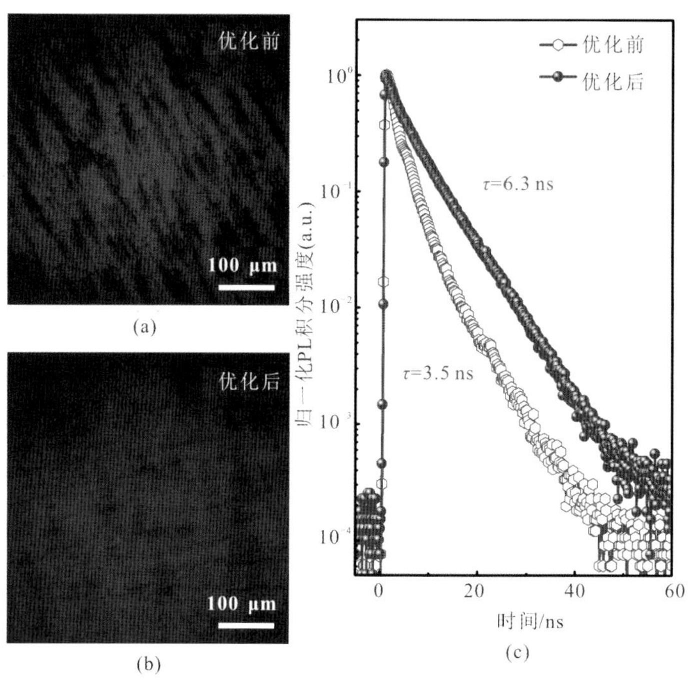

图 2-15　优化前后 Si 衬底 GaN 基激光器的微区光荧光图和时间分辨光荧光曲线

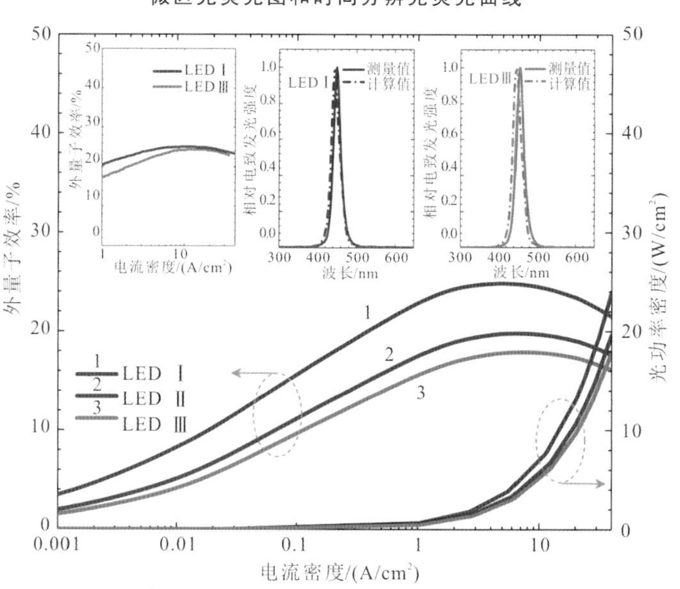

图 5-11　量子垒厚分别为 6、9、12 nm 的 LED Ⅰ、Ⅱ、Ⅲ的 EQE 和输出光功率图

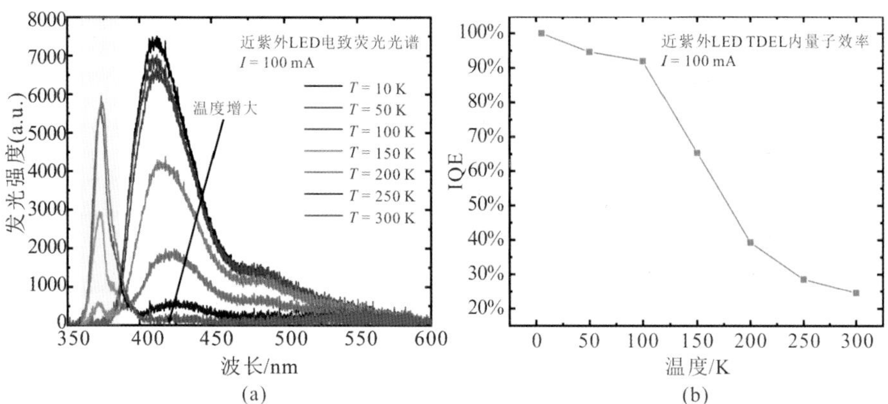

图 3-10 近紫外 LED 的变温 EL 光谱和 IQE

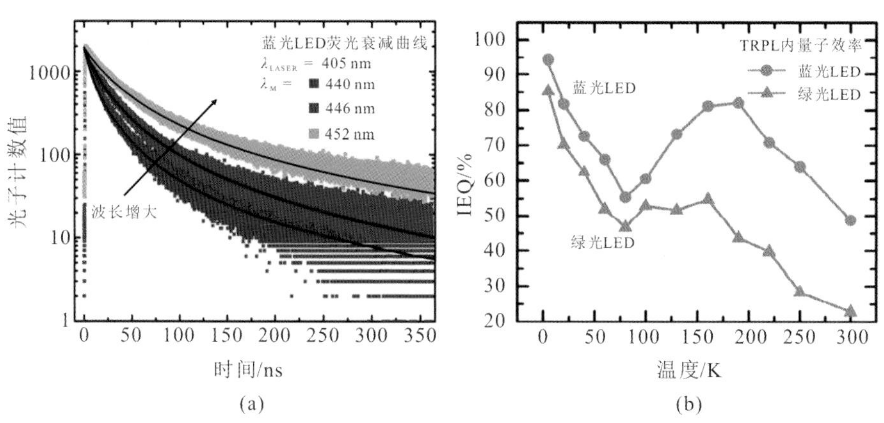

图 3-18 TRPL 方法

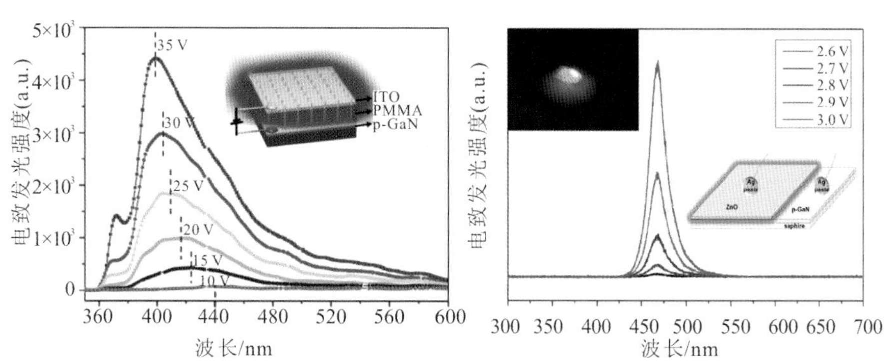

图 7-36 n-ZnO/p-GaN 异质结发光二极管

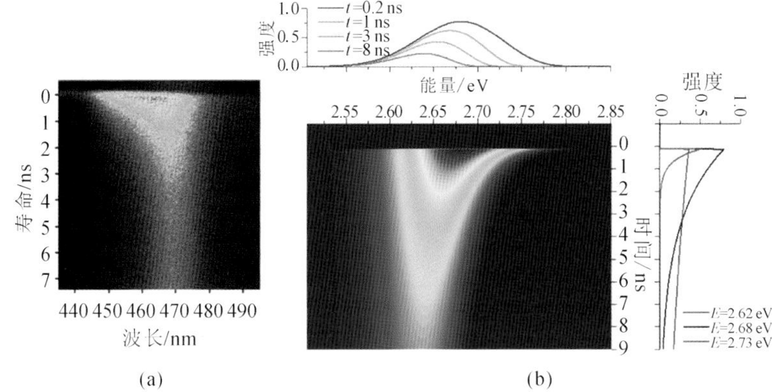

(a)　　　　　　　　　　　　(b)

图 10－3　**TRPL** 二维光谱

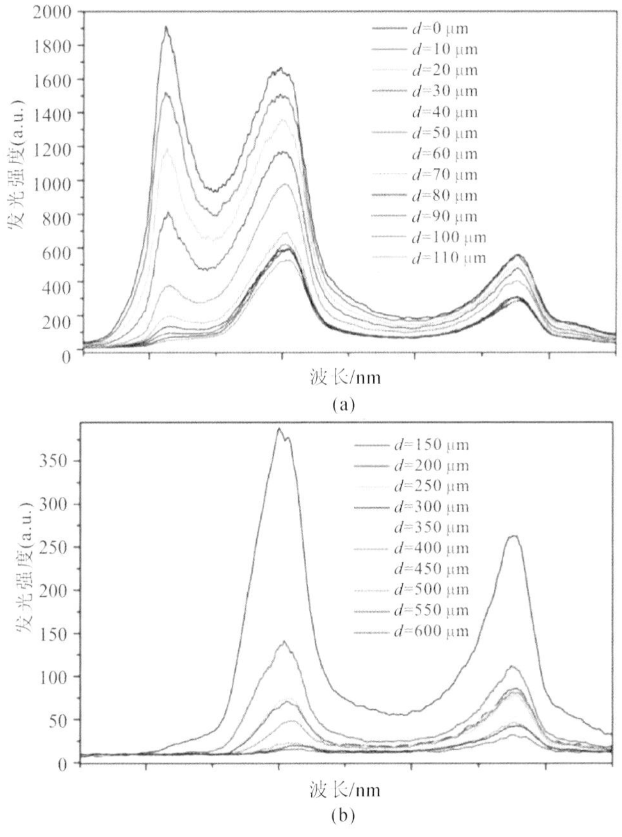

(a)

(b)

图 12－17　低温(**4.15 K**)下不同激发深度位置时 **ZnO** 实心柱在双光子激发下的光致发光光谱